国家地质学基础科学研究和教学人才培养基地系列教材

灾害地质学

（第2版）

潘 懋 李铁锋 编著

图书在版编目(CIP)数据

灾害地质学/潘懋,李铁锋编著.—2版.—北京:北京大学出版社,2012.1
ISBN 978-7-301-19927-5

Ⅰ.①灾… Ⅱ.①潘…②李… Ⅲ.①灾害学:地质学—教材 Ⅳ.①P694

中国版本图书馆CIP数据核字(2011)第265211号

书　　　　名:灾害地质学(第2版)
著作责任者:潘　懋　李铁锋　编著
责 任 编 辑:王树通
标 准 书 号:ISBN 978-7-301-19927-5/P·0079
出 版 发 行:北京大学出版社
地　　　　址:北京市海淀区成府路205号　100871
网　　　　址:http://www.pup.cn
电 子 信 箱:zpup@pup.pku.edu.cn
电　　　　话:邮购部62752015　发行部62750672　编辑部62765014　出版部62754962
印　刷　者:三河市博文印刷有限公司
经　销　者:新华书店
787毫米×1092毫米　16开本　18印张　450千字
2002年4月第1版
2012年1月第2版　2023年5月第10次印刷
定　　　　价:59.00元

内 容 简 介

本书系统地阐述了灾害地质学的理论体系与研究方法，对灾害地质学的基本概念、基本理论和基本方法进行了系统地概括；对自然作用和人为活动影响下形成的主要地质灾害进行了详细地论述，较全面地介绍了各种地质灾害的监测预报方法和防治措施。

全书共分12章。第1～3章，分别介绍了地质灾害的概念、类型及分布，地质灾害危险性评估与减灾效益分析，地质灾害减灾对策。第4～12章，详细论述了地震灾害、火山灾害、斜坡岩土位移、地面变形地质灾害、矿山与地下工程地质灾害、水土环境异常与地方病、土地荒漠化、特殊土类地质灾害、水动力地质灾害等各类地质灾害的特点、形成条件与机理、实例分析、影响因素、发育规律和危害方式等，对不同类型地质灾害的调查评价、监测预警、治理措施与减灾对策等进行了系统介绍。

本书可作为高等院校相关专业的本科生和研究生的教材或教学参考书，也可作为高等院校开设文理科公共选修课的教材或教学参考书。此外，本书还可供从事灾害地质、环境地质研究的专业技术人员参阅。

再版前言

本书初版于2002年，由于需求量比较大，目前已经印刷6次，发行2万余册。在这10年间，我国地质灾害呈现多发、频发态势，且具备隐蔽性、突发性和强破坏性等特点，每年因地质灾害造成大量人员伤亡和巨额财产损失。10年来，我国地质灾害形成机理与发育规律研究不断深入，地质灾害监测预警与防治工程的技术方法不断改进与完善，防灾减灾水平和能力也得到很大提高。

鉴于此，在第一版书稿的基础上进行了修改、完善，补充了近年来发生的灾害实例分析，对部分名词术语进行了厘定和完善。仍需说明的是，灾害地质学的理论体系还没有形成，研究方法尚处于不断完善之中，加之作者水平有限，新版书稿难免存在错误和不足之处，恳请读者批评指正。

编者

2011年12月

再版前言

前　　言

当今人类社会正面临着人口急剧膨胀、资源严重短缺和环境日益恶化的严峻挑战。环境恶化的重要标志之一就是自然灾害日趋频繁，并对人类的生存与发展造成严重的威胁。作为自然灾害的主要类型之一，地质灾害在历史上曾给人类带来无尽的伤痛，留下了许多不堪回首的记忆。而今，人类活动随其规模与强度的不断增大，正在越来越深刻地干预着地球表层演化的自然过程，导致地质灾害发生的频率越来越高，影响的范围越来越大，造成的危害也越来越严重。在一些环境脆弱的地域内，地质灾害已经成为影响和制约社会与经济发展的不可忽视的重要因素。

地质灾害是指由于自然的、人为的或综合的地质作用，使地质环境产生突发的或渐进的破坏，并对人类生命财产造成危害的地质作用或事件。由于灾害地质学是一门尚处于发展之中的新兴交叉学科，不同领域的专家学者对灾害地质学的研究范畴、主要研究内容等的看法不完全一致，对地质灾害类型的划分也不尽相同。从灾害事件的后果来看，凡是对人类生命财产和生存环境产生影响或破坏的地质事件和作用都属于地质灾害的范畴；从致灾的动力条件来看，由地球内、外动力地质作用和人类活动（也可看做地球外动力的一种形式）而使地质环境发生变化的地质现象和事件均可归属于地质灾害。由此看来，地质灾害的种类应包括火山喷发、地震、崩塌、滑坡、泥石流、地面沉降、地裂缝、岩溶塌陷、瓦斯爆炸与矿坑突水、地球化学异常导致的各种地方病、沙质荒漠化、水土流失、土壤盐渍化、黄土湿陷、软土沉陷、膨胀土胀缩、地下水污深、洪水泛滥、水库坍岸、河岸和海岸侵蚀与海水入侵，等等。

中国是世界上地质灾害危害最严重的国家之一，不仅灾害种类多、发生频率高、分布范围广，且有日益加重的趋势，直接影响到国家经济的发展和人民生活的各个方面。据统计，中国每年因地震、崩塌、滑坡、泥石流、地面沉降、矿山地质灾害和土地荒漠化等灾害造成的直接经济损失高达840亿元人民币，由于地质环境的恶化而引发或加重的其他自然灾害所造成的间接损失更是无法估算。因此，依靠现代科学技术，多学科、跨部门联合攻关，全面、系统、深入地开展地质灾害研究对保护人民生命财产安全，减轻地质灾害损失，实现社会、经济的可持续发展具有非常重要的意义。

北京大学地质学系已为本科生和研究生开设“灾害地质学”课程多年，并受到学生的普遍欢迎。其他高等院校的相关专业也相继开设了“灾害地质学”。虽然国内外有关地质灾害研究的论著和文献很多，但国内迄今还没有专门用于开设“灾害地质学”及相关课程的教材或教学参考书。作者于1996—1997年在美国明尼苏达大学做访问学者时见到了 Barbara W Murck 等人所著的 *Danserous Earth—An Introduction to Geologic Hazards*（1997）一书，遂萌生了将此书翻译成中文介绍给国内读者的想法，但仔细阅读后感觉其内容并不适合作为中国高校地学类专业“灾害地质学”课程的专用教材，况且中国的地质灾害种类繁多、发生频率高且危害严重，地质灾害的研究程度也比较高。因而在参考大量国内外最新成果的基础上，结合作者多年的教学和科研工作，编写了本书。

本书力图对灾害地质学的基本概念、基本理论和基本方法进行全面系统的总结，对地质灾害监测、预报和防治的措施与方法进行较全面的介绍，力求做到内容新颖，既有一定的专业深度，同时具有较强的实用性。全书共12章。第1～3章，分别介绍了地质灾害的概念、类型及分布；地质灾害灾情评估与减灾效益分析；地质灾害减灾对策。第4～12章，涉及地震灾害、火山灾害、斜坡地质灾害、地面变形地质灾害、矿山与地下工程地质灾害、表生环境地球化学异常与地方病、土地荒漠化、特殊土地质灾害、水动力地质灾害等主要的地质灾害类型，从灾害特点、形成条件与机理、影响因素、发育规律、危害方式、监测与预报、防治工程与减灾对策等方面进行了详细的论述。本书的目的是从学科的角度，系统阐述灾害地质学的理论体系与研究方法，尽可能全面地论述该学科所涉及的各个研究领域，为高等院校相关专业的本科生和研究生提供一本实用教材或教学参考书。

灾害地质学的理论体系与研究方法尚处于不断的研究和完善之中，地质灾害预测预报的精度还很低，减轻地质灾害损失的治理工程和防御措施还有待完善，许多方面的探索和研究还很不够。但是，从另一个角度讲，这也为灾害地质学的发展提供了广阔的前景。

在本书的编写过程，得到了许多同事的支持和帮助。刘锡大老师详细审阅了第4章并提出了宝贵的修改意见；国土资源部中国地质环境监测院刘传正博士提供了许多国内地质灾害实例方面的资料，同时对本书的编写提出了不少有益的建议。许鉴儒高级工程师清绘了书中的全部图件，高云霞女士录入了书稿的绝大部分文字。本书稿承蒙中国科学院地质与地球物理研究所曲永新教授审阅并提出许多宝贵的修改意见和建议。本书出版过程中，北京大学出版社赵学范编审付出了辛勤的劳动。在此向他们表示衷心的感谢。

由于我们的水平有限，书中难免存在错误和不足之处，恳请读者批评指正。

潘　懋

2001年10月

于北京大学逸夫贰楼

目　录

第1章 地质灾害的概念、类型及分布

从地球演化史的角度来看，地质灾害作为一种地质过程始终存在于地球的历史中。而且，最具破坏性的地质事件恰恰又是地球演化过程中的一部分正常功能。例如，地震和火山喷发在一定程度上影响了地球表面形态的高低起伏；空气和水的作用虽然可以引发沙暴、洪水和滑坡等地质灾害，但这些作用又是土壤养分的重要补给过程。正是这些可以翻天覆地的地质事件使地球成为宇宙中已知的唯一存在生命的星球。

地质过程时刻都在影响着地球上的每一个人。地震、滑坡和地面塌陷等地质过程的影响是显而易见的；另外一些地质过程的影响则是复杂而微妙的，如山体抬升对小气候的控制作用、火山喷发对大气层化学成分的影响、洪水对形成肥沃土壤的贡献等。由于地球是一个动力系统，很多地质过程具有危险性，因而它们对于人类自身及其居住的环境可能会产生负面影响。

人类相对于自己居住的地球显得既渺小又伟大。在地震、火山喷发等剧烈的地质过程面前，人类表现得无可奈何；而人类违背自然地质规律的主观活动又使地球表层发生着前所未有的变化。地质过程对人类日常生活的影响既微妙又显著，既有益也有害。人类不合理地开发地质资源加剧了地质过程的变异，反过来又影响到人类的生活质量。

地质灾害有其特定的内涵和属性，不同类型地质灾害的空间分布又有其自身的规律。为了人类更美好的未来，地质灾害研究和防治已成为当今地球科学领域一门重要的学科。

1.1 地质灾害的内涵、属性与分类

1.1.1 地质灾害的内涵

(一) 灾害的基本涵义

1. 灾害的定义与类型

灾害是由自然因素或人为因素引起的不幸事件或过程，它对人类的生命财产及人类赖以生存和发展的资源与环境造成危害和破坏。联合国减灾组织(United Nation Disaster Reduction Organization，UNDRO)(1984)给灾害下的定义是：一次在时间和空间上较为集中的事故，事故发生期间当地的人类群体及其财产遭到严重的威胁并造成巨大损失，以致家庭结构和社会结构也受到不可忽视的影响。联合国灾害管理培训教材把灾害明确地定义为：自然或人为环境中对人类生命、财产和活动等社会功能的严重破坏，引起广泛的生命、物质或环境损失；这些损失超出了受影响社会靠自身资源进行抵御的能力。

按成灾条件，灾害可分为自然灾害和人为灾害两大类。自然灾害的种类十分繁多，它们的空间分布范围和表现形式各异，其形成条件包括两个方面：① 自然动力过程或自然环境的异常变化；② 受灾害影响的对象，即人类生命财产以及赖以生存和发展的资源与环境。在一次灾害事件中，前者可称为致灾体，后者可称为承灾体或受灾体，二者的对立统一便形成了灾害。

王思敬等人(1992)认为，自然灾害是指由于自然原因造成的人身、财产及人类赖以生存发

展的资源、环境等方面损害的事件，即发生在生态系统中的自然过程并导致人类社会失去稳定和平衡的非常事件，其特点是干扰正常的社会生活。自然灾害是自然环境演化过程中的一个"插曲"，即自然环境的演化一般是连续的、缓慢的，具有累进性，而自然灾害的发生却往往是脉冲式的、迅速的和不连续的，具有释放性特征。自然灾害是自然环境自身演变及其与人类社会相互作用的产物。在地球的各个圈层中，都有自然灾害的发生(表1-1)。

表1-1 自然灾害的圈型分类

(据王思敬等，1992)

自然灾害类型	自然灾害系列
岩石圈型	地震、火山爆发、滑坡、泥石流、崩塌
土圈型	沙漠化、干旱、滑坡、地裂缝、水土流失、地面沉降
水圈型	洪水、暴雨、雪崩、冻害、海啸、海水倒灌
大气圈型	暴风、龙卷风、台风、酷热、严寒、干旱
生物圈型	蝗灾、森林火灾、植被退化、植物病虫害

王智济等人(1999)认为，自然作用对人类环境产生冲击和破坏并导致生命和财产的重大损失，即构成灾害，灾害是一种能够给人类的生存环境及生命财产带来严重破坏的现象或状况。按成灾潜势，把自然灾害划分为三种类型：① 高潜势灾害，如洪水、飓风、龙卷风、海啸、激浪、火山、地震、野火等；② 中潜势灾害，如滑坡、崩塌、泥石流、旱灾等；③ 低潜势灾害，如海岸侵蚀、霜冻、胀缩土、虫灾、生物灾害等。致灾作用过程实质上是环境系统中物质与能量的积累和释放过程。灾害事件发生之前，一般有一段长达几年甚至几百年的酝酿时间；当有诱发因素触动时可能立刻打破平衡状态，并在瞬间释放大量物质或能量而产生变故，出现突发事件。

某些自然灾害属于灾难性的事件或现象，其来势迅猛并伴有毁灭性的后果，如彗星或陨石撞击地球会带来灾难性的后果。从灾害发生过程的时间长短来看，有些灾害突然发生且几乎没有前兆现象，如地震、崩塌、瓦斯爆炸和瞬间沙暴等；而另外一些灾害的发生过程则缓慢得多，如地面沉降、沙漠化等可以持续几年或更长的时间。

人为灾害具有两方面的含义：① 指由于人类活动在自然界诱发的灾害，如修建水库诱发的地震、筑路开挖边坡引起的滑坡以及过量开采地下水造成的区域性地面沉降等；② 指在人工环境中发生的灾害，有时被称做技术灾害，如人的身体暴露于含有汞或石棉纤维的空气中而发生的中毒事件。由于人类向地球环境中排放废弃物质而出现的酸雨、地表水和地下水污染、臭氧层破坏和全球气候变暖等环境问题也属于人为灾害的范畴。

针对灾害种类的多样性，Keith Smith(1996) 提出了环境灾害的概念。他认为"环境灾害"这一术语涵盖了自然灾害和人为灾害的范畴，并把环境灾害概括为"极端的地质事件、生物变化过程和人为技术事故以能量和物质的集中释放为特征，并对人类生命安全构成不可预料的威胁及对环境和物质造成极大的破坏"。

2. 灾害效应

灾害对人类的影响并不完全是在灾变性地质事件发生的瞬间产生的，有些灾害可对人类产生持续时间很长的负作用。因此，可将灾害效应分为原生效应、次生效应和后续效应。

原生效应是由灾害事件本身造成的，如地震时由于地面运动造成的建筑物倒塌、滑坡掩埋房屋、矿井瓦斯爆炸造成人员伤亡等。

次生效应是由主要灾害事件诱发的灾害性过程造成的，它与主要灾害事件本身无直接关系，如地震时煤气管道破裂造成的火灾、地震引发山体滑坡造成的人员伤亡和财产被掩埋、洪水造成供水系统中断而引起的"水荒"、大型岩溶塌陷诱发地震而造成的建筑物破坏等。

后续效应往往是长期的甚至是永久性的，这种效应包括大型山体滑坡形成的堰塞湖、泥石流堆积物对农田的破坏、洪水造成的河道变迁、火山喷发后造成的农作物减产、地震造成的海拔高程改变或地形变化等。

灾害对人类的影响方式可分为直接损失和间接损失。直接损失(或称直接影响)指事件发生后立即产生的后果，如地震中由于建筑物倒塌而引起的人员伤亡及财产损失。它是由灾害对人类及其财产和环境的直接破坏而产生的，大多数情况下可以用准确可靠的货币价值来衡量。间接损失(或称间接影响)指在一场灾难中以第二顺序出现的后果，如灾害引发的饥荒和疾病蔓延，消费者购买欲望降低、工厂停产造成的产值下降、失业人数增加等。此外，受灾人群由于惊吓、丧失亲人而引起的精神上的创伤也属于灾害的间接损失。间接影响比直接损失造成的影响持续时间要长得多，并且这种影响多是无形的，不易用货币价值来计算。

(二) 地质灾害及其内涵

地质灾害是指在地球的发展演化过程中，由各种地质作用形成的灾害性地质事件。地质灾害在时间和空间上的分布及变化规律，既受制于自然环境，又与人类活动有关，往往是人类与自然界相互作用的结果。

一般认为，地质灾害是指由于地质作用(自然的、人为的或综合的)使地质环境产生突发的或渐进的破坏，并造成人类生命财产损失的现象或事件。地质灾害与气象灾害、生物灾害等一样是自然灾害的一个主要类型，具有突发性、多发性、群发性和影响持久的特点。由于地质灾害往往造成严重的人员伤亡和巨大的经济损失，所以在自然灾害中占有突出的地位。

由地质灾害的定义可知，地质灾害的内涵包括两个方面，即致灾的动力条件和灾害事件的后果。

地质灾害是由地质作用产生的，包括内动力地质作用和外动力地质作用。随着人类活动规模的不断扩展，人类活动对地球表面形态和物质组成正在产生愈来愈大的影响，因此，在形成地质灾害的动力中还包括人为活动对地球表层系统的作用，即人为地质作用。

只有对人类生命财产和生存环境产生影响或破坏的地质事件才是地质灾害。如果某种地质过程仅仅是使地质环境恶化，并没有破坏人类生命财产或影响生产、生活环境，只能称之为灾变。例如，发生在荒无人烟地区的崩塌、滑坡、泥石流，不会造成人类生命财产的损毁，故这类地质事件属于灾变；如果这些崩塌、滑坡、泥石流等地质事件发生在社会经济发达地区，并造成不同程度的人员伤亡和(或)财产损失，则可称之为灾害。

1.1.2 地质灾害的属性特征

地质灾害既是一种自然现象，又对人类社会的生产和生活造成严重的影响，因此它既具有自然属性，又具有社会经济属性。自然属性是指与地质灾害的动力过程有关的各种自然特征，如地质灾害的规模、强度、频次以及灾害活动的孕育条件、变化规律等。社会经济属性主要指与成灾活动密切相关的人类社会经济特征，如人口和财产的分布、工程建设活动、资源开发、经济发展水平、防灾能力等。由于地质灾害是自然动力作用与人类社会经济活动相互作用的结果，故二者是一个统一的整体。李铁锋等(1996)、潘懋等(1997)、张梁等(1998)对地质灾害的属性特征进行了较为系统的总结，现综述如下。

(一) 地质灾害的必然性与可防御性

地质灾害是地球物质运动的产物，主要是地壳内部能量转移或地壳物质运动引起的。从灾害事件的动力过程看，灾害发生后，能量和物质得以调整并达到平衡，但这种平衡是暂时的、相对的；随着地球的不断运动，新的不平衡又会形成。因此，地质灾害是伴随地球运动而生并与人类共存的必然现象。

然而，人类在地质灾害面前并非无能为力，通过研究灾害的基本属性，揭示并掌握地质灾害发生、发展的条件和分布规律，进行科学的预测预报和采取适当的防治措施，就可以对灾害进行有效的防御，从而减少和避免灾害造成的损失。

(二) 地质灾害的随机性和周期性

地质灾害是在多种动力作用下形成的，其影响因素更是复杂多样。地壳物质组成、地质构造、地表形态以及人类活动等都是地质灾害形成和发展的重要影响因素。因此，地质灾害发生的时间、地点和强度等具有很大的不确定性，可以说地质灾害是复杂的随机事件。

地质灾害的随机性还表现为人类对地质灾害的认知程度。随着科学技术的发展，人类对自然的认识水平不断提高，从而更准确地揭示地质过程和现象的规律，对地质灾害随机发生的不确定性有了更深入的认识。

受地质作用周期性规律的影响，地质灾害还表现出周期性特征。统计资料表明，包括地质灾害在内的多种自然灾害具有周期性发生的特点。如地震活动具有平静期与活跃期之分，强烈地震的活跃期从几十年到数百年不等；泥石流、滑坡和崩塌等地质灾害的发生也具有周期性，表现出明显的季节性规律。

(三) 地质灾害的突发性和渐进性

按灾害发生和持续时间的长短，地质灾害可分为突发性地质灾害和渐进性地质灾害两大类。突发性地质灾害大都以个体或群体形态出现，具有骤然发生、历时短、爆发力强、成灾快、危害大的特征，如地震、火山、滑坡、崩塌、泥石流等均属突发性地质灾害。

渐进性地质灾害指缓慢发生的灾害，是以物理的、化学的和生物的变异、迁移、交换等作用逐步发展而产生的。这类灾害主要有土地荒漠化、水土流失、地面沉降、地裂缝、煤田自燃等。渐进性地质灾害不同于突发性灾害，其危害程度逐步加重，涉及的范围一般比较广，尤其对生态环境的影响较大，所造成的后果和损失比突发性灾害更为严重，但不会在瞬间摧毁建筑物或造成人员伤亡。

土地荒漠化和水土流失是造成中国生态环境恶化和经济损失的主要的渐进性地质灾害。中国黄土高原水土流失面积达 43×10^4 km^2，年均侵蚀模数约 8000 t/($km^2\cdot a$)；长江以南、云贵高原以东的山地丘陵区，年均侵蚀模数约 3000 t/($km^2\cdot a$)。据陕西等 25 个省(区、市)统计，水土流失面积达 182×10^4 km^2，泥沙流失量超过 48.5×10^8 t/a，每年新增流失面积 4790 km^2 以上。中国“三北”地区现有沙质荒漠化土地 153×10^4 km^2，已超过全国耕地面积的总和。20 世纪 50—70 年代，中国沙质荒漠化土地每年以 1560 km^2 的速度扩大，进入 80 年代，沙漠化面积每年扩大 2100 km^2，现在仍有进一步扩大的趋势。

(四) 地质灾害的群发性和链生性

许多地质灾害不是孤立发生或存在的，前一种灾害的结果可能是后一种灾害的诱因或是灾害链中的某一环节。在某些特定的区域内，受地形、区域地质和气候等条件的控制，地质灾害还常常具有群发性的特点。

崩塌、滑坡、泥石流、地裂缝等灾害的这一特征表现得最为突出。这些灾害的诱发因素主要是地震和强降雨过程,因此在雨季或强震发生时,常常引发大量的崩塌、滑坡、泥石流或地裂缝灾害。例如,1960 年 5 月 22 日智利接连发生了 7.7 级、7.8 级、8.5 级三次大地震,在瑞尼赫湖区则引发了体积为 $300\times10^4\ m^3$、$600\times10^4\ m^3$ 和 $3000\times10^4\ m^3$ 的三次大滑坡;滑坡冲入瑞尼赫湖使湖水上涨 24 m,湖水外溢淹没了湖泊下游 65 km 处的瓦尔迪维亚城,全城水深 2 m,使 100 多万人无家可归。在这次灾害过程中,地震—滑坡—堰塞湖溃决—洪水构成了一个灾害链。1988 年 11 月 6 日,中国云南澜沧-耿马 7.6 级地震导致严重的地裂缝、崩塌、滑坡等灾害,在极震区出现长达几十千米、宽几厘米的地裂缝和大量的崩塌、滑坡体,由此造成大量农田和森林被毁,175 个村庄、5032 户居民因受危岩、滑坡的严重威胁而被迫搬迁,另有许多水利工程设施受到不同程度的破坏。

2008 年“5.12”四川汶川大地震造成山体垮塌、滑动,形成了 34 座堰塞湖,其中位于北川县城上游 3.2 km 处的唐家山堰塞湖是最大、最危险的一个堰塞湖。唐家山堰塞湖处于一个峡谷当中,堰塞湖坝体高程约 82～124 m,集雨面积达 3550 km^2,最高水位时蓄水约 $2.486\times10^8\ m^3$。如果堰塞湖坝体溃决,形成的水头为 60～80 m,对下游造成巨大威胁。经过水利专家、武警水电部队和成都军区某集团军工兵团的官兵们日夜奋战,开挖导流明渠,成功下泄水流,才避免了溃坝的危险。

在泥石流频发区,通常发育有大量潜在的危岩体和滑体,暴雨后极易发生严重的崩塌、滑坡活动,由此形成大量碎屑物融入洪流,进而转化成泥石流灾害。这种类型的灾害在中国西南的川、滇等地区非常普遍。

水土流失的直接危害是土层变薄、土地肥力下降、耕地减少,它还可诱发下游地区湖泊、水库淤积,河道淤塞,使泄洪、蓄水、发电功能降低甚至失效。

(五) 地质灾害的成因多元性和原地复发性

不同类型地质灾害的成因各不相同,大多数地质灾害的成因具有多元性,往往受气候、地形地貌、地质构造和人为活动等综合因素的制约。

某些地质灾害具有原地复发性,如中国西部川藏公路沿线的古乡冰川泥石流,一年内曾发生泥石流 70 多次,为国内所罕见。

(六) 地质灾害的区域性

地质灾害的形成和演化往往受制于一定的区域条件,因此其空间分布经常呈现出区域性的特点。如中国“南北分区,东西分带,交叉成网”的区域性构造格局对地质灾害的分布起着重要的制约作用。据统计,90%以上的“崩、滑、流”地质灾害发育在第二级阶梯山地及其与第一和第三级阶梯的交接部位;第三阶梯东部平原的地质灾害类型主要为地面沉降、地裂缝、胀缩土等。按地质灾害的成因和类型,中国地质灾害可划分为四大区域:① 以地面沉降、地面塌陷和矿井突水为主的东部区;② 以崩塌、滑坡和泥石流为主的中部区;③ 以冻融、泥石流为主的青藏高原区;④ 以土地沙漠化为主的西北区。

(七) 地质灾害的破坏性与“建设性”

地质灾害对人类的主导作用是造成多种形式的破坏,但有时地质灾害的发生可对人类产生有益的“建设性”作用。例如,流域上游的水土流失可为下游地区提供肥沃的土壤;山区斜坡地带发生的崩塌、滑坡为人类活动提供了相对平缓的台地,人们常在古滑坡台地上居住或种植农作物。

(八) 地质灾害影响的复杂性和严重性

地质灾害的发生、发展有其自身复杂的规律,对人类社会经济的影响表现出长久性、复合性等特征。

首先,重大地质灾害常造成大量的人员伤亡和人口大迁移。近几十年来,全球地质灾害造成的财产损失、受灾人数和死亡人数都呈现出不断上升的趋势(图1-1)。1901—1980年中国地震灾害造成的死亡人数达61万人,全国平均每年由于“崩、滑、流”灾害造成的死亡人员达928人(段永侯等,1993)。1999年,全球发生的地震和飓风等大的自然灾害共702起,超过了1998年的700起。其中,较大的自然灾害共75起,包括洪水、干旱、暴风雨、地震、火山爆发等,可谓是灾难年;各种自然灾害在全球共造成5.2万人死亡和800亿美元的经济损失,仅次于1998年的930亿美元和1995年日本神户大地震1800亿美元的损失。

其次,受地质灾害周期性变化的影响,经济发展也相应地表现出一定的周期性特点。在地质灾害活动的平静期,灾害损失减少、社会稳定、经济发展比较快。相反,在活跃期,各种地质灾害频繁发生,基础设施遭受破坏、生产停顿或半停顿、社会经济遭受巨大的直接和间接影响。

地质灾害地带性分布规律还导致经济发展的地区性不平衡。在一些地区,灾害不仅具有群发性特征且周期性的频繁产生,致使区域性生态破坏、自然条件恶化,严重地影响了当地社会、经济的发展。全球范围内的南北差异和中国经济发展的东部和中西部的不平衡均与地质灾害的区域性分布有关。

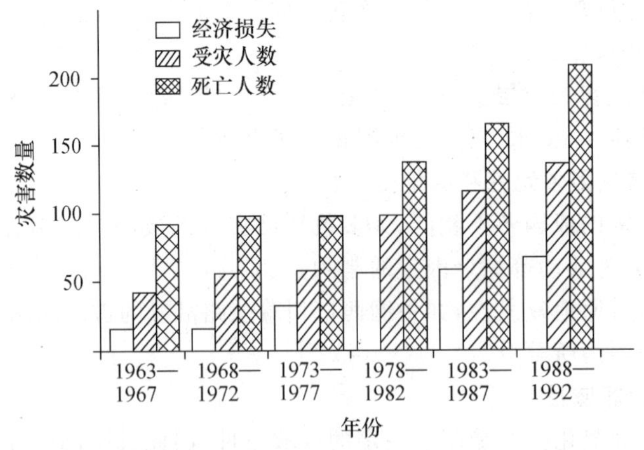

图1-1 1963—1992年全球地质灾害财产损失、受灾人数和死亡人数变化趋势图

(据Keith Smith,1996)

(九) 地质灾害人为成因的日趋显著性

由于地球人口的急剧增加,人类的需求不断增长。为了满足这种需求,各种经济开发活动愈演愈烈,许多不合理的人类活动使得地质环境日益恶化,导致大量地质灾害的发生。例如:超量开采地下水引起地面沉降、海水入侵和地下水污染;矿产资源的不合理开采和大量基础工程建设中爆破与开挖导致崩溃、滑坡、泥石流等灾害的频发;乱伐森林、过度放牧导致土壤侵蚀、水土流失、土地沙漠化等。

人类每年约消耗5×10^{10} t矿产资源,超过了大洋中脊每年新生成的3×10^{10} t岩石圈物质,更高于河流每年搬运1.65×10^{10} t泥沙物质。人类建筑工程面积已覆盖地球表面积的

6%～8%，垂直作用空间已由过去的2000～3000 m增加到现今的几万米，地面建筑物高度已在300～400 m以上，地下开挖深度已超过3000 m，最高人工边坡达600多米，水库最大库容已超过1.5×10^{11} m^3。目前，中国已建8万余座水电站、约14×10^4 km铁路、200多座金属矿山、500多座大型煤矿。这些工程活动对地表的改造作用非常显著，其强度甚至超过了流水、风力等外动力地质作用。

除天然地震和火山喷发外，大多数地质灾害的发生均与人类经济活动有关，如全球滑坡灾害的70%与人类活动密切相关。单纯人为作用引起的地质灾害数量越来越多，规模越来越大，影响越来越广，经济损失也愈加严重。人类对地质环境的作用，在许多方面已相当于甚至超过自然力，成为重要的不可忽视的地质营力。

（十）地质灾害防治的社会性和迫切性

地质灾害除了造成人员伤亡，破坏房屋、铁路、公路、航道等工程设施，造成直接损失外，还破坏资源和环境，给灾区社会经济发展造成广泛而深刻的影响。特别是在严重的崩塌、滑坡、泥石流等灾害集中分布的山区，地质灾害严重阻碍了这些地区的经济发展，加重了国家和其他较发达地区的负担。因此，有效地防治地质灾害不但对保护灾区人民生命财产安全具有重要的现实意义，而且对于促进区域经济发展具有广泛而深远的意义。

中国地质灾害分布十分广泛，有效地防治地质灾害不但需要巨大的资金投入，而且需要社会的广泛参与。目前中国经济还比较落后，国家每年只能拿出有限的资金用于重点防治。即使经济比较发达的国家，也不可能花费巨额资金实施全面治理。无论是现在还是将来，除政府负责主导性的防治外，需要企业和民众广泛参与抗灾、防灾事业。因此，减轻地质灾害损失关系到地区、国家，乃至全球的可持续发展。

1.1.3 地质灾害的分类与分级

（一）地质灾害的类型

目前对地质灾害的灾种范围有多种不同的认识，大致可分为两类：

(1) 把由地质作用引起或地质条件恶化导致的自然灾害都划归为地质灾害，主要包括地震、火山、崩塌、滑坡、泥石流、地面沉降、地裂缝、水土流失、土地荒漠化、海水入侵、部分洪水灾害、海岸侵蚀、地下水污染、地下水水位升降、地方病、矿井突水溃沙、岩爆、煤与瓦斯突出、煤层自燃、土壤冻融、水库淤积、水库及河湖塌岸、特殊土类灾害、冷浸田等。

(2) 仅限于以岩石圈自然地质作用为主导因素而形成的自然灾害，主要包括地震、火山、崩塌、滑坡、泥石流、地面塌陷、地面沉降、地裂缝、海水入侵、特殊岩土地质灾害等十几种。

地质灾害类型划分是灾害地质学的一个重要的基本理论问题。地质灾害的分类应具有实用性、层次性、关联性等特性。按不同的原则，地质灾害有多种分类方案。

1. 按空间分布状况划分

地质灾害可分为陆地地质灾害和海洋地质灾害两个系统。陆地地质灾害又分为地面地质灾害和地下地质灾害；海洋地质灾害又分为海底地质灾害和水体地质灾害。

2. 按灾害的成因划分

地质灾害可分为自然动力型、人为动力型及复合动力型(表1-2)。

(1) 自然动力型地质灾害可再分为内动力亚类、外动力亚类和内外动力复合亚类。

(2) 人为动力型地质灾害按人类活动的性质还可进一步细分为水利水电工程地质灾害、矿山工程地质灾害、城镇建设地质灾害、道路工程地质灾害、农业地质灾害、海岸港口工程地质灾害、核电工程地质灾害等。

(3) 复合动力型分为内外动力复合亚类、人为内动力复合亚类、人为外动力复合亚类。以自然成因为主的地质灾害主要有火山、地震、泥石流、滑坡、崩塌、地裂缝、砂土液化、岩土膨胀、土壤冻融等；由人类活动诱发的地质灾害主要有水土流失、土地荒漠化、地面沉降、地面塌陷、坑道突水溃沙等；崩塌、滑坡和地裂缝等地质灾害则既可由自然地质作用引起，也可由人类活动诱发。

表 1-2 地质灾害成因类型划分表

类 型	亚 类	灾害举例
自然动力型	内动力亚类	地震、火山、岩爆、瓦斯爆炸、地裂缝等
	外动力亚类	泥石流、滑坡、崩塌、岩溶塌陷、地面沉降、荒漠化等
人为动力型	道路工程	滑坡、崩塌、荒漠化、黄土湿陷等
	水利水电工程	泥石流、滑坡、崩塌、岩溶塌陷、地面沉降、诱发地震等
	矿山工程	地面塌陷、坑道突水、泥石流、诱发地震、煤与瓦斯突出等
	城镇建设	地面沉降、地裂缝、地下水变异等
	农林牧活动	水土流失、荒漠化、与地质因素有关洪涝灾害等
	海岸港口工程	海底滑坡、岸边侵蚀、海水入侵等
自然与人为动力复合型	内外动力复合亚类	泥石流、滑坡、崩塌等
	内动力、人为复合亚类	岩爆、瓦斯爆炸、地裂缝、地面沉降等
	外动力、人为复合亚类	泥石流、滑坡、崩塌、水土流失、荒漠化等

3. 按地质环境变化的速度划分

按地质环境变化的速度可划分为突发性和渐进性地质灾害两类。前者主要有火山、地震、泥石流、滑坡、崩塌等；后者主要有水土流失、地面沉降、土地荒漠化等。

(二) 地质灾害分级

地质灾害分级反映了地质灾害的规模、活动频次及其对人类与环境的危害程度。地质灾害的分级方案有：灾变分级、灾度分级和风险分级。灾变分级是对地质灾害活动强度、规模和频次的等级划分；灾度分级反映了灾害事件发生后所造成的破坏和损失程度；风险分级是在灾害活动概率分析基础上核算出来的期望损失的级别划分。

上述三种分级是基于不同目的而提出的，彼此不能互相取代。对经济发达地区而言，风险分级更应予以重视。但是由于地质灾害区域性分布的特点、社会经济发展水平和科学技术水平等因素的影响，制定统一的地质灾害分级标准也比较困难。

张梁等人(1998)根据地质灾害活动规模，对崩塌(危岩)、滑坡、泥石流、岩溶塌陷、地裂缝、地面沉降、海水入侵、膨胀土等灾害进行了较详细的等级划分(表 1-3)。

表 1-3 地质灾害灾变等级划分表

(据张梁等，1998)

灾 种	指 标	灾变等级			
		特大型	大型	中型	小型
崩滑(危岩)	体积/10^4 m^3	>100	100～10	10～1	<1
滑坡	体积/10^4 m^3	>1000	1000～100	100～10	<10
泥石流	堆积物体积/ 10^4 m^3	>50	50～20	20～1	<1

续表

灾 种	指 标	灾变等级			
		特大型	大型	中型	小型
岩溶塌陷	影响范围/km^2	>20	20～10	10～1	<1
地裂缝	影响范围/km^2	>10	10～5	5～1	<1
地面沉降①	沉降面积/km^2	>500	500～100	100～10	<10
	累计沉降量/m	>2.0	2.0～1.0	1.0～0.5	<0.5
海水入侵	入侵范围/km^2	>500	500～100	100～10	<10
膨胀土	分布面积/km^2	>100	100～10	10～1	<1

① 地面沉降灾变等级的两个指标不在同一级次时，按从高原则确定灾害等级。

根据一次灾害事件所造成的死亡人数和直接经济损失额，地质灾害的灾度等级可划分为特大灾害、大灾害、中灾害和小灾害四级（表 1-4），而风险等级有高度风险、中度风险、轻度风险和微度风险之分（表 1-5）。

表 1-4 地质灾害灾情①与危害程度等级②划分表

（据地质灾害防治条例，2003）

灾害程度等级	死亡人数/人	受威胁人数/人	直接经济损失/万元
特大级（特重）	>30	>1000	>1000
重大级（重）	30～10	1000～100	1000～500
较大级（中）	10～3	100～10	500～100
一般级（轻）	<3	<10	<100

① 灾情分级，即已发生的地质灾害灾度分级，采用“死亡人数”或“直接经济损失”栏指标评价；② 危害程度分级，即对可能发生的地质灾害危害程度的预测分级，采用“受威胁人数”或“直接经济损失”栏指标评价。

表 1-5 地质灾害风险等级划分表

（据张梁等，1998）

	风险等级	高度风险	中度风险	轻度风险	微度风险（零风险）
期望损失	年均死亡人数	>10	10～1	0	0
	直接经济损失（万元/年）	>100	100～10	10～1	<1

1.1.4 中国地质灾害的发育状况与分布规律

（一）中国地质灾害发育状况

中国是世界上地质灾害最严重的国家之一，灾种类型多、发生频率高、分布地域广、灾害损失大。1949 年以来，因地震死亡近 30 多万人，伤残近百万人，倒塌房屋 1000 多万间。其中，1976 年在唐山发生的震惊世界的 7.8 级强烈地震，造成 24.2 万人死亡，16.4 万人伤残。据统计，中国共发育有较大型崩塌 3000 多处、滑坡 2000 多个，中小规模的崩塌、滑坡、泥石流则多达 40 多万处。全国有 350 多个县的上万个村庄、100 余座大型工厂、55 座大型矿山、3000 多千米铁路线受崩塌、滑坡、泥石流的严重危害。除北京、天津、上海、河南、甘肃、宁夏、新疆以外的 24 个省、区、市都发现岩溶塌陷灾害。全国岩溶塌陷总数近 3000 处、塌陷坑 3 万多个、塌陷面积300多平方千米。黑龙江、山西、安徽、江苏、山东等省则是矿山采空塌陷的严重发育区。据不完全统计，在全国20个省、区内，共发生采空塌陷180处以上，塌陷面积大于1000多平方千米(段永侯等，1993)。

全国共有上海、天津、江苏、浙江、陕西等16个省(区、市)的46个城市出现了地面沉降问题。地裂缝出现在陕西、河北、山东、广东、河南等17个省(区、市)，共400多处、1000多条。全国荒漠化土地面积达262×10^4 km^2，土地沙化面积以每年2460 km^2的速度扩展，水土流失面积超过180×10^4 km^2(段永侯等，1993)。

随着国民经济持续高速发展、生产规模扩大和社会财富的积累，同时由于减灾措施不能满足经济快速发展的需要，造成灾害损失呈上升趋势。按1990年不变价格计算，中国自然灾害造成的年均直接经济损失为：20世纪50年代为480亿元，60年代570亿元，70年代590亿元，80年代690亿元；进入90年代以后，年均已经超过1000亿元，1998年仅洪水灾害一项就造成直接经济损失1662亿元。据不完全统计，不同种类地质灾害每年造成上千人死亡，经济损失高达200多亿元。

(二) 中国地质灾害的空间分布规律

中国地域辽阔，经度和纬度跨度大，自然地理条件复杂，构造运动强烈，自然地质灾害种类繁多、灾情十分严重。同时，中国又是一个发展中国家，经济发展对资源开发的依赖程度相对较高，大规模的资源开发和工程建设以及对地质环境保护重视不够，人为地诱发了很多地质灾害，使中国成为世界上地质灾害最为严重的国家之一。

地质灾害是在地球各圈层的发展演化过程中由各种地质作用形成的灾害性事件。地质环境是地质灾害形成与发展的基础和条件。地质灾害的空间分布及其危害程度与地形地貌、地质构造格局、新构造运动的强度与方式、岩土体工程地质类型、水文地质条件、气象水文及植被条件、人类工程活动等有着极为密切的关系。受上述诸因素制约，中国地质灾害的区域分布具有东西分区、南北分带的特点，如华北、东北、西北诸省，荒漠化作用强烈；西南山区降雨多而集中，崩塌、滑坡、泥石流灾害频繁发生；东部平原区地面沉降、地裂缝广泛发育；沿海诸省，海水入侵、海岸侵蚀等强烈发育。

中国陆地地势变化很大，总体是西高东低，大地貌区划分为三级地势阶梯。第一阶梯平均海拔4000 m以上，为高原寒冷气候，寒冻作用普遍，冻胀、融沉、泥流、雪崩等灾害发育。第二级阶梯一般海拔高度在1000～2000 m以下，在第一与第二级阶梯过渡地带，地形切割强烈，山地地质灾害，如滑坡、崩塌、泥石流、水土流失等分布广泛，灾度也高；东部广大平原、盆地区属于一级阶梯，地势最低，地形平缓，人口稠密，城市化程度高，由于大规模的生产建设，城市生产、生活和农业灌溉用水量大，过量开采地下水造成地面沉降和海水入侵灾害；在矿山地区由于矿床开采、疏干排水、注水等工程活动造成矿区地面塌陷、岩溶塌陷等灾害；兴修水利水电工程和水库蓄水等引起诱发地震灾害；河流上游不合理的开荒垦地造成水土流失而引发河、湖、水库、港口等淤积灾害。因此，中国东部地区地质灾害的类型及其空间分布主要与人类大规模经济活动密切相关。

根据地质灾害宏观类别，结合地质、地理、气候及人类活动等环境因素，可将中国地质灾害划分为四大区域(葛中远，1991)。

1. 平原、丘陵地面沉降与塌陷为主地质灾害大区

位于山海关以南，太行山、武当山、大娄山一线以东，包括中国东部和东南部的广大地区。

该区地处华北断块东南部、华南断块、台湾断块的主体部位；地貌上位于中国大地貌区划第三级地势阶梯，是中国最低一级阶梯，以平原、丘陵地貌类型为主；本区南部属热带和亚热带气候区，温暖湿润，中北部地区以温带为主，气候温凉、半湿润至半干旱，降水充沛至较充沛；平原地区发育较厚的第四纪冲积、湖积、海积松散堆积层，丘陵山区分布有古生代、中生代碳酸盐岩、碎屑岩和岩浆岩；新构造活动比较强烈，发育有著名的郯城-庐江深大断裂，以及南海、黄海北北东向地震构造带，除台湾、福建沿海及华北地区地震活动强烈至较强烈外，其他地区较弱；区内矿产资源较丰富，采矿业发达，大中城市分布密集，人口稠密，沿海开放城市工业发达、人类工程活动规模大、强度高，诱发了严重的城市地面沉降、矿山地面塌陷、岩溶塌陷、水库地震、土地荒漠化以及港口、水库、河道等淤积灾害，丘陵山区人为活动诱发的滑坡、崩塌、泥石流灾害较发育。总之，该区是以人类工程活动为主形成的地质灾害组合类型大区。

2. 山地斜坡变形为主地质灾害大区

包括长白山南段、阴山东段，长城以南，青海南山、阿尼玛卿山、横断山北段一线以东，雅鲁藏布江以南的广大地区，属中国中部地区及青藏高原南部、东北部分地区。

该区地处青藏断块、华南断块与华北断块的结合部位，地貌上位于中国大地貌区划第二级地势阶梯，以山地和高原为主要地貌类型，海拔高程 1000～2000 m，地形切割强烈，相对高差大。气候上跨越东部季风区、西北部干旱半干旱区；西南地区降水较丰沛，年均降水量800～1200 mm，西北黄土高原年均降水量 300～700 mm，降水时空分配不均，集中在7—9 月，降雨强度大，多以暴雨形式出现；分布地层主要为不同时代的各类坚硬、半坚硬岩类和松散土状堆积；该区新构造运动强烈，活动断裂发育，如鲜水河、小江、安宁河、龙门山、六盘山、祁连山等活动性深大断裂密布，构成中国南北向活动构造带，区内地震活跃，强度大、频度高，仅 20 世纪发生的 7 级以上强震就达 23 次之多，地震灾害严重；区内矿产、水力、森林、土地等资源丰富，是中国新兴工业区，人口密度较大，资源开发和农牧活动等经济活动活跃，由于不合理开发利用山地斜坡、森林植被等资源，使地质环境日趋恶化，导致泥石流、滑坡、崩塌、水土流失等山地地质灾害频繁发生，灾害损失十分严重。在该区内，由内动力和外动力地质作用引起的突发性地质灾害最为发育，以自然动力和人类活动相互叠加而形成的山地地质灾害广泛分布。

3. 内陆高原、盆地干旱、半干旱风沙为主地质灾害大区

地处秦岭-昆仑山一线以北，在大地构造上属于新疆断块并横跨华北断块及东北断块区，位于中国大地貌区划的第二级阶梯部位，由高原、沙漠、戈壁及高大山系、盆地、平原等地貌类型组成。西部山系一般海拔 1000～3000 m，东部平原、盆地一般海拔 500 m 以下；气候属内陆干旱、半干旱至温带气候，降水稀少，年均降水量差异较大，一般在 50～800 mm。在该区的西部，活动性断裂发育、地震活动强烈；其余地区地震活动相对较弱。内陆高原、荒漠地区气候恶劣，风力吹扬作用强烈，沙质荒漠化灾害日趋严重。河套平原等地区土地盐碱化较发育；新疆、宁夏、内蒙等地的煤田自燃灾害比较严重；天山、昆仑山山地则主要发育雪崩、滑坡、崩塌等地质灾害。总之，中国北部地区是以自然地质营力为主并叠加人为地质作用所形成的复合型地质灾害大区。

4. 青藏高原及大、小兴安岭北段地区冻融为主地质灾害大区

位于青藏高原中北部及大、小兴安岭北段地区，大地构造上属于青藏断块和东北断块区。青藏高原为中国大地貌区划第一级地势阶梯上，平均海拔达 5000 m 以上，属于中国的高海拔冻土区；东北大兴安岭、小兴安岭北段处于欧亚大陆高纬度冻土带的南缘，是中国的高纬度多年冻土区。在青藏高原和大、小兴安岭地区广泛发育有连续多年冻土和岛状多年冻土，岛状冻土区由于气候季节变化和日温差变化，冰丘冻胀、融沉、融冻泥流、冰湖溃决泥流等地质灾害较为发育。

青藏高原地壳抬升强烈，为印度洋板块和欧亚板块之间的碰撞接合带，活动性深大断裂发育，地震活动强烈，20世纪以来共发生7级以上强烈地震达10次之多。

总之，该区主要是由自然地质营力形成的以冻融、地震灾害为主的地质灾害大区。

1.2 灾害地质学的诞生与发展

1.2.1 古代社会对地质灾害的认识

人类自诞生之日起，人地关系便已同时形成，地球表层系统的任何变化都对人类产生着不同程度的影响；随着生产力水平的提高和科学技术的进步，人类对地球表面灾变现象的认识不断加深。古代社会人们对地质灾害的认识充满了唯心论与唯物论、科学观与非科学观的矛盾与对立。典型的非科学灾害观认为各种自然灾害是神或天对人的惩罚与警告，从而有“天象示警”之说。“天象示警说”认为“天意不可违”，一旦遭受灾害惩罚只能以祈祷、悔过、补失等方法消灾解祸。科学的灾害观有“天人相关论”、“制天命而用之”等思想。随着生产技术水平的不断提高和古代地理学、水文学、天文学、气象学等科学的兴起与发展，科学灾害观不断形成和发展，对古代社会的防灾减灾发挥了重要作用。

（一）古代社会的灾异观念

关于地球上的灾变现象，中国汉代早期就有了比较明确的解释，即地灾和天灾一样，是天地的异常之变。汉武帝时的学者董仲(前180—前115)在其所著《春秋繁露》一书中道“天地之物，有不常之变者，谓之异；小者谓之灾。灾常先至而异乃随之。灾者，天之谴也，异者，天之威也。……凡灾异之本，尽生于国家之失。”此即古代关于灾变的天遣论。天遣论认为灾异是上天有意识地责备有过失的人君，希望他能够改过行善；不然他的天下就会丧失，他的国家就将灭亡。而阴余论虽也认为灾害是上天对人的惩罚，但把皇帝排除在外了。阴余论将自然和社会的事物都按阴阳的观点分为二类，如天、日、山、火、上、高、人、男、君等为阳，地、月、川、水、下、低、兽、女、后妃、臣、宦官等为阴。皇族出身的刘向(约前77—前6)撰著了一本用阴阳五行灾异推论时政得失的书《洪范王行传论》，书中一句名言曰：“地动，阴有余；天裂，阳不足。”唐朝李淳风在《观象玩占》中写道：“地者积阴，以静为体。地动者，阴有余也。主弱臣强，外戚擅权，后妃专政。”阴余论所指向的目标避开了最高统治者皇帝，所以在实际的政治斗争中，常被用来作为有利工具向政敌攻击(李鄂荣等，1998)。

与天谴论、阴余论相对立的观点是“人定胜天论”。远古时代大禹治水的传说，把灾害归因于自然界而不是天意，并且认为自然灾害是可以战胜的。战国时期的荀况对人定胜天思想有比较明确的论说：“天行有常，不为尧存，不为桀亡。应之以治则吉，应之以乱则凶。强本而节用，则天不能贫；养备而动时，则天不能病；修道而不贰，则天不能祸。”“从天而颂之，孰与制天命而用之？孰与骋能而化之？思物而物之，孰与理物而身失之也？”。东汉时期的哲学家王充(27—97)在其名著《论衡》中对天人感应、天谴等灾变学说进行了全面的讨论与反驳，充分肯定自然界的灾变是可以认识的。

(二) 科学思想的萌芽

古人关于自然灾害的成因,基本上也是受"神天"与"人天"两种自然观所控制。"神天观"为多种灾变现象的发生与发展都设了相应的神位,如龙王主旱涝,风神、火神、雷公、电母等等各司其职。相反,"人天观"则客观地观察、记录直至探究各种灾变的成因和防御之道(马宗晋等,1998)。

中国地质灾害科学观的奠基人应首推东汉时代的张衡(78—139)。他在132年所发明的候风地动仪是世界上第一台地震仪。类似的地震仪在13世纪时才在波斯(今伊朗)出现,欧洲则更晚(李鄂荣,1998)。候风地动仪史料源于《后汉书·张衡传》,书中记载了候风地动仪的机械结构与功能。

明、清时代关于地震的文献记录表明,早在14—18世纪时期,中国对地震灾害的认识已不限于只记载房毁屋塌和人员伤亡以及地表地形的变化等情况,还注意到灾害的前兆、前震和主震及主要破坏阶段、地震原因分析、区域分布规律和发震时间规律等,同时总结了大震应急措施。

古代中国人,在面临自然灾害时建立了一套相对制度化且行之有效的救灾机制。救灾职责主要是由政府承担,大致可分为朝赈和官赈两类:朝赈由中央朝廷主持,通常会对灾害地区拨发粮款,灾后则采取免除、缓征租赋等措施来恢复民生;而官赈是由地方官主持,在地区性自然灾害发生后,动用地方库藏钱粮赈济救灾。另外,中国历史上还存在着由民间义士自愿捐粮、捐款赈济灾民的义赈活动。从救灾过程来看,古代救灾可分为灾前预防、灾中救助和灾后救济三个阶段。灾前预防主要是建立粮食仓储制度,而政府兴修水利、加强气象监测及建立粮价呈报制度也是颇具效能的防灾措施;灾中救助指在灾害发生过程中,官方所采取的一系列应急救助措施;而灾后救济则是古代救灾机制的核心,主要有减征和缓征赋税等措施。从救灾措施来看,中国古代已经衍生出了丰富多样的救灾方式,如赈济、以工代赈、移粟就民、移民就粟以及劝奖社会助赈等措施。从救灾程序来看,则形成了报灾、勘灾、审户和发赈等规范化的几个步骤。

中国关于灾害治理的历史发展最主要的是治水工程,除"大禹治水"的传说外,还有李冰修都江堰。此外,为了防震、防风,在房屋建筑上也有不少因地制宜的建筑抗灾设计与措施,如加强房架与墙体的连接、加固柱脚与柱托的榫接等。

1.2.2 灾害地质学的形成与发展

中国有几千年的地灾史料记载,虽然现代地质科学从19世纪50年代已经传入中国,但直到20世纪20年代以前,尚没有地质学家从事灾害地质的研究。1920年,宁夏海原大地震,极大地冲击了当时的中国地质学者。中国历史上第一个地震灾害考察团前往震区调查,其中有地质学家翁文灏、谢家荣、王烈等人,随后发表的一系列报告和文章不但报道了灾区的受灾情况,而且从地质学理论出发,详细分析了灾区的地质、地层、山崩、地裂、河谷堰塞、窑洞坍塌、井泉变化和地貌改观等现象;对地震的成因、灾害惨重的原因等也进行了探讨(李鄂荣,1998)。

1930年在北京西郊建立的鹫峰地震研究室,第一次装配了能够记录全世界大地震的监测仪器,中国开始有了地球物理研究手段。次年,在南京中央研究院气象研究所又建成中国第二个地震台——北极阁地震台。新中国建立后,中国分别成立了中国科学院地球物理所地震专业(1965年)和中国科学院地震工作委员会(1953年)。1969年,成立中央地震工作领导小组,并于1971年扩建为国家地震局。国家地震局下属有省(区)地震局、研究所和地震台站等。

20世纪50年代,中国的地质工作主要是找矿勘探和国土资源测绘。进入60、70年代,随着自然资源的过度开发,地下采空区不断扩大,矿区地下水动态发生改变,导致大面积地面塌陷,危害城镇和农田;许多沿海和内陆城市因过量抽汲地下水相继出现了地面沉降;宝成、宝天等山区交通干线经常遭受崩塌、滑坡、泥石流灾害的侵袭。1964—1976年相继在邢台、海城、唐山发生的大地震,造成重大人员伤亡和财产损失。中国地质灾害的研究工作从此进入一个崭新的阶段。

"六五"以来,针对三峡工程建设,中国地学工作者先后开展了"长江三峡工程库区重大崩塌滑坡监测预报及减灾对策研究"等科技攻关项目,对三峡工程库区的水土流失、滑坡、崩塌、环境污染、库岸稳定和水库浸没等环境地质问题进行了系统的调查研究,建立了地质灾害风险评价和危岩失稳预报等模型,实施了链子崖、黄腊石崩滑体的防治工程,对重点危岩体布设了实时监测系统,出版了《长江三峡工程库区大型滑坡崩塌图集》和《三峡工程地质研究》等多项研究成果,为库区经济开发、国土整治、移民和城市建设等提供了重要依据。

"八五"期间,在原国家计委和原地矿部地质环境管理司组织下,以省(区、市)为单元,对中国地质灾害现状进行了全面调查并出版了《中国地质灾害》一书和分省地质灾害图集,重点反映了崩塌、滑坡、泥石流、土壤侵蚀、岩溶塌陷、地面沉降、海水入侵、土地荒漠化、盐渍化、沼泽化、特殊土危害等主要地质灾害的类型、特征、影响因素、分布现状和区域发展规律等,具有较高的科学性和实用性。

水资源枯竭、水质恶化、海水入侵、地面沉降、地基沉陷、生态环境恶化以及滑坡,泥石流等城市地质灾害问题的研究也取得了大量的成果。在建立环境监测系统的基础上,多数大中城市开展了地质灾害与地质环境质量的综合评价,编制了城市环境地质图系或图集,为城市规划和建设提供了依据。

为响应"国际减轻自然灾害十年活动",中国于1989年4月成立了由国务院20多个部委负责人组成的中国减轻自然灾害委员会,同年成立了中国地质灾害研究会,并召开了地质灾害防治工作会议,讨论制定了《全国地质灾害防治工作规划纲要》(1990—2000)。中国地质灾害研究会于1990年在天津组织召开了地面变形地质灾害学术讨论会;1991年10月21—25日,由地质矿产部和中国地质灾害研究会共同主办的中国国际地质灾害防治学术讨论会在北京举行,来自亚、非、欧、美等十多个国家和地区的几十位外国专家、学者和中国代表一起交流了地质灾害勘查评价、监测、预报与减灾对策,各类地质灾害描述及某些灾害的机制和力学模型,卫星遥感技术在地质灾害监测、预报等方面的应用,灾害地质图、环境地质图的编制,国际间地质灾害防治的科技合作与交流。

1994年召开了第二届全国地质灾害研究与防治学术讨论会。1995年6月22日,中国地质学会地质灾害研究分会防治工程专业委员会成都召开第一次会员代表大会,并通过了专业委员会章程。1998年分别在天津市和黑龙江省七台河市举行了防治地面沉降和地面塌陷学术讨论会。1999年在深圳举行了地质灾害防治学术交流会。

2003年10月27—29日,中国地质学会地质灾害研究分会防治工程专业委员会第六届地质灾害防治工程学术论坛在广西壮族自治区桂林市召开,90余位代表参加了会议,他们分别来自全国国土资源、铁路、公路交通、水利、电力、冶金、煤炭、建筑、中科院和高等院校、企业、民营等机构的科研、设计、勘察施工、环境监测等50多个单位部门。

2009年10月9—11日，由中国岩石力学与工程学会和国土资源部中国地质调查局联合举办的“城市建设与地质灾害防治学术论坛”在兰州举行，来自全国20多个省市的346名代表参加了论坛。论坛围绕地质灾害对中国山区城市的规划和建设的不利影响，讨论了山区城市建设中地质灾害防治工程领域面临的问题、总结经验教训、提升理论观点、寻求有效的应对机制，以推动地质灾害易发区城市工程建设领域的科技进步。

2011年6月，国务院出台了《国务院关于加强地质灾害防治工作的决定》，明确提出将“以人为本”的理念贯穿于地质灾害防治工作各个环节，以保护人民群众生命财产安全为根本，以建立健全地质灾害调查评价体系、监测预警体系、防治体系、应急体系为核心，强化全社会地质灾害防范意识和能力，科学规划，突出重点，整体推进，全面提高中国地质灾害防治水平。具体指出了当前及未来10年地质灾害防治工作的重点，即：全面开展隐患调查和动态巡查；加强监测预报预警；开展地质灾害危险性评估、临灾避险和搬迁避让，有效规避灾害风险；综合采取工程治理、地震灾区和三峡库区地灾防治、重要设施周边地灾防治、健全地面沉降及地裂缝防控机制等防治措施；提高地质灾害应急能力，做好突发地质灾害的抢险救援；健全保障机制，加强组织领导和协调。这些工作的开展必将极大地丰富和发展灾害地质学的基础理论与方法体系。

第 2 章　地质灾害危险性评估与减灾效益分析

2.1　地质灾害危险性评估

地质灾害危险性评估是在查明各种致灾地质作用的性质、规模和承灾对象社会经济属性(承灾对象的价值,可移动性等)的基础上,从致灾体稳定性和致灾体与承灾对象遭遇的概率上分析入手,对其潜在的危险性进行客观评估。

2.1.1　地质灾害危险性评估的目的与主要内容

(一) 地质灾害危险性评估的目的

地质灾害危险性是地质灾害自然属性的体现,危险性评估的核心要素是地质灾害的活动强度。《地质灾害危险性评估技术要求(试行)》(国土资发〔2004〕69 号)规定,在地质灾害易发区内进行工程建设,应当在可行性研究阶段进行地质灾害危险性评估;编制地质灾害易发区内的城市总体规划、村庄和集镇规划时,应当对规划区进行地质灾害危险性评估。可行性研究报告、项目申请报告、项目备案申请文件中未包含地质灾害危险性评估结果的,投资主管部门不得进行项目审批、核准、备案,国土资源主管部门不得办理用地报批手续。

(二) 地质灾害危险性评估的主要内容

地质灾害危险性评估的灾害种类包括:崩塌、滑坡、泥石流、地面塌陷、地裂缝、地面沉降和特殊类岩土;对特殊工程或特殊场地建设项目,可增加由工程引发的或工程本身可能遭受的其他地质灾害种类。

地质灾害危险性分为历史灾害危险性和潜在灾害危险性。前者指已经发生的地质灾害的活动强度,评价要素为灾害的类型、规模、活动周期以及研究区内灾害的分布密度;后者指具有灾害形成条件但尚未发生的地质灾害的潜在危害性,评价要素包括地质条件、地形地貌条件、气象水文条件、植被条件和人为活动条件等。

地质灾害危险性评估主要包括下列内容:根据工程建设和规划项目的工程概况,搜集区内的气象、水文、地震及有关地质资料,尤其是地质灾害、破坏地质环境的人类活动及工程建设经验等资料;通过野外地质调查,必要时辅以勘探手段,查明评估区地质环境条件和地质灾害的基本特征;分析论证工程规划用地和建设区各种地质灾害的危险性,依次进行现状评估、预测评估和综合评估;做出规划用地和建设用地适宜性评估结论,提出地质灾害防治措施建议。

2.1.2　地质灾害危险性评估的范围与级别

地质灾害危险性评估范围,不能局限于建设用地和规划用地面积内,应根据建设和规划项目特点(如点状、线状、面状、工程量等)、地质环境条件和地质灾害种类确定。按照可能影响拟建工程或拟建工程可能引发的地质灾害种类,其评估范围应满足下列要求:崩塌、滑坡灾害应包括崩塌、滑坡形成及影响的范围;泥石流灾害应包括沟谷至分水岭的全部地段和可能受泥石流影响的地段;地面塌陷灾害应包括推测和可能发生及影响的范围;地裂缝灾害应向用地范围四周适当扩大，尽量包括附近已发生地裂缝的区域和推测可能延展的区域；地面沉降灾害应向用地范围四周适当扩大；特殊类岩土的危险性评估应向用地范围外扩 200～500 m。

根据《地质灾害危险性评估技术要求(试行)》(国土资发〔2004〕69 号)规定，城市总体规划用地、乡镇规划用地地质灾害危险性评估级别应为一级；建设用地地质灾害危险性评估应根据地质环境条件复杂程度(表 2-1)和建设项目重要性(表 2-2)分级进行，级别分为一级、二级和三级(表 2-3)。

表 2-1 地质环境条件复杂程度[①] 分类表

复 杂	中 等	简 单
● 地质灾害发育强烈	● 地质灾害发育中等	● 地质灾害一般不发育
● 地形与地貌类型复杂	● 地形较简单，地貌类型单一	● 地形简单，地貌类型单一
● 地质构造复杂，岩性岩相变化大，岩土体工程地质性质不良	● 地质构造较复杂，岩性岩相不稳定，岩土体工程地质性质较差	● 地质构造简单，岩性单一，岩土体工程地质性质良好
● 工程地质、水文地质条件不良	● 工程地质、水文地质条件较差	● 工程地质、水文地质条件良好
● 破坏地质环境的人类工程活动强烈	● 破坏地质环境的人类工程活动较强烈	● 破坏地质环境的人类工程活动一般

① 每类 5 项条件中，有一条符合复杂条件者即划为复杂类型。

表 2-2 建设项目重要性分类表

项目类型	项目类别
重要建设项目	开发区建设、城镇新区建设、放射性设施、军事设施、核电、二级(含)以上公路、铁路、机场、大型水利工程、电力工程、港口码头、矿山、集中供水水源地、工业建筑、民用建筑、垃圾处理场、水处理厂等
较重要建设项目	新建村庄、三级(含)以下公路、中型水利工程、电力工程、港口码头、矿山、集中供水水源地、工业建筑、民用建筑、垃圾处理场、水处理厂等
一般建设项目	小型水利工程、电力工程、港口码头、矿山、集中供水水源地、工业建筑、民用建筑、垃圾处理场、水处理厂等

表 2-3 地质灾害危险性评估分级表

建设项目重要性	地质环境条件复杂程度		
	复杂	中等	简单
重要建设项目	一级	一级	一级
较重要建设项目	一级	二级	三级
一般建设项目	二级	三级	三级

2.1.3 地质灾害危险性评估的基本要求

地质灾害危险性评估包括：地质灾害危险性现状评估、地质灾害危险性预测评估和地质灾害危险性综合评估。

地质灾害危险性现状评估要求基本查明评估区已发生的崩塌、滑坡、泥石流、地面塌陷(含岩溶塌陷和矿山采空塌陷)、地裂缝和地面沉降等灾害形成的地质环境条件、分布、类型、规模、变形活动特征，主要诱发因素与形成机制，对其稳定性进行初步评价，在此基础上对其危险性和对工程危害的范围与程度做出评估。

地质灾害危险性预测评估是指对工程建设场地及可能危及工程建设安全的邻近地区可能引发或加剧的和工程本身可能遭受的地质灾害的危险性做出评估。预测评估必须在对地质环境因素系统分析的基础上，判断在降水或人类活动等因素激发下，某一个或一个以上的可调节的地质环境因素的变化，导致致灾体处于不稳定状态，预测评估地质灾害的范围、危险性和危害程度。地质灾害危险性预测评估内容包括：对工程建设中、建成后可能引发或加剧崩塌、滑坡、泥石流、地面塌陷、地裂缝和不稳定的高陡边坡变形等的可能性、危险性和危害程度做出预测评估，对建设工程自身可能遭受已存在的崩塌、滑坡、泥石流、地面塌陷、地裂缝、地面沉降等危害隐患和潜在不稳定斜坡变形的可能性、危险性和危害性程度做出预测评估。对各种地质灾害危险性预测评估可采用工程地质比拟法，成因历史分析法，层次分析法，数学统计法等定性、半定量的评估方法进行。

地质灾害危险性综合评估，要求依据地质灾害危险性现状评估和预测评估结果，充分考虑评估区的地质环境条件的差异和潜在的地质灾害隐患点的分布、危险程度，确定判别区段危险性的量化指标，根据“区内相似，区际相异”的原则，采用定性、半定量分析法进行工程建设区和规划区地质灾害危险性等级分区(段)；并依据地质灾害危险性、防治难度和防治效益，对建设场地的适宜性作出评估，提出防治地质灾害的措施和建议。地质灾害危险性综合评估，危险性划分为大、中等、小三级。

不同级别的地质灾害危险性评估，要求有所差异。一级评估应有充足的基础资料，进行充分论证。必须对评估区内分布的各类地质灾害体的危险性和危害程度逐一进行现状评估；对建设场地和规划区范围内，工程建设可能引发或加剧的和本身可能遭受的各类地质灾害的可能性及危险程度分别进行预测评估；依据现状评估和预测评估结果，综合评估建设场地和规划区地质灾害危险性程度，分区段划分出危险性等级，说明各区段主要地质灾害种类和危险程度，对建设场地适宜性作出评估，并提出有效防治地质灾害的措施与建议。

二级评估应有足够的基础资料，必须对评估区内分布的各类地质灾害的危险性和危害程度逐一进行初步现状评估；对建设场地范围和规划区内，工程建设可能引发或加剧的和本身可能遭受的各类地质灾害的可能性及危险程度分别进行初步预测评估；在上述评估的基础上，综合评估其建设场地和规划区地质灾害危险性程度，分区段划分出危险性等级，说明各区段主要地质灾害种类和危害程度，对建设场地适宜性作出评估，并提出可行的防治地质灾害措施与建议。

三级评估可以从简，对建设用地范围内是否存在地质灾害及其潜在危险性进行定性分析确定。初步查明评估区地质灾害的类型、分布，工程建设可能诱发的地质灾害的类型、规模、危害及对评价区地质环境的影响。

2.1.4 地质灾害危险性评估的一般方法

地质灾害危险性评估的工作方法以搜集资料和地质环境调查为主。一级评估应辅以勘探手段，且应开展相应的定量评价；二级评估必要时辅以勘探手段，且应有足够的基础资料和定性或定量评价；三级评估应有必要的基础资料。

(一) 突发性地质灾害发生概率的确定

地质灾害发生概率是崩塌、滑坡、岩溶塌陷、地震等突发性地质灾害危险性分析的重要指标。突发性地质灾害属于随机性事件，同时又具有重复性和周期性特点。在不同条件下，它们发生的概率和成灾程度不同。确定突发性地质灾害发生概率的方法很多，常用的有经验法、动力分析法与条件分析法、历史灾害频数统计法等(罗元华等，1998)。

对于活动频繁且有较长时间观测记录或充分研究资料的地质灾害，可通过进一步分析不同时间尺度的灾害周期性变化规律，根据经验确定不同规模灾害事件的发生概率。

动力分析与条件分析方法是通过潜在灾害体的力学机制和形成条件分析，利用数学模型确定灾害发生概率的方法。

历史灾害频数统计法是通过对地质灾害在历史上的活动次数进行统计，总结出不同规模灾害活动随时间的分布频数曲线，根据曲线类型确定灾害活动规模与灾害发生频率的关系，从而得出灾害发生的概率。

(二) 渐进性地质灾害发展速率的确定

地质灾害发展速率是地裂缝、地面沉降、海水入侵等渐进性地质灾害危险性分析的基础指针。渐进性地质灾害的评价对象是已经发生灾害的地区，评价内容主要是地质灾害的未来活动强度和成灾水平，评价方法主要有约束外推法和模拟模型法两种(罗元华等，1998)。

约束外推法是指通过分析系统内大量随机现象的变化规律，确定系统发展的约束条件，并依此推测系统未来发展趋势的方法。约束外推预测的具体方法主要有德尔菲法、单纯外推法、趋势外推法、移动平均法、指数平滑活动、时间序列法等。常用的为单纯外推、趋势外推和时间序列分析法。在建立灾害活动规模与时间关系的基础上，依照已有的自然趋势外延，预测未来不同时期灾害活动规模，并计算灾害发展速率。约束外推方法简便，对于那些有长期灾害活动记录，且灾害活动条件比较单一的评价目标最为适用。

模型模拟法是根据"同态性原理"确定评估对象的同态预测模型，建立数学模型，分析未来状态与现实状态之间评价目标的数量关系，从而得出未来情况下的目标值。

随着计算机技术的广泛应用，在灾情评估中还可以采用数值模拟技术来预测灾害活动的发展速率和不同条件下灾害的活动规模。

(三) 地质灾害危害范围的确定

地质灾害危害范围的大小主要取决于灾害类型、活动规模和活动方式。如地震灾害可波及几千平方千米的范围，而崩塌的危害范围一般为几百到几千平方米。地质灾害的危害范围可根据致灾的动力因素来分析确定，如地震的危害范围可由地震震级、震源深度及震中距等因素确定。对于崩塌、滑坡和泥石流而言，它们的成灾范围一般包括灾害体发育区、灾害体活动区以及由其引发的次生灾害危害区三部分组成。准确圈定地质灾害危害范围，对不同地区、不同类型地质灾害的规模、活动方式及其破坏能力进行评价，是评估和预测灾害损失的重要依据。

中国西藏波密易贡地区2000年4月9日发生罕见山体大滑坡后，中国水科院遥感技术应用中心利用中国"资源一号"卫星在上述地区的1月26日、4月13日和5月9日的遥感数字图像，结合国家测绘局制作的1∶250 000电子地图，在滑坡的发生范围内生成了三维立体图像，了解到了滑坡体和受淹地区的全貌，成功地对滑坡灾害做出了定量评估。为了预测滑坡体一旦溃决后对下游造成的灾害，做好减灾救灾的防范措施，水科院遥感技术应用中心在数字高程模型(digital elevation model，DEM)的基础上，计算出滑坡体下游至通麦桥的河道坡度，获得了直观、全面而准确的资料，为有关部门迅速地做出决策提供了可靠的科学依据。

(四) 地质灾害危险性区划

区域地质灾害危险性区划的目的,是把地质条件复杂、危险性程度参差不齐的大面积评价区,划分成若干个地质灾害活动条件和危险程度相近的单元,作为确定评价参数、实现区域评价的基础,它所反映的是不同地区地质灾害危险性的相对差异。

地质灾害危险性区划的基本步骤是:首先,将评价区划分成若干单元,通过分析各个单元地质灾害活动的基本要素、成因机制;然后建立数学模型,利用数学模型对评价区域进行定量化计算,确定不同单元的危险性指数;最后,根据危险性指数的分布特点和自然地理与社会经济条件进行分区。地质灾害危险性指数的计算方法有灰色聚类法、模糊综合评判法、信息熵评判法等。

2.2　地质灾害灾情评估

2.2.1　地质灾害灾情评估的目的、类型与主要内容

(一) 地质灾害灾情评估的目的

地质灾害灾情评估的目的是通过揭示地质灾害的发生和发展规律,评价地质灾害的危险性及其所造成的破坏损失、人类社会在现有经济技术条件下抗御灾害的能力,运用经济学原理评价减灾防灾的经济投入及取得的经济效益和社会效益(张梁等,1998)。

突发性地质灾害往往危害人类生命安全,造成重大经济损失,防治灾害的投入往往不能马上取得经济效益,因此,需要采用负负得正的原则评价灾害损失和减灾效益。渐变性地质灾害属地质环境恶化型,通过规划、协调地质环境与社会经济发展的关系,采用综合治理的措施,可达到保护环境、减少或减轻灾害损失、发展经济的目的。

从深层次看,地质灾害破坏经济环境和社会环境,从而影响经济和社会发展。地质灾害灾情评估必须与地质灾害的成因研究相结合,与灾害破坏、损失的工程分析相结合。

(二) 地质灾害灾情评估的类型

地质灾害灾情评估有多种类型,不同的分类原则可有多种分类方法。虽然各种评估类型的评估目标基本相同,但评估特点和具体方法则不完全一致。

1. 据评估时间划分(张梁等,1998)

灾前预评估　灾前预评估是对一个地区地质灾害事件的危险程度和可能造成的破坏损失程度的预测性评价,它是制定国土规划、社会经济发展计划以及减灾对策预案的基础。

灾期跟踪评估　灾期跟踪评估是在灾害发生时对灾害损失的快速评估,它是制定救灾决策和应急抗灾措施的基础。

灾后总结评估　灾后总结评估是指在灾害结束后对灾害损失进行的全面评估,它是决定救灾方案、制定灾后援建计划和防御次生灾害的重要依据。

2. 据评估范围或面积划分(张梁等,1998)

(1) 点评估

点评估是指对一个地质灾害体或具有相同活动条件及特征相对独立的灾害群进行的评估,评估范围一般不超过几十平方千米,点评估的对象是具体的单一的灾害体或灾害事件,通过评估能比较准确地量化它的损失程度和风险水平,可作为防治工程设计与施工的依据,如为治理滑坡或滑坡群而进行的滑坡灾害评估。

(2) 面评估

面评估是对具有相对统一特征的自然区域或社会经济区域进行的评估,评价区面积一般

从几十平方千米到几千平方千米，如一个小流域或一座城市。面评估的目的是评价某一地区地质灾害的破坏损失程度或风险水平，指导地质灾害防治工程并为区域规划和资源开发提供依据。

(3) 区域评估

区域评估是指跨流域、跨地区的大面积的地质灾害灾情评估，评估范围为一个省或几个省乃至全国，面积一般在几万平方千米以上；区域评估的目的是对区域性地质灾害的破坏损失或风险水平进行评价，从而为宏观减灾决策和区域经济规划提供依据(表 2-4)。

表 2-4 地质灾害评估范围分类及其特征表

(据张梁等，1998)

评估类型	点评估	面评估	区域评估
评价对象	灾害体或灾害群灾情	地区地质灾害综合灾情	区域地质灾害总体灾情
评价面积	一般不超过几十平方千米	几十至几千平方千米	几千至几百万平方千米
评价意义	为抗灾、救灾和实施防治工程提供依据	为布置防治工程和地区规划提供依据	为宏观减灾决策和制定区域规划提供依据
评价手段	专门调查统计和必要的观测、试验	专门调查统计	区域调查统计
评价精度	定量化	定量为主，定性为辅	半定量、半定性

(三) 地质灾害灾情评估的内容

地质灾害灾情评估是对地质灾害灾情进行调查、统计、分析、评价的过程。在地质灾害成灾过程中，灾害活动情况是灾情评估的重点，灾前孕育阶段和灾后恢复情况分别是灾情评估的背景条件和辅助内容。因此，地质灾害灾情评估的内容包括危险性评价、易损性评价、破坏损失评价和防治工程评价四方面的内容，其中危险性评价和易损性评价是灾情评估的基础，破坏损失评价或灾害风险评价是灾情评估的核心，防治工程评价是灾情评估的应用(罗元华等，1998)。

危险性评价的目的主要是分析评价孕灾的自然条件和灾变程度，通过分析地质灾害的形成条件和致灾机理，确定地质灾害的强度、规模、频度及其危害范围等。易损性评价是对受灾体的分析，其目的是划分受灾体类型，统计分析受灾体损毁数量、损毁程度，核算受灾体的损毁价值。破坏损失评价是对地质灾害发生后人员伤亡和财产损失的情况分析，其基本任务是核查人口伤亡数量、核算经济损失程度，评定灾害等级和风险等级。防治工程评价主要用来评价地质灾害防治工程的经济效益、社会效益和环境效益，对防灾抗灾工程的资金投入和效益进行分析。

2.2.2 社会经济易损性评价

(一) 社会经济易损性构成

易损性是指受灾体遭受地质灾害破坏机会的多少与发生损毁的难易程度。这一概念暗含了人类社会和经济技术发展水平应对正在发生的灾害性事件的能力。社会经济易损性由受灾体自身条件和社会经济条件所决定，前者主要包括受灾体类型、数量和分布情况等；后者包括人口分布、城镇布局、厂矿企业分布、交通通信设施等。

(二) 易损性评价的主要内容与基本方法

易损性评价的主要对象是受灾体，其目的是分析现有经济技术条件下人类社会对地质灾害的抗御能力，确定不同社会经济要素的易损性参数，为地质灾害破坏损失评价提供基础；主要评价内容包括：划分受灾体类型，调查统计各类受灾体数量及其分布情况，核算受灾体价值，分析各种受灾体遭受不同类型、不同强度地质灾害危害时的破坏程度及其价值损失率。

1. 受灾体价值损失率

受灾体价值损失率是指受灾体遭受破坏损失的价值与受灾前受灾体价值的比率，它是易损性评价的重要内容。在灾后评估中，可通过对受灾体的调查，根据其实际损毁程度，评估核算受灾体的价值损失率。但在以期望损失为目标的灾情评估中，只能根据受灾体遭受某种强度的地质灾害时可能发生的破坏程度，分析预测受灾体的价值损失额和价值损失率。

2. 灾害敏感度分析和承受能力分析

不同受灾体对不同类型和活动强度的地质灾害的承受能力不一样，可能的损毁程度及灾后的可恢复性也存在着差异。地质灾害易损性评价包括灾害敏感度分析和承灾能力分析两个方面，它反映了人类工程活动和社会经济发展与自然环境组成要素之间的适宜程度。

灾害敏感度是指在一定社会经济条件下，评价区内人类及其财产和所处的环境对地质灾害的敏感水平和可能遭受危害的程度。通常情况下，人口和财产密度越高，对灾害的反应越灵敏，受灾害危害的程度越高。灾害敏感度分析的基本要素包括人口密度、建筑物密度和价值、工程价值、资源价值、环境价值、产值密度等。分析方法主要有模糊综合评价、灰色聚类综合评价等。

承灾能力是指人类社会对地质灾害的预防、治理程度及灾后的恢复能力。若防灾、抗灾和灾后恢复重建的能力强，则其承灾能力强。承灾能力分析的基本要素包括受灾体抗御地质灾害的能力、减灾工程的密度及其防治效益。

2.2.3 地质灾害破坏损失评价

（一）地质灾害破坏损失构成

从广义上讲，地质灾害的破坏损失由生命损失、经济损失、社会损失、资源与环境损失构成。但从可定量化的角度看，生命损失和经济损失对人类不但具有最直接的关系，而且比较容易量化评价；社会损失和资源与环境损失主要表现为间接损失，目前还难以进行量化评价。因此，地质灾害破坏损失主要是指地质灾害的经济损失，即以货币形式反映的地质灾害受灾体的价值损失（张梁等，1998）。

（二）评价内容

地质灾害破坏损失评价是定量化分析地质灾害经济损失程度的过程，利用以货币形式表示的绝对损失额和相对损失额来反映地质灾害破坏损失的程度。其主要内容包括：计算评价区域地质灾害经济损失额、损失模数、相对损失率；评价经济损失水平和构成条件；分析破坏损失的区域分布特点。

（三）评价方法

地质灾害破坏损失评价的基本途径是在地质灾害发生概率、破坏范围、危害程度和受灾体损毁程度分析的基础上，研究地质灾害的经济损失构成，进而确定经济损失程度和分布情况。

1. 据受灾体价值损失划分

地质灾害经济损失主要是由受灾体价值损失形成的。由于不同受灾体遭受灾害破坏后的价值损失形式不同，所以价值损失核算的途径也不一样，主要有成本价值（或修复成本价值）损失核算、收益损失核算、成本-收益价值损失核算三种（张梁等，1998）。

（1）成本价值损失核算

成本价值损失核算是以受灾体成本价值为基数，根据其灾害损失程度或者修复成本、防灾成本投入核算受灾体的价值损失。房屋、道路、桥梁、生命线工程、水利工程、构筑物、设备及室内财产等绝大多数受灾体均可采用该方法进行价值损失核算。

(2) 收益损失核算

收益损失核算是以受灾体的可能收益为基数,根据其灾害损失程度核算受灾体价值损失,主要适用于农作物价值损失核算。

(3) 成本-收益价值损失核算

成本-收益价值损失核算是以受灾体的成本和收益为基数,根据其灾害损失程度核算受灾体价值损失,主要适用于资源价值损失核算。如土地资源的价值表现为成本价值和效益价值两个方面,前者包括为建设交通、能源、通信设施等投入的费用;后者包括可能的商贸效益、工业效益、农业效益和旅游效益等。

2. 据灾害发生的时间跨度划分

(1) 历史灾害破坏损失评价

历史灾害破坏损失评价是指对已经发生的地质灾害的经济损失进行统计分析,评价的基本方法是调查统计。对于成灾范围较小、受灾体数量较少的灾害事件,可以对所有受灾体进行实际调查,评估其灾前价值;然后,根据其实际破坏情况,逐一确定损毁程度和价值损失率。如果成灾范围较大、受灾体数量较多,可采用分类调查统计或抽样调查统计方法核算灾害事件的经济损失。

(2) 地质灾害期望损失评价

在危险性评价和易损性评价基础上核算可能的灾害损失的平均值,即期望损失评价。不同地质灾害的成灾过程和损失构成不同,期望损失的评价方法不一。例如,崩塌、滑坡、泥石流等突发性地质灾害的期望损失评价可根据风险评价理论采用概率预测方法进行计算;地面沉降、海水入侵等渐进性地质灾害可采用趋势预测方法进行计算;膨胀土胀缩灾害可根据防治措施采用影子工程法计算其期望损失。

2.2.4 地质灾害防治工程评价

(一) 评价内容

地质灾害防治工程评价的目的就是实现地质灾害防治的最优化。通过防治工程评价,对比不同灾害防治项目的可能效益,在此基础上规划安排防治顺序,确定优先防治项目,以便使有限的防治资金最充分的发挥作用。

地质灾害防治工程评价的基本内容是:分析地质灾害防治工程的科学性,评估地质灾害防治工程的经济效益,评价地质灾害防治工程的可行性和合理性。

地质灾害防治工程评价的途径是结合地质灾害防治规划或防治方案,评价防治措施的技术可行性和经济合理性。技术可行性可通过工程分析和已有同类防治工程的有效性分析等途径实现;防治措施的经济合理性则根据防治效益或投入效益比确定。

(二) 防治工程经济效益评价方法

以地质灾害防治工程为主构成的灾害防御系统,其基本功能是减轻或免除灾害给自然环境造成的破坏以及对人类生命财产造成的损失,保障和维护人类的正常生产和生活,促使人类劳动价值的增值(财富增值)。防灾效益取决于防治条件下减少的地质灾害(期望)损失费用与防灾工程的投入费用,其表达式为

$$E=O/I \tag{2-1}$$

其中，E代表防灾效益，O代表防灾收益(或地质灾害期望损失费用)，I代表防灾工程投入费用。

由式(2-1)可以看出，防灾效益的高低主要取决于防灾收益(用货币形式反映的防灾功能)与防灾成本(防治工程所需要的材料、劳动等投入)之比，而防灾收益和防灾工程投入费用的大小又与灾害危害强度、防灾度(防治工程对灾害的可能防御程度)、设防标准(防治工程的设计防灾能力)、防灾功能(防治工程可能实现的消灾能力、对受灾体的防护能力以及可能产生的其他作用)等有关。

地质灾害防治工程效益主要体现在减灾效益上，少数防治工程还附带有一定的增殖效益，如植树造林除具有稳定斜坡岩土体、防治水土流失的减灾效益外，林木产品还可以产生一定的增殖效益。增殖效益可根据单位产品市场价格核算。

通常情况下，防治费用和防灾效益呈正比关系。人力、物力和财力的投入加大，防治工程规模扩大，则防灾度提高，灾害损失下降。但从经济学角度看，必须以最小的减灾投入获取最大的防治效果，实现地质灾害防治效果与减灾投入比最佳。

此外，还可以利用投入产出法、比拟法等计算地质灾害防治工程效益。

2.3　地质灾害减灾效益分析

2.3.1　地质灾害经济损失分析

(一)经济损失分析

地质灾害所造成的直接经济损失是指由灾害事件摧毁或损坏的现有设施的价值；而救灾资金的投入、各产业部门产值的减少、环境的恶化以及自然资源的破坏等均属间接经济损失。不同类型的地质灾害所造成的直接经济损失有所不同，如崩塌、滑坡、泥石流、地面塌陷、地面沉降、地裂缝等所造成的损失主要是破坏地表的建筑物；土壤盐渍化则主要使农作物减产；而煤层自燃主要表现为自然资源的破坏；土地荒漠化和水土流失不仅破坏生态环境，还使土壤肥力减退(表2-5)。

表2-5　地质灾害经济损失类型构成表①

(据张梁等，1998，修改)

灾害种类	房屋、道路、桥梁、生命线工程、水利工程、构筑物	航运	农作物、林木	设备、材料、室内财产	土地资源	地下水资源
地震、火山	＋＋	＋		＋＋	＋	＋
崩塌-滑坡	＋＋	＋＋	＋＋	＋＋	＋＋	
泥石流	＋＋	＋＋	＋＋	＋＋	＋＋	
地裂缝	＋＋				＋	
地面沉降	＋	＋	＋		＋	
岩溶塌陷	＋＋		＋	＋	＋	
特殊土	＋＋				＋	
土地荒漠化			＋＋		＋＋	
地下水变异			＋			＋＋
海水入侵			＋		＋	＋＋

① ＋＋：明显损失，＋：一般损失

地质灾害经济损失评估涉及面广、内容复杂，对地质灾害造成经济损失的评估结果往往有一定出入。有的学者认为，中国地质灾害造成的直接经济损失为75～125亿元/年，其中崩滑流占40～50亿元以上（郭希哲等，1990），其依据是地质灾害损失占中国自然灾害总损失的1/4；如果把90年代的自然灾害损失按每年1000亿元计，则地质灾害造成的直接经济损失约为250亿元/年。另有学者认为，中国地质灾害的年平均直接经济损失为80～120亿元，其中崩滑流20～30亿元，地震为10～20亿元（孙广忠，1990）。

1992年国家计委下达"全国地质灾害现状调查"项目，该项目对中国15种地质灾害的直接经济损失进行了比较全面准确的评估。采用的评估方法有直接经济统计法（水土流失、土壤盐渍化、冷浸田、煤层自燃、瓦斯爆炸、地面塌陷、地面沉降、地裂缝）、模数法（崩滑流）、直接引用主管政府部门发布的数字（土地沙化、地震）。在15种主要地质灾害中，以摧毁、损坏现有设施为主的9种地质灾害（第Ⅰ类）共造成直接经济损失55亿元/年；以造成减产为主的地质灾害（第Ⅱ类）共造成直接经济损失55亿元/年；以破坏自然资源和恶化生态环境为主的地质灾害（第Ⅲ类）共造成直接经济损失156亿元/年，海水入侵（第Ⅳ类）的直接经济损失8亿元/年。合计15种共达274亿元/年，其中第Ⅰ类＋第Ⅱ类＋第Ⅳ类共计118亿元/年（表2-6）。

表2-6 15种主要地质灾害直接经济损失统计表

（据段永候等，1993）

损失分类	灾害类型	年均经济损失/亿元
直接破坏现有设施（Ⅰ）	崩塌、滑坡、泥石流	36.0
	地面塌陷	4.39
	地面沉降	1.0
	地裂缝	0.4
	地震	10.0
	瓦斯爆炸	0.1
	坑道突水	3.0
造成社会产值减少（Ⅱ）	冷浸田地	30.0
	土地盐渍化	25.0
破坏环境，损失资源（Ⅲ）	土地沙化	45.0
	水土流失	96.0
	煤层自燃	15.0
Ⅳ①	海水入侵	8.0
合　　计		274.0

① 海水入侵既造成了现有设施的破坏（如使水源地设施报废），也能造成产值的减少（减少产水量），又能破坏地下水资源，破坏地下水环境，所以作为单独一类。

地质灾害间接经济损失的评估更加困难，只能依据典型实例的直接和间接经济损失比例来评估。原地矿部有关单位研究提出的几种主要灾害造成的直接经济损失与间接经济损失为：崩塌、滑坡为1∶10，泥石流为1∶5，地面沉降为1∶3（黎青宁等，1990）。

（二）中国地质灾害发育现状评估

据全国地质灾害现状调查统计资料表明（段永候等，1993），中国地质灾害十分严重，造成的人员伤亡和经济损失巨大。仅云南、北京、辽宁、四川、甘肃5个省（区）就查明崩塌、滑坡、泥石流达41万多处，年均死亡人数928人；有16个省（区）出现地裂缝，共432处，1073条以上，总长超过 346.78 km；24 个省（区）发生岩溶塌陷，共 2841 处，塌坑 33 192 处，塌陷面积 332.28 km^2；23 个省（区）出现采空塌陷，共 180 处，塌坑 1595 个，塌陷面积 1150 km^2；8 个省（区）出现黄土湿陷；14 个省（区）发生坑道突水，近 10～20 年达 262 宗，死亡近 200 人；坑道瓦斯爆炸，近 10 年发生 200 次以上，死亡 1400 多人；煤层自燃每年损失煤炭资源 1200×10^4 t。

崩塌、滑坡、泥石流严重影响铁路干线的修建和运营。全长 503 km 的宝兰线沿线已发生滑坡灾害 848 处。1981 年 7—9 月遭受百年不遇的暴雨袭击，沿线多处发生崩塌、滑坡或泥石流，中断行车 3 个月，治理维修费用约 3 亿元。

中国沙漠和沙漠化土地总面积 153.3×10^4 km^2，已超过全国耕地面积的总和，占国土总面积的 15.9%；50—70 年代，中国沙质荒漠化土地每年以 1560 km^2 的速度扩大；进入 80 年代，平均每年扩大 2100 km^2；到 90 年代后期，沙质荒漠化土地的扩展速度达到了每年 2460 km^2。全国每年因风沙危害造成的直接经济损失高达 45 亿元。

地面沉降是中国东部平原的主要地质灾害，这种渐变性地质灾害在开始时不易为人们察觉，而一旦致灾，即形成范围广、损失严重而又难以治理的灾害。江苏省苏州、无锡、常州地面沉降在 70 年代为三个孤立的点状区域；到 80 年代末期，已形成了连片的大范围沉降区，地面沉降加剧了 1998 年长江流域的大洪水灾害。河北平原在 70 年代初，沧州、衡水、德州、天津为互不相联的漏斗沉降区，到 80 年代末期，也已形成了连片的大面积沉降区。

水土流失往往被认为是发育在黄土地区的地质灾害，现在，全国至少有 25 个省（区、市）存在严重的水土流失。除黄土地区外，广东、广西、湖南、江西、四川等省（区）的花岗岩丘陵区、中生代砂页岩分布区、碳酸盐类岩石分布区都发生了大范围的水土流失，长江上游金沙江（攀枝花到宜宾段）和四川盆地的水土流失，已使江水含沙量显著增加，有使长江成为第二条黄河之危。据不完全统计，全国水土流失面积（水力侵蚀）达 182.37×10^4 km^2。表 2-7 列出了中国 1949—1992 年地质灾害损失的基本情况。

表 2-7　1949—1992 年中国地质灾害概况表

（据张业成等，1992，略改）

灾害类型	灾害种类	灾害基本情况
地震	地震、火山	全国共发生 6 级以上地震 356 次，其中 7 级以上 53 次。一次死亡百人以上，直接经济损失超过亿元的 12 次。共造成死亡 27.3 万人，受伤 76.5 万人（其中重伤 23.3 万人），经济损失数百亿元。现今火山活动微弱，危害不大
崩滑流	崩塌 滑坡 泥石流	全国共有灾害性泥石流沟 1.2 万条，滑坡数万处，崩塌数十万处。共发生较大活动 4100 多次，造成明显损失的 849 次。26 个省区，501 个市、县或企业受到危害，20 多个县城被迫搬迁或待迁，50 多个大型企业搬迁或停产。共造成 10 980 人死亡。平均近每年发生严重灾害 21 次，死亡 262 人，直接经济损失 2.4 亿元
地面变形	地面沉降 地面塌陷 地裂缝	全国发生地面沉降的城市有 56 个，上海累计沉降量达 2.6 m，年最大沉降量 262 mm。发生较大规模塌陷 1000 多处，其中岩溶塌陷 833 处，约 70 个城市、100 多个矿山、企业受到危害。全国 300 多个市、县发现地裂缝 1000 多处

续表

灾害类型	灾害种类	灾害基本情况
矿井灾害	矿井突水 冲击地压 冒顶 瓦斯突出 煤自燃 矿井热害	全国共发生灾害性突水事故1300次。1955—1989年煤矿发生突水835次，造成淹井240次，死亡1537人，直接经济损失约40亿元。1949—1985年发生冲击地压1842次，其中重大灾害事故30次以上。冒顶事故时有发生。全国共发生1.6万次瓦斯突出事故，其中特大型突出100多次，平均年损失10亿元。全国有煤自燃矿井近300个，使6000 $\times 10^4$ t煤炭资源无法开采。新疆的42个煤田火区平均每年因煤自燃损失20亿元。全国有热害矿井20多个
特殊岩土	湿陷性黄土 膨胀土 淤泥质软土	全国有湿陷性黄土面积约 38×10^4 km^2；受膨胀土危害的房屋建筑面积大于 1000×10^4 m^2；淤泥质软土主要分布在沿海平原及内陆盆地中。结果导致房屋开裂，水库渗漏、塌岸，边坡失稳，道路、桥梁变形等
水土流失	水土流失 土沙漠化 盐碱化	全国水土流失(包括水力侵蚀和风力侵蚀)面积约 283×10^4 km^2，解放初时扩大 37×10^4 km^2，沙漠化土地约 32×10^4 km^2，盐碱化土地27 $\times 10^4$ km^2。水土流失每年损失土壤 50×10^8 t，肥力损失相当于 4000×10^4 t化肥，每年损失粮食 2×10^8 kg，牧草 35×10^8 kg
冻融	冻胀 融陷	全国多年冻土面积约 225×10^4 km^2，主要分布在东北地区和青藏高原；季节冻土约 509×10^4 km^2，主要分布在华北、华中和西北地区。结果使道路和建筑物等遭受破坏
海岸灾害	海面上升 海水入侵 海岸侵蚀	中国东部沿海海平面呈缓慢上升趋势，塘沽观测站平均上升速率达7.9 mm/a，因此加剧了风暴潮灾害。大连、秦皇岛、烟台、青岛等发生较严重的海水入侵活动，地下水资源遭到破坏。局部地区海岩侵蚀比较严重

2.3.2 地质灾害减灾效益分析

(一) 地质灾害损失与防治工程投资效益

地质灾害减灾效益分析主要是针对地质灾害防治工程而言的，通过分析地质灾害防治工程的经费投入和减灾效果来评价其效益。虽然对减灾工程的经费投入可以较准确地计算，但在分析统计因灾害造成的直接经济损失和间接损失方面还存在着较大的困难。

直接经济损失是灾害对现有资产造成毁坏而损失的价值，在统计评估时一般按各种资产的原值或现值进行计算。间接损失是指除直接损失以外的非现实发生的而又由灾害导致必然发生的实际损失。它包括五部分(张梁等，1998)：

(1) 用于人员伤亡的善后处置费、医药费和灾民生活、生产救济费；

(2) 原地无法重建时的易地搬迁费和人员安置费；

(3) 自生产力遭受破坏或影响至恢复期间所损失的工农业产值；

(4) 国土资源损失，如崩塌和滑坡造成的林地损失、农田毁坏或土壤肥力降低造成的损失等；

(5) 对次生灾害所投入的抗灾、救灾等费用。

地质灾害减灾效益分析需要建立一套完整的合理的评价指针体系，从不同的角度按不同的标准进行评价就会得出差异很大的结论(文彬等，1990)。以防治地质灾害为目的的资金投入，既不是生产性投入也不是经营性投入，它不产生资金增殖，也就不能用投入与产出之比来反映它的效益。但它属于社会公益性投入，其效益也就必然反映在社会效益和经济效益两个方面。其社会效益主要是对人身安全和自然生态的保护，可以用量化的价值来反映，但不能同投入形成比例关系，属于直接效益。而其经济效益则有直接和间接之分。对灾害地区现有资产的保障属于直接经济效益，可称为保值效益。保值效益(Z)由灾害损失价值(J)与减灾投入资金(T)之差求得，即

$$Z=J-T \tag{2-2}$$

或用减灾效益比($b=Z/T$)来表示。间接经济效益是指减灾资金投入后对未来经济收益的保障，主要为受益地区现有生产规模的工农业年产值，可称为保产效益。保产效益等于灾害防治投入资金与受益地区的生产总值之比。

(二) 地质灾害防治工程减灾效益分析实例

1. 湖北省秭归县新滩滑坡

1985年6月12日，湖北省秭归县新滩滑坡造成较大的经济损失。但由于发生前投入资金进行了勘查研究和监测，并进行了准确预报，滑坡体上居住的1317名村民安全撤离，无一人伤亡。研究监测经费投入仅100多万元，社会效益巨大。

2. 四川省云阳县鸡扒子滑坡

1982年7月18日，鸡扒子老滑坡复活，180×10^4 m^{3}土石滑入长江，河床填高30余米，江岸外移50 m，在鸡扒子航段600 m范围内形成三道“水坝”，严重阻碍了长江航运，中断航运达100天，若按每天航运损失100万元计，总计损失约1亿元；滑坡还造成其他财产损失约1000万元。此外，滑坡对当地居民的生命和财产安全也构成了巨大的威胁。滑坡发生后，为保证航道畅通和居民安全，国家投入了清理航道等工程整治费用8000万元，其中勘查和坡面整治费用为800万元，占整个滑坡治理费用的1/10。实际上，灾害发生前就已经发现了滑坡可能发生滑动的潜在危害，但没有及时进行详细勘查和有效地治理。如果在灾害发生前投入800万元勘查治理经费就有可能防止这场灾难的发生，从而减轻灾害损失。如此计算，其投入(灾前勘查和治理)与效益(损失将转化为效益)之比为1∶23.7(800万元∶1.9亿元)。

3. 四川省华莺市溪口地区崩滑流灾害

1989年7月，四川省华莺市溪口地区发生大量崩塌、滑坡、泥石流灾害。在此之前，对该地区崩滑流灾害进行了详细勘查和研究，并制订了防治方案，计划总投入约1000万元。但因经费难以筹集而未能实施防治措施。由于连降大雨，该地区有683处发生崩塌、滑坡、泥石流灾害(其中体积大于1×10^4 m^{3}者89处)。灾害发生后造成259人死亡、伤269人，直接经济损失1.2亿元。如果按防治方案进行预防性治理，就可以最大限度地减轻灾害的损失。其投入和效益之比可达1∶120。

4. 天津市地面沉降

天津市为控制地面沉降，4年间投资3000万元，使地面年均沉降量由1985年的86 mm减缓到1989年的16 mm。由此带来的直接经济效益达几亿甚至几十亿元，而其社会效益更是巨大的。

有的研究者提出灾害防治的“十分之一”法则，即灾前投入一份资金，治理后可以得到十份的经济效益。实际上，在多数情况下灾害防治的投入与效益之比都小于这一比例。

第3章 地质灾害减灾对策

地质灾害是地球大系统中物质运动和能量交换在地球表层系统发生的灾难性事件，是自然环境的一种变异现象。地质灾害是人类有史以来遭受的重大自然灾害之一，对人类的生命及生存环境造成巨大的威胁与破坏。虽然人类还不能主动地消除和阻止所有灾害的发生，但正确地认识地质灾害，研究其基本特征与发生、发展规律，科学地制定减灾防灾对策，并有效地组织实施，就能够大大地减轻灾害损失，提高人类抗御地质灾害的能力。

3.1 地质灾害减灾措施与减灾系统工程

不论是古代或近代，人们为了不断地繁衍生息，不希望自己的活动空间发生灾害事件，然而，各种地质灾害在不同的时间、不同的地点却频繁发生。如何减轻或杜绝灾害造成的损失，是人类社会一直探索并为之奋斗的目标。但由于受到社会文明和科技水平的局限，不同时代所采取的减灾措施和指导思想差别很大。

在古代，对地质灾害的成因有“天人感应”和“天遣论”的认识观，在发生较大地质灾害时，人们常以宗教性的活动进行祈祷，因灾祭祀河神、河伯、海神龙王的传说不绝于史，“河伯娶妇”就是一例。而城镇迁徙、修筑堤防、减免税收、调粟养恤、赈灾济民等行为则属于古代社会对灾害的回避、防卫和救灾措施(李鄂荣，1998)。

现代科学认为各种灾害虽有其偶然性和地区局限性，但从总体上看却有着明显的相关性和规律性，而且常常表现出灾害的群发性和诱发性。人类活动对地球表层系统的改造作用使地质灾害的成因和演化更具复杂性。传统的分门别类研究地质灾害的方法已不适应现代减灾的需要。以“全球变化”观念为代表的地球系统科学为理论基础，对天、地、生、人复杂系统进行全面深入研究，提高灾害预测预报水平，攻克减灾措施中关键性的、共同的技术难关，是现代减灾的主攻方向。

3.1.1 “国际减轻自然灾害十年”与21世纪全球减灾新战略

(一)“国际减轻自然灾害十年”简介

“国际减轻自然灾害十年”(International Decade for Natural Disaster Reduction，IDNDR)活动是美国科学院院长、前总统特别科学助理法兰克·普勒斯(Frank Press)于1984年8月在美国旧金山召开的第八届世界地震工程会议上首先倡仪的。他的报告引起许多国家学术团体、政府部门的重视和积极响应，纷纷发表声明或通过决议，表示赞许这一倡议。国际地震工程协会执委会将此倡议全文印发各成员国；美国很快成立了开展IDNDR活动的特别委员会；新西兰、日本、英国在本国重要刊物上全文发表；日本于1986年5月正式成立专门的组织机构负责协调全国范围内地质灾害的研究与防治。1987年12月11日第42届联合国大会通过第169号决议，决定把1990—2000年定为“国际减轻自然灾害十年”。这一决议取得了世界各国政府和科技团体及非政府组织的普遍共识。

开展国际减灾十年活动的目的，旨在通过国际社会的一致行动，将当今世界，特别是发展中国家由于自然灾害造成的人民生命财产损失减轻到最低程度。具体目标是通过广泛的国际合作、技术援助和转让、项目示范、教育与培训等手段，推广和利用目前已经拥有的知识、技术和经验，继续开展新领域的研究，提高各国特别是发展中国家的防灾、抗灾能力。

中国政府于1989年4月成立了中国"国际减灾十年"委员会，并规定每年10月的第二个星期三为"国际减灾十年活动纪念日"。中国十分重视防治地质灾害的研究，为了加强地质灾害的防治工作，国务院授予原地矿部"对地质环境进行监测评价和监督管理"的职责；1989年中国成立了"中国地质灾害研究会"；1990年由国家计委、国家科委、地矿部联合颁发了《全国地质灾害防治工作规划纲要》(1990—2000年)。这些措施为在全国形成统一规划和部署下的地质灾害研究和防治工作奠定了良好的基础。

(二) 21世纪全球减灾新战略

随着新世纪的到来，"国际减灾十年"全球统一行动已完成了它的使命。新世纪减灾之路如何走，已成为特别迫切的问题，它不仅对各国管理者，更对减灾科学家们提出了挑战。面对新世纪的全球减灾之路，联合国又做出了全面的战略部署，发布实施了《国际减灾战略》。其主要目标是：使社区在遭受自然灾害、技术灾害和环境灾害的影响后能够迅速得到恢复，以便减轻社会、经济损失；将灾害防御战略与可持续发展有机地结合起来，使全社会从抵御灾害发展到风险管理；提高公众对灾害风险的认识，确保公众对防灾减灾工作的积极参与；通过增加减灾网络，以建立抗灾的社区。

联合国还决定，特别工作组及其秘书处从2000年1月1日起接替"国际减灾十年"秘书处。其主要任务是：协调联合国、各国政府和联合国系统非政府组织等机构之间的合作；在灾害监测、灾害损失预测、早期预警以及教育、培训和提高公众减灾意识等方面开展工作；在联合国指导下，建立有效的早期预警机制并完善防灾和早期预警系统的国际网络；利用各种渠道传播必要的信息，向国际社会提供防灾、预警、响应、减灾、重建和恢复等方面的国际合作管理与指导；继续开展每年10月第二个星期三为"国际减灾日"的活动。

3.1.2　防灾减灾的基本原则

(一) 树立全民减灾意识，提高全社会的防灾抗灾能力

地质灾害是由于自然营力作用和人类活动影响而发生的，在当今科学技术与经济条件下，有些灾害具有不可避免性，如地震的发生；但大多数地质灾害具有可防御性。因此，在加强科学研究的同时，应大力加强宣传教育工作，普及防灾减灾基本知识，增强全社会的防灾意识和抗灾能力(罗元华，1997)。

(二) 以防为主，防、抗、救相结合

对于地质灾害，应尽可能防患于未然。在发展经济、保护环境的同时，注意加强防灾工作。通过建立各类地质灾害灾情信息系统和监测预报网络，不断提高地质灾害的预测预报水平，及时实施防灾工程。对潜在的重大地质灾害，应做好预案制定工作，以便能及时做出反应，主动抗灾，尽量减轻灾害损失；灾害发生后，要组织有力的救灾队伍投入抢险救灾，并尽快开展灾区自救互救和重建家园的工作。

(三) 群众性与专业性相结合

防治地质灾害要坚持走"群专结合"的道路，采取综合措施减轻地质灾害。具有较高科技水平的专家队伍，运用现代科技方法和手段，通过综合勘查与评价研究，掌握各类灾害在不同地区的发生规律与成因机制，从而提出减轻地质灾害的对策。全民性的“群测群防”也是必不可少的，特别是对点多面广、频繁发生或持续作用的地质灾害，应主要依靠灾区人民群众，自觉地组织监测并主动进行防治。

（四）突出重点，兼顾一般

在防灾减灾中，必须根据灾害的地区性、区域经济性及与社会的同步性等特点，对日趋严重、普遍存在的地质灾害，分析灾情大小、防灾效益以及技术上和经济上的可行性，有重点地组织防治，同时兼顾一般。对于政治、经济、文化中心和生命线工程，要重点防范，确保安全。一般地区，则立足于防灾与抗灾相结合，尽量减轻灾害损失。

（五）减灾与发展并重，确定可持续发展的减灾对策

事实说明，地质灾害损失与社会经济发展同步增长。地质灾害的经济损失很大，而减灾的投入与效益比一般在1∶10以上。减灾投入不仅可以获取更大的社会效益和经济效益，而且关系到国民经济发展计划能否实现。因此，要把减灾投入作为一个重要的投资方向，把减灾计划纳入社会经济发展规划中。在制定国土开发规划和社会经济发展计划时，要考虑灾害因素，制定可持续发展的减灾对策。

（六）积极开展灾害科学研究，充分发挥政府的协调职能

减轻地质灾害的理论与实践研究，将成为一门横跨自然科学、社会科学、人文科学的新的学科体系。因此在以科技为先导，开发减灾技术的同时，要以地球系统科学为指导，综合研究各种自然灾害的发生发展规律，努力攻克地质灾害研究领域理论和技术难关。积极开展灾害区划、灾害评估、灾害社会学、灾害心理学等新兴领域的研究；引入高新技术，开展防灾、抗灾、救灾技术与设备的研究。

此外，灾害的社会属性决定了减灾行动是一种社会行为，减轻地质灾害需要全社会的协调行动，需要中央政府的指挥领导和各职能部门的组织管理。

（七）避免盲目发展，保护生态环境

减轻地质灾害损失与保护生态环境、开发自然资源、发展经济必须有机地结合起来，特别是在生态环境脆弱的地区更应加强自然生态保护，防止环境进一步恶化，减轻地质灾害的发生发展。

3.1.3　减轻地质灾害的措施

（一）调查监测

调查监测是减灾工作的先导性措施。地质灾害调查的目的是查清已经存在的地质灾害分布情况，掌握可能发生地质灾害的危险点（隐患点），为地质灾害防治提供基础数据；通过监测提供数据和信息，进而开展预测预警，或把监测数据直接传送到防灾减灾指挥中心作为决策指挥的依据。目前，世界上大多数国家都针对本国的主要灾害种类建立了较为完善的灾害监测系统，美国、日本等西方发达国家的检测仪器和设备比较先进，已经广泛使用全球定位系统（GPS）等科技手段进行地形变的监测。中国地质灾害监测装备和手段，基本上仍处于20世纪50—60年代的国际水平。

（二）预测预警

预测预警是减灾准备和应急响应的科学依据。近几十年来，灾害科学研究在各类灾害预测预警方面取得了一定的成果和经验。但某些突发性地质灾害的预测预警成功率还很低，如地震的中短期预测成功率多年来一直在20%～30%徘徊。因此，应加强多部门多学科协作，积极探索地质灾害的综合预测预警方法，提高预警的准确性。

（三）灾害评估

灾害评估是指对灾害规模及灾害破坏损失程度的估测与评定，可分为灾前预评估、灾时跟踪评估和灾后评估。

灾害评估是抗灾救灾的重要依据，对减轻地质灾害损失具有重要的意义。但从总体来看，目前的灾害评估仍然是减灾对策中的一个薄弱的环节，如灾害调查统计、灾害损失预测的方法简单、手段落后，从而影响了灾害评估的准确性和适时性。

（四）灾害防御

灾害防御包括两方面的措施：一是在建设规划和工程选址时要充分注意环境影响与灾害危害，尽可能避开潜在的灾害，即工程性措施；二是对遭受灾害威胁的人和其他受灾体实施预防性防护措施，即非工程性措施。

工程性措施包括制定城市规划和工程建设抗灾规划、制定各种工程抗灾技术规范、对各类工程进行工程抗灾设防或加固以及兴建防灾减灾工程等。营造绿色工程、加强水土保持，修坝筑堤以及不稳定斜坡加固、硐室围岩支护等均属于防灾工程性措施。中国的城市规划和大型工程规划都有了相应的规章、规范，但由于人们的防灾减灾意识淡薄，有时未能按规范严格执行，从而出现了许多工业设施和建筑群修建在已有资料证明是地面下沉的危险区，某些新兴的城镇建在具有潜在滑坡危险的地区。

非工程性措施是指以经济、行政、管理、科技、法律等手段开展防灾减灾工作，通过普及防灾知识、提高全民减灾意识来达到预防灾害、减轻灾害损失的目的。

灾害防御还包括在各种工业流程中设置灾害发生时自控或人控减灾技术。这是避免和减轻次生灾害的主要措施。如电站电路的自动跳闸装置，可防止灾害发生后引起火灾。

（五）抗灾与救灾

灾害抗御与灾害救助是减灾的一项重要措施，一般采取抢救和转移灾民及财产、抗灾指挥和协调、紧急救援、工程防守与紧急抢险等手段。

抗灾通常是指在灾害威胁下对固定资产所采取的工程性保护措施。抗灾的减灾效果是非常明显的。中国自古以来就积累了丰富的抗灾经验，修建了很多抗灾工程，如都江堰分洪工程、黄河大堤、全国86 000多座水库以及“三北”防护林、长江中上游防护林和太行山防护林等。这些抗灾工程在减轻灾害损失、保护生态环境、促进经济发展等方面均起到了重大作用，收到了巨大的效益。据统计资料研究，在一般情况下，抗灾的工程投入，可取得十倍以上的减灾效益。

救灾是指灾害已经发生和灾后的减灾措施。救灾是一项极为复杂的社会化、半军事化的紧急行动，从医疗抢救、食品和衣物的供给、社会治安到组织指挥等各项行动构成一个完整的救灾体系。平时防灾，灾时救灾，要制定有针对性的救灾预案，建立健全灾害预警系统。在救灾中，要大力提倡自救、互救，加强救灾技术与设备的研究。灾害频发区应做好各项救灾物资的储备。

救灾预案的内容主要有以下几个方面：① 灾情分析，明确主要灾害种类、灾害破坏程度和发生频率及分布规律；② 救灾通信系统的设计与启用方案；③ 灾情评估，设计快速判定灾情的备用方案，以指挥调动救灾队伍的种类和数量；④ 人员、物资、设备等不同种类救灾力量的分布、预组织和调用的方案设计；⑤ 不同种类、不同等级救灾指挥部的组织预案；⑥ 死伤人员和幸存人员的安置、确保道路交通畅通的准备方案等。

（六）安置与恢复

灾后安置与恢复，包括生产和社会生活的恢复，也是减轻地质灾害损失的重要措施之一。一次重大灾害发生之后，必然造成企业停产、建筑设施损毁、家庭结构破坏等，所以，尽快恢复生产、重建家园是减灾的重要措施。经过短期的紧急抢救之后，减灾工作应及时转入各项恢复重建活动，使经济生产和社会生活逐渐趋于正常，不断增强自我复兴能力。灾后恢复工作中首要的是生命线工程的抢修与恢复，交通、通信、供电、供水、供气等生命线工程无论对于日常生活还是社会生产都是至关重要的。在生命工程基本恢复后，要逐步恢复工业、农业生产。此外，灾后恢复还包括治安管理和社会组织的恢复。

（七）保险与援助

保险与援助均属灾害保障的范畴。中国古代就有赈济、调粟、养恤、放贷、仓储后备以及社会互助等形式的灾害保障措施。

灾害保险分为灾害商业保险和灾害社会保险。前者由商业性保险公司开办，带有盈利目的；后者是政府组织的，目的在于向保险对象提供基本生活保障，而不是为了盈利。国外灾害保险起步早，已进入比较成熟的阶段。中国的灾害保险还处于起步阶段，灾害投保率很低，具有很大的发展前景。

灾害援助包括灾害互助和灾害社会援助两类。灾害互助是指居民通过正式或非正式的互相合作与援助的方式相互提供保障，其特点是相互性、局部性和援助方式的多样性。灾害社会援助是指与受灾人无法定援助义务的国内外机构、团体或个人给予遭受灾害的居民以各种形式的援助，灾害社会援助可细分为社会民众援助、国内政府援助和国际援助，其特点表现为捐助人的自愿性、援助的无偿性、援助来源的广泛性和方式的多样性。灾害援助物质一般通过政府部门和一些非官方慈善机构传到灾民手中。灾难援助主要用于减少损失、灾后恢复和重建家园三个方面。

保险与援助是灾后恢复人民生活、企业生产和社会功能的重要经济保障之一。灾害保险是一种社会的金融商业行为，它以保户自储和灾时互助为准则，保户的自援行动是对国家援助的重要补充。目前，中国的灾险投保率尚不足5%，地区差异也很大，但它已在一部分地质灾害的灾后恢复与重建过程中发挥了重要的作用。

（八）宣传教育与减灾立法

减灾宣传教育是提高全民减灾意识和社会减灾能力的重要措施。国内外对灾害教育和多种灵活的普及宣传活动都十分重视，但中国在开展此项工作中尚缺少统一规划与指导。

防灾减灾的宣传是指由有关部门向全社会普及宣传有关灾害成因、灾前征兆、避险自救、防灾救灾措施的各种知识以及减灾的方针、政策和法规，其作用在于提高全民族的防灾意识，使人们懂得灾害对人类生存条件的影响及人类行为与致灾的关系，提高民众对灾害谣言的识别能力和与灾害作斗争的主动性、积极性。减灾宣传教育的形式多种多样，包括各种新闻媒介、活动日主题宣传，咨询服务、课堂教育、专门培训教育等。

减灾立法是保障各项减灾措施、规范减灾行为、实施减灾管理的法律保障，同时也是提高减灾意识的一种社会舆论。目前中国已制定颁布了多个灾害种类的减灾法规，如2003年国务院发布的《地质灾害防治条例》等。

（九）培训与演练

制定国家和各级政府的减灾规划与减灾预案，协调全社会的减灾、救灾行为，建立政府的减灾指挥系统，建立减灾试验区，组织减灾队伍及防灾救灾培训、演练等。

3.1.4　减轻地质灾害的系统工程

地质灾害的多样性与复杂性，不仅使认识灾害变得十分困难，而且对现代减灾提出了挑战。传统的减灾工程基本上局限于某一灾害事件或某种灾害，所采用的方法也比较单一，这些工程虽然为减轻灾害损失发挥了重要的作用，但有很大的局限性。

现代减灾强调多种措施相互配合，统筹安排；涉及内容广泛而复杂，从人员伤亡到精神心理伤害；从直接经济损失到间接经济损失；从构筑物破坏到生态环境影响；从受灾区的损失到区域社会经济的影响。因此应该把地质灾害看作是与社会经济发展密切相关的一个重要因素，将减灾与经济建设作为一个统一的系统进行整体考虑，制定社会经济与减轻灾害的同步发展规划（马宗晋等，1998）。

（一）减灾系统工程的主要任务

减灾系统工程的主要任务包括攻克减灾措施中关键性技术难关、建立立体勘查监测系统和信息处理系统；研究灾害群发性的成因机制和分布规律、探索及时有效的灾害预报方法；选择灾种多、频次高、成灾强度大的重灾区，建立测、报、防、抗、救、援的综合减灾试验区；建立多学科的综合研究体系，开展全社会减灾教育，提高全民减灾意识（刘波等，1998）。

（二）减灾系统工程的主要内容

减轻地质灾害工作是一项复杂的系统工程，其主要的子系统包括监测、预警、防灾、抗灾、灾害评估、救灾、灾后恢复与重建、规划与指挥、教育与立法、保险与基金、减灾科学技术等。在减灾系统工程中，监测、预警、防灾、抗灾、灾害评估、救灾构成一个相对完整的行为过程。

1. 监测与预报

监测与预报是此过程的第一阶段，也是其他减灾措施的基础。

2. 灾害预评估

灾害预评估是第二阶段，即在中、长期预测与灾害史分析的基础上，运用数理模型估计灾害可能造成的破坏损失，以指导防灾、抗灾与救灾预备。

3. 防灾与抗灾

防灾与抗灾是第三阶段，是大灾前采取的非工程性与工程性减灾措施。

4. 救灾

救灾是第四阶段，为灾害发生后减轻损失的途径，灾后恢复与重建也可归于此阶段。从监测到救灾以及灾后恢复重建构成第一循环（图3-1）。灾后的灾情评估信息通过反馈，修正预评估模式，以指导未来灾害的防灾、抗灾和救灾预案的调整（李鄂荣，1998）。这个过程是理想化的，实际操作时比较复杂，并没有严格的先后次序，各子系统之间都是相互关联的。除救灾外，其他几项工作基本上同步进行。

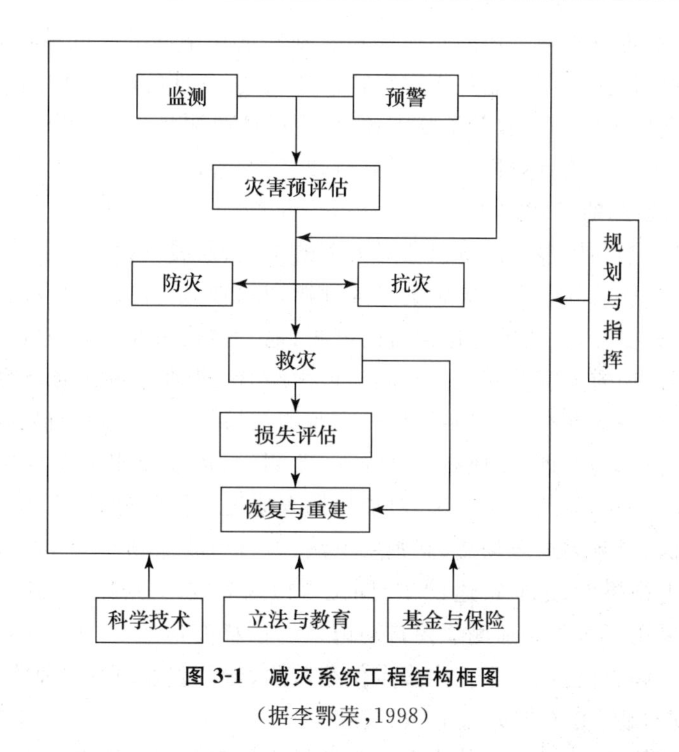

图 3-1 减灾系统工程结构框图

(据李鄂荣,1998)

减灾规划的制订要与社会经济发展水平相适应,并纳入国民经济发展计划之中。减灾系统中的指挥主要针对救灾工作。科学技术、立法与教育、减灾基金与保险是减灾系统工程的三大支柱。

减灾系统工程的有效性主要体现在减灾各项措施的整体配合。例如,中长期预报与灾害预评估若不准确,防灾、抗灾体系的目标设计便不会合理,救灾时也缺乏良好的支持环境。

减灾系统工程的建立必须依靠现代先进的科学技术。利用卫星遥感、航空探测、地面观测手段,建立先进的灾害勘查与监测预报系统;利用现代通信、航空救援、救援组织与行政指令等手段,通过重大工程设施抗灾能力的调研、工程设防标准和灾害区划工作、灾害评估与对策方案的制定、救灾技术的研究与推广和减灾知识的全民普及教育,建立健全高效能的灾害防治与救援系统;利用现代计算机技术和信息高速公路,建立全国统一的多功能信息处理与传递和灾害管理信息系统。

3.2 地质灾害监测预警与防治

3.2.1 地质灾害监测

(一) 地质灾害监测的目的与内容

地质灾害监测的目的是了解和掌握灾害的发生与演变规律,适时捕捉地质灾害临近爆发成灾的特征信息,及时预报地质灾害的发生和发展趋势,从而减轻地质灾害损失。

地质灾害监测的内容包括成灾条件的监测、成灾过程的监测以及地质灾害防治效益的反馈监测。地质灾害的时空分布规律决定了监测工作必须在不同的空间尺度上分层次进行,同时根据地质灾害随时间演化的阶段性规律,突出重点,进行全方位的立体监测。地质灾害的群发性和诱发性特征决定了监测工作的整体性和系统性。在不同的时间域内,监测网络的布置应有所不同。长期的监测工作应立足于对灾害机理、成灾条件的掌握;中期监测的重点是制定灾害预防措施;短期监测则单纯服务于临灾预警;而反馈监测是为了评价地质灾害治理工程的效益和整个减灾系统工程的有效性等(徐卫亚,1992)。

(二)地质灾害监测的技术方法

地质灾害监测就是利用多种测量仪器对灾害的发生、发展过程进行量测、记录并传送到预报中心,经过研究、分析、判断,揭示灾害的形成规律,并确定是否有必要发出灾害预报。目前,灾害的监测方式多种多样,常用的有地面台网监测、地下钻孔深部监测、水面和水下监测、卫星与航空遥感监测等。地质灾害监测正向空间与地面结合、机动与固定结合的立体监测系统方向发展。通过建立统一的高技术监测系统,提高监测结果的精确性和预报的有效性。

随着现代科学技术的发展,在地质灾害勘查、监测中,逐渐应用了在常规地球物理勘查技术基础上发展起来的一些新的技术方法,对加快勘查速度,提高监测精度起了很大作用。如在崩塌、滑坡勘查方面,音频大地电场法、高密度电法、岩石声波探测技术、浅层高分辨率反射波、人工地震法、孔内电视摄像、地质雷达、$^{218}P_0$ 同位素检测等技术方法已得到广泛应用;在崩塌、滑坡监测中,逐渐采用了多种可遥测遥控自动记录的位移变形监测、岩体应力监测、锚索锚杆拉力监测、垂直孔内倾斜监测、水平孔内多点位移监测、岩石破裂声发射监测、红外线激光测距监测等一系列新技术新方法(朱汝烈,1998)。

目前,基于遥感技术、全球定位技术和计算机技术的实时监测预报系统已成为地质灾害监测预报的发展趋势(周平根,1996)。实时监测预报是集数据自动采集、处理、建模、预测预报与信息的短程、中程及远程传送于一体的集成技术与方法。如美国在旧金山湾地区,通过布设气候、地面变形和地下水动态监测网,利用遥测装置和中央控制室与通信网络相连,在深入分析各分区的降雨量、地下水、地面变形及其与滑坡的关系基础上,建立了合理的模型和滑坡滑动的降水量判据,并对滑坡滑动的危险做出了成功的预警。

3.2.2 地质灾害预警

地质灾害预警既是地质灾害应急响应决策的重要基础,又是减轻地质灾害损失的组成部分。及时准确的灾害预警是建立在对地质灾害成灾条件、致灾机理和分布规律深入研究的基础之上的。地质灾害预警一般步骤如图3-2所示。

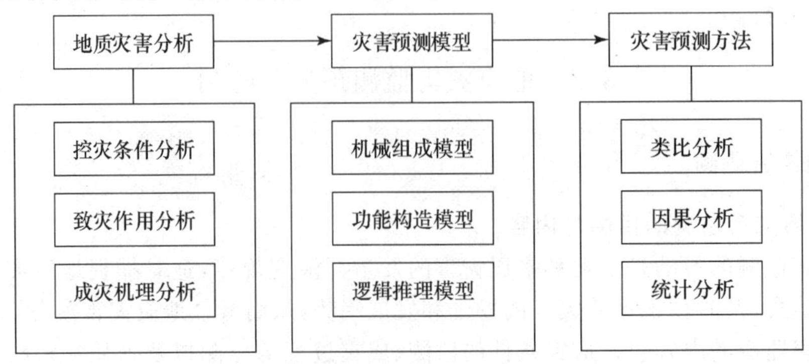

图3-2 地质灾害预测预警的一般步骤

(据徐卫亚,1992,改编)

地质灾害预测预警的基本方法是基于类比分析、因果分析及统计分析而进行的(徐卫亚,1992)。类比分析是根据先例事件做出的一种预报判断,它是对将要预警的地质灾害与先前已发生的典型地质灾害进行比较的方法。其核心是有效类推,相似性必须得到严格保证。在地质灾害的类比分析预测中,常用模型试验的方法进行预测预警。

因果分析预测主要是基于逻辑判断,把地质灾害的过去、现在作为预测未来的一把钥匙。具体预测方法主要有灰色预报、交互作用预报、分支预报、分量分配预报、马尔科夫法等(图3-3)。

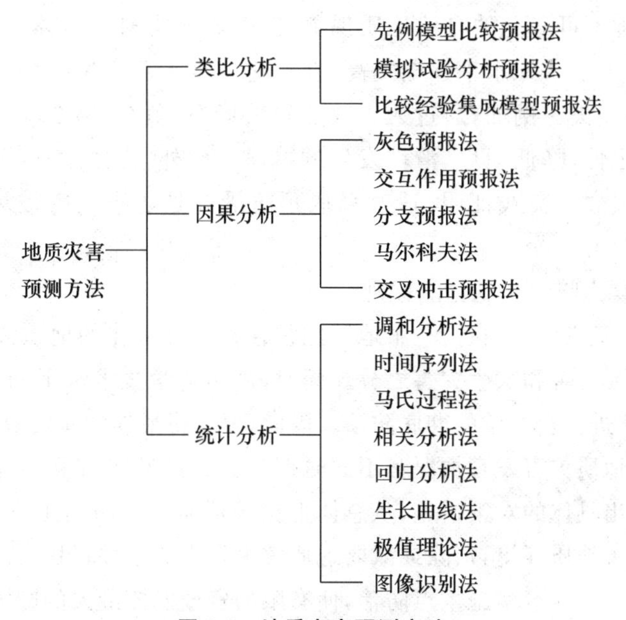

图 3-3 地质灾害预测方法

(据徐卫亚,1992)

统计分析预测是通过一系列的数学方法,以地质灾害的过去和现在的数据资料进行分析,运用数理统计、运筹学、调和分析、极值分析、数学滤波、图像识别等方法,根据地质灾害的统计规律、周期性规律等进行定量的地质灾害预测预警。

人类活动的干预使地质灾害的发生、发展受到多层次、不同因素的联合作用,地质灾害模型的建立不仅要考虑地质因素,还要考虑人类活动和社会经济因素;既包含空间信息,又包括时间动态变化。因此,地质灾害综合预测预警方法已成为当今灾害预警的最行之有效的方法。此外,系统论、非线性理论和耗散结构理论在地球科学中的应用,使地质灾害预警方法的研究得到了更深入的发展。各种综合模型方法,如专家系统、多因素模式识别法、数值模拟等方法在地质灾害预警中已被广泛应用,尤其是决策支持系统和 GIS 及综合集成等方法的应用成为当前的研究热点。实时监测系统与数值模拟和 GIS 方法的结合已在区域性地面沉降预测中得到了成功的应用。

3.2.3 地质灾害防治

(一) 地质灾害防治的基本原则

地质灾害防治的根本目标是取得最佳的减灾效果。要实现这个目的,必须遵循预防为主、全面规划与重点防治相结合、地质灾害防治与社会经济活动相结合、防治工程最优化等原则(张梁等,1998)。

1. 预防为主的原则

地质灾害是一种不可避免的自然地质现象,但随着人类科学技术及社会生产力的不断发展,人类对地质灾害的认识水平逐渐提高,在一定程度上可以减少灾害风险、削弱灾害的活动强度、降低灾害损失。例如,通过人工改变斜坡形态、负荷,减少地表水入渗,加固斜坡等方法增强斜坡稳定性,降低崩塌、滑坡发生的概率。此外,有效地进行灾害预测预报也可以避免或减轻灾害损失。实践证明,适时采取预防措施是防止灾害破坏、减少灾害损失的最有效途径。

2. 全面规划与重点防治相结合的原则

地质灾害的分布范围广泛,在同一个地区经常存在多种潜在的地质灾害。但在这些共生的灾害中,一般有主要灾害和次生灾害之分。同时,由于科学技术水平和经济实力的局限,不可能对所有地质灾害进行全方位的彻底防治。因此,要取得最佳的减灾效果,首先要做好防治规划,根据不同地区地质灾害发育情况和不同时期社会经济发展需要,分清主次,以主要灾种为重点防治目标,提出具体的对策措施,从总体上指导地质灾害防治工作。一方面,加强区域环境保护与治理,改善地质环境,消除或减弱地质灾害发生的条件;另一方面,对可能遭受地质灾害威胁的城镇、交通干线等实施重点防治,使有限的资金发挥最大的减灾效果。

3. 防治地质灾害与其他社会经济活动相结合的原则

从根本上讲,地质灾害防治工作也是一项经济活动,需要大量的人力、物力和财力,它与其他社会经济活动具有不同程度的联系。因此,必须把地质灾害防治纳入国家和地区的社会经济发展规划,并同土地资源、水资源、矿产资源和生物资源开发以及城镇建设、厂矿建设和交通建设结合起来。

4. 防治工程最优化原则

地质灾害防治工程一般需要比较巨大的投入,它既是一项综合性技术工作,又是一项复杂的经济活动。因此,地质灾害防治工程还必须遵循经济规律,以最小的投入获取最大的效益,使地质灾害防治工程实现科学性、可操作性和最小风险与最佳效益的有机结合。

尽管人类对地质灾害的防治手段越来越多,防治技术越来越高,但要完全制止地质灾害的发生、彻底防治地质灾害是不可能的,对地质灾害的防治效果也不可能达到百分之百的满意。因此,地质灾害防治工作是一项长期的、艰巨的任务。为了促进社会经济的健康发展,地质灾害防治要长期持续地进行下去,在不同社会经济发展阶段,取得与之相应的减灾效果。

(二) 地质灾害防治的基本途径与措施

地质灾害的形成必须具备灾害体和承灾体,二者的结合决定了成灾程度。因此,防治地质灾害的基本途径主要基于这两个方面：一是控制灾害源、消除或减弱灾害体的活动能量，减少灾害威胁；二是对受灾体采取防护或避让等保护措施使其免受灾害破坏，或增强受灾体对灾害的抗御能力。

各种地质灾害的防治途径基本相同，但具体措施则有所不同。在制定地质灾害防治措施时，首先必须进行深入细致的勘查工作，查清灾害体范围、性质、活动条件和受灾体类型与分布情况，科学选择具体防治措施，合理设计防治工程规模，以取得最优的减灾效果。

地质灾害防治措施基本包括四个方面：削弱灾害活动强度措施；受灾体防护措施；监测预报措施和灾害避让措施。防治地质灾害的具体措施与方法将在各专门章节中予以论述。

3.3 地质灾害管理

3.3.1 地质灾害管理的目的与原则

地质灾害管理的目的是建立高效、合理的地质灾害管理体制，运用法律、行政、经济、技术等手段，实现减灾社会化、科学化、信息化，调动全社会力量，最大限度地减轻灾害损失，促进社会经济可持续发展(张梁等，1998)。

地质灾害管理的基本原则是实行分级管理，推进减灾社会化；推进灾害管理信息化、科学化、现代化、规范化和法制化；把地质灾害管理同地质资源管理、环境管理、国土开发以及其他自然灾害管理结合起来；建立与社会经济发展相适应的地质灾害管理体系。地质灾害管理还必须遵循以人为本减少危害原则、超前预见性原则、统一领导分级负责原则、顾全大局原则、动态调控与中心转移原则、快速反应协同应对原则、长远利益至上原则和科学筹划原则等(姚清林等，1998)。

3.3.2 地质灾害管理的主要内容

灾害管理的主要内容和管理方式如图 3-4 所示。地质灾害管理贯穿于各项减灾措施中，其主要内容包括地质灾害调查与勘查管理、监测预警管理、灾情评估管理、防治工程施工管理以及制定减灾规划与减灾法规、推行减灾技术、合理使用减灾资金等方面的管理(张梁等，1998)。

地质灾害调查与勘查、监测预警是实现地质灾害管理动态化和有效减轻灾害损失的重要手段，灾情评估管理是地质灾害减灾工作的基础。及时进行地质灾害灾情信息收集与统计，积极开展灾情评估与灾害预测预报，可使各级政府和社会职能部门准确掌握地质灾害灾情现状和发展趋势，以便做出果断决策，采取确实可行的减灾对策。

地质灾害减灾工程管理是为了保证工程设施的质量，最大限度地发挥减灾工程的效益。制定减灾规划与减灾法规、推行减灾技术新方法、合理使用减灾资金等方面的管理是减灾工作的必要保障。

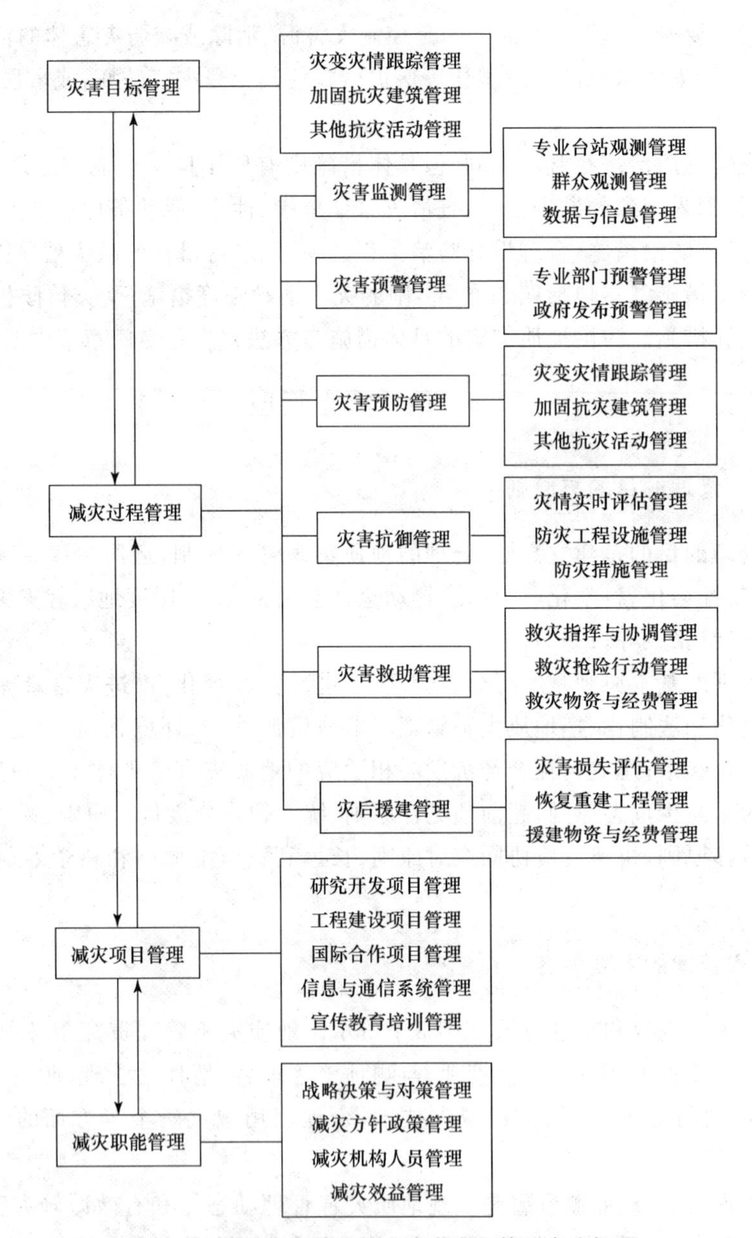

图 3-4　地质灾害管理的主要内容和管理方式框图

（据姚清林等，1998，改编）

3.3.3　地质灾害管理的主要手段

地质灾害管理的手段主要有经济手段、行政手段、法律手段和技术手段等四种。实施这些管理手段的方式虽然有所不同，但它们在地质灾害管理过程中都起着同样重要的作用。

（一）经济手段

地质灾害管理的经济手段包括筹措管理地质灾害减灾资金，支持地质灾害勘查、监测、研究、防治及灾后恢复和重建；发展减灾产业，组织社会减灾活动；推行灾害保险，调动社会力量广泛参与减灾事业。

(二) 行政手段

地质灾害管理的行政手段主要是指各级政府部门在地质灾害管理中行使领导组织职能，主要内容包括：

(1) 制定和实施减灾规划。根据全国和区域减灾目标，结合区域社会经济发展的总体规划，制定不同层次、不同阶段的减灾规划，并组织社会有关方面贯彻实施，使整个减灾活动有计划有目的地进行。

(2) 进行减灾宣传教育。通过不同途径宣传减灾知识，推广减灾技术，提高全社会的防灾抗灾意识，推动减灾社会化。

(3) 组织实施基础性地质灾害勘查和区域地质灾害监测、预测以及灾情评估工作。

(4) 指挥协调抗灾、救灾及灾后重建，最大限度地减轻灾害损失。

此外，行政手段还包括减灾决策和指挥、减灾规划管理、减灾工作的日常管理等。

(三) 法律手段

法律手段就是利用法律、法规对地质灾害进行管理，其主要作用是指导和规范减灾活动，以一定的强制手段约束人们在减灾过程中的行为，保障减灾措施的顺利进行，以实现既定的减灾目标。地质灾害管理的法律、法规是由灾害管理基本法、专门性灾害管理法规和地方性灾害管理法规构成的法律体系。

(四) 技术手段

地质灾害管理的技术手段包括制定与各项减灾措施相适应的技术标准、规范和章程，并在地质灾害勘查、监测、防治工作中贯彻执行，从而有效地减轻地质灾害损失。

3.3.4 系统科学理论在地质灾害管理实践中的应用

系统工程学是一门以各类系统为对象、系统思想为主导、系统分析为核心、数学方法为工具的新兴组织管理技术。它依托整体性原则、相关性原则、有序性原则、动态性原则和最佳化原则，立足于辩证的系统思维方式，采用概率、统计、运筹、模拟等方法，经过全面的系统分析、推理、判断，进行系统综合与系统评价，建立系统模型，进而实现最优化的综合效益(刘波等，1998)。

一般说来，减灾系统工程由减灾系统分析、减灾系统综合、减灾系统评价三个环节构成。

减灾系统分析是实施减灾系统工程的核心，是减灾科学决策的有效工具。从狭义上说，减灾系统分析虽然渗透到减灾系统工程的整个过程，但主要用于它的准备阶段或开始阶段，包括对致灾因子、灾情、社会承灾力、灾度、减灾效益等参数的定性分析、定量分析、定时分析与定位分析(灾害区划)，灾害系统诊断与致灾环境识别，减灾管理系统结构功能的静态、动态分析等。

减灾系统综合是减灾系统分析的逻辑归纳，它以减灾系统分析为前提，在实施减灾系统工程管理中，立足整体，统筹全局，实现整体与局部的辩证统一。

减灾系统评价主要指灾害综合评估，建立灾害评估系统的综合指标体系。减灾系统评价以建立相应的系统模型为手段，如几何模型、图表模型、逻辑模型、程序模型等，通过权衡利弊得失，从多项方案中选择最优方案，进行多目标决策，寻求减灾综合效益最大的有效途径。

按系统工程理论，减灾系统工程可分为相互独立、相互制约又相互衔接的六个阶段，即减灾目标确立阶段、灾害情报信息处理阶段、设计减灾方案阶段、灾情评估阶段、减灾决策优选阶段、减灾信息反馈阶段。

第4章　地震灾害

地震是因地球内动力作用而发生在岩石圈内的一种物质运动形式，它是由积聚在岩石圈内的能量突然释放而引起的。据统计，全世界每年大约发生几百万次地震，人们能够感觉到的仅占1%左右，七级以上的灾害性地震每年多则二十几次，少则三五次。

强烈地震可使大范围的建筑物瞬间沦为废墟，是一种破坏性很强的地质灾害。地震灾害不仅造成建筑物倒塌而使人类生命财产遭受重大损失，而且还会诱发大规模的砂土液化和崩塌、滑坡等次生地质灾害；发生在深海地区的强烈地震有时还可引起海啸。地震的破坏范围有时可扩展到数百千米甚至数千千米之外。

4.1　地震与地震活动

4.1.1　概述

地震是一种常见的地质现象。岩石圈物质在地球内动力作用下产生构造活动而发生弹性应变，当应变能量超过岩体强度极限时，就会发生破裂或沿原有的破裂面发生错动滑移，应变能以弹性波的形式突然释放并使地壳振动而发生地震。

最初释放能量引起弹性波向外扩散的地下发射源为震源，震源在地面上的垂直投影为震中，震中到震源的距离称为震源深度(图4-1)。按震源深度地震可分为浅源地震(0～70 km)，中源地震(70～300 km)和深源地震(300～700 km)。大多数地震发生在地表以下几十千米地壳中，破坏性地震一般为浅源地震。

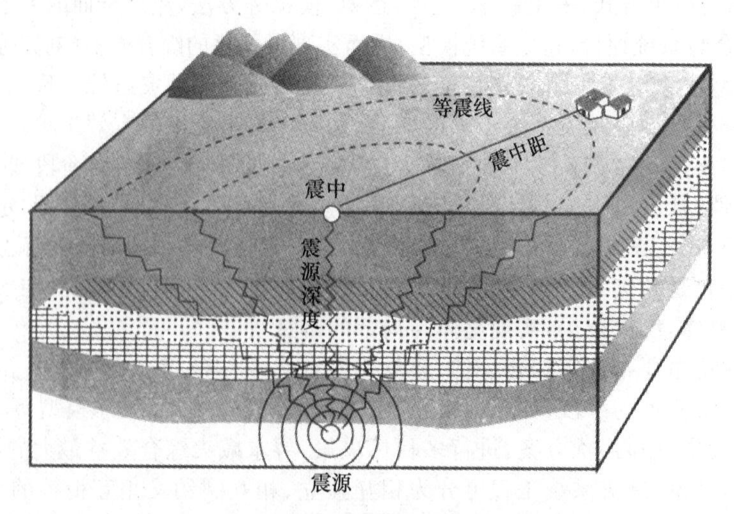

图4-1　地震震中、震源及地震波传播示意图

4.1.2 地震波

地震所产生的震动是以弹性波的形式传播出来的，这种弹性波称为地震波。地震时通过地壳岩体在介质内部传播的波称为体波；体波经过折射、反射而沿地面附近传播的波称为面波。面波是体波形成的次生波。

体波包括纵波和横波。纵波又叫疏密波，由介质体积变化而产生，并靠介质的扩张与收缩而传递，质点振动与波的前进方向一致；在某一瞬间沿波的传播方向形成一疏一密的分布[图 4-2(a)]。纵波振幅小，周期短。横波又叫扭动波，是介质性状变化的结果，质点的振动方向与波传播方向互相垂直，各质点间发生周期性的剪切振动[图 4-2(b)]。与纵波相比，横波振幅大、周期长、传播速度小。

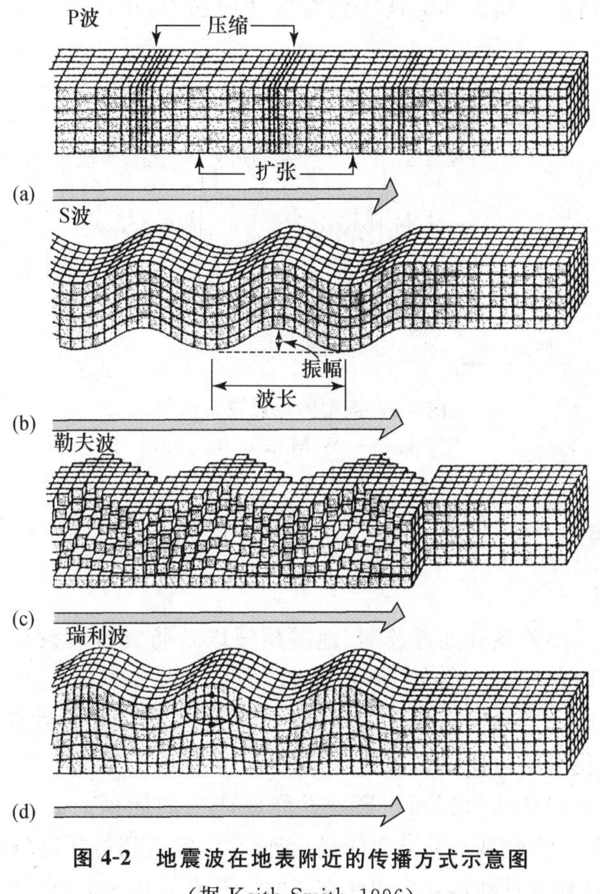

图 4-2 地震波在地表附近的传播方式示意图

(据 Keith Smith, 1996)

由于纵波是压缩波，所以可以在固体介质或液体介质中传播；而横波是剪切波，所以它不能通过对剪切变形没有抵抗力的液态介质，只能通过固体介质。根据弹性理论，当泊松比 $\mu=0.22$ 时，纵波传播速度(v_P)与横波传播速度(v_S)有如下关系：

$$v_P = 1.67 v_S \tag{4-1}$$

一般近地表处岩石中 $v_P=5\sim6\,km/s$，$v_S=3\sim4\,km/s$。所以，地震仪器记录地震波时，振幅小、速度快的纵波最先达到，因而称其为初波(P 波，primary wave)；振幅大、速度慢的横波稍后到达,故又称为次波(S 波,secondary wave)。

面波是体波到达地面后激发的次生波。它仅限于地面运动,向地面以下迅速消失。这种波分为两种,一种是在地面上作蛇形运动的勒夫波(Love wave),质点在水平面上垂直于波前进方向作水平振动。与横波不同的是,勒夫波只在水平面上做左右摆动[图 4-2(c)],而横波可在左右方向和垂直方向上摆动。勒夫波在层状介质界面传播,其波速介于上下两层介质横波速度之间。另一种是在地面上滚动的瑞利波(Rayleigh wave),质点在与平行传播方向想垂直的平面内作椭圆运动,其波速 $v_R \approx 0.914 v_S$[图 4-2(d)];它与 P 波的辐射有关。瑞利波产生的振动使物体发生垂直和水面方向的运动。

一个地震波记录图或地震谱最先记录的总是振幅小、周期短的 P 波,然后是 S 波,最后达到的是传播速度最慢、振幅最大、波长最大的面波,统称为 L 波(long wave)。典型地震记录图如图 4-3 所示。一般情况下横波和面波达到时振动最强烈,建筑物的破坏通常是由横波和面波造成的。

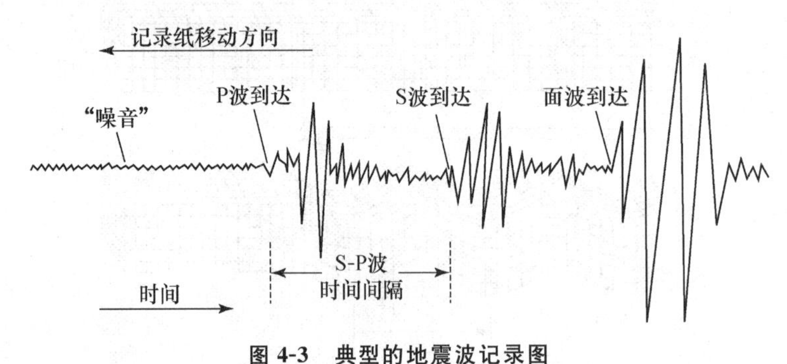

图 4-3 典型的地震波记录图

(据 Barbara W Murck 等,1997)

4.1.3 地震成因与类型

(一) 地震的成因

地震成因的研究直接关系到地震监测、地震预报以及防震抗震设计等问题。最为人们广泛接受的地震成因的解释是弹性回跳理论,即断层说。这一理论基于岩石的弹性变形机制:岩石体积或形状受力后发生的可逆变化,即当应力消失后,已发生弹性变形的物质将恢复其原来的大小和形状。当我们用力使弹簧或使直尺变弯时,物质经受弹性变形并储存了应变能;突然放开弹簧或直尺时它们又回弹到原始形状并释放产生的能量。同样,弹性回跳理论认为地应力使断层两侧岩石发生弹性变形并储存能量;当储存的能量超过断层两盘之间的摩擦阻力时,能量以地震的形式突然释放;同时,发生弹性变形的岩石恢复其原来的形状。这一理论是美国地震学家里德通过研究 1906 年旧金山大地震时圣安德列斯断层的活动情况而于 1910 年提出的。

1931 年,日本学者提出了地震成因的岩浆冲击说。该学说认为,地壳深部岩浆的物理化学变化产生化学能、热能和动能,使岩浆具有向外扩张而冲入地壳岩体软弱地段的趋势;岩浆以强大的力量挤压和冲击围岩,并使围岩遭受破坏而产生地震。中国云南西部滕冲的地震活动,有人认为可能与地下岩浆活动有关。

1963 年,新西兰学者提出了地震成因的相变理论。相变说认为,处于高温、高压条件下的深部物质能够从一种结晶状态突然转变为另一种结晶状态,在这个过程中伴随着密度的变化而引起物质体积的改变(突然扩张或缩小),从而使周围岩体受到快速压缩或快速拉张而产生地震。

但岩浆冲击说和相变说没有得到进一步的论证和广泛应用。

(二) 地震的类型

地震成因类型归纳起来有构造地震、火山地震、塌陷地震和诱发地震四种类型。地壳运动过程中,在地壳不同部位受到力的作用,在构造脆弱的部位容易发生破裂和错动而引起地震,这就是构造地震。全球90%以上的地震属于构造地震。火山活动也能引起地震,它占地震发生总量的7%左右。火山喷发前岩浆在地壳内积聚、膨胀,使岩浆附近的老断裂产生新活动,也可以产生新断裂,这些新老断裂的形成和发展均伴随有地震的产生。自然界大规模的崩塌、滑坡或地面塌陷也能够产生地震,即塌陷地震。

此外,采矿、地下核爆破及水库蓄水或向地下注水等人类活动均可诱发地震。例如,矿山开采过程中,岩体或矿体发生破坏,使内部积聚的弹性能得到迅速释放就会产生地震。大型水库在蓄水后诱发地震的实例在国内外已有很多报道。截至1996年的统计,世界上有109座水库发生过诱发地震,中国的水库诱发地震有19处,其中最大的一处是广东新丰江水库。该水库建于1959年,蓄水后地震日益增多(到1972年地震总数达72万次),1962年3月19日发生的6.1级地震,烈度为8度,使坝体产生了裂缝。

4.1.4 地震震级与地震烈度

地震能否使某一地区建筑物受到破坏取决于地震能量的大小和该建筑物区距震中的远近。所以需要有衡量地震能量大小和震动强烈程度的两个指标,即震级(M,magnitude)和烈度(I,intensity)。它们之间虽然具有一定的联系,但却是两个不同的指标,不能混淆起来。

(一) 地震的震级

地震震级是表示地震本身大小的尺度,即以地震过程中释放出来的能量总和来衡量,释放出来的能量愈大则震级愈高。由于一次地震释放出来的能量是恒定的,所以在任何地方测定,只有一个震级。实际测定震级时,由于很大一部分能量已消耗于地层的错动和摩擦所产生的位能及热能,因而人们所能测到的主要是以弹性波形式传递到地表的地震波能。这种地震波能是根据地震波记录图的最高振幅来确定的。按李希特(C. F. Richter)1935年给出的震级的原始定义,震级是指距震中100 km的标准地震仪(周期0.8 s,阻尼比0.8,放大倍数2800倍)所记录的以微米表示的最大振幅(A)的对数值,其表达式为

$$M = \lg A \tag{4-2}$$

实际上,距震中100 km处不一定设有符合上述地震仪,因此,必须根据任意震中距、任意型号的地震仪的记录经修正而求得震级。目前,震级多以面波震级为标准,用M_S来表示。一级地震能量相当于2×10^6 J,每增大一级,能量约增加30倍;一个7级地震释放的能量相当于30个20000 t级的原子弹。一般来说,小于2级的地震人们是感觉不到的,只有通过仪器才能记录下来,称为微震;2～4级地震,人们可以感觉到,称为有感地震;5级以上地震,可引起不同程度的破坏,称为破坏性地震;7级以上称为强烈地震。现有记载的地震震级最大为9级,这是因为地震震级超过9级时,岩石强度便不能积蓄更大的弹性应变能的缘故。由于地震是地壳能量的释放,震级越高,释放能量越大,积累的时间也越长(表4-1)。在易发震地区,如美国旧金山及其周围地区,平均一个世纪才可能发生一次强烈的地震。这就是说,大约需要100年积累的能量才能超过断层的摩擦阻力。这期间由于局部滑动的结果可能发生小地震,但储存

的能量还是能够逐渐积累起来，因为断层的其他地段仍然处于锁定状态。这说明，强震的发生具有一定的周期性，由于地质条件的差异性，不同地区发生强烈地震的周期也是不一样的。

表 4-1 地震震级和发生的频率以及特有的破坏效应

(据 Barbara W Murck 等，1997)

里氏震级	每年的数量	修正的烈度	居住区震动的特有效应
<3.4	800000	Ⅰ	只能被仪器记录到
3.5～4.2	30000	Ⅱ，Ⅲ	室内的一些人有感觉
4.3～4.8	4800	Ⅳ	大多数人有感觉，窗户响动
4.9～5.4	1400	Ⅴ	每个人均有感觉，盘子跌破，门晃动
5.5～6.1	500	Ⅵ，Ⅶ	建筑物轻微破坏，墙面破裂，瓦块掉落
6.2～6.9	100	Ⅷ，Ⅸ	建筑物破坏较重，烟筒倒塌，房屋脱离基础
7.0～7.3	15	Ⅹ	严重破坏，桥梁塌落，许多高大建筑物倒塌
7.4～7.9	4	Ⅺ	大毁灭，绝大多数建筑物倒塌
>8.0	5～10年一次	Ⅻ	完全破坏，可见地面波动，物体被抛向空中

(二) 地震的烈度

地震烈度是指地面及各类建筑物遭受地震破坏程度。地震烈度的高低与震级的大小、震源的深浅、震中距离、地震波的传播介质以及地震区地质构造等条件有关。如一次地震，距震中远的地方，烈度低；距震中近处烈度高。又如：相同震级的地震，因震源深浅不同，地震烈度也不同，震源浅者对地表的破坏就大。如1960年2月29日非洲摩洛哥临太平洋游览城市阿加迪，发生了5.8级地震，由于震源很浅(只有3～5 km)，在15 s内大部分房屋都倒塌了，破坏性很大。而同样震级的地震，若震源深，则相对破坏性小。

由此可见，一次地震只有一个相应的震级，而烈度则随地方而异，由震中向外烈度逐渐降低。在地震区把地震烈度相同的点用曲线连接起来，这种曲线称为等震线。等震线就是在同一次地震影响下，破坏程度相同的各点的连线，图上的等震线实际上是等烈度值的外包线。地震的等震线图十分重要，从等烈度图中可以看出一次地震的地区烈度分布、震中位置，推断发震断层的方向(一般说来，发震断层的方向平行于最强等震线的长轴)；利用等震线还可以推算震源深度和用统计方法计算在一定的震中烈度和震源深度情况下的烈度递降的规律。等震线一般围绕震中呈不规则的封闭曲线。震中点的烈度称为震中烈度。对于浅源地震，震级与震中烈度大致成对应关系，可用如下经验公式表示：

$$M = 0.58I + 1.5 \tag{4-3}$$

为了表示地震的影响程度，就要有一个评定地震烈度的标准，这个标准称为地震烈度表，它把宏观现象(人的感觉，器物反映、建筑物及地表破坏等)和定量指标，按统一的标准，把相同或近似的情况划分在一起，来区别不同烈度的级别。目前世界各国所编制的这种评定地震烈度的标准即地震烈度表不下数十种。多数国家采用划分为12度的烈度表，如中国、美国、苏联和欧洲的一些国家；也有些国家采用10度的，如欧洲的一些国家；而日本则采用划分为8度的地震烈度表。表4-2为中国的地震烈度表。

表 4-2 中国地震烈度表(GB/T 17742—2008)

地震烈度	人的感觉	房屋震害		其他震害现象
		类型①	震害程度	
Ⅰ	无感	—	—	—
Ⅱ	室内个别静止的人有感觉	—	—	—
Ⅲ	室内少数静止中的人有感觉	—	门、窗轻微作响	悬挂物微动
Ⅳ	室内多数人、室外少数人有感觉,少数人梦中惊醒	—	门、窗作响	悬挂物明显摆动,器皿作响
Ⅴ	室内绝大多数、室外多数人有感觉,多数人梦中惊醒	—	门窗、屋顶、屋架颤动作响,灰土掉落,个别房屋墙体抹灰出现细微裂缝,个别屋顶烟囱掉砖	悬挂物大幅度晃动,不稳定器物摇动或翻倒
Ⅵ	多数人站立不稳,少数人惊逃户外	A	少数中等破坏,多数轻微破坏和(或)基本完好	家具和物品移动;河岸和松软土出现裂缝,饱和砂层出现喷砂冒水;个别独立砖烟囱轻度裂缝
		B	个别中等破坏,少数轻微破坏,多数基本完好	
		C	个别轻微破坏,大多数基本完好	
Ⅶ	大多数人惊逃户外,骑自行车的人有感觉,行驶中的汽车驾乘人员有感觉	A	少数毁坏和(或)严重破坏,多数中等和(或)轻微破坏	物体从架子上掉落;河岸出现塌方,饱和砂层常见喷水冒砂,松软土地上地裂缝较多;大多数独立砖烟囱中等破坏
		B	少数中等破坏,多数轻微破坏和(或)基本完好	
		C	少数中等和(或)轻微破坏,多数基本完好	
Ⅷ	多数人摇晃颠簸,行走困难	A	少数毁坏,多数严重和(或)中等破坏	干硬土上出现裂缝,饱和砂层绝大多数喷砂冒水;大多数独立砖烟囱严重破坏
		B	个别毁坏,少数严重破坏,多数中等和(或)轻微破坏	
		C	少数严重和(或)中等破坏,多数轻微破坏	
Ⅸ	行动的人摔倒	A	多数严重破坏和(或)毁坏	干硬土上多处出现裂缝,可见基岩裂缝、错动,滑坡、塌方常见;独立砖烟囱多数倒塌
		B	少数毁坏,多数严重和(或)中等破坏	
		C	少数毁坏和(或)严重破坏,多数中等和(或)轻微破坏	
Ⅹ	骑自行车的人会摔倒,处不稳状态的人会摔离原地,有抛起感	A	绝大多数毁坏	山崩和地震断裂出现,基岩上拱桥破坏;大多数独立砖烟囱从根部破坏或倒毁
		B	大多数毁坏	
		C	多数毁坏和(或)严重破坏	
Ⅺ	—	A、B、C	绝大多数毁坏	地震断裂延续很大,大量山崩滑坡
Ⅻ	—	A、B、C	几乎全部毁坏	地面剧烈变化,山河改观

① 用于评定烈度的房屋类型:A类:木构架和土、石、砖墙建造的旧式房屋;B类:未经抗震设防的单层或多层砖砌体房屋;C类:按照Ⅶ抗震设防的单层或多层砖砌体房屋。

地震烈度有基本烈度、设计烈度和场地烈度之分。地震基本烈度是指某一地区在今后的一定期限内(在中国一般考虑100年或50年左右),可能遭遇的地震影响的最大烈度。它实质上是中长期地震预报在防震、抗震上的具体估量。在地震烈度尚未完全采用定量指标的目前阶段,一切抗震强度的验算和防震措施的采取都是以基本烈度为基础,并根据建筑物的重要性按抗震涉及规范作适当的调整。经过调整后的烈度称为设计烈度,是抗震工程设计中实际采用的烈度。基本烈度一般指一个较大范围内的烈度,设计烈度一般是在基本烈度确定后,根据地质、地形条件及建筑物的重要性来确定的。如对特别重要的建筑物,经国家批准,设计烈度可比基本烈度提高一度;重要建筑物可按基本烈度设计;对一般建筑物可比基本烈度降低一度,但基本烈度为Ⅶ度时,则不再降低。

由于小区域因素或场地地质因素影响的地震烈度有时也称为场地烈度,场地烈度是建筑物场地地质构造、地形、地貌和地层结构等工程地质条件对建筑物震害的影响烈度,目前对它尚不能用调整烈度方法来概括,而只是在查清场地地质条件的基础上,在工程实践中适当加以考虑。

4.1.5 地震的时空分布

地震特别是浅源地震,其产生多与断层错动有关;全球地震的分布与大地构造密切相关。多年来,中国、美国、日本、苏联等国家有计划地进行地震预报的研究,地震地质工作进展较快。特别是20世纪60年代板块构造的发展,使得对全球范围主要地震带形成的地质环境有了进一步的理解,也对地震地质的研究起了很大的促进作用。

(一) 全球主要地震带及其大地构造环境

早期的地震研究工作已经发现,地震并非均匀分布于地球上的每个角落,而是集中于某些特定地带,这些地震集中的地带称为地震带。地震带常与一定的地震构造相联系,世界范围内的主要地震带是环太平洋地震带、喜马拉雅-地中海地震带或欧亚地震带和大洋中脊地震带。全球最大的环太平洋地震带和横贯欧亚的喜马拉雅-地中海地震带,是全球六大板块间的接触带,其他的地震带与扩张的洋脊、转换断层、大陆裂谷或大断裂带有关。在环太平洋地震带和欧亚地震带内发生约占全球85%的浅源地震、全部的中深源地震和深源地震;其他地震带只有浅源地震,一般来说地震频度和强度均较弱。中国恰位于环太平洋和欧亚地震带两大地震带之间。

地震带内的地震活动在时间分布上是不均匀的,显著活动和相对平静交替存在,一定时期后又重复出现。各地震带的重复期从几十年到几百年,甚或千年以上。各地震带的大地震发生方式有单发式和连发式之分。前者以一次8级以上地震和若干中小地震来释放带内积累的能量;后者在一定时期内以多次7~7.5级地震释放其绝大部分积累的能量。在各地震带内还可划分出不同的区段,作为独立的地震活动性和地震区域划分的统计研究单元。

1. 环太平洋地震带

环太平洋地震带是世界上最大的地震带,它像一个巨大的环,沿北美洲太平洋东岸的美国阿拉斯加向南,经加拿大本部、美国加利福尼亚和黑西哥西部地区,到达南美洲的哥伦比亚、秘鲁和智利,然后从智利转向西,穿过太平洋抵达大洋洲东边界附近,在新西兰东部海域折向北,再经斐济、印度尼西亚、菲律宾,中国台湾地区、琉球群岛、日本列岛、阿留申群岛,回到美国的阿拉斯加,环绕太平洋一周,也把大陆和海洋分隔开来。在这一狭窄条带内震中密度最大,全世界约80%的浅源地震、90%的中源地震和几乎全部深源地震集中于环太平洋地震带,释放的能量约为全世界地震释放能量的80%。

2. 喜马拉雅-地中海地震带

喜马拉雅-地中海地震带(或称欧亚地震带)为全球第二大地震带,震中分布较环太平洋地震带分散,所以该地震带的宽度大且有分支。欧亚地震带主要分布于欧亚大陆,从印度尼西亚开始,经中南半岛西部和中国的云、贵、川、青、藏地区,以及印度、巴基斯坦、尼泊尔、阿富汗、伊朗、土耳其到地中海北岸,一直还伸到大西洋的亚速尔群岛。此带地震以浅源地震为主,在帕米尔、喜马拉雅分布有中源地震,深源地震主要分布于印尼岛弧。环太平洋地震带以外的几乎所有深源、中源地震和大的浅源地震均发生于此带,释放能量约占全球地震能量的15%。

3. 大洋中脊地震带

大洋中脊地震带呈线状分布于各大洋的中部附近。海岭地震带从西伯利亚北岸靠近勒那河口开始,穿过冰岛,再经过大西洋中部海岭到印度洋的一些狭长的海岭地带或海底隆起地带,并有一分支穿入红海和东非裂谷。这一地震带远离大陆且多为弱震,20世纪60年代海底扩张和板块构造理论的发展才使人们注意到这一地震带。这一地震带的所有地震均产生于岩石圈内,震源深度小于30 km,震级绝大多数小于5级。

上述地震分布绝非偶然,而是在一定的大地构造背景之下的现代构造运动的产物。根据板块构造,以上述三大地震带为边界,整个刚性岩石圈被分为六大刚性体和多个较小的板块。大洋中脊、深海沟、火山和许多其他特征要么与岩石圈板块的活动边缘相吻合,要么与之相平行。由于大洋中脊增生、板块俯冲和转换断层等岩石圈运动,才形成了上述有规律分布的全球性地震带。

按地质成因,地震可分为板块增生带地震、转换断层地震和板块汇聚边缘地震。比较而言,稳定的大陆内部则相对宁静。但板块内部环境也能成为大地震的场所,非常强烈的地震偶尔也发生在板块的内部,即正常稳定的大陆板块内部环境中。如1993年的拉图尔地震即发生在古老的、稳定的印度次大陆的中心部位。板块内部的地震活动被认为是与深部的古断层构造再次复活有关。

(二) 中国地震的特点及空间分布规律

中国地处环太平洋地震带和欧亚地震带之间,地震活动频度高、强度大、震源浅、分布广,是世界上多地震灾害的国家。20世纪以来,中国共发生6级以上地震近800次,遍布除贵州、浙江两省和香港特别行政区以外所有的省、自治区、直辖市。死于地震的人数达55万之多,占全球地震死亡人数的53%。

1949年以来,100多次破坏性地震袭击了22个省(自治区、直辖市),其中涉及东部地区14个省份,造成28万余人丧生,占全国各类灾害死亡人数的54%,地震成灾面积达30多万平方千米,摧毁房屋700余万间。1976年7月28日发生的唐山7.8级地震,破坏范围超过3×10^4 km^2,波及14省市,死亡24.2万人,直接经济损失达100亿元以上,是20世纪世界最大的地震劫难,也是中国历史上仅次于1556年陕西省华县大地震的又一场地震浩劫。2008年5月12日14时28分发生的四川汶川8.0级地震,造成8.7万人死亡失踪和严重的经济损失,是新中国成立以来震级强度第三的地震(仅次于1950年西藏墨脱8.5级地震和2001年昆仑山8.1级地震),直接严重受灾地区达10×10^4 km^2。中国除黑龙江、吉林、新疆外均有不同程度的震感,其中以陕甘川三省震情最为严重,甚至泰国首都曼谷、越南首都河内、菲律宾、日本等地均有震感。

1. 地震活动的特点

(1) 地震活动分布广

中国是全球板内地震最强烈的地区之一。据地震史料记载，全国所有省份无一例外地都曾发生过5级或5级以上地震。据1977年国家地震局颁布的“中国地震烈度区划图”(1/300万)，地震基本烈度为Ⅶ或Ⅶ度以上的地区面积占全国面积的32.5%；Ⅵ或Ⅵ度以上的地区面积达到60%。将近60%的50万以上人口的城市位于Ⅶ和Ⅶ度以上的地区；70%的100万以上人口的大城市落在Ⅶ和Ⅶ度以上的地域内。全国有46%的城市和许多重大工业设施、矿区、油田、水利工程位于地震灾害严重威胁的地区(段永侯等，1993)。

(2) 地震活动频度高

据地震统计，中国在1900—1980年的80年间共发生大于或等于8级地震9次；7～7.9级地震66次；平均每年发生7级以上的地震接近1次。

(3) 地震震源深度浅

在中国，除东北和台湾地区分布有少数中深源地震外，绝大多数地震的震源深度在40 km以内；东部地区的地震震源多在10～20 km左右。

2. 地震的空间分布

中国地处欧亚板块的东南部，位于太平洋板块、欧亚板块、菲律宾海板块的交汇处，从而构成了中国构造活动与地震活动的动力背景。

在欧亚地震带东部的中亚地区，有一个非常著名的地震活动密集三角区，其西北边界为帕米尔-天山-阿尔泰-蒙古-贝加尔湖；西南边界为喜马拉雅山；东部边界呈南北走向，由缅甸经中国的云南、四川、甘肃、青海东部、宁夏到蒙古。这个三角区完全覆盖了中国大陆的西半部，所以，中国地震活动的空间分布表现为西密东稀。1981年国家地震局出版的中国地震震中分布图表明，中国的地震活动主要分布在五个地区的23条地震带上。这五个地区是：① 青藏高原地震区，主要是西藏、四川西部和云南中西部；② 华北地震区，主要在太行山两侧、汾渭河谷、阴山-燕山一带、山东中部和渤海湾；③ 东南沿海地震带，包括东南沿海的广东、福建等地；④ 西北地区，主要在甘肃河西走廊、青海、宁夏、天山南北麓；⑤ 台湾地区及其附近海域。

“青藏高原地震区”包括兴都库什山、西昆仑山、阿尔金山、祁连山、贺兰山-六盘山、龙门山、喜马拉雅山及横断山脉东翼诸山系所围成的广大高原地域，涉及青海、西藏、新疆、甘肃、宁夏、四川、云南全部或部分地区，以及苏联、阿富汗、巴基斯坦、印度、孟加拉、缅甸、老挝等国的部分地区。“青藏高原地震区”是中国最大的一个地震区，也是地震活动最强烈、大地震频繁发生的地区。据统计，这里8级以上地震发生过10次；7～7.9级地震发生过78次，均居全国之首。

“华北地震区”包括河北、河南、山东、内蒙古、山西、陕西、宁夏、江苏、安徽等省的全部或部分地区。在五个地震区中，它的地震强度和频度仅次于“青藏高原地震区“，位居全国第二。由于首都圈位于这个地区内，所以格外引人关注。据统计，该地区有据可查的8级地震曾发生过5次；7～7.9级地震曾发生过18次。加之它位于中国人口稠密、大城市集中、政治和经济、文化、交通都很发达的地区，地震灾害的威胁极为严重。华北地震区分四个地震带：郯城-营口地震带、华北平原地震带、汾渭地震带和银川-河套地震带。

“东南沿海地震带”主要包括福建、广东两省及江西、广西邻近的一小部分。这条地震带受与海岸线大致平行的北东向活动断裂控制，沿断裂带发生过多次破坏性地震。

从宁夏，经甘肃东部、四川西部、直至云南，有一条纵贯中国大陆、大致南北方向的地震密集带，被称为“中国南北地震带”，简称“南北地震带”。该带向北可延伸至蒙古境内，向南可到缅甸。2008 年 5 月 12 日四川汶川大地震就发生在这一地震带上。

此外，“新疆地震区”、“台湾地震区”也是中国两个曾发生过 8 级地震的地震区。这里不断发生强烈破坏性地震也是众所周知的。由于新疆地震区总的来说，人烟稀少、经济欠发达，尽管强烈地震较多，也较频繁，但多数地震发生在山区，造成的人员和财产损失与中国东部几条地震带相比，要小许多。

（三）地震的时间分布

中国地震的历史记载比较早。地震记录资料反映出一个地区的地震活动是有周期性的。在较长的时期内，地震活动时而密集，时而平静，时而增强，时而减弱。地震活动具有地震活跃期和地震活跃幕两种时间尺度。

1. 地震活动期

地震活动期的划分在中国华北地区最为明显。自 14 世纪以来，华北地震区的强震活动显示出几百年尺度的平静和活跃的交替变化。通常把 1369—1730 年称为第Ⅲ地震活动期（平静期：1369—1483 年；活跃期：1484—1730 年），1731 年至今称为第Ⅳ地震活动期（平静期：1731—1814 年，活跃期：1815 年至今）。其他地震区（带）同样存在着地震活动过程不均匀性。马宗晋等用近 2000 年的资料分别进行地震世纪频度和地震时序分布对比，发现华北-朝鲜-日本内陆的地震活跃期的时间尺度上基本同步。

2. 地震活跃幕

地震活跃幕是指一个地震活跃期中地震活动相对频繁和强烈的阶段；活跃期中地震活动相对平静的阶段为平静幕。

地震活跃幕是在一个地震活动期内表现出来的，在一个地震活动期内构成一个个相关的系列。幕的系列比单一地震能更好的描述一个地震期的发展过程。若把中国大陆看做一个地震系统，自 20 世纪以来，7 级以上地震活动显示出几十年的活跃和平静交替出现的幕式活动韵律。1913—1937 年，1944—1955 年和 1966—1976 年为地震活跃幕，活跃幕的平均持续时间约为 16 年。1899—1912 年，1938—1943 年和 1977 年以来为地震平静幕，其平均持续时间约为 14 年。

地震幕的划分也有一定的普遍性，无论在中国大陆，还是在世界主要地震带上，分幕现象均很明显，它可能反映了更大区域甚至全球范围内短时间地球动力的相关性。

在地震活跃幕或地震平静幕的不同年份中，同样存在着地震活动次数相对较多和较少的时期。如欧亚和环太平洋地震带 1999—2000 年即处在相对活跃的时期。

根据中国地震台网观测，1999 年全世界 $M_S \geqslant 7$ 地震 22 次，主要分布在亚洲、太平洋西南部的汤加群岛和斐济群岛、巴布亚新几内亚和墨西哥以及美国洛杉矶地区。其中中国国内有 4 次，1 次发生在 4 月 9 日吉林地区，$M_S \geqslant 7.0$，震源深度 540 km，另外 3 次发生在中国台湾地区。

1999 年全世界较大灾害地震共 10 次，伤亡人数达 87 585 人，其中死亡 23 298 人，伤 64 287 人，直接经济损失折合美元总计达 300 亿。从哥伦比亚到印度，从土耳其到中国台湾，从墨西哥到美国的加利福尼亚，有 2 万多人在 1999 年发生的 6 次强烈地震中丧生，另有几万人受伤，数以百万计的人无家可归。1999 年 1 月 25 日哥伦比亚西部发生里氏 6.0 级的强烈地震，造成 2000 多人死亡，近千人受伤。地震夷平了哥伦比亚西部城镇，共有 5 个地区的 20 个乡镇受影响。8月17日,土耳其发生7.4级大地震,近2万人死亡。9月7日希腊首都雅典附近发生5.9级的地震,造成严重的人员伤亡及财产损失,许多人被困在倒塌的建筑物内。9月21日,中国台湾中部地区发生了7.6级的大地震,死亡2000余人,伤8000余人。9月30日,墨西哥东南地区发生里氏7.5级地震,因地震倒塌和受损的房屋达数百间。

2000年6月4日,印尼苏门答腊岛南部明古鲁凌晨发生强烈地震,主震震级为里氏7.9级,其后还发生了300多次的强烈余震。震源位于雅加达西北650 km的印度洋海底,这是印尼西半部地区近几年发生的一次最强烈的地震。这次地震可能是随后两周内亚洲国家发生一连串地震的导火线。这些地震包括日本西部的里氏4.7级地震(6月5日)、中国甘肃景泰-白银间的里氏5.9级地震(6月6日)、土耳其首都安卡拉以北约95 km的吉尔吉斯里氏5.9级地震(6月6日)、缅甸北部靠近中印边界的克钦邦里氏7级地震(6月8日)。此外,4时20分和6时20分分别在首都仰光以北1000余千米处发生6.5级和5.6级地震、印度尼西亚苏门答腊岛发生7级地震(6月8日)、日本中部小松市西北80 km的5.8级地震(6月8日)和中国台湾的里氏6.8地震(6月11日)及里氏5.4级地震(7月14日)等。

当然,地震是否进入活跃期或活跃幕不能简单地以某一时期地震次数的多寡来判断。目前人们之所以感觉地震多了,原因之一是现在媒体信息和通信手段发达,地震的消息比过去知道得多;二是地震台网的布设密度增大,因而记录的地震次数增多;三是世界各地人口增加、社会经济发达,同样级别的地震比以前造成的人员伤亡和经济损失加大,地震的危害给人们造成的印象加深。

综上所述,地震活动在时间、空间和强度方面具有一定的变化规律,它们是预测未来地震活动、评价地震灾害和灾害损失的基础。

4.2 诱发地震

诱发地震是指由人类工程活动引起的地震。在一定条件下,人类工程活动可以诱发地震,如修建水库、城市抽采地下水、油田采油与注水、矿山坑道岩爆以及人工爆破、地下核爆炸等都能引起局部地区出现异常的地震活动,这类地震活动统称为诱发地震。诱发地震的形成主要取决于当地的地质条件、地应力状态和地下岩体积聚的应变能,人类工程活动作为一种诱发因素,在一定程度上改变了地应力场的平衡状态。

诱发地震的震级比较小,对人类的影响也比较小。但是,由于诱发地震经常发生在城镇、工矿等人口稠密区,所造成的社会影响和经济损失却不容忽视。水库诱发地震还对水库大坝的安全造成威胁,可能导致比地震直接破坏更为严重的次生危害。

4.2.1 诱发地震的类型及其特点

诱发地震按其主要诱发因素可分为流体诱发地震和非流体诱发地震两类:前者包括水库诱发地震和抽、注液体诱发的地震等,其中水库诱发地震是较为常见的形式;非流体诱发地震包括采矿诱发地震和爆破诱发地震等。由于挖掘坑道扰动了岩体的原始应力状态,在某些部位出现应力集中,当应力达到或超过岩石强度时,出现破坏而发生地震;或由于强烈的地下爆炸引起岩体崩塌或造成新的破裂以及强烈的弹性振动,诱发已累积的应力释放而发生地震。

水库诱发地震最早发现于希腊的马拉松水库,伴随该水库蓄水,1931年库区就产生了频繁的地震活动。1935年美国的胡佛坝截流蓄水,1936年9月库区产生频繁的地震活动,主要震级达5级,地震活动一直持续到20世纪70年代。

20世纪50—60年代,世界各地修建的大中型水库急剧增加,诱发地震的水库数量也随之呈现出上升的趋势。尤其是进入60年代以后,全球水库地震的频度和强度都达到了高峰,几座大型水库相继发生6级以上的地震,造成大坝及库区附近建筑物的破坏和人员的伤亡。

最早发生震级大于6级的水库诱发地震是中国新丰江水库的6.1级地震(1962年3月19日),极震区房屋严重破坏几千间,死伤数人;水库边坡发生地裂、崩塌和滑坡;大坝右侧坝体发生裂缝。由于震前对大坝进行了加固,从而避免了一场毁灭性的灾难。此外,还有非洲赞比亚与津巴布韦边界上的卡里巴水库的6.1级的地震(1963年9月23日)、希腊的科列马斯塔水库的6.3级地震(1966年1月24日)等。印度的科依纳水库的6.5级地震(1967年12月10日)使科依纳市绝大部分砖石房倒塌,并造成177人死亡,伤2300人;大坝和附近建筑物受到严重损坏,水库被迫放水进行加固处理。

截至1995年的统计,已知全球约有百余个水库蓄水后诱发了地震。中国也曾有19座水库发生诱发地震(表4-3),另有安徽佛子岭、青海龙羊峡、四川新店和台湾地区曾文4座水库发生的地震是否属于诱发地震还有争论。

表4-3 中国水库诱发地震史例一览表①

(按震级大小排序,同级地震按时间顺序)

编号	水库名称	所在地区	坝高 m	库容 10^8 m^3	蓄水日期	初发日期	最大震级 (*Ms*)	最大地震日期
1	新丰江	广东河源	105	115	1959.10	1959.11	6.1	1962.3.19
2	参窝	辽宁辽阳	50.3	5.4	1972.10	1973.2	4.8	1974.12.22
3	丹江口	湖北均县	97	162	1967.11	1970.1	4.7	1973.11.29
4	大化	广西大化	74.5	4.2	1982.5	1982.6	4.5	1993.2.10
5	盛家峡	青海乐都	35	0.045	1980.10	1981.11	3.6	1984.3.7
6	乌江渡	贵州遵义	165	21.4	1979.11	1980.4	3.5	1992.7.17
7	柘林	江西永修	63.5	71.7	1972.1	1972.2	3.2	1972.10.14
8	水口	福建闽清	101	23.4	1993.5	1993.6	3.2	1994.1
9	鲁布格	云南罗平	103	1.11	1988.11	1988.11	3.1	1988.12.17
10	前进	湖北古城	50	0.2	1970.5	1971.10	3.0	1971.10.20
11	铜街子	四川清江	76	2.0	1992.4	1992.4	2.9	1992.7.17
12	南冲	湖南邵充	45	0.2	1967.4	1970.5	2.8	1974.7.25
13	湖南镇	浙江衢县	129	20	1979.1	1979.6	2.8	1979.10.7
14	黄石	湖南桃源	40	6.1	1970	1973.5	2.6	1988.9.14
15	隔河岩	湖北长阳	151	34	1993.4	1993.4	2.6	1993.5.30
16	岩滩	广西巴马	111	24.3	1992.3	1992.3	2.6	1994.2.10
17	南水	广东乳源	81.5	10.5	1969.2	1969.6	2.3	1970.2.26
18	东江	湖南资兴	157	81.2	1986.7	1987.11	2.3	1989.7.24
19	邓家桥	湖北宜都	12	0.004	1979.12	1980.8	2.2	1983.10.30

① 据夏其发(1990),杨清源等(1996)汇编并增补。

水库诱发地震的震源较浅，一般都小于10 km，有的仅几千米。因此，震级仅为3、4级的水库诱发地震即可造成较严重的破坏，如中国青海乐都盛家峡水库的3.6级地震、湖北省均县丹江口水库的4.7级地震和辽宁省辽阳市参窝水库的4.8级地震都使大量的房屋遭受破坏。

水库蓄水后对库底岩体可产生三个方面的效应，即水物理化学效应、水库水体的荷载效应和空隙水压力效应。虽然水库诱发地震的震级与水库蓄水后的水位存在一定的正相关关系（图4-4），但水库诱发地震的确切诱因目前尚未完全查明，已有震例表明这类地震不是由于水库荷载直接或单独造成的，而是水库蓄水和某种地质作用共同引发的。水库蓄水后的库水效应叠加于库区原有天然应力场之上，使水库蓄水前自然积累起来的应变能得以较早地释放出来。

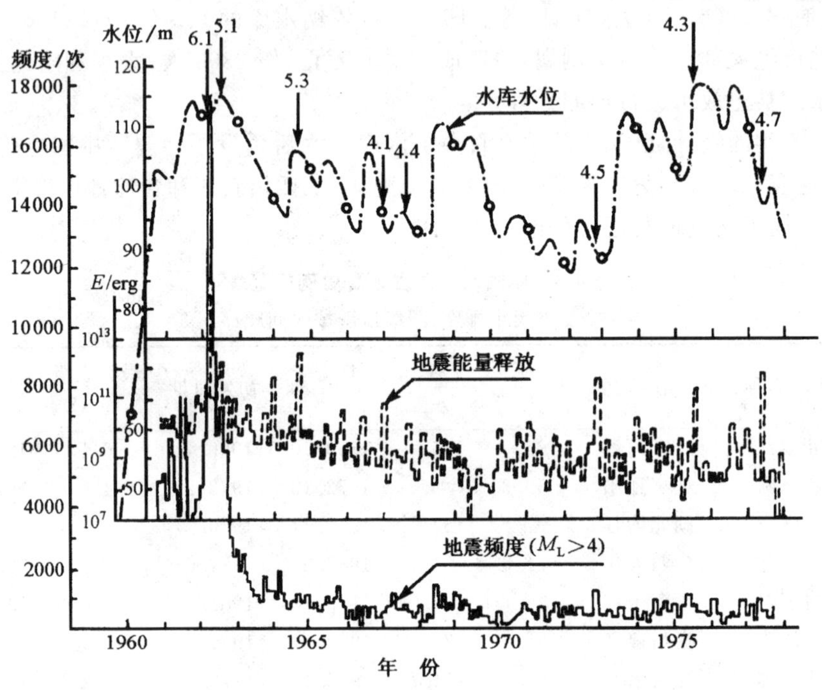

图4-4　中国广东省新丰江水库诱发地震震级与水库水位关系曲线图

（据《中国地质灾害防治图集》，1996）

水库诱发地震的特点表现为：在时间上，与水库蓄水有明显关系；在空间上，震中主要分布于水库大坝附近；在地震序列上，前震极为丰富，属于前震余震型，而同一地区的天然地震往往属主震余震型；在震级上，多数属微震，中强震很少。但由于震源深度很浅，所以有时会造成很大的灾害。

（二）抽、注流体（液、气）诱发地震

1. 深井注液诱发地震

深井注液诱发地震最早发现于美国科罗拉多州的丹佛。位于丹佛东北的洛矶山军工厂为了处理化学污染废液而钻了一口深3671m的井，1962年3月开始用高压将废液注入到深井底部（3648～3671 m）高度裂隙化的花岗片麻岩中。注液开始后47天，处置井附近发生了此前80年未曾有过的3～4级地震。在整个注液过程中地震持续不断，引起了社会上的普遍注意。1966年2月处置井关闭后的一年多时间内相继发生震级大于5级的地震三次。1962—1967年

共记录到地震1584次，其中精确定位的62次地震分布于呈北西向延伸的长轴约10 km、短轴约3 km的椭圆形地带，震源深度为4.5～5.5 km。D.伊文思和J.希利等人研究了该地区的地质条件后，认为丹佛地区局部性地震是由于注入液体提高了岩层中的空隙水压力，相应地降低了断裂面上的有效应力，从而减小了走向滑移型断层的磨擦阻力而诱发的。

此后，美国地质调查所在兰吉利油田利用四口深井进行了交替注水和类似的试验(1969—1971年)，日本也在松代地震区进行了类似的试验，均发现注水时地震活动显著增加，注水停止或抽水时地震活动急剧减少或消失，从而进一步证实了空隙液压在诱发地震中的作用。

2. 石油(天然气)开采诱发地震

位于中国华北地台冀中坳陷中部的任丘油田投产采油后，不断发生里氏2～3级的有感地震。1977—1985年先后记录到油田附近2级以上的地震约30次。1986—1987年又发生过一次震群，最大震级4级左右。南、北两个主要地震活动区与采油、注水的两个强度中心相符。

美国、意大利国家等也都出现过开采石油和天然气诱发的地震，一些震例还伴随地面沉陷和裂缝。

3. 矿坑排水诱发地震

中国湖南常宁水口山矿和涟源恩斗桥煤矿，由于抽排高压岩溶水，先后诱发地震。这些地震一般为微震，地面烈度达Ⅴ度，但在井下可造成坑木折断，岩石冒落，甚至导致矿工伤亡。

此外，开采地下卤盐、开发利用地下热水(汽)或发生石油钻井井漏事故诱发地震的事例也曾发生过。

上述与抽采或注入流体有关的诱发地震，同水库诱发地震的机制相类似。在空间上发生在水或其他流体可能影响的范围内，如抽注液体诱发的地震一般局限于流体所影响的范围内，震源深度极浅，从几千米深至近地表。地震活动时间与工程活动密切相关，抽、注液诱发的地震一般在液压有明显变化时发生，工程活动停止，则地震逐渐减弱直至停止。从强度上看，这类地震多数属弱震，少数为中强地震。这类地震由于震源浅，地面效应比较强烈，地面运动的特点是振动周期短、垂直分量大和延续时间短。

(三) 采矿诱发地震

采矿诱发地震是一种由采掘活动引发的地震，它是地壳浅部岩石圈对人类活动的一种反作用现象。采矿诱发地震(简称矿震)常发生于巷道或采掘面附近，并伴有岩块强烈地爆裂与抛出。西方矿业界因此称之为岩爆(rock burst)，原东欧国家则称为冲击地压。显然，岩爆或冲击地压与采矿诱发地震有成因上的联系。不过矿震也可发生于采掘空间以外而不伴随岩块爆裂或抛出，因此不能把矿震等同为岩爆或冲击地压。

中国采矿诱发地震分布甚为普遍，尤其在煤矿区。辽宁省北票-阜新地区、山西省大同、陕西省铜川、北京市门头沟、山东省枣庄-临沂、江苏省徐州、湖南省恩斗桥以及长江三峡工程周边地区等地区均发生过采矿诱发地震。

煤矿诱发地震(煤矿矿震)是矿震类型中最多的一种，所造成的损失亦相当严重。如1977—1991年间，山东省陶庄煤矿发生破坏性矿震180余次，摧毁巷道3000余米，伤亡90人。山西省大同煤矿自1956年以来发生较大地震四五十次，最大震级4级左右。辽宁省北票煤矿1977年4月28日4.3级矿震使巷道冒落、井下钢轨严重扭曲、地面造成113间砖木民房受损，几十家烟囱扭裂或倒塌，12人受伤(其中2人重伤)。北京市门头沟矿1959年8月3日4.3级矿震破坏地面房屋67间，井下600根支柱折断，矿山被迫停产；1994年5月19日的4.2

级矿震惊动了全北京市。

煤矿区采掘工程引起的附加应力可引起以下形式的矿震：当矿山顶板的重力或应力大于支撑力时，便会引发顶板整体或局部崩落的顶板冒落型矿震；如果顶板与地表"黏结"牢固，顶板在重力或应力作用下积累的能量不能冒落释放，只有通过开裂变形来释放积蓄的能量而引发顶板开裂型矿震；顶板不能以冒落和开裂形式释放能量，而附近又有处于顶、底板间的煤柱时，煤柱就会成为能量快速转移和积累的场所，进而引起煤柱断裂发生矿柱冲击型矿震；大量抽排地下水使矿区水位下降，流速加快，浅部溶洞内的水压力减弱，形成溶洞、矿洞塌陷型矿震；采掘、卸载和抽排地下水，诱发断裂构造瞬间"复活"，引发构造型矿震或上述矿震效应复合型地震(肖和平，1998)。

中国的矿山数以十万计，矿震遍布全国各省、市、区；同时，由于矿震震源深度小，地震效应比较严重。一般里氏2级的矿震就可能对巷道和采掘面造成较严重破坏，使地面建筑物破坏、井下设施被毁或造成严重的人身伤亡，妨碍矿山生产的正常进行。

采矿诱发地震在国外也屡见不鲜，如南非金矿、欧洲和美国的煤矿在开采过程中均发生过矿震。

采矿诱发地震与采矿活动紧密相关。在空间上，地震局限于采区及其附近，常发生在采掘工作面附近以及承载矿柱和矿壁的应力集中部位，以底板以上发震较多；震源位置随工作面向前推进而发生变化，震源深度与采掘深度大体相当。在时间上，地震活动与开采时间相对应，常出现在形成一定规模的采空区之后；某些矿山，发震时间与矿工上下班时间相对应，周末和节假日停止采掘时，地震活动明显减低。地震波记录曲线比较单调，周期大、衰减快、尾波震幅小，地震活动序列主要为主震余震型和群震型。在地震强度上，多数为弱小地震，上限震级一般为4.5级，个别可达5.0～5.5级。但地震的效应明显，2级地震的震中烈度可达Ⅴ度，3级以上地震即可造成较严重破坏。

诱发矿震的地质条件包括：① 矿床的顶、底板坚硬，有利于应变能的积聚或存在已积累高度应变能的岩层和断层；② 存在一定规模的采空区，井巷坑道破坏了岩体的稳定状态；③ 开采深度大，上覆岩体载荷重，差应力变化也大，容易引起较大规模的岩体错动(胡毓良，1988)。总之，积聚高应变能的坚硬岩层是诱发地震的基础条件，井巷布置和不同开采方式引起的应力集中是主要的诱发因素。在发震条件具备时，井下放炮常常是一种触发因素。

由此可见，采矿诱发地震是在特定的矿山地质和采矿条件及地壳浅部局部应力作用下，由于采空区的出现提供了岩体错动的空间而发生的，它的发生不以地应力临界状态为先决条件，它们既不反映区域地壳应力，也与区域地震活动联系不密切，更不能作为活动断层的证据。

地下核爆炸也能触发地震，属于非流体诱发地震。20世纪60年代后期美国地质调查局对内华达试验场的地下核爆炸进行了地震监测。监测表明，在地下7km深处进行的核爆炸产生了相当于里氏6.3级的震动，随后发生的上千次小的余震震级一般小于里氏5级，震源深达地面以下13km，绝大多数余震发生在爆炸后一周内。

4.2.2 预防诱发地震的对策

(一) 水库诱发地震的对策

水库诱发地震本身是一种地质灾害，它可以直接造成严重的经济损失和人员伤亡。然而，因地震引起工程失事所带来的次生灾害更引人关注。

中小型水库诱发地震的概率很低，一般可不考虑诱发地震问题。对于大型水库，特别是坝高大于 40 m、库容大于 1×10^{10} m^3 的大型水库，需要考虑诱发地震问题。按工程不同阶段，可以考虑以下对策（胡毓良，1988）。

（1）在可行性研究阶段，根据已有坝区地震地质资料，通过现场勘察、对比研究或其他方法，进行诱发地震可能性的初步评价，从而对水库坝址进行优化筛选。

（2）在初步设计阶段，对可能发震的水库库区和坝址进一步评价其诱发地震危险性，确定可能发震的地段和可能发生的最大震级。同时进行地震动参数的分析，为工程抗震设防提供依据。

在危险性评价中应查明库区断层及其他不连续结构面的展布、性质、活动性和渗透性。查明岩性的组合特征、岩溶的分布和发育特点；研究库区天然地震的活动背景、区域应力场和水库蓄水后对地应力场的影响。有条件时进行原始地应力测量，了解区域应力状态，从而圈定潜在诱发地震震源区，同时进行坝址区地震动参数的分析。

（3）在大坝兴建和运行阶段，对于具有诱发地震危险的水库，在可能的发震地段设立地震监测台网进行监测。

（4）水库蓄水后如发生地震，则应及时组织进行专门研究，以便尽快对地震的发展趋势作出评价，从而为工程加固、防震抗震采取应急措施提供依据。

（二）其他因素诱发地震的对策

抽、注液和采矿诱发的地震也可能造成较严重的灾害。但目前的研究水平还难于做出明确的中长期预测。对于这一类地震，要查明地震的特点、发震的地质背景和主要的诱震因素，进而采取预报和控震对策。

在预报方面，应首先建立微震观测台网，研究地震活动的时间、空间和强度特点，并进行发震区域地质背景的调查，研究地震与工程活动之间的联系，寻找主要的诱震因素；其次，要根据工程活动中诱震因素的变化规律和各种前兆观测进行短临预报，观测记录声发射频度、能量释放率以及煤粉含量和矿压变化等均有助于预测矿震。

此外，还应根据对诱震因素的研究和各种观测结果提出控震防震对策。对于抽、注液诱发的地震，应当考虑注水孔的合理布局和控制水压力的变化，使之不致诱发地震。对于采矿诱发地震，应当合理布置巷道，采取合理的采矿方式，使巷道和采场承受较小的应力，不致引起较大的能量释放。在矿山中，当观测到应力集中程度较高时，可采用注水或爆破法诱发应力缓慢释放。对于地震可能危及的巷道和地面建筑物，应加强支护和抗震设防。

4.3 地 震 灾 害

地震是一种突发性的地质灾害，强烈地震灾害可以把整座城市毁于一旦。仅 20 世纪 60 年代以来，地震毁灭的重要城市就有蒙特港（智利，8.6 级，1960 年）、阿加迪尔（摩洛哥，1960）、斯科普里（南斯拉夫，1963）、安科雷奇（阿拉斯加，1964）、马拉瓜（尼加拉瓜，1972）、唐山（死亡 24.2 万人，1976）、塔巴斯（伊朗，1978）、阿斯南（阿尔及利亚，1980）、亚美尼亚（哥伦比亚，1999）、太子港（海地，2010）等。20 世纪初以来，因强烈地震已夺去上百万人的生命（表4-4），造成直接经济损失数千亿元。

表 4-4 20世纪初以来死亡人数超过千人的灾难性大地震统计表

地 点	震级	死亡人数	时 间	地 点	震级	死亡人数	时 间
日本	9.0	27 754	2011.3.11	伊朗西北部	7.3	50 000	1990.6.21
中国青海玉树	7.1	2698	2010.4.4	亚美尼亚西北部	6.9	25 000	1988.12.7
海地太子港	7.3	300 000	2010.1.15	萨尔瓦多	5.5	1500	1986.10.10
中国四川汶川	8.0	87 149	2008.5.12	墨西哥中部	8.1	9500多	1985.9.19
印度尼西亚	6.4	6234	2006.5.27	土耳其	6.9	1300	1983.10.30
巴基斯坦	7.8	87 000	2005.10.8	也门扎马尔省	6.0	3000	1982.12.13
印度洋地震	9.0	30 0000	2004.12.26	伊朗克尔曼省	6.8	3000	1981.6.11
伊朗巴姆	6.3	45 000	2003.12.26	意大利	7.2	2735	1980.11.13
阿尔及利亚	6.7	5000	2003.5.21	阿尔及利亚	7.3	2590	1980.10.10
印度古吉拉特邦	7.9	40 000	2001.1.26	伊朗东北部	7.7	25 000	1978.9.16
萨尔瓦多	7.6	1500	2001.1.13	中国河北唐山	7.8	242 700	1976.7.28
台湾中部大地震	7.3	2405	1999.9.21	危地马拉	7.5	22 778	1976.2.4
土尔其伊兹米特市	7.8	17 890	1999.8.17	中国辽宁营口	7.3	1400多	1975.2.4
哥伦比亚西部	6.0	1890	1999.1.25	秘鲁北部	7.7	70 000	1970.5.31
巴布亚新几内亚	7.1	2100	1998.7.17	智利蒙特港	8.6	数千人	1960.5.22
阿富汗塔哈尔省	7.1	3000	1998.5.30	日本福井	7.1	3770	1948.6.28
阿富汗塔哈尔省	6.1	4500	1998.2.4	智利奇康	8.3	28 000	1939.1.24
伊朗东北部	7.1	1560	1997.5.10	那布勒斯		3000多	1930.7.23
俄罗斯萨哈林岛	7.5	1989	1995.5.28	中国甘肃古浪	8.0	41 000	1927.5.23
日本阪神	7.3	6437	1995.1.17	中国云南大理	7.1	14 000	1925.3.16
印度	6.4	22 000	1993.9.30	日本横滨	8.3	142 800	1923.9.1
印度尼西亚	6.8	3900	1992.12.12	中国宁夏海原	8.6	23.4万	1920.12.16
印度	6.1	1600	1991.10.20	意大利		20多万	1909.1.2
阿富汗	6.8	1200	1991.2.1	智利	8.6	20 000	1906.8.16
印度尼西亚	7.8	1620	1990.7.16	美国洛杉矶	7.8	3000	1906.4.18

4.3.1 地震效应

在地震影响范围内，地壳表层出现的各种震害及破坏现象称为地震效应。对于工程建筑物来说，地震效应大致可分为场地破坏效应和强烈震动效应两个方面，它与场地工程地质条件、震级大小和震中距等因素有关。

（一）场地破坏效应

按形成条件和对建筑物的破坏形式与规模，可将场地破坏效应分为地面破裂效应、斜坡破坏效应和地基基底效应三种基本类型。

1. 地面破裂效应

地震导致岩土体直接出现断裂或地裂，跨越断裂或断裂附近的建筑物及道路、各种管线会因此而发生严重破坏。断裂构造把地层切割成各种形状的结构体，对工程建筑物的影响是显而易见的。地震裂缝主要表现在地面错动及其他形式的不连续变形，导致建筑场地地基失稳，而使上部结构物被牵动产生无法抵制的错断或开裂。

2. 斜坡破坏效应

地震导致斜坡岩土体失去稳定，触发各种斜坡变形或破坏，引起斜坡地段的建筑物破坏，称为斜坡破坏效应。因地震而引发的崩塌、滑坡、溜滑等均属斜坡破坏效应。斜坡破坏效应不但对斜坡上的建筑物造成破坏，有时还会破坏斜坡下方的道路及其他建筑物，造成人员伤亡和财产损失。例如，1920 年中国宁夏海原地震，在约 250 km^2 的范围内发生了大量的黄土崩塌滑坡，死亡 18 万人，其中大部分是由于黄土滑坡和窑洞坍塌所致。

3. 地基基底效应

地基基底效应主要表现为地震使地基岩土体产生振动压密、液化、变形或移位而导致地基承载力下降以至丧失，由此造成建筑物的破坏。

地基基底效应可分为以下几种情况：

(1) 地基强烈沉降与不均匀沉降，前者主要发生在软弱土层、疏松砂砾、人工填土等地基中，后者主要发生在地基岩性不同或层厚不同的情况下；

(2) 地基水平滑移，主要发生于斜坡地基；

(3) 砂土地基液化，它是地基失效的常见形式。

饱水沉积物和表土的突然震动或扰动能够使看似坚硬的地面变成液状的流沙。地震时，砂土颗粒受地震力瞬间作用而处于运动状态，它们之间的相互位置必然发生改变以降低总势能而最终达到稳定状态；位于地下水面以下的疏松饱水砂土则必须排水才能趋于密实稳定。如果饱水砂土较细，则整个砂体渗透性不良，瞬时振动变形需要从孔隙中排出的水来不及排到砂土外，必然使砂体孔隙水压力上升，致使砂粒间有效正应力随之降低；当孔隙水压上升到使砂粒间有效正应力为零时，砂粒在水中完全处于悬浮状态，砂体就丧失了强度和承载力，这就是砂土液化。这种砂水悬浮液在上覆土层荷载作用下可能沿土层薄弱部位喷到地表，产生喷水冒砂现象。1964 年阿拉斯加地震时，砂土液化和诱发滑坡是使安克雷奇大部分地区遭受毁坏的主要原因。同年，地震引发的砂土液化和不均匀地面沉降使日本新潟的楼房下沉和毁坏。许多建筑物并没有发生结构上的破坏，只是向一旁产生倾覆；后来，楼房里的居民还被允许用小推车沿墙上去通过窗户取出他们的财产。

(二) 强烈地振动破坏效应

地振动破坏效应是反映地震波直接建筑物破坏的现象，包括建筑物的水平滑动、晃动及共振等造成的的破坏，这是地震效应中的主要震害，约 95%的人员伤亡和建筑物破坏是由强烈地振动直接造成的。

1. 地震力对建筑物的作用

地震力是由于地震波直接产生的惯性力。它作为地震荷载作用于建筑物，使建筑物发生变形和破坏。因为地震力是由于地震波在传播过程中使质点做简谐振动所引起的，所以它的大小决定于这种简谐振动所引起的加速度。

2. 地震周期对建筑物的影响

建筑物地基受到地震波的冲击而振动，同时引起建筑物的振动。地基土石和建筑物具有各自的振动周期，当两者的振动周期相等或相近时便引起共振，导致建筑物振动的振幅加大，以至建筑物倾倒、破坏。一般来讲，建筑物愈高，自振动周期愈长；所以，长周期的地基振动使较高的多层建筑物破坏，而低层建筑物却无损坏。距震中愈远，地面振动的周期愈长，因而常见到距震中较远处的高层建筑物遭受破坏的现象。在厚层松散堆积物地区，由于堆积物对深部基岩传来的地震起选择放大作用，使地面振动周期变长，自振动周期较长的高层建筑常因共振而破坏，而自振动周期较短的低层建筑的破坏反而轻微(蒋爵光，1991)。例如，1985 年墨西哥大地震，虽然远离震中达400多千米，但墨西哥城却遭到了严重的破坏，其重要原因是该城建在原为一个由火山口形成的沉积盆地之上，松散层厚达1000多米。地震时高楼的9～15层之间的楼层破坏最严重，就是因为这些楼层与地面的震相相同而发生共振所至。

地面水平运动是导致结构破坏的罪魁祸首，其原因是大部分建筑物在建造时没有对水平拉应力进行设防。如1976年唐山大地震时，在高烈度区的绝大部分建筑物都倒塌了，极个别加有水平圈梁的建筑物遭受的破坏则较小。现在各大中城市对建筑物的抗震加固也主要是以增强水平抗震力为主。

场地条件对地面运动的影响也很显著。在陡峭的地形尤其在山脉的顶峰，地振动更为剧烈。松散土体地面运动的频率和持久性比坚硬的岩石有所增加。

在同一个沉积盆地的不同部位，地震发生时其受灾程度也有不同。一般而言，地震发生时地面运动最剧烈的地方通常也是受破坏最严重的位置，但预测这些受灾区域一直十分困难。日本东京大学的 Kazuki Koketsu 和 Masayuki Kikuchi 在1998年地震后，通过安置在日本 Kanto 盆地中一个强地表运动仪的密集阵列对穿过盆地以及沿着边界山脉的声波运动进行了观察。他们发现，沿着邻近山脉传播较快的地震波与盆地里传播的地震波相互作用，产生了从另一角度到达盆地边缘的第三种折射波。这种以前被忽略的地震波指示了强地表运动的强度和方向，有助于研究人员预测强地表运动可能发生的地点。

4.3.2 地震灾害的特点与破坏形式

(一) 地震灾害的特点

强烈地震发生可引起严重的地震灾害，其中最普遍的地震灾害仍然是各类建筑物的破坏，人员伤亡也主要是房屋倒塌造成的。发生在人口密集区的特别重大地震往往造成成千上万人的死亡，特别是在大城市、大工矿区等人烟稠密、房屋集中的地区，地震的破坏性及其灾害严重性往往表现得更为突出。地震灾害的特点表现为瞬间发生、灾害严重、预报困难等几个方面。中国地震局根据中国地震可能造成的人员伤亡，提出了破坏性地震的分级标准(表4-5)。

表4-5 破坏性地震分级标准

地震灾害等级	初判标准		分级标准
	发生在人口密集区的地震震级	死亡人数	经济损失占年生产总值比例
特别重大地震	7.0级以上	300人以上	1%以上
重大地震	6.5～7.0	50～299	
较大地震	6.0～6.5	20～49	
一般地震	5.0～6.0	20人以下	

(1) 地震灾害发生突然、来势之猛，可在几秒到几十秒钟内摧毁一座文明的城市。地震前有时没有明显预兆，以致人们无法躲避，从而造成大规模的毁灭性灾难。中国自1949年以来，地震已造成27.4万人死亡，伤残76.5万人，居群灾之首；同时，地震还使600多万间房屋倒塌，直接经济损失几百亿元。

(2) 地震成因的特殊性使得地震临震预报工作还很不成熟，因此，地震对人类的危害程度还很严重。随着科学技术的进步，人类已能够对许多其他地质灾害进行有效的监测、预报和防治。但是,人们对地震灾害仍然停留于监测阶段,还不能准确有效地预报地震的发生,更谈不上有效地减轻地震灾害了。

(3) 地震不仅直接毁坏建筑物,造成人员伤亡,还不可避免地诱发多种次生灾害。有时次生灾害的严重程度大大超过地震灾害本身造成的损失。

(4) 在地震灾害的发生过程中,有时无震成灾,这在其他地质灾害中是罕见的。地震谣言造成灾难的事例时有所闻。现代通信技术和传媒技术虽然很发达,但有时可对地震谣传起着灾害放大的作用。

(二) 地震灾害的破坏形式

地震灾害按其与地振动关系的密切程度和地震灾害要素的组成可分为原生灾害、次生灾害和间接灾害三种。地震原生灾害源于地震的原始效应,是地震动直接造成的灾害,如地震时房屋倒塌引起人员伤亡、地震喷沙冒水对农田的破坏等。地震次生灾害泛指由地震运动过程的结果而引起的灾害,如地震砂土液化导致地基失效而引起的建筑物倒塌、地震使水库大坝溃决而发生的洪灾、地震引起斜坡岩土体失稳破坏而造成的灾害、地震海啸引起的水灾等。地震间接灾害也称为衍生灾害,是地震对自然环境和人类社会长期效应的表现。如地震使城市内某局部地区的地面标高降低而导致该地区在暴雨季节洪水泛滥、地震造成人畜死亡而引发的疾病传播、地震灾区停工停产对社会经济的影响以及灾区社会的动荡与不安等均可看做是地震的衍生灾害。

1. 地面运动

地面运动是因地震波在浅部岩石层和表土中传播而造成的。大多数强烈地震($M>8.0$)发生时,人们有时能够观察到地面的波状运动。地面运动是地震破坏的初始原因。地震地面运动的破坏形式有:

(1) 水体的破坏,形成海啸、地面涌水等;

(2) 土体的破坏,形成砂土液化、淤泥软化、沉陷、地裂缝、崩塌、滑坡等;

(3) 岩体破坏,包括岩体的破裂、崩塌、滑坡和陷穴等;

(4) 地震构造力的直接破坏,主要形成断层等构造形迹(图 4-5)。

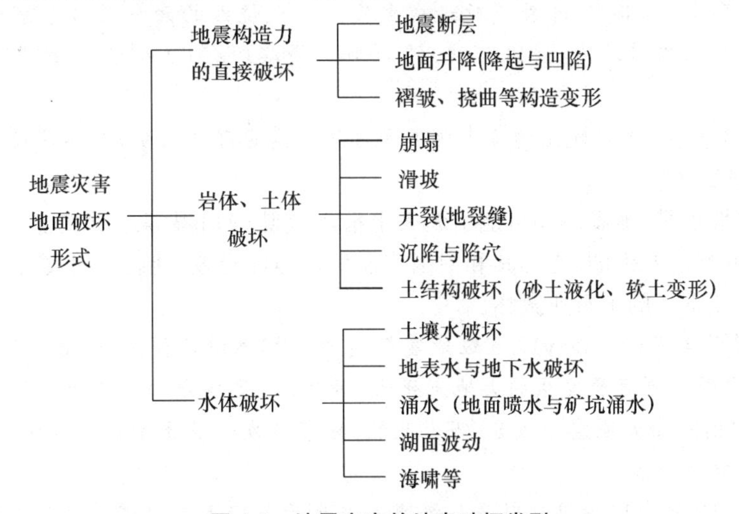

图 4-5 地震灾害的地表破坏类型

地面破坏程度与地震烈度有关。烈度高时，地震构造力的直接破坏比较明显；烈度低时，地表仅仅出现水体与土体的破坏。

2. 断裂与地面破裂

在地面发生断层破裂的地方，建筑物产生裂缝、道路中断、所有位于断层上或跨越断层的地形地貌均被错开，有时地面还会产生规模不同的地裂缝。统计资料表明，震级≥5.5级时，特别是大于6.5级的地震才会出现地震断层。一般情况下，震级越大，地震断层的破裂长度越大(W. M. Barbara 等，1997)。

3. 余震

余震经常使地震灾害加重。余震是主震后较短时间内发生的震级较小的地震。例如，1964年阿拉斯加地震后4个月内记录到1260次余震。1999年9月21日中国台湾地区南投县发生里氏7.6级地震后，至10月9日共发生大小余震11790次，其中有感余震109次。某些情况下大地震可以触发远离原始震中的断层而发生“余震”。1992年洛杉矶附近兰德斯的7.3级地震在14个地方触发了次生事件，其中包括1250 km外的余震。

4. 火灾

火灾是一种比地面运动造成的灾害还要大的次生地震效应。地面运动使火炉发生移动、煤气管道产生破裂、输电线路松弛，因而引发火灾。地面运动还使输水干线发生破损，扑灭火灾的供水水源也被中断。1906年旧金山地震和1923年东京与横滨地震，90%建筑物的损坏是由于火灾造成的。1906年4月18日，美国旧金山8.3级地震后引起连续燃烧3天的大火，烧毁了12 km^2 的521个街区、28188幢房屋，死亡400人，损失达4亿美元，据估算，火灾造成的损失比地震造成的直接损失大10倍。许多年后这次地震还被称为“大火”。1989年洛马普里塔(Loma Prieta)地震引起的火灾使旧金山市的马里纳区再遭劫难。

1923年9月1日日本关东地区发生8.3级地震，这次地震因火灾造成的破坏极大。震害以东京、横滨和横须贺、小田原等地最为严重，受灾人口达340万。大地震使142800人丧生于地震引起的火灾，另有4万多人下落不明；由房屋倒塌造成的死亡人数还不到死亡总人数的10%。大火毁坏房屋达70万栋，经济损失28亿美元。地震时，整个灾区都发生了火灾，东京市内有131处同时起火，其中84处蔓延造成火灾。大火烧毁的面积约占东京全市区的2/3，被火烧毁房屋户数为当时总户数(44万户)的70%。横滨约有60处起火，约75%住宅被大火烧掉。

此外，1948年6月28日发生的日本福井7.3级地震也酿成火灾，烧坏房屋7389户。

5. 斜坡变形破坏

在陡峭的斜坡地带，地震震动可能引起表土滑动或陡壁坍塌等地质灾害。美国的阿拉斯加州、加利福尼亚州以及伊朗、土耳其和中国均发生过地震滑坡、地震崩塌灾害。房屋、道路和其他结构物被快速下滑的土石所毁坏。

1970年秘鲁荣古约(Yungay)7.5级地震触发的破坏性滑坡使至少18000人死亡。1920年10月16日，中国宁夏海原发生的大地震死亡18万人，主要是由于黄土滑坡和窑洞坍塌造成的。1556年中国陕西大地震造成83万人死亡，地震诱发的黄土滑坡和窑洞坍塌以及饥荒、疾病是致死的主要原因。

2008年5月12日中国四川汶川8.0级地震发生于龙门山断裂带。龙门山断裂带地处青藏高原东缘，地震引发了大量的崩塌、滑坡，成为阻断交通的主要灾害。山体滑坡堵江后还形成堰塞湖。滑坡堰塞湖不仅对上游造成淹没,而且对下游形成巨大的洪水威胁。地震诱发的山地灾害形成灾害链,即崩塌、滑坡→(泥石流→)堰塞湖→溃决洪水或泥石流。专家认为,汶川地震后,崩塌、滑坡的活跃期将持续5~10年,泥石流的活跃期将持续10~20年。

6. 砂土液化

饱水沉积物和表土的突然震动或扰动能够使看似坚硬的地面变成液状的流沙。这种砂土液化现象在多数大地震中经常可见。1964年美国阿拉斯加地震时,砂土液化和诱发滑坡是使安克雷奇大部分地区遭受毁坏的主要原因。同年,地震引发的砂土液化和不均匀地面沉降使日本新潟许多楼房下沉或毁坏,许多建筑物并没有发生结构上的破坏,只是向一旁产生倾覆;后来,楼房里的居民还被允许用小推车沿墙上去通过窗户取出他们的财产。1976年,中国唐山大地震时发生的大面积喷水冒砂现象也是砂土液化引起的。

7. 地面标高改变

有时地震还会造成大范围的地面标高改变,诱发地面下沉或岩溶塌陷。1976年唐山大地震时就有多处岩溶塌陷发生。1964年美国阿拉斯加地震时造成从科迪亚克岛到威廉王子海峡约1000 km海岸线发生垂直位移,有的地方地面下沉超过2 m,而在另外一些地方地面垂直抬升达11 m。

8. 海啸

地震的另一个次生效应是地震海浪,也称海啸。水下地震是海啸的主要原因。海啸对太平洋沿岸地区的危害特别严重(表4-6)。

表4-6 全球有历史记录以来的地震海啸

(据Barbara W. M. 等人,1997,增补)

时 间	海啸发源地	波浪爬高/m	产生的影响
1755.11.1	东大西洋	5~10	葡萄牙的里斯本造破坏,从欧洲到西印度洋群岛受影响
1868.8.13	秘鲁-智利	>10	波及新西兰,夏威夷受损
1896.6.15	日本本州	24	约26000人淹死
1933.3.2	日本本州	>20	3000人死于海浪
1946.4.1	阿留申群岛	10	夏威夷希洛岛150人淹死,财产损失合0.25×10^8美元
1960.5.23	智利	>10	沿智利海岸909人死亡,834人失踪;日本死亡120人
1964.3.28	阿拉斯加	6	加利福尼亚死亡119人,财产损失达1.04×10^8美元
1992.12.2	印度尼西亚	26	137人死亡,村庄被毁
1992.9.2	尼加拉瓜	10	170人死亡,500人受伤,1.3万人无家可归
1998.7.17	巴布亚新几内亚	23	2100多人死亡,6000人失踪
2004.12.26	印度尼西亚	10	23万人死亡,2.2多万人失踪,海啸难民高达500万人
2011.3.11	日本	5~10	14063人死亡,13691人失踪

1964年美国阿拉斯加乌尼马克岛附近强烈水下地震引发的海啸波浪以每小时800 km的速度沿太平洋传播,4.5小时后袭击了夏威夷的希洛。虽然在宽阔海域波高只有1 m,但当遇到陆地时波高急剧增加。当海啸袭击夏威夷时,最大波高比正常高潮位高出18 m。这次地震海啸摧毁了近500座房屋,使1000多座遭破坏,造成159人死亡。另一场由地震引起的毁灭性海啸发生于1755年葡萄牙海岸带,仅在里斯本就有60000人死亡;地震后几小时在遥远的西印度群岛都观察到了海啸波浪。1998年7月17日,由于太平洋海底地震而引发的海啸袭

击了位于南半球的巴布亚新几内亚,高达23m的海啸波浪冲向巴布亚新几内亚沿岸29km范围的村庄,造成3000多人死亡,6000人失踪。方圆120 km^2 的西萨诺(Sissano)泻湖成了“水上墓地”,上千具尸体漂浮在水面上。

2004年12月26日,印度尼西亚苏门答腊岛附近海域发生里氏9级地震并引发海啸,波及范围远至波斯湾的阿曼、非洲东岸索马里及毛里求斯、留尼汪等国,造成印度洋沿岸各国人民生命和财产的重大损失,地震及震后海啸对东南亚及南亚地区造成巨大伤亡。印度尼西亚、斯里兰卡、印度、泰国等国灾情最为严重。这次海啸是由于发生在板块边缘的逆冲型地震引发的,巨大的地震能量引发最大浪高达到30m的海啸,影响覆盖到东南亚、南亚和东非地区10多个国家,在印度夺去约1万人性命、斯里兰卡4万余人遇难。据2005年4月6日印度尼西亚政府公布的一份官方数据显示,海啸过后,印尼共掩埋了126915具遇难者尸体,由于一些遇难者被冲进海里,另一些受害者被埋在废墟里或泥淖中,有37063人被列入失踪者名单,另有大约514000人沦为海啸难民。

2006年7月17日,印度尼西亚爪哇以南海域发生7.3级地震,由于震中距海岸线仅180km,因而再次引发海啸,造成的死亡人数达到550多人,另有至少275人失踪。

2011年3月11日,日本当地时间14时46分,日本东北部海域发生里氏9.0级地震并引发海啸,造成重大人员伤亡和财产损失。地震震中位于宫城县以东太平洋海域,震源深度20km。据美国国家航空航天局收集的资料,地震使日本本州岛向东移动大约3.6m,地轴移动25cm,使地球自转加快1.6μs。位于震中西北部的宫城县牡鹿半岛向震中所在的东南方向移动了约5.3m,同时下沉了约1.2m,这是日本有观测史以来最大的地壳变动记录。地震引发的海啸影响到太平洋沿岸的大部分地区。地震造成日本福岛第一核电站1～4号机组发生核泄漏事故。4月1日,日本内阁会议决定将此次地震称为“东日本大地震”。截至当地时间4月12日,地震及其引发的海啸已确认造成14063人死亡、13691人失踪。

9. 洪水

洪水是地震的次生灾害或间接灾害。地震诱发于地面下沉、水库大坝溃决或海啸均可发生洪水,后两者引起的洪水是一次性的,而地震诱发的地面下沉属于永久性的地面标高降低,在雨季可能无数次地发生洪水灾害,有时甚至造成永久性的积水。如美国密西西比河田纳西州一侧穿过新马德里的瑞尔弗特(Reelfoot)湖就是1811—1812年一系列地震发生时因地面沉降引起洪水而形成的。

4.3.3 灾害性地震实例

(一) 四川汶川8.0级地震

2008年5月12日14时28分04秒,四川汶川发生8级强烈地震,大地颤抖,山河移位,满目疮痍,生离死别。震中烈度高达Ⅺ度,以四川省汶川县映秀镇和北川县县城两个中心呈长条状分布,面积约2419 km^2。Ⅸ度以上烈度区面积约13300 km^2,呈北东向狭长展布,东北端达到甘肃省陇南市武都区和陕西省宁强县的交界地带,西南端达到汶川县。Ⅸ度以上地区破坏极其严重。这是新中国成立以来破坏性最强、波及范围最大的一次地震。此次地震重创约 50×10^4 km^2 的中国大地,陕西、甘肃、宁夏、天津、青海、北京、山西、山东、河北、河南、安徽、湖北、湖南、重庆、贵州、云南、内蒙古、广西、广东、海南、西藏、江苏、上海、浙江、辽宁、福建等全国多个省(自治区、直辖市)和香港、澳门特别行政区以及台湾地区有明显震感。其中以川陕甘三省震情最为严重。甚至泰国首都曼谷，越南首都河内，菲律宾、日本等地均有震感。

据民政部报告，截至2008年9月25日12时，四川汶川地震确认69227人遇难，17923人失踪，374643人受伤。地震造成的直接经济损失达8452亿元人民币。四川最为严重，占总损失的91.3%，甘肃占总损失的5.8%，陕西占总损失的2.9%。在财产损失中，房屋的损失很大，民房和城市居民住房的损失占总损失的27.4%，包括学校、医院和其他非住宅用房的损失占总损失的20.4%。另外，还有基础设施，道路、桥梁和其他城市基础设施的损失，占总损失的21.9%。

(二) 河北唐山7.8级地震

1976年7月28日凌晨3时42分，河北省唐山市发生7.8级强烈地震，震源深度为11 km，震中烈度达Ⅺ度；同日18时45分又在距唐山40 km的滦县高家林发生7.1级地震，震中烈度为Ⅸ度。强烈地震使唐山市这座人口稠密、经济发达的工业城市遭到毁灭性的破坏，人民生命财产和经济建设遭到严重损失，地震造成24.2万多人死亡，16.4万人受伤。唐山地震不仅震憾冀东、危及津京，而且还波及辽、晋、豫、鲁、内蒙古等14个省、市、自治区。

地震瞬间，房倒屋塌，烟囱折断，全市93%的民用住宅、78%的工业厂房倒塌；公路路面开裂，铁轨变形；地面喷水冒砂，大量农田被淹；煤矿井架歪斜、矿井大量涌水；通信中断，交通受阻；供水、供电系统被毁。昔日繁华闹市，震后成为废墟和瓦砾。主震7.8级发生后的当天下午，滦县又发生7.1级地震，使灾情更加严重。烈度达Ⅺ度的震中区面积为10.5 km^2。在Ⅺ度烈度区内，建筑物普遍倒塌或破坏，铁轨大段呈蛇形扭曲，有些地段由于路基下沉，铁轨成不规则的波浪状起伏。高大的砖烟囱、水塔几乎全部倒塌，个别未倒的也严重破坏。极震区内桥梁普遍毁坏或严重破坏，如唐山市的陡河胜利桥是一座长约66 m、宽达10 m的五孔水泥桥，7.8级地震时使西边桥墩折断。公路路面遭地震严重破坏，出现鼓包和裂缝。地下管道也受到严重破坏，埋于土层中或置于暗沟、隧道中管道破坏率很高，管体折断、断裂达数百处，水电供应中断。

极震区内出现的地震断层最长达8 km，水平右旋扭距最大达2.3 m。沿河沟两侧、公路的人工填土基础薄弱处有较大规模的地裂缝分布。河沟两侧是强烈液化地带，地面发生下陷，机井多数被毁坏。据在烈度Ⅸ度区的调查表明，地震时地面喷水冒砂遍布全区，最大喷砂孔径达3 m，喷砂面积约6000 m^2。

地震对地下工程无严重破坏，这也使地震发生之时正在上夜班的绝大多煤矿工人成为"幸运儿"。在15000名夜班煤矿工人只有13人死亡，而当夜休班在家的85000名煤矿工人中有6500人因房屋倒塌而死亡。唐山煤矿地下采空区及其上方的地面无明显的破坏加重现象。

距唐山震中区100 km的天津市松散土层覆盖较厚，城市建筑过程中地势低凹地带均有各种回填土充填，土层松软，地下水位浅。唐山地震使天津遭到Ⅷ度的破坏，市属6个区的民用建筑全部倒塌和严重破坏的达24%，损坏的达41.6%；化工系统133个烟囱被震坏者达63%；道路也遭一定程度破坏；天津碱厂内高达30余米的氯化钙废料堆，震时发生了滑坡，滑移距离达250 m，造成18人和80多头牲畜死亡。

(三) 宁夏海原8.5级地震

1920年12月16日宁夏海原县发生了8.5级地震，这次地震给灾区人民带来空前的灾难。极震区内建筑物几乎全被震倒，死伤甚为惨重。约18万人死于这次地震。海原县死亡7万余人，占该县总人口的一半以上，其次为固原、靖远、隆德、会宁等县。

由于地震发生在黄土高原地区，而当地的居民主要住在窑洞中，窑洞的抗震性能很差，一旦倒塌，室内人员死亡率极高。地震还引发了无数个滑坡。这次地震的高烈度区最突出的特点就是产生了规模巨大、数量多得惊人的滑坡，滑坡吞噬村庄，掩埋房屋，也是造成重大伤亡的原因之一。陇西盆地北部西吉、会宁、静宁一带，沟谷切割较深，又处于高烈度区，成为海原大地震诱发滑坡最密集的地区。

此外，地震发生在冬季的夜晚，当地居民都已入睡，大地震前又无明显的有感前震，人们处于毫无戒备的状态。震后房屋倒塌，衣被食物均被掩埋，幸存者在无衣、无食、无处可居的严冬，因冻饿、疾病而死者也不在少数。

海原大地震在地表留下了规模巨大的地震断层，全长约 215 km，主要以左旋走向滑动为主，在不同地段还具有正断层或逆断层的性质。

（四）陕西华县 8.0 级地震

1556 年 1 月 23 日陕西华县发生 8 级大地震，地震伤亡人口之多，为古今中外地震历史所罕见。据史料记载："压死官吏军民奏报有名者 83 万有奇，……其不知名未经奏报者复不可数计"。这次地震为 8 级，极震区烈度为Ⅺ度，重灾面积达 28×10^4 km^2，分布在陕西、山西、河南、甘肃等省（区）；地震波震撼了大半个中国，有感范围远达广西、广东、福建等地。这次地震人员伤亡如此惨重，其主要因素是由于地震引起的一系列地表破坏而造成的。地震发生在午夜时分，震前没有明显的地震前兆，人们没有丝毫精神准备，绝大多数居民都睡在从黄土陡壁上开挖的窑洞里，强烈的地振动使这些窑洞坍塌。据史料记载："嘉靖三十四年十二月陕西地震，壬寅夜地震，声如雷，山移数里，平地柴坼裂，水溢出，西安、凤翔、庆阳诸郡邑城皆陷没，压死者十万。"其次，造成地震严重灾害的因素还有震中区人口稠密，房屋抗震性能较差；水灾、火灾、疾病等次生灾害严重；社会治安混乱，谣言四起；加上饥饿和人们无所居，使这次地震酿成了惨重灾难。

历史地理学研究结果表明，1556 年陕西华县大地震造成的陕西潼关黄河河床的抬升，触发了 1570 年以后黄河小北干流长期的洪水泛滥，频繁的洪水泛滥演化成两岸的生态环境灾难。

（五）美国旧金山大地震

20 世纪初，旧金山这座大都市的居民已达 40 万。1906 年 4 月 17 日傍晚，很多旧金山人都沉浸在世界著名男高音哥唱家 Enrico Caruso 的演唱会中。几个小时后，凌晨 5 时 12 分，大地震的初波到达旧金山并开始摧毁这座城市。一目击者描述说，在他前面的街道就像海浪推向岸边一样此起彼伏。地震停止后，跑出室外的人们透过飞扬的尘土惊恐地凝视着建筑物的破坏。砖砌的房屋彻底坍塌，钢混结构和木结构建筑物受损程度要轻微一些；座落于由海湾湿地人工填土地基之上的建筑物遭到强烈破坏。

让当地居民更加惊恐的是地震引发的大火。从商业区和近海岸地带开始，大火向城市的其他地区迅速蔓延。人们试图通过爆破建筑物来阻挡火势蔓延，结果事与愿违，爆破为大火提供了更多的可燃物或把火星炸到更远的地方而成为新的火种。火灾造成的损失比地震本身高出 10 倍之多，大火连烧三天，毁坏了 521 个街区的建筑物。这次地震使旧金山市死亡 315 人。

旧金山大地震还使沿圣安德列斯断层 430 km 长的地带受到影响。位于高烈度区的城镇，如圣约瑟(San Jose)和圣罗莎(San Rosa)也受到严重破坏。断层带东侧的城市，如伯克利和萨克拉门托也有明显的破坏。震后未及时清除的垃圾产生的细菌使许多人染上疾病，其中有 150 多例鼠疫病人。如果考虑到震后疫情的死亡人数，这次地震共夺去约 5000 人的生命。

(六)哥伦比亚大地震

1999年1月25日,一场大地震袭击了哥伦比亚中部咖啡盛产地亚美尼亚城和周围的20多个村镇,造成2000多人死亡,4000多人受伤。这场里氏6级的强烈地震是在22万亚美尼亚人毫无防备的情况下发生的。地震使亚美尼亚城几乎所有居民区都变成一堆堆的钢筋瓦砾,城内水电几乎全部中断;当寒夜开始笼罩着亚美尼亚城的时候,大难不死的居民们身上穿着薄薄的衣服围坐在临时烧起的火堆旁瑟瑟发抖,没有几个人敢冒险回到摇摇欲坠的家里抢出御寒的衣物,多数人唯一能做的就是祈祷寒夜快快过去。

地震造成的山体滑坡切断了所有通往亚美尼亚城的交通干道,从而阻滞了救援人员和救灾物资的到达。

哥伦比亚国家地震研究所的专家说,虽然安第斯山脉经常发生地震,但由于震中多数在地层深处,所以对地面造成的破坏很小或者根本没有什么破坏。然而,这次地震发生在离地表约20 km深的地方,比通常的地震要浅得多。美国地质局同日还测得全球其他地区的有感地震共14次(表4-7)。这说明地球上地震的发生频率是非常高的。

表4-7 美国地质调查局测得的1999年1月25日全球地震记录

时 间	地 点	震 级
10:36	利沃德群岛	4.6
10:37	斐济群岛地区	4.1
10:38	斐济群岛地区	5.0
11:45	斐济群岛地区	4.6
14:40	印尼塔劳群岛	5.1
16:38	希腊克里特岛	4.7
17:51	美国北加利福尼亚	2.8
18:19	北马六甲海	5.3
18:52	哥伦比亚	5.8
19:50	美国加州-内华达交界	4.5
19:50	中国新疆北部	4.6
19:51	美国加州-内华达交界	3.5
20:12	美国纽约	2.5
22:40	哥伦比亚	5.4

4.4 地震活动的监测与预报

地震灾害是人类面临的最可怕的地质灾害之一。地震预报是地震学研究的重要课题之一。1906年4月美国旧金山地震发生后,科学家们就提出了依据地壳形变观测进行地震预报的观点。20世纪60年代以来,在政府的大力支持下,日本、俄罗斯、美国和中国都陆续建立了地震预报研究的专门机构和地震预报实验场。虽然地震预报研究取得了一定的进展,但由于人类对地震孕育、前兆异常机理等内在机制的认识还不够深入,地震预报的各种方法都还处于理论探讨阶段。

4.4.1 地震监测

地震监测是地震预报的基础。通过布设测震站点、前兆观测网络及信息传输系统提供基本的地震信息，从而进行地震预报甚至直接传入应急的防灾减灾的指挥决策系统。

目前，全球许多活动断层都处于严密的监测控制之下。监测方法从技术含量很低的动物群异常反应的观察到使用精密仪器自动监测断层活动性，并通过通信卫星把数据传递到地震监测中心(图4-6)。

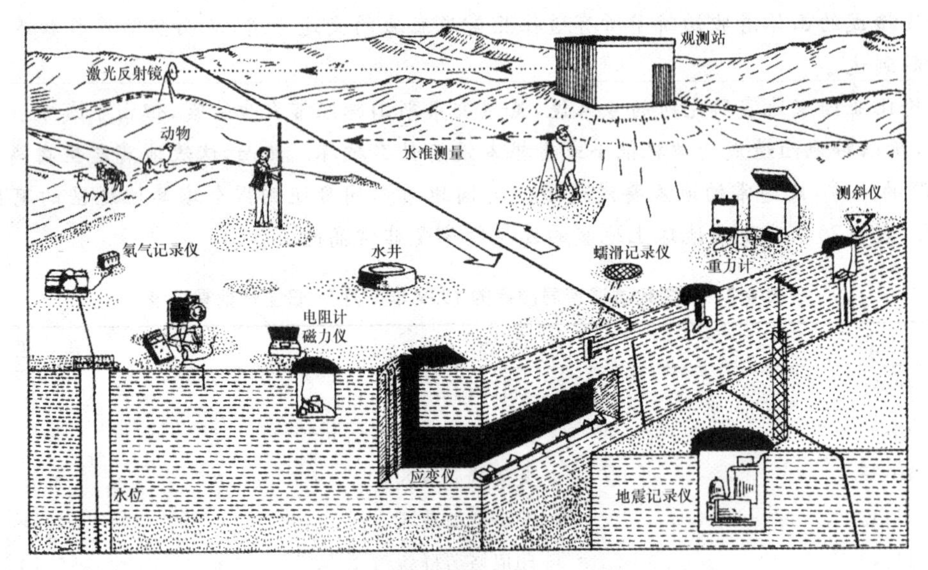

图4-6 活动断裂带地震活动监测方法综合示意图

(据 Keith Smith,1996)

全球范围内几乎所有多地震的国家都已建立了地震监测站网，并形成了全球数字化地震台网(global seism net,GSN)。GSN是由分布在全世界80多个国家总计128个台站组成的。GSN可使全世界数据用户方便地获取高质量的地震数据，大多数数据可通过与计算机相连的调制解调器在互联网(www)上访问查阅。GSN明显地改善了用于地震报告和研究的数据的质量、覆盖范围和数量。

目前，中国已在全国主要的地震活动区建立了地震监测系统，建成了北京、上海、成都、昆明、兰州等6个地震数据电信传输台网的12个区域无线遥测地震台网以及9个数字化地震台站。全国现有地震和十余种前兆专业地震监测台站、观测点共计970个。每年还对重力、地磁、地形变进行流动测量，测线超过2×10^4 km，观测点达4000多个。除此之外，还有一批群众地震测报点及地方和企业管理的台站，达379个。基本上形成了遍布全国各地、具有相当规模、专群结合的地震监测网。

最有前途的地震监测技术包括利用卫星测量地面的微小变化，通过全球定位系统(GPS)、地面接受网追踪地球上空沿轨道运行的卫星传来的测距信号。如果测距信号所反映的从地面站到卫星的距离发生变化，则说明地面产生了位移或变形。地震连续发生时还会产生一种“干涉图”，即反映获得两次雷达影像之间地面变化的等值线图。它具有很高的清晰度，可使地震学家能够深入地认识地壳变形的速率，从而及时发布地震的早期警报。

美国地震科学家曾提出要对板块边界形变场进行半永久性的监测。建立一个板块边界形变台网(PBDN)来监测由圣安德列斯断层系界定的太平洋—北美板块边界上1000 km×200 km断块上的形变。PBDN在板块边界带上以10 km为间距选取1000～2000个观测点，每个观测点包括1个GPS接收器、1台钻孔应变仪、1台钻孔宽频带三分量地震仪，另外还有1台监测形变的高频、高幅的强震加速计。布设这种台网的主要困难不是技术而是经费不足。整个系统需要投资约1亿美元。此外，每年还需要1000万美元的维护费和1000万美元的研究费用。由此可见，利用现代科学技术监测研究地震活动还存在着很大的困难。

4.4.2 地震预报

在地球上的各种自然灾害中，地震是危害最严重的一种地质灾害。它不像崩滑灾害、洪涝灾害、地面变形等灾害那样直观有形能够提早发现及时防范。人类的视线还无法穿透厚实的岩层直接观测地球内部发生的变化，因此，地震预报，尤其是短期临震预报始终是困扰世界各国地震学家的一道世界性难题。

(一) 预报的主要内容

从广义上讲，地震预报可划分为三个研究内容各异的层次，即地震参数预报、地震灾害预测和地震灾害损失预测。地震参数预报以地震事件的发生时间、地点和强度三个参数(简称时、空、强三要素)为主，即狭义的地震预报。通过对地震前地震活动、地形变、地磁(电)场、地下水位及其化学成分等的长、中、短、临各阶段前兆变化特征的研究，结合地震地质和深部地球物理场的背景资料，完成对未来地震时、空、强三要素的预报。

按预报的时间长短，地震预报分为长期预测(几年到几十年或更长时间)、中短期预报(几个月到几年)和临震预报(几天之内)。

地震灾害损失预测就是评估潜在地震灾害的损失，预测未来地震灾害中人员伤亡和经济损失。地震灾害损失预测一般以地震灾度来衡量。本章第五节(4.5节)将详细论述地震灾害损失预测问题。

(二) 预报方法

地震长期预测是根据构造运动旋回和地震活动周期进行的。在特定区域内未来几年或几十年内地震的预测已经取得了比较满意的成功。地震学家知道什么地方危险性最大，他们能够计算出给定时间段内特定区域发生大地震的概率。地震的中短期预报和临震预报还远未取得成功。其部分原因是地震机制和过程深埋地下，不便于人们进行研究和监测。此外，地震的短临期预报主要基于先兆现象的观察，而先兆现象并不是在所有的地震发生之前都会出现。

地面倾斜或隆起以及海拔高度的缓慢升降是岩石发生应变最可靠的标志。最具实用意义的则是强应变岩石中产生的微小裂隙或裂缝。应变积累过程可能引起一系列小地震(前震)，它们是大地震即将来临的前兆。1975年，中国科学家根据地表的缓慢倾斜、磁场波动和无数小的前震成功地预报了海城的7.3级地震。这次地震使半个城市被毁，但由于震前已把100多万居民转移，因而仅造成几百人死亡。这是成功预报地震的最著名的实例之一。

地震预报是与地震监测密不可分的。许多单项地震预报方法就是从某一学科出发监测地壳形变、地下流体变动、大地电场、磁场、重力场的异常变化等发展而来的。下面简要介绍几种主要地震预报方法的基本原理。

1. 大地形变测量异常分析

大地形变测量旨在测定地壳表面点位之间相对位置的变化，从而以获取地壳形变的信息。地壳形变是地壳运动的一种外部表象，而地震是地壳运动的一种特殊形式。它们之间存在着某种形式的必然联系。

应用大地形变测量方法分析预报地震步骤为：通过大地形变监测获取地壳形变及断层运动的观测资料；然后进行计算和处理，排除外界干扰因素的影响，落实异常形变，提取与地震孕育有关的信息，进而对未来地震发展的趋势提出预报意见。

目前，大面积形变测量在地震的长、中期预报，跨断层定点和流动测量在中、短期预报方面已取得较好的效果。

2. 定点形变测量

定点形变测量是通过建立形变台站，利用水平摆倾斜仪、石英伸缩仪、水管倾斜仪等形变仪器监测地壳形变的方法。这些仪器具有频响宽、灵敏度高、能够监测瞬时连续输出的信号等特点。

震源断层在震前存在预滑和膨胀扩容现象。这种预滑可能是时滑时停，但总的趋势是愈临近地震愈显著。预滑形变的传播机制是一种低频长周期形变波，监测研究定点形变观测中记录的大量信息并进行图像类比分析，可作为临震预报的一种方法。

3. 水文地球化学方法

自1966年中国邢台地震以来，利用地球化学的方法探索地震预报受到各国地震学者的普遍关注。近年来，中国、俄罗斯、美国、日本等国相继建立和完善了地震地球化学监测台网，提高了观测技术，并获得了大量的资料，完善了数据资料处理和分析预报的方法。

地震孕育过程能引起地壳内部多种地球化学参数的变化。通过监测发现，地下水中气体、化学组分的异常变化主要与强震或距离较近的中强地震有关，其中地下水气体组分的变化与强震孕育密切相关。氦和氡异常可以作为地球化学前兆的中长期指标。A. H. 叶列曼耶夫(1972)指出，氦场随时间变化是稳定的，只有出现地震时才有明显的变化，而且氦的含量与岩石的渗透性有关，在构造破碎区、裂隙带的高渗透带，氦含量可达到最大值。因此，无论氦本身或同位素测量，对研究断层位置和活动性都是很重要的。

4. 地下水动态微观异常

地下水动态预报地震的方法已在地震监测预报实践中发挥了重要的作用。但是，迄今国内外应用于地震测报的异常信息主要还是宏观的，微观异常的研究则很少。实际上，地下水微观异常信息不仅存在而且可能更加普遍，这种微观异常信息主要应用于发震时间的判断方面。

5. 地电阻率法

地电阻率法以研究孕震过程中的电现象或地球介质电性参数的变化为对象，是孕震过程综合研究的重要组成部分。地电阻率法源于物探电法，但又不同于物探电法；长期定点观测和检测微弱的前兆信息对地电阻率观测系统提出了比物探电法更高的要求。

中国研究人员通过对五个地区台网内及其周围地区发生7级以上强震前后地电阻率异常变化分析发现，与地震有关的地电阻率变化有如下一些特征：

(1) 强震前震中附近200 km范围内的地电阻率变化呈现长达2～3年的趋势性异常变化；

(2) 异常幅度一般为百分之几，形态以下降为主；

(3) 某些强震前地电阻率异常显示出阶段性变化;

(4) 强震后多数异常台站趋势发生转折或逐渐升高,显示出与震前不同的特征;

(5) 同一台站不同方位异常幅度不同,显示出各向异性特征。

6. 地磁短周期变化

地震孕育的过程,也是震源区地下应力缓慢积累的过程。按照压磁理论,应力变化将引起地下岩石磁性的改变,从而导致地磁变化异常。因此,地震发生之前地下应力缓慢的积累过程可能引起地震孕育区及其附近地下岩石磁性改变,从而出现地磁较长趋势变化中局部的异常前兆现象。此外,地震孕育中所伴随的物理化学过程也有可能通过膨胀效应和热磁效应而产生地磁的异常前兆现象。

7. 钻孔应力、应变异常

地震的孕育过程实际上是地壳应力的积聚过程。在地壳浅部设立钻孔应力、应变观测站观测地应力变化过程,并研究其与地震的关系,寻找与地震发生有关的前兆,以实现地震预报,是钻孔应力、应变异常预报方法的基本原理。

钻孔应力、应变观测站所观测的实际上是地壳应力场的动态变化部分。观测结果表明,地壳应力场动态包括正常变化、构造的无震活动和地下介质变化所引起的变化、以及地震孕育和发生过程而引起的变化等。这些变化都有其各自特征,必须加以仔细分析研究。

8. 地震综合预报方法

地震综合预报是相对单项预报而言的。它是在各单项预报研究的基础上,应用现有的震例经验和现阶段对孕震过程的理论认识,研究在地震孕育、发生过程中各种地球物理、地球化学、空间环境等多种异常现象之间的关联与组合,及其与孕震过程的内在联系,从而综合判定震情并进行地震预报。

综合预报的研究内容主要有两个方面:

(1) 研究各种前兆现象之间的相互关联与组合,包括各种前兆现象的综合特征和相互间的内在联系;

(2) 研究多种前兆的关联、组合与孕震过程的联系,包括各种前兆在孕震过程中出现的物理背景、多种前兆的综合机制、前兆异常的物理力学成因及其与未来地震三要素的关系等。

除上述各种技术方法外,有时通过观察动物的异常行为也能预报地震。全球各地有许多关于震前动物异常行为的文献报道和非正式报道。许多动物在大地震发生前行为特别反常,如动物园里一向安静的熊猫高声尖叫、天鹅拒绝靠近水、牦牛不吃食物、蛇不进洞等,还有成群结队的老鼠在大街上奔跑而不惧怕行人。针对动物的震前异常行为,日本研究人员还进行了大量的实验室试验专门研究动物行为与地震之间的联系。

(三) 地震预报的发展方向及研究途径

20 世纪 60 年代以来,世界各国的地震预报研究积累了许多宝贵的经验;同时也发现了很多重要的科学问题,其中主要是地震前兆现象的复杂性和前兆异常与地震关系的不确定性。地震前兆现象的复杂性表现为不同地区、不同类型地震前兆异常的差异性,前兆异常空间分布上的不均匀性以及长、中、短、临异常的多样性等。前兆异常与地震关系的不确定性尤为突出,迄今为止还没有发现任何一种前兆在所有中强以上地震前都出现过,也没有发现任何一种前兆异常出现后都有地震。这些复杂现象的存在使地震预报的难度大大增加,地震预报的准确率很低。为了尽快走出这一困境,就必须广泛开展地震预报方法的探讨与研究。

研究上述问题的科学途径主要有两个方面：一是实际震例的研究；二是实验与理论研究。也就是靠实践与认识过程的反复和深化，两者缺一不可。实际震例研究是通过大量中强以上地震震例的系统研究，分析地震孕育过程中各种前兆异常的时空变化特征，从中提炼出地震前兆的综合特征和综合异常图像，进而总结它们与地震孕育过程及地震三要素的关系。实验和理论研究则是根据已有的实际震例资料，利用物理或数学模拟的手段研究地震孕育过程，对地震孕育和发生的阶段性特征、前兆异常机理、多种前兆异常的组合关系及综合特征、前兆模式、孕震理论等进行多方面的系统研究，深化在实践中获得的具体现象的认识，建立和形成地震预报的科学方法和科学理论。

随着科学的不断发展、计算机技术的飞速前进，计算机在地震综合预报中的广泛应用成为发展的必然趋势。此外，研制高精度的地震监测仪器、多学科联合攻关综合预报、充分利用遥感技术、空间定位系统等现代高新技术也是地震预报的必由之路。通过这个过程，地震预报从经验性预报发展到具有一定定量指标的概率预报是完全可能的。

中国地震局地震研究所研究人员与中国航天工业总公司、中国卫星气象中心的科技人员共同协作，利用卫星遥感和红外图像技术探测地震，在短期临震预报这个高难复杂的领域里探索并开辟出令人耳目一新的新途径。科学家们发现，地表温度异常与地震发生有密切关系，这是由于地震范围内地壳大面积受力，使震中周围的岩层挤压变形产生裂缝，从中释放出 CO_2、氢气、氮气和甲烷等气体，这些气体受到地表电磁场的轰击释放出热量，导致震区低空大气局部增温，出现热红外异常现象。通过安装在卫星上的红外热辐射仪，专家们坐在计算机前就可以从太空对地球进行遥感探测。由于红外电磁波对气体产生的热非常敏感，因此能及时捕捉到地球表面温度的瞬间变化，将卫星即时传回的数据进行采集、传输、存储及图像处理，寻找并发现震前出现的热红外异常。科学家们根据监测到的热红外前兆信息，结合地质构造、地震带分布以及气象等情况进行全面综合的分析处理，从而预测出地震将要发生的时间、地点和震级。

这项新的探索技术还处在研究发展阶段，科学家们设想在不久的将来发射低轨道减灾小卫星，其上装载能够排除云层干扰的微波辐射仪，不断提高地震监测预报的能力。

4.5 地震灾害损失预测

地震灾害损失预测是指在建筑物及其他人工设施和人口状态及分布的详细调查基础上，通过地震危险性评价、建筑物和生命线工程等易损性分析，预测未来地震灾害造成的经济损失和人员伤亡。它是地震预测研究与社会需求结合的重要环节，预测的结果更易于被政府、社会机构和公众理解、接受和使用。

美国国家海洋和大气管理局（NOAA）和美国地质调查局（USGS）在20世纪70年代初首先对旧金山、洛杉矶、普查特桑和盐湖城开展了地震灾害损失预测的系统研究。1977年美国政府颁布的“国家减轻地震灾害法”是国家参与组织实施减灾行动的重要步骤。1989年，美国国家科学研究委员会“地震损失估计专家小组”提出了一份未来地震损失估计的工作指南，向各界推荐。与此同时，日本和西欧某些国家也开展了类似和评估研究。

中国在对烟台和安阳等城市制定抗震防灾规划时，也开展了地震损失预测研究。中国国家地震局震害防御司“七五”期间专门成立了“未来地震灾害损失预测研究组”，完成了中国地震灾害损失预测研究。

事实表明，即使在地震参数预测研究和实用方面取得无可争议的成功之日，也仍然阻止不了地震灾害的产生。然而，通过研究地震灾害的成因和条件，评估潜在地震灾害的损失，并有针对性地采取有力的措施，可极大地减轻灾害的程度。

4.5.1　地震灾害损失预测的内容

地震灾害损失泛指由于地震引起地面振动并诱发次生灾害而导致建筑物和其他设施破坏，造成的经济损失和人员伤亡。

地震灾害损失预测研究的基础是地震危险性分析和建筑物等的易损失分析。前者包括确定和定量描述未来潜在地震的参数、震源特征和地震类型，结合区域地质和地貌条件，预测地震时地面振动的特征等。后者主要是分析地震活动对建筑物和设施等的损害和损失，建立地面振动和破坏损失的关系。地震灾害损失预测研究的内容包括在受灾情况下受损建筑物和设施等的修复费用，通信、交通和生命线系统以及救灾应急设施受破坏后的功能损害，受灾区承受的长期经济冲击，无家可归者的安置和人员伤亡等。

4.5.2　地震灾害损失预测的方法

影响地震灾害损失程度的两个主要因素是潜在的地震危险性和人工建筑设施的易损性。地震危险性分析属于地质学和地震学的范畴，易损性分析则是研究地震对建筑物及其他人工设施的损害。

对一个研究地区，合理地确定未来潜在地震发生的位置和时间、预测其活动产生的地震动的水平和分布是地震危险性分析的基本任务。具体方法在4.4节已有较详细的论述。

建筑物易损性分析主要包括：① 以地震振动时不同建筑物对破坏的抵抗力为依据，建立某一地区建筑物的分类系统；② 制定易损性分析需要考虑的建筑物和其他设施易损性清单，包括建筑物设施的地理位置、抗震类型、经济价值、用途类型等；③ 对清单中的每一项，建立地震灾害损失率与地面震动强度之间的关系，如平均损失曲线，损失率用可比价值的百分比表示。

在地震危险性分析和易损性分析的基础上，如果已知某地区每一类建筑物的平均破坏率曲线，则可计算出该地区建筑物在地震中的平均破坏损失率。

某类建筑物平均经济损失价值 W 可用下式计算：

$$W = \sum_{i} R_i \times D_i \tag{4-3}$$

式中：i—某类建筑物；R_i—第 i 类建筑物重建的费用；D_i—第 i 类建筑物对预测烈度的平均破坏率。

根据地震危险性概率分析结果和建筑物破坏概率矩阵，可求得地震灾害期望损失。此外，还可进行地震灾害期望人员伤亡损失的计算。

地震灾害损失预测是近似的，它是针对某一建筑物群体的平均特征而言的。地震灾害损失预测的不确定性来自地震危险性分析和易损性分析中各个环节中的误差和不确定性。从根本上说，地震灾害损失预测是一项应用研究，它的成功与否取决于满足使用者要求的程度。

4.5.3 地震灾害损失的等级划分

地震灾害损失等级划分以死亡人口数(R)和经济损失值(J)的实况(Z)来表示，即以地震灾度(Z°)来衡量地震灾害损失的程度。目前中国的地震灾度共分5个等级：A度(A,a)(巨灾)，B度(B,b)(大灾)，C度(C,c)(中灾)，D度(D,d)(小灾)，E度(E,e)(微灾)。以10^7元人民币财产损失和1人死亡为E度的下限，向上逐步提高一个量级(表4-8)。灾害的等级实际上是以双因子量进行表示的，由经济损失和死亡人口数等级组成25种成灾程度，这样可详尽地描述地震灾害的实况。

表4-8 中国地震灾害灾度等级划分表[①]

经济损失/元 人员伤亡		e 10^7	d 10^8	c 10^9	b 10^{10}	a 无上限
E	1～9人	E,e				
D	10～99人		D,d			
C	100～999人			C,c		
B	1000～9999人				B,b	
A	≥10 000人					A,a

① 据《中国重大自然灾害及减灾对策》(总论)。

4.6 减轻地震灾害的对策

人类社会的不断发展和进步，使城市规模日渐扩大。人口集中、建筑物密集的现代化都市遭受潜在破坏性地震袭击的危险与日俱增。因此，必须采取科学、合理、有效的技术和措施，通过不同学科的综合研究和国际间的协调与合作，最大限度地降低和减轻地震灾害对人类社会的威胁。

在减轻地震灾害的工作中，推进地震科学的预测水平、强化政府的防灾功能以及提高民族的防灾意识是三项最基本的途径。从这个意义上来说，减灾工作是科学预测、政府决策和社会民众行动的有机组合——科学预测是关键，政府功能是主导，社会民众是基础。目前正在开展的"国际减轻自然灾害十年"(IDNDR)从全球范围内通过科技合作、援助、示范、培训等方式，以提高各国的防灾能力。

4.6.1 国际减轻地震灾害的对策

遭受地震灾害十分严重的国家都十分重视总结震害的经验教训，探讨研究本国的地震活动性、地震危险性、地震对各类建筑物的破坏方式及特点，确立建筑物的抗震设计方案，制定和实施地震灾害的防抗对策。

(一) 加强地震灾害基础性研究工作

为使减轻地震灾害的对策行之有效，各国十分重视基础性工作。主要包括收集整理出版地震史料、注重地震灾害的监测预报、积极开展地震危险性评估和地震工程学研究等项内容。

1. 收集整理出版地震史料

世界上许多多震国家不仅注重研究历史地震活动性，为地震预报服务，而且注意总结历史地震灾害的经验教训,为减轻地震灾害寻求最佳对策提供依据。美国、俄罗斯等国均出版了系统完整的国家地震活动目录,包括各时期、各地区和重要破坏性地震目录以及重大地震的专题调查资料等。

2. 注重地震灾害的监测预报

日本、美国、俄罗斯等国均已建成全国性、地区性和专业性的以地震台和前兆观测台为骨干的监测网络,同时正致力于地震监测系统的现代化建设。地震的中长期预报能力和水平有了很大的提高,在地震灾害的预防上取得很好的成效。

3. 开展地震危险性评估

地震危险性评估作为防震减灾的基础和中心任务,受到世界各国、各地区地震学家的高度重视。很多国家都进行了以概率地震危险性评估为主要途径的危险性评估。近几年来,由国际减灾十年委员会等国际组织倡导的一些全球合作项目进一步推动了这方面的工作,缩小了发展中国家与发达国家在这一领域的差距。

1992 年国际岩石圈计划(global lithosphere program,GLP)倡仪开展全球地震危险性评估项目(GSHAP),并得到了联合国国际减灾十年委员会的支持。经过几年的努力,在全球 9 个区域中心获得了阶段性成果,分别编制出各区地震危险性图、地面运动加速度图、地震震源带图等图件。同时,在模型敏感性、数据输入输出稳定性、参数精度和不确定性评价、局部场地条件等方面的研究取得了较大的进展。

4. 加强地震工程学研究

建筑工程师认为结构不同的建筑物对地面震动的响应存在着显著的差异,它们的抗震性能也有很大的差异(图 4-7)。在总结历史上和近代大地震对建筑物破坏方式和力学分析基础

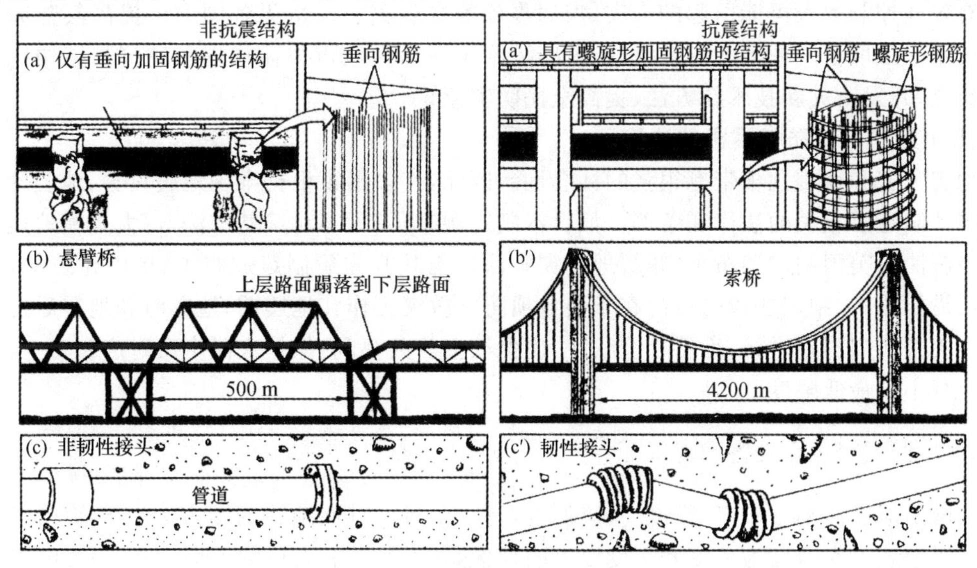

图 4-7 不同建筑物结构的抗震性能图

(据 Keith Smith,1996)

(a) 只有垂直钢筋拉杆的水泥柱发生移位破裂,(a′) 使用螺旋形钢筋的水泥柱抗震性能好

(b) 刚性的悬臂式大桥发生破坏,(b′) 悬索式的大桥抗震性能好

(c) 管道的非韧性接头使管线在地震时易断裂,(c′) 可伸缩性接头因其韧性好而不易断裂

上发展起来的地震工程学已受到世界上多发地震国家的重视。20世纪初,日本就开始重视结构抗震问题,认识到结构不仅受到垂直力的作用,而且受到水平力的作用,各种建筑物必须具有抵抗垂直荷载和水平拉力的结构。1923年关东地震震害使日本地震工程学界认识到,不研究松动理论就不能合理解决柔性结构建筑的抗震问题。日本新潟地震、美国阿拉斯加地震引起地面破裂造成大范围的破坏,还使土壤动力学特性研究得以大力开展。从此,建立在静力学基础上的地震工程学开始转而注重动力学理论的研究。地震工程学的发展为近代高层建筑、一般建筑、生命线工程、重要结构物和设施的抗震设计提供了理论依据和基础资料,为防御和减轻灾害作出了巨大的贡献。

(二)建立和完善地震灾害防抗体制

为防御和应对突然发生的地震灾害,美国、日本、新西兰、俄罗斯、土耳其等国家从20世纪70年代开始酝酿、制定国家级和区域性的地震灾害对策方案,这些对策方案包括震前的防御对策、震灾时的应急对策和震后的援建恢复对策。它们的共同点是成立国家级、地区性灾害对策组织,制定地震防灾计划,确定防灾重点、建立防灾系统和震灾预报预警系统,确保指挥中心的安全和通信系统的畅通。如日本建立了比较完善的地震防灾对策,除了确保各个建筑物和土木设施的抗震安全之外,还包括城市规划、治安、消防、医疗、交通、通信、广播、能源供应、上下水管道、食品、衣物等在内的综合对策。

(三)提高地震防灾能力和防灾水平

防灾能力是指通过规划和对策的实施确保国家和人民生命财产安全的能力。提高防灾能力和防灾水平,在地震灾害中可以保证城市要害系统和生命线系统的安全,使关系国计民生的重要企业和关键部门不致严重破坏并能迅速恢复生产,减少建筑物的破坏和人员伤亡;同时,及时有效地控制地震可能引起的火灾、疾病蔓延等次生灾害。世界各国为了提高其防灾能力和防灾水平采取了一系列的有效措施,这些措施包括加强城市整体规划和建筑物结构抗震能力的研究、开发防灾新技术新方法、提高全民防灾意识。

(四)颁布实施防御震害的法律

地震灾害和地震预报带有很强的社会性。因此,许多国家根据本国地震灾害、地震预报水平和国情制定了相关的法律和条例。如日本制定颁布了《灾害对策基本法》、《大规模地震对策特别措施法》;美国制定颁布了《减缓地震灾害法》;土耳其先后制定颁布了《房屋建筑法》、《震前震后措施法》。制定法律的目的在于使各项防灾救灾工作在地震前、地震时和地震后遵照法律和有关条例顺利地进行,维持社会秩序,确保社会公共福利,保护人民生命财产和安全,使地震灾害减小到最低限度。

4.6.2 中国减轻地震灾害的对策

中国的地震活动分布广、频度高、震源浅,是一个多灾难性地震的国家。中国有32.5%的土地位于地震基本烈度为7度和7度以上的地区,100万以上人口的大城市有70%位于这一区域内。所以,减轻地震灾害、制定合理科学的地震对策是十分必要的。

经过长期不懈的努力,中国的地震减灾已取得初步成效。尤其是近20多年来,中国地震减灾工作得到了全面系统的开展。

(一)监测预报

近几十年来,中国已建成地震灾害监测系统网,这些监测网由国家综合台站、区域监测台站和地方观测站以及业余观察点所组成。1975年中国地震工作者首次成功地预报了海城地震($M_S=7.3$),使地震死亡人数减小到最低程度。但是,地震灾害预报水平还是比较低,预报成功率一直徘徊在20%～30%。

(二)抗灾

抗灾是指在灾害威胁下对固定资产采取的工程性措施,如通过对城市、重大工程项目抗灾加固的投入,改善抗灾能力。

中国的抗震防灾工作经历了曲折的历程。20世纪50年代,中国曾明文规定,在地震基本烈度8度以下地区的建筑物暂不设防,在地震基本烈度9度以上地区采用降低建筑物高度和改善建筑物平面布置的方式来减轻地震灾害。1966年7.2级邢台地震(死亡7938人,重伤8613人,倒塌房屋120万间)和1970年云南通海7.7级强烈地震(死亡15万多人,伤残26万多人,倒塌房屋338万间)后,国家才开始重视工程设施抗震设防问题,并确定了38个城市作为国家重点抗震城市。1979年以来,逐步在地震基本烈度为6度的城市,对重要工程开始按7度设防和加固。1986年明确规定对占国土面积27%的地震基本烈度为6度的地区进行适当的抗震设防和加固。

这一系列政策措施使中国的抗震防灾能力明显提高,取得了一定的效果。随着国家经济实力的增强,抗震投入的提高,中国抗震减灾的能力将会进一步加强。

(三)预防

地震灾害的预防包括两方面的内容:一是在建设规划和工程选址时采取抗震设防措施,二是人员、仪器设备的避防性减灾措施。后者与防灾知识的普及程度和全民的防灾意识有关。近年来,为了提高全民族的防灾意识,中国各级政府和宣传部门及有关媒体进行了广泛的地震灾害常识的宣传。

(四)救助

中国的地震灾害与世界其他国家地震灾害相比,人员伤亡和财产损失都较为惨重。据统计,20世纪以来,中国因地震死亡的人数占全世界因地震死亡总人数的55%左右;中国死亡人口在20万人以上的大地震就有两次(即1920年宁夏海原8.5级大地震和1976年唐山7.8级大地震)。1949年以来,中国因地震灾害死亡的人数占各种自然灾害死亡人数的一半以上。因此,中国的地震救灾工作艰巨而繁重。

中国抗震救灾工作的基本方针是,依靠群众、依靠集体、生产自救、互助互济,国家予以必要的救济和扶持。在地震救灾工作中,采用多种策略和措施,进行震前的救灾准备、以遏制震期的灾害扩大;震时和震后以抢救伤员生命为准则,全力以赴紧急抢救遇险的人员;震后及时恢复、重建,消除地震灾害的后果。

(五)灾后重建

灾后重建包括社会生活和生产的恢复。一次重大地震发生之后,城市建筑和公众设施被毁坏,必然造成大量工厂停工停产。因此,灾后恢复生产、重建家园是减少灾害的重要措施。

4.6.3 减轻地震灾害对策的发展趋势

(一)世界各国减轻地震灾害对策的特点

纵观上述国内外地震灾害防抗对策的现状,可以明显地看出世界各国的地震防抗对策具有以下几个特点。

1. 以防为主，各有侧重

世界各国对地震灾害均确定了以预防为主的方针，但在具体实施时则因各国的地震预报水平和经济实力等情况的不同而有很大差别。工业发达国家的经济实力强，因而多注重发展地震工程学研究，加强抗震设计，提高建筑物的抗震防灾能力。如美国加州的圣安德列斯断层带上高楼大厦林立，在经常发生断层蠕动、断层活动和地震的情况下，建筑物巍然不动。日本则是以加强灾害预测和地震工程抗灾设计为减灾的主要手段，在某种意义上讲属于防、抗、救三者结合的方法。对于经济实力不强的发展中国家，多采取灾时及时快速抢救、灾后援助重建措施来减轻灾害，如土耳其、秘鲁等国。中国的具体措施是力争做好地震的短临预报，同时加强中长期趋势的预测和地震区划等工作，加强建筑物抗震设计、城市防灾设防等；在震灾发生时及时抢险救灾。从某种程度上讲，中国也是采用以救灾为重点的抗震减灾方针。

2. 全面防御，重点突出

对于地震灾害来讲，有的地区多震、有的地区少震，有些地区虽多震但震害并不严重，另外一些地震不多但灾害严重。因此，各国在抗震救灾时十分重视全面防御、重点突出的策略。如日本的抗震救灾重点在关东地区及其南部，以东京、大阪、名古屋、横滨等城市为重点。美国的抗震减灾重点是位于圣安德列斯断层带上的加州地区。

3. 多学科综合研究

地震灾害的影响因素广泛而复杂，探索其成因、过程、特点和后果涉及到许多学科，如地质学、地球物理、地球化学、地球动力学、工程学和社会科学。因此，各国都十分重视多学科的综合研究，通过联合与协作促进地震灾害研究的发展。

4. 应用新技术新理论探索地震灾害

新理论新技术的引进和应用在减轻地震灾害方面发挥了重大作用。美国、俄罗斯、日本和中国在现代空间技术和计算机技术发展地震科学方面取得了明显的成果。系统论、控制论、信息论和耗散结构论、灾变论、协同论以及分形几何学、混沌论等现代系统科学也被应用于地震科学的研究。理论分析与观测实验、定性分析与定量研究、空间技术与全球观测相结合的方式，使当今地震学和地震灾害对策研究正在向综合化、全球化、立体网络化方向发展。

5. 充分发挥政府的决策指挥作用

政府在防御对策中的重要地位和作用是不容忽视的。多地震国家在这一点上已经形成了共识。美国、日本和中国等国家在制定和实施防御对策规划都特别强调政府在其中的决策作用、协调作用、指挥作用等。此外，政府在国土规划、防灾计划、建筑规范、法律条例、地震知识宣传、防灾演习训练等方面也起着关键的作用。

（二）地震灾害防御对策发展趋势

国际上地震灾害防抗对策工作在最近几年有了很大的发展，尤其是国际减灾十年活动在世界范围开展以来，各国政府、科学技术界都在开展灾害防御的基础研究和应用研究工作。未来地震灾害防御对策的发展趋势主要表现为以下几个方面。

1. 防、抗、救一体化

从地震灾害的监视、预测、预报到抗震抢险救灾形成有机结合是未来地震灾害防御对策的发展趋势之一。在有地震危险的地区，从中央到基层成立防灾应急组织、制定防灾计划、颁布各种防灾法律和条例。这是灾害科学和防灾科学发展的一个必然趋势。

2. 防灾对策系统化

灾害科学研究结果说明，每一种灾害都是一个系统，各灾害系统的相互影响和相互作用又形成了复合的灾害系统。复合灾害系统所作用的对象是人类社会及其环境，它们的相互作用则造成了更加错综复杂的系统。因此，必须从系统科学的角度综合制定防灾对策，使减轻地震灾害工作系统化。

3. 防、抗、救对策最佳化

防灾对策发展的一个重要问题是探讨一个最佳对策，即采取的措施、对策等以最小的投入获取最大的效益。由于各国的经济实力、国情、灾情不一样，对本国地震灾害采取什么样的减灾对策最佳是各国政府考虑的一个实际问题，最佳化也是未来地震灾害防御对策的发展趋势之一。

4. 抗震减灾法规化

制定相应的法规，可确保实现震前防御、震时应对、震后重建的全面防震减灾措施。中国近年来相继颁布实施了许多有关地震的法律法规。如《破坏性地震应急条例》(1995 年)、《中华人民共和国防震减灾法》(1998 年)、《地震预报管理条例》(1999 年)等。对中国来讲，未来的抗震减灾道路是建立和健全具有中国特色的防震减灾系统，将地震预报的经验和成果与危险性评估相结合，逐步走上防震减灾的法制化道路。

5. 地震灾害研究与防震减灾的国际化

地震的发生，尤其是破坏性大地震，其影响范围很大。在一国发生的大地震，有时使邻国也受到破坏；若震后救灾与重建不及时，可能有大量难民涌入邻国；地震灾害的科学研究成果具有推广价值，对他国具有参考价值。一国的大地震，需要各国科学家共同研究和考察，接受经验教训；有些大的灾害，一国经济力量承担不了，需要国际上的支持和援助。因此，地震灾害研究和防震减灾必须发展国际性、双边性或区域性的合作研究。

6. 建立防震减灾应急决策信息系统

破坏性地震发生后能否快速准确地做出决策，并采取相应措施，直接关系到能否尽可能多地拯救灾民生命和减少财产损失。要做到这一点，提出符合实际的震后灾害快速评估十分重要，特别是对震区内和重大工程与生命线工程的破坏现状进行快速评估更加重要。因此，建立基于地理信息系统的防震减灾应急决策信息系统也是未来地震灾害防御对策的发展趋势之一。

防震减灾应急决策信息系统应融合地理学、地震学、工程地震学、系统理论和信息科学、计算机技术等知识，其核心是地震灾害损失快速预估子系统和地震应急决策信息子系统。这一系统可直接为有关政府部门的地震应急指挥服务。

第5章 火山灾害

地球具有明显的圈层结构，从地表向地心由地壳、地幔和地核三部分组成。莫霍面以下地幔上部由于压力大、密度高，局部呈熔融状态。在地球内动力作用下，地幔物质不断运动，当岩浆中气体成分游离出来使内压力增大到一定极限时，岩浆就顺地壳裂隙或薄弱地带喷出地表，形成火山喷发。火山活动是岩浆活动的一种形式，也是地球内能和热量释放的途径之一。

火山喷发是一种奇特的地质现象，是地壳运动的一种表现形式，也是地球内部热能在地表的一种最强烈的显示，是岩浆等喷出物在短时间内从火山口向地表的释放。由于岩浆中含大量挥发分，加之上覆岩层的围压，使这些挥发分溶解在岩浆中无法溢出，当岩浆上升靠近地表时，压力减小，挥发分急剧被释放出来，于是形成火山喷发。

火山喷发也是一种危害严重的地质灾害。从公元1000年以来，全球已有几十万人直接或间接死于火山喷发。20世纪80年代是自1902年以来火山灾难最严重的时期，这一时期因火山喷发而死亡的人数相当于过去70年的总和。大规模的火山喷发还对人类赖以生存的自然环境造成不可估量的破坏和影响。目前，占全球近1/10的人口生活于有潜在喷发危险的火山阴影之下，而世界上大部分最危险的火山都处于人口稠密的发展中国家。火山喷发的危险性和减轻火山灾害的迫切性与重要性已引起世界各国的关注。“国际减轻自然灾害十年”把减轻火山喷发造成的灾害列为一项主要内容。美国、日本、意大利、俄罗斯、印尼、菲律宾等都相继开展了包括减轻火山灾害在内的多学科综合火山学研究工作，火山喷发预测预报和减轻火山灾害工作取得了显著进展。

5.1 火山与火山活动

5.1.1 火山的类型

根据火山活动的状况，火山可分为死火山、休眠火山和活火山三种类型。在地质历史时期有过活动，而在人类历史中没有活动的火山称为死火山，它对人类不会造成危害。在人类历史时期曾经有过活动，近代长期没有活动的火山称休眠火山。现在仍在活动或周期性活动的火山称活火山，它对人类具有极大的危害性，是人类研究最多的一种火山。

火山喷发的时间长短不一，短的只有几个月，甚至几天，长的可达数年、数十年甚至数百年。火山喷发的规模和危害程度也不相同，喷发酸性熔岩（如流纹岩）的火山，因熔岩黏性大、气体含量多、爆发力强，常喷出大量气体、熔岩、火山碎屑物和火山灰，这种火山称为爆炸式火山。它破坏性大，对人类危害严重。喷发基性熔岩（如玄武岩）为主的火山，熔岩黏性小、温度高，气体和熔岩流常慢慢逸出，很少产生火山碎屑物，称宁静式火山。这种火山对人类危害相对较小。

5.1.2 火山喷发样式

对火山喷发进行严格分类难度很大。在绝大多数喷发事件中，活动类型和火山喷出物的性质都在变化，有时是逐渐的(几周、几个月或几年)，有时每隔一天甚至一小时就发生变化。尽管如此，根据喷发样式、喷出物种类以及火山堆积物和火山地形，可把火山喷发分为中心式喷发和和裂隙式喷发两大类若干亚类，其中中心式喷发的亚类比裂隙式要多(表 5-1，图 5-1)。

(一) 裂隙式喷发

岩浆沿着地壳上巨大裂缝溢出地表，称为裂隙式喷发。这类喷发没有强烈的爆炸现象，喷出物多为基性熔浆，冷凝后往往形成覆盖面积广的熔岩台地。现代裂隙式喷发主要分布于大洋底的洋中脊处，在大陆上只有冰岛可见到此类火山喷发活动，故又称为冰岛型火山。裂隙式喷发多见于大洋底部，是海底扩张原因之一。

(二) 中心式喷发

地下岩浆通过管状火山通道喷出地表，称为中心式喷发。这是现代火山活动的主要形式，又可细分为宁静式、爆烈式和中间式三个亚类。

宁静式火山喷发时只有大量炽热的熔岩从火山口宁静溢出，顺着山坡缓缓流动，溢出的熔浆以基性为主，温度较高，黏度小，挥发性成分少，易流动。含气体较少，无爆炸现象，夏威夷诸火山为其代表，又称为夏威夷型。

爆烈式喷发火山爆发时产生猛烈的爆炸同时喷出大量的气体和火山碎屑物质，喷出的熔浆以中酸性熔浆为主。1902 年 12 月 16 日，西印度群岛的培雷火山爆发震撼了整个世界，它喷出的岩浆黏稠，同时喷出大量浮石和炽热的火山灰，造成 26 000 人死亡，也称培雷型。

中间式属于宁静式和爆烈式喷发之间的过渡型，以中基性熔岩喷发为主。若有爆炸时爆炸力也不大，可以连续几个月、甚至几年长期平稳地喷发，并以伴有歇间性的爆发为特征。中间式喷发以靠近意大利西海岸利帕里群岛上的斯特朗博得火山为代表，该火山大约每隔 2～3 分钟喷发一次，夜间在 50 km 以外仍可见火山喷发的光焰，故而被誉为“地中海灯塔”，又称斯特朗博利式。

表 5-1 火山喷发样式[①]

喷发样式	特　征	地形或喷出物	实　例
夏威夷式	玄武岩岩浆从破火山口或侧壁裂隙内流出，火山碎屑物粒径较小，喷泉式，非爆炸式	盾火山、破火山口、熔岩管、喷出锥、熔岩流	莫纳洛瓦 基拉韦厄
斯特隆博利式	炽热的火山弹、火山灰和火山砾以温和的爆炸式喷发，有喷气活动，熔岩从侧壁裂隙流出	喷出锥、火山渣锥	斯特隆博利 Paricutin
武尔卡诺式	形成粘稠的、富含 SiO_2 的岩浆，由火山灰和火山砾碎屑组成浓黑的喷发云，有时出现火山碎屑流	形成细粒火山碎屑和玻璃质 熔岩环绕的浮石锥	武尔卡诺 Barcena
珀莱山式	形成粘稠的、富含 SiO_2 的岩浆，猛烈的破坏性喷发和灼热的碎屑物崩落	四壁陡峭的穹窿 短而厚的熔岩堆	珀莱山 Santiaguito
普林西尼式	异常强烈的连续气体爆炸，富含 SiO_2 的岩浆，大量的火山碎屑，破火山口的相对海拔高	复合火山(层状火山)	维苏威 科拉克托 皮纳图博
Surtsey 式	上升的岩浆与地下水或海水接触而发生强烈的爆炸式喷发	火山灰锥 火山渣锥	Surtsey 塔尔

续表

喷发样式	特　征	地形或喷出物	实　例
蒸气-爆炸式	非常强烈地爆炸，无新鲜岩浆喷出，仅有与蒸气混合的固体岩石碎块；起源于地下深处地下水与热的岩石相接触	穹窿 坍塌的破火山口 炽热的火山泥流	维苏威 别齐米安纳亚 圣海伦斯山
与中心火山口相关的裂隙式	由局部或区域应力作用于锥火山或盾火山而形成，喷发的特征和岩浆的成分可变	放射状裂缝，火山口呈线形排列	拉基 赫克拉
高原玄武岩式	喷出物数量最大，形成流动的玄武岩熔岩	广阔的玄武岩岩席 复合盾火山低地	哥伦比亚高原 德干高原
海底喷发式	沿洋中脊或"热点"喷发，或与海底扩张有关，流动的玄武岩岩浆	枕状熔岩，玻璃质熔岩 海底宽大裂隙系统	大西洋中脊 东太平洋隆起

① 据 Barbara W M 等(1997)，Patrick L A(1996)，Keith S(1996)资料编。

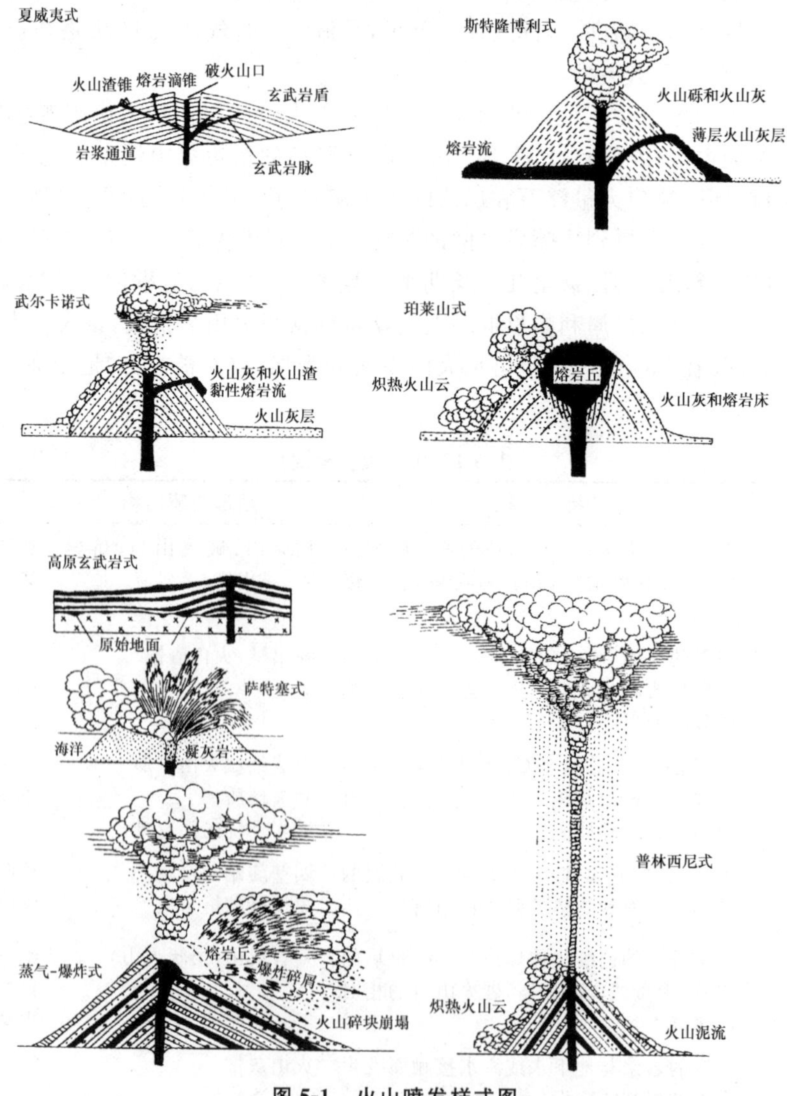

图 5-1　火山喷发样式图

(据 Alwyn Scarth，1994)

中心式喷发和和裂隙式喷发的明显区别是前者多为爆炸式火山，后者多为宁静式火山。爆炸式火山，如1980年华盛顿州的圣海伦斯(Mount St. Helens)火山喷发、1982年墨西哥的埃尔奇乔恩(El Chichon)火山喷发和1991年菲律宾的皮纳图博(Pinatubo)火山喷发，它们均造成严重的生命和财产损失。宁静式火山喷发比猛烈的爆炸式喷发相对安全，美国夏威夷群岛的火山喷发多为宁静式。

5.1.3 火山喷发阶段

(一) 气体的爆炸

在火山喷发的孕育阶段，由于气体出溶和震群的发生，上覆岩石裂隙化程度增高，压力降低而岩浆体内气体出溶量不断增加，岩浆体积逐渐膨胀，密度减小，内压力增大，当内压力大大超过外部压力时，在上覆岩石的裂隙密度带发生气体的猛烈爆炸，使岩石破碎，并打开火山喷发的通道，首先将碎块喷出，相继而来的就是岩浆的喷发。

(二) 喷发柱的形成

气体爆炸之后，气体以极大的喷射力将通道内的岩屑和深部岩浆喷向高空，形成了高大的喷发柱。喷发柱又可分为气冲区、对流区和扩散区三个区。

1. 气冲区

气冲区位于喷发柱的下部，相当于整个喷发柱高度的1/10。因气体从火山口冲出时的速度和力量很大，虽然喷射出来的岩块等物质的密度远远超过大气的密度，但它也会被抛向高空。气冲的速度，在火山通道内上升时逐渐加快，当它喷出地表射向高空时，由于大气的压力和喷气能量的消耗，其速度逐渐减小，被气冲到高空的物质，按其重力大小在不同的高度开始降落。

2. 对流区

对流区位于气冲区的上部，因喷发柱气冲的速度减慢，气柱中的气体向外散射，大气中的气体不断加入，形成了喷发柱内外气体的对流，因此称其为对流区。该区密度大的物质开始下落；密度小于大气的物质，靠大气的浮力继续上升。对流区气柱的高度较大，约占喷发柱总高度的7/10。

3. 扩散区

扩散区位于喷发柱的最顶部，此区喷发柱与高空大气的压力达到基本平衡的状态。喷发柱不断上升，柱内的气体和密度小的物质是沿着水平方向的扩散，故称其为扩散区。被带入高空的火山灰可形成火山灰云，火山灰云能长时间飘流在空中，而对区域性的气候带来很大影响，甚至会造成灾害。此区柱体高度占柱体总高度的1/5左右。

(三) 喷发柱的塌落

喷发柱在上升的过程中携带着不同粒径和密度的碎屑物，这些碎屑物依着重力的大小，分别在不同高度和不同阶段塌落。决定喷发柱塌落快慢的因素主要有以下四点：

(1) 火山口半径大的，气体冲力小，柱体塌落的就快；

(2) 若喷发柱中岩屑含量高，并且粒径和密度大，柱体塌落的就快；

(3) 若喷发柱中重复返回空中的固体岩块多，柱体塌落的就快；

(4) 喷发柱中若有地表水的加入，可增大柱体的密度，柱体塌落的就快；反之，喷发柱在空中停留时间长，塌落的就慢。

在火山喷发过程中，挥发性物质充当了重要的角色，它不仅是火山喷发的产物，更是火山喷发的动力。从岩浆的产生到火山喷发的整个过程,挥发性物质的活动起着重要的作用。

火山喷发并非千篇一律,像夏威夷基拉韦厄火山那样的喷发,事前熔岩已静静地流出,由于熔岩流动缓慢,因而只破坏财产而没有危及生命。而像1883年印尼喀拉喀托火山那样的火山碎屑喷发或蒸气爆炸(或蒸气猛烈爆发),则造成人员的重大伤亡。

5.1.4 火山喷发物

爆炸式火山喷发时,首先喷出黑色气体烟柱;然后喷出大量围岩碎块及熔岩物质,降落在火山周围地区;最后冒出灼热的熔岩,并沿山坡向下流动。火山喷发停止后还会有残余气体喷出和温泉涌现。而宁静式火山很少喷出烟柱与碎屑,只溢出灼热的熔岩流。

(一) 气体喷发物

气体喷发物中,水汽比例很大,约占60%~90%;其他成分主要有 H_2S、SO_2、CO_2、HF、HCl、NaCl、NH_4Cl 等,它们可形成各种矿产而为人类所利用,同时也经常对自然环境造成一定的破坏。

(二) 火山碎屑流

大规模火山喷发期间沿火山侧面斜坡快速向下运动的炽热高速的火山碎屑物质流称为火山碎屑流,或称熔岩流。基性熔岩流可形成熔岩条带、熔岩被或熔岩锥。熔岩条带呈狭长带状,长度可达数十千米。熔岩被可由几平方千米到上万平方千米,如印度德干高原玄武岩被面积达 $6\times10^4\ km^2$。熔岩堆多呈短而厚的穹窿状。

碎屑流物质通常是黏稠的、富含气体而且炽热。这是火山灾害中最具毁灭性的一种形式。有关火山碎屑流的历史记载表明,它们可从火山口流到100 km外或更远的地方,流动速度可以达到每小时700 km以上。火山碎屑流可能是由火山口顶部附近热熔物质的重力或爆炸坍塌而引起的,并形成由岩块、火山砾、火山灰和热气交织的黏稠混合体。地质学家称这种缺乏分选的堆积物为熔结凝灰岩。火山碎屑流也可能是由喷发柱部分或连续的塌落引起的。例如,1980年圣海伦斯火山喷发期间,由喷发柱塌落形成的温度高达850℃火山碎屑流沿山体北侧向下运移了8 km,并覆盖了大约15 km^2 的地方。

(三) 火山碎屑物

火山喷发时射出的岩石碎块称为火山碎屑物,主要有火山灰、火山渣和火山弹。火山喷发碎屑是所有在空中形成的火山碎屑物的总称,包括新固化的岩浆和老的破裂岩石的碎块。直接从空中落到地面的单个碎屑物以及在空中作为流动热物质一部分向远处传送的碎屑物都属于火山喷发碎屑。丰富的火山喷发碎屑物质是猛烈的爆炸式喷发的重要特点。

爆炸式喷发的强烈程度与熔融岩浆中溶解的气体含量有关。当上升的岩浆到达地面时,由于压力迅速减小,炽热稠密的气体发生膨胀,从而导致火山碎屑混合物向空中猛烈地射出。这种灼热的混合物在火山口上方较冷的空气中迅速上升而形成喷发柱,高度可达十几到数十千米。各种大小不等的火山碎屑和灰尘在重力作用下到达一定高度时转而下降并散落在火山口周围。较细的火山灰云达到大气圈平流层后,在大气环流的作用下发生漂移,使火山喷发碎屑可以扩散到几百千米甚至上千千米远的地方。

5.1.5 火山的空间分布

火山活动主要与上地幔物质运动有关,同时也与地壳运动和地质构造有关。地幔是玄武岩岩浆和安山岩岩浆的发源地。火山喷发大多发生于大洋中脊或板块俯冲带，但也有位于板块中央而远离任何板块边缘的火山活动，如夏威夷火山群。这些火山形成于地幔中被称为“热点”的玄武岩岩浆深部发源地之上（图 5-2）。

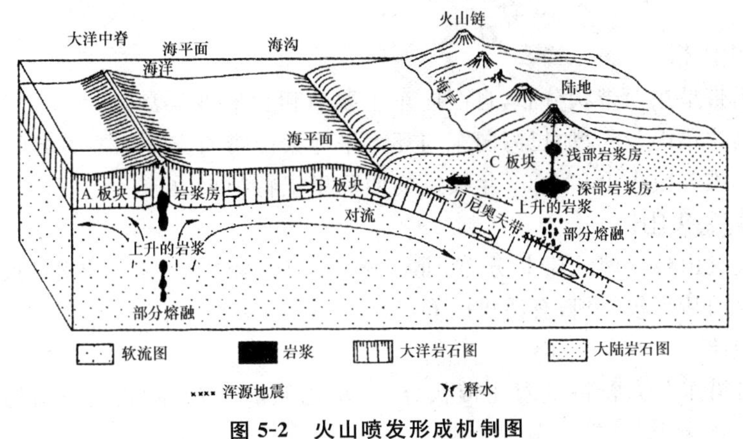

图 5-2　火山喷发形成机制图

（据 Alwyn Scarth，1994）

（一）全球火山分布

火山主要分布在地壳厚度薄、构造活动剧烈的地区。目前，全世界死火山约有 2000 余座，活火山 850 座。从总体看，它们的分布有一定的规律性。

1. 环太平洋火山带

环太平洋火山带呈环带状分布，太平洋东岸自南至北有安第斯山脉、中美、北美西部的科迪勒拉山脉、阿拉斯加；太平洋西岸自北而南有阿留申群岛、堪察加半岛、千岛群岛、日本群岛、中国的台湾岛、菲律宾群岛、印度尼西亚诸岛、新西兰岛，直到南极洲（图 5-3）。环太平洋火山带是世界上最大的火山带，分布有 400 多座活火山。

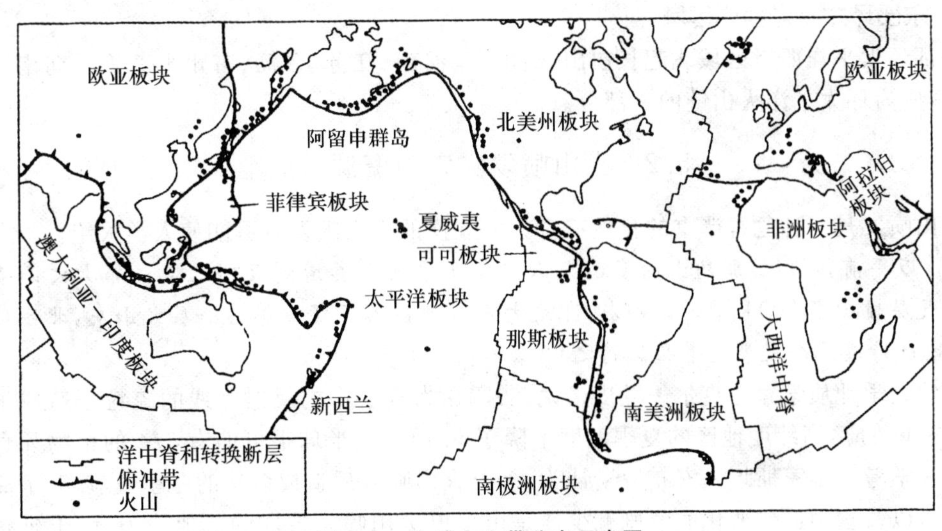

图 5-3　全球火山带分布示意图

（据 Alwyn Scarth，1994）

环绕太平洋的火山形成所谓的“火链”;地质学家还称之为“安山岩线”(Barbara W M 等,1997)。许多世界上活动最强、爆炸最猛烈的火山都分布在环太平洋火山带上,如皮纳图博火山(菲律宾)、Unzen 火山和富士山(日本)、科拉克托和坦博拉(印度尼西亚)和 Spurr 火山(美国阿拉斯加)。

2. 地中海火山带

地中海火山带呈东西带状分布,自西向东主要有伊比利亚半岛、意大利、希腊、土耳其、高加索、伊朗、喜马拉雅山,经孟加拉湾向东与环太平洋火山带西支交汇。著名的火山有公元 79 年喷发的意大利维苏威火山和 1669 年喷发的西西里埃特纳火山。

3. 大西洋海底火山带

大西洋海底火山带呈南北带状分布,北起格陵兰岛,经冰岛、亚速尔群岛、直至圣赫勒拿岛。该火山带火山活动较强烈,有活火山 60 座。

4. 东非火山带

东非火山带沿东非大裂谷呈南北带状分布,从尼亚萨兰湖,向北经坦葛尼喀湖至维多利亚湖。

(二) 中国火山分布

到目前为止,中国已发现的火山锥约 660 座,其中绝大部分是第四纪死火山,近代还活动的火山很少。中国的火山分布也具有较明显的地带性。

1. 东北环蒙古高原区域

东北环蒙古高原区域包括黑龙江、吉林、内蒙古和晋北等地,已发现的死火山锥数目较多,仅大同地区就有 20 余座。著名的火山有五大连池火山群等。

2. 西南青藏高原区域

西南青藏高原区域主要包括新疆南部昆仑山、西藏、云南等。著名的火山有云南腾冲火山群。

3. 东部环太平洋西岸区域

东部环太平洋西岸区域北起长白山,经山东、河南、江苏、台湾、雷州半岛等地向南一直到海南岛,成为环太平洋火山链的一部分。

5.2 火山喷发灾害与资源效应

火山喷发是一种危害严重的自然灾害。大规模的火山喷发有可能使人类灭绝。

7.1 万年前,苏门答腊岛上的多巴火山喷发几乎使人类遭到灭顶之灾。那次火山喷发估计向大气层喷出了 800 km^3 的火山灰,印度大部分地区落下了厚厚的一层火山灰,北半球超过 1/3 的地区持续几个星期笼罩在黑暗之中。

纽约大学地质学家迈克尔·兰皮诺说,滞留在大气层中的反射光线的硫粒子造成了长达 6 年的冬季效应,高纬度地区的夏季温度下降了 6.1℃,北半球很可能有 3/4 的植物死亡。伊利诺伊大学考古学家斯坦·安布罗斯认为,多巴火山喷发后造成多年的冬季效应,5 万~10 万年前人口以及物种遗传变化的急剧减少便是由多巴火山喷发造成的。他认为,由于延续多年的冬季效应,导致越来越多的积雪在夏季不能融化,从而把更多的照射到地球表面的阳光反射回去,造成地表气温更低,其结果是出现了长达千年的冰期。

在过去 2000 年中,由火山喷发而造成的死亡人数已有 100 多万人。几百年来,每个世纪都有约10万人丧生于火山喷发，经济损失约10亿美元(1991年价格)(Robert W D等人，1991)。按目前的价值计算，在20世纪的前80年里，火山喷发造成的损失估计达100亿美元(徐光宇等，1998)。表5-2列举了自公元1800年以来18次造成千人以上死亡的火山喷发事件。大规模的火山喷发还对人类赖以生存的自然环境造成不可估量的破坏和影响。目前，全球近1/10的人口生活在有潜在火山喷发危险的阴影之下，而世界上大部分最危险的火山多处于人口稠密的发展中国家。

表5-2 公元1800年以来死亡千人以上的火山灾害

(据Barbara W M等，1997；Verstappen H T等，1989，编制)

火 山	国 家	年 份	死亡的直接原因			
			碎屑物喷发	泥流	海啸	饥荒
马尤恩	菲律宾	1814	1200			
坦博拉	印度尼西亚	1815	12000			80000
伽伦甘哥	印度尼西亚	1822	1500	4000		
马尤恩	菲律宾	1825		1500		
阿乌	印度尼西亚	1826		3000		
科托帕希	厄瓜多尔	1877		1000		
喀拉喀托	印度尼西亚	1883			36417	
阿乌	印度尼西亚	1856		3000		
阿乌	印度尼西亚	1892		1532		
苏弗里埃尔	圣文森特	1902	1565			
珀莱山	马提尼克	1902	29000			
圣玛丽亚	危地马拉	1902	6000			
塔尔	菲律宾	1911	1332			
克卢特	印度尼西亚	1919		5510		
默拉皮	印度尼西亚	1930	1300			
拉明顿	巴布亚新几内亚	1951	2942			
阿贡	印度尼西亚	1963	1900			
埃尔希琼	墨西哥	1982	2000			
鲁伊斯	哥伦比亚	1985		23000		
默拉皮	印度尼西亚	2010	304			

5.2.1 火山喷发灾害

火山喷发对人类赖以生存的地球环境的影响可产生两种效应，即灾害效应和资源效应。火山喷发灾害可分为直接灾害和间接灾害两种类型(表5-3)。但任何一次火山喷发都可能产生多重灾害。如1980年美国圣海伦斯火山(Mount St. Helens)喷发时，产生了碎屑流、涌浪、汽爆和尘粒等灾害。火山喷发的直接灾害与喷发物质的性质密切相关。次生灾害中，火山泥流、大气影响(振动波和放电)、岩浆活动引起的地震和地面位移虽然比较普遍，但破坏程度较低。就人员伤亡而言，海啸和因喷发引起的饥荒与疾病对人类造成的灾难非常巨大。

表 5-3 火山喷发的环境效应

灾害效应		资源效应
原生灾害	次生灾害	
火山地震灾害	气候效应	矿产资源
熔岩流灾害	火山喷发物滑坡	景观资源
火山碎屑流灾害	次生碎屑流、火山泥流	地热
水汽爆炸	洪水、海啸	矿泉
有毒气体逸散	酸雨	宝石
火山喷发物降落	大气冲击波	
侧翼定向爆炸	喷发后饥荒与疾病	
地面运动	地面变形	

(一) 火山熔岩流灾害

大多数火山都产生一些熔岩,但大规模的熔岩流是静火山的特征,如夏威夷的火山。熔岩流对人类的危害程度主要取决于熔岩流的规模、流速、火山口外壁斜坡坡度和熔岩流的黏滞性。熔岩流的规模越大、流速越快、火山斜坡坡度越陡、熔岩流流体的黏滞性越小,所造成的灾害就越严重。当它们是由裂缝中急剧喷发而不是从火山口中心喷发时,熔岩的流动性则取决于其化学组成,尤其是 SiO_2 的含量。液态的熔岩具有很高的流动性,在陡峭的斜坡上低黏滞性的熔岩流能够以大约 15 m/s 的速率沿山坡向下流动。

据记载,与熔岩流相关的最大灾难发生在冰岛。1783 年冰岛的拉基(Laki)火山喷发,沿 24 km 长的裂隙带同时喷出无数的"熔岩喷泉",时间长达 5 个多月。向裂缝一侧熔岩流流出 64 km,向另一侧流出 48 km。熔岩覆盖面积达 565 km^2,涌出的熔岩体积估计在 123×10^8 m^3 左右。这是有史以来最大的熔岩流,也是最可怕的一次熔岩流。它漫过 14 个农庄,使另外 30 多个农庄遭到了重创。这次火山活动尽管直接造成的人员伤亡较少,但给当地的居民造成了严重的灾难:熔岩流摧毁了房屋和农作物,烧死了牲畜,覆盖了田野;并使占当时冰岛人口总数 22%的人在随后的饥荒中死亡。1944 年 6 月墨西哥帕里库廷火山毁灭了帕里库廷村和圣胡安·德帕兰格里库提诺市,有 500 余人葬身于熔岩流,昔日繁华的城市只剩下教堂的尖顶尚未被熔岩流淹没(Barbara W M 等,1997)。

(二) 火山碎屑流灾害

大规模火山喷发期间沿火山侧面斜坡快速向下运动的炽热高速的火山碎屑物质流称为火山碎屑流,这是火山喷发最具毁灭性和最致命的形式。与缓慢运动的熔岩流不同,炽热而快速运动的火山碎屑流可能使尚未来得及跑开的人群惨遭灭顶之灾。

火山碎屑流能量大、流速快,可从火山口流到 100 km 外或更远的地方,流动速度可达 700 km/h 以上。在相当短的时间内,火山碎屑流可摧毁火山口周围附近方圆几千米甚至上百千米范围内的森林、村庄、桥梁及建筑物等,使火山口附近居民的生命财产安全受到严重威胁。

公元 79 年 8 月 24 日,经过一段时间的前期活动后,维苏威(Vesuvius)火山喷出 4 km^3 的浮石、火山灰和岩浆块体,约有一半的旧火山口被毁坏。火山灰柱的高度随着火山能量的增强和减弱而变化。在减弱期,高大的火山灰柱突然垮塌下来,产生沿火山斜坡向下的火山碎屑流。位于下游 10 km 处的庞培城(Pompeii)被厚度达 3 m 的火山碎屑流所掩埋,在房间内发现的一些尸体表明他们在死亡之前曾做过几个小时的挣扎;逃到海边的庞培人也未能从这次劫难中存活下来,死亡总人数约有4000人。离火山较远的Stabiae镇的大部分也被毁坏。庞培古城在历史上消失1600多年后才被发现(David C,1994)。

几乎没有人能够躲过火山碎屑流的袭击。因火山碎屑流而致死的人数在20世纪占火山总死亡人数的70%。

20世纪最具破坏性(按死亡人数算)的火山碎屑物流是1902年发生在马提尼克的加勒比岛珀莱山(Mount Pelee)火山喷发。在这次喷发中,热火山灰崩塌沿帕莱山侧面以约160 km/h的速度向下冲去,瞬间就掩埋了圣皮尔(St. Pierre)市,并造成29 000人死亡。

(三)火山喷发物降落造成的灾害

大规模的火山喷发会使大量的火山碎屑(火山集块、火山角砾、火山弹)及火山灰抛向空中,当这些物质降落时就会掩埋、破坏地面建筑、森林及动植物,甚至危害人的生命(图5-4)。

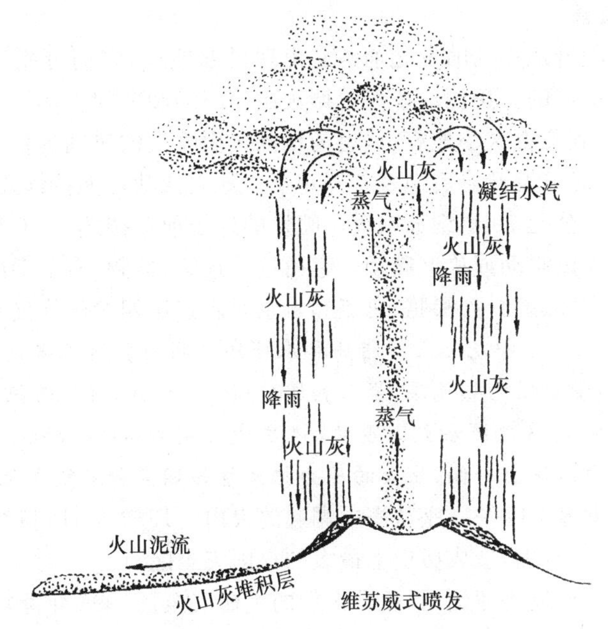

图5-4 维苏威式火山喷发及其环境效应示意图

(据Keith S,1996)

在1902年危地马拉的圣玛丽亚火山喷发中,降落的火山灰堆积厚度达到200 mm,致使许多房屋屋顶塌落,从而造成6000多人丧生(Keith Smith, 1996)。

尽管降落的火山灰致人死亡的数量不足因火山喷发死亡人数的5%,但降落的火山灰对农业具有广泛的影响,大量的火山渣将掩埋或毁坏蔬菜和农作物。即使是降落少量的火山灰或其他残粒都会对饲养的动物造成伤害。如果火山碎屑中含有氟或其他有毒化学物,牧场和水源可能受到污染。

巴布亚新几内亚的拉明顿火山于1951年1月喷发,炽热的火山喷发物降落后使大约90 km^2的植被毁于一旦,绝大多数房屋倒塌,造成2942人死亡。1968年哥斯达黎加的阿伦纳尔火山喷发时,下落的大碎屑块体砸穿了3 km外房屋的屋顶。然而,火山碎屑喷发造成的灾害大多数是由火山灰的大范围降落造成的。伴随着美国圣海伦斯火山的喷发,降落到华盛顿州东部农田里的火山灰达到30 kg/m^2,从而导致农作物减产。1963—1965年,哥斯达黎加的伊拉齐火山喷发，降落的火山灰厚度约有1m，几乎完全毁坏了所有的咖啡园和农田，造成约1.5亿美元的经济损失。1991年6月菲律宾皮纳图博火山爆发后，由于火山周围方圆30km范围内的农田都被火山灰所覆盖，约100万人的生活受到了影响(Keith S,1996)。

此外，空气中悬浮的火山灰及尘粒还会降低空气的可见度，增加交通事故，损坏机动车和飞机的发动机。火山灰云对高速飞行的机身还具有磨蚀作用，使飞机外壳遭到破坏。

1980年发生在美国圣海伦斯的火山喷发，在6个小时内，火山灰形成的云团顺风飘移了400km。浓密的火山云团遮住了大部分的阳光。在白天，亚基马和斯波坎城都处于黑暗之中，街灯被迫全天开放。人们感受到呼吸非常困难。由于能见度低和汽车发动机的空气过滤器因灰尘而堵塞，交通被迫中断。无线电通信也一时处于混乱状态，突发事件应急系统也受到了严重的影响。

(四) 火山地震灾害

火山喷发往往伴随着地震。喷发之前常常出现局部地震，它们可能是由于岩浆房膨胀造成裂隙张开和滑动而引起的。美国的圣海伦斯火山(1980)和菲律宾的皮纳图博火山(1991)大喷发前夕，每天都记录到几百次小地震，这也为预测火山喷发的时间提供了信息。有时地震活动与喷发同时进行，有时喷发开始后地震就停止了。地震活动可能持续几天或几周，长者可能持续几个月甚至几年。公元79年维苏威火山喷发的地震前奏持续了16年。另外一种伴随火山喷发的地震活动是火山震动或称谐震动。它由近乎连续、低频、有节奏的地面运动组成。谐震动可能伴随岩浆的实际运动(如沸腾、对流和岩浆对岩浆房四壁的拖曳)。

2007年11月8日，位于印尼苏门答腊岛和爪哇岛之间的巽达海峡的克卢德火山(喀拉喀托火山之子)喷射出大量威猛的热气层、岩石和熔岩；11月9日，喀拉喀托火山一共喷发了182次，出现了11次火山地震，8次深层火山震动，54次浅层震动，以及持续2分钟的建筑物震动。这次喷发的火山口位于山体的一侧，巨大的压力把大量的烟尘和石块抛上云霄。

喀拉喀托火山是世界上唯一一座从海中崛起的火山。1883年，喀拉喀托火山猛烈爆发并引发海啸，导致3.6万人丧生，造成历史上最大的火山灾难之一。

强烈的火山地震可导致房屋倒塌，危及人们的生命安全。1991年菲律宾皮纳图博火山喷发，曾引起4次较强烈的地震，导致火山周围地壳变形，建筑物遭到破坏。

(五) 有毒气体逸散

许多火山通过喷气孔或间歇喷泉在不同程度上连续喷发气体。虽然水蒸气是火山喷发的主要气体，但火山气体中也含有其他气体，其中大多数可能对人类、动物或植物有害。有些气体有毒，如一氧化碳(CO)；有些气体是酸性的，如盐酸(HCl)、氟氢酸(HF)；有些情况下喷出的某些气体与水蒸气混合形成酸溶液，如硫酸(H_2SO_4)。

火山喷发的有毒气体对人类造成伤害的典型例子是发生在西非喀麦隆的尼奥斯(Nyos)湖事件。尼奥斯湖是喀麦隆西北部一系列年轻玄武岩火山口湖的一部分。1986年8月21日晚9:30左右，伴随着大量的气体从火山口湖中冒出，巨大的响声隆隆传过尼奥斯湖地区，冒出的气体迅速向邻近的山谷蔓延。这股高密度的气体"烟流"厚度约为50m，运动速度达到72km/h。贴近地面的气体烟云向外扩展了25km，4个村庄笼罩在烟云之下，当地的居民首先感到疲乏、头晕、闷热和精神混乱，然后便失去了知觉。这次事件使约1740人窒息而亡，另有8300头左右的牲畜死亡，鸟类、昆虫和其他任何动物都未能幸免一死。但是这一地区茂密的植物却未受到影响(Alice B W,1989)。富含气体的火山口湖在日本、扎伊尔和印度尼西亚等地也有发现。

(六) 火山喷发对气候的影响

由火山喷发引发的长期灾害类型是大气圈效应(或称气候效应)。火山喷发对全球气候变化起着重要的作用。气候效应主要是由于火山喷发期间火山灰和颗粒非常细的悬浮物质进入平流层而产生的。有些喷发柱的高度很大以至高空气流把火山碎屑物和富硫气体传送到全球各地。通过阻挡太阳光的入射能量,使太阳直接辐射显著减少,或使太阳光在空中的散射辐射增加,或者吸收太阳光以及热辐射,从总体上造成太阳总辐射减少,使大气透明度显著降低,致使地表温度在火山喷发后的相当一段时间(一般 1～3 年)内明显降低。这就是人们通常所说的"阳伞效应"或"火山冬天"效应。如果火山喷出的气体以 CO_2 为主,其温室效应可能与火山灰尘粒的"阳伞效应"相互抵消,或者使火山喷发后的一段时间内地表温度升高。刘嘉麒(1999年)认为,大规模火山喷发产生的火山灰和随后形成的火山气溶胶,对于进入地-气系统的太阳能量的影响远大于太阳常数的天文变化,它是万年时间尺度以内气候变化的主要因素之一。火山喷发时,由于岩浆-水气相互作用发生爆炸常形成玛珥湖。玛珥湖沉积物连续、稳定且年纹层发育,保存有厚薄不等的火山灰层及丰富的陆相植物碎屑,是高分辨率古气候研究的天然记录器。因此,许多中外学者都把玛珥湖看做是研究古气候的良好载体。

1815 年印度尼西亚坦博拉火山喷发使方圆 500 km 连续三昼夜没有见到太阳光线。火山喷发后的第二年变成了无夏的年份,全球平均气温比正常年份下降了 1℃ 多,农作物大范围减产。菲律宾的皮纳图博火山在沉睡了 500 多年之后于 1991 年 6 月 2 日爆发,持续 10 多个小时,体积大约 8 km^3 多的细粒火山碎屑物质和富硫气体冲入 35 km 高的大气层,火山灰覆盖面积达数千平方千米,引起长达 2 年多的全球气温明显变冷。

火山灰、尘埃及火山气溶胶,尤其是火山灰具吸附性,可以充当降水所需要的凝结核,促进水汽凝结,在适当条件下可增加地面降水量。有人认为中国 1991 年夏秋江淮流域出现的大面积洪涝现象,很可能与 1991 年 6 月菲律宾皮纳图博火山和日本云仙火山的相继喷发有关(刘嘉麒,1999)。

进入大气圈中的火山碎屑物还可引起有害的酸性沉降,从而损害农作物、污染土壤、腐蚀材料。火山喷发还导致大气中臭氧总量的减少,甚至可能破坏臭氧层。

火山喷发对气候影响范围的大小主要取决于火山所处的地理位置(纬度)、喷发柱高度和火山物质的成分三个因素。在其他条件相同的情况下,位于赤道和低纬度(20°～30°)带的火山喷发对气候影响的范围较广,可达全球范围;而位于高纬度及两极附近地区(60°～90°)的火山喷发对气候影响的范围较小,仅限于火山附近地区。喷发柱的高度是决定火山喷发对气候影响时空范围的一个重要的参数,喷发柱越高,喷发物在大气圈中停留的时间就越长,它们随风漂移、覆盖的空间范围就越广,对气候的影响也就越大。就物质组成而言,玄武质岩浆喷发对气候影响的时空范围较小,而中酸性火山喷发对气候影响的时空范围较大。

(七) 火山滑坡与火山泥流

火山喷发时熔岩流的逸出和火山碎屑物质在边坡上积聚使火山山体斜坡荷载加重、坡度变陡而造成不稳定因素,最终可能导致火山斜坡物质发生块体运动而成为灾害性事件。火山喷发停息后的很长时间内火山碎屑都可能是危险的。雨水或山顶冰雪融水能够疏松堆积在陡峭火山斜坡上的火山碎屑,从而引发可怕的泥流。强烈的崩塌进入河道也可能导致泥流的发生。火山泥流和碎屑堆积物崩塌是火山喷发的常见特征,它们都可能造成毁灭性的后果。

滑坡及岩屑崩落是火山造成山坡失稳的普遍特征。这种现象尤其与英安岩浆的喷发有关。这种硅质岩浆相对来讲黏稠度高并溶解有较多的气体成分。英安岩浆沿火山通道向上侵入时产生的压力可使山体发生破裂而形成许多裂缝,结果导致斜坡失稳而发生崩塌或滑坡。

圣海伦斯火山是美国西北部太平洋沿岸卡斯卡德山脉(Cascade Range)七大俯冲带活火山之一。大量小地震($M=3.0$)和少量火山灰喷发伴随着火山锥北侧的地面不断抬升。在大喷发一个月前隆起的直径达到2 km,隆起高度有100 m,上覆冰雪产生明显的裂缝。1980年5月18日,凸起高度达到150 m,一场5.1级地震使圣海伦斯山火山口的周边遭受严重破坏,并出现了许多山崩。巨大的岩块和火山北部陡峭边坡上覆盖的冰块也从火山锥的上体沿穿过凸起最高部分的破裂而滑下。地震引起的滑塌物质达27×10^8 m³。爆炸式喷发使浅部侵入压力进一步释放并形成了大量的火山灰云团。火山灰覆盖了华盛顿州东部的大部分地区,57人在火山喷发中遇难,财产损失达10亿美元。

火山泥流主要指火山碎屑流及熔岩流在高速流动过程中,与水或积雪融合形成的高密度流体,其流速快,能量大,成分复杂,以紊流流动为主,是一种破坏力极大的流体,可毁坏其所流经地区的农作物、森林、桥梁及建筑物等,给人类社会造成极大的破坏。

任何类型的火山爆发都可能产生火山泥流,不管是爆炸性的还是流动性的火山熔岩流,都伴有大量的水体顺火山陡坡向下流动。这些水体来源于暴雨,有时是由于火山口湖的垮塌造成的。某些破坏性的事件还与冰雪的迅速融化密切相关。当火山碎屑流所产生的熔岩碎片降落到火山顶部冰雪覆盖区时,融化的冰(雪)水混杂着火山灰、火山弹等以15 m/s乃至22 m/s的速率向山下倾泻。

火山泥流的威胁在安第斯山北部的火山链中占主导地位。沿安第斯山脉至少有20余座活火山,延伸1000多千米,北起哥伦比亚中部向南跨越赤道到达厄瓜多尔境内,最高峰海拔超过5000 m并被永久性冰雪所覆盖。火山泥流曾经形成严重的灾害性事件。

厄瓜多尔的科托帕希(Cotopaxi)火山自1738年以来,至少发生过50次喷发,接近半数的喷发都伴有熔岩流和火山泥流。在1877年的一次喷发中,大量的冰雪融化形成了规模巨大的火山泥流,总长达160 km,同时流向太平洋和大西洋流域。

1919年发生在爪哇的凯鲁特(Kelut)火山喷发,在不到一个小时的时间内摧毁了130 km²的农田,同时使大约5500人丧生。它是近400年来印度尼西亚遭受火山泥流灾害最严重的一次。1760年马基安(Makian)岛火山泥流使2000人丧生;1772年帕番达央(Papandayan)火山泥流造成近3000人死亡;1822年伽伦甘哥(Galunggung)火山泥流死亡约4000人;1856年的阿乌火山泥流使3000人死亡(Verstappen H T等,1989)。

20世纪以来,世界上最严重的一次火山灾害是1985年哥伦比亚境内的内华多德鲁斯(Nevado del Ruiz)火山喷发。该火山海拔5000 m,是安第斯山脉最北部的一座活火山,在历史上曾发生过多次大的火山泥流。1845年火山喷发后的一个世纪内,许多移居者定居在火山周围。1984年11月火山再次活动,一年后火山的猛烈喷发形成了大规模、急速的熔岩泥流。伴随着火山喷发,火山顶部覆盖的冰帽被炽热的火山碎屑流融化,并形成大规模的火山泥石流,在金鸡纳造成上百间房屋倒塌,死亡约1000人;泥石流随后包围了距火山口74 km远的阿梅罗(Armero)城,城内淤积了3～8 m厚的泥流,整座城市瞬间被夷为平地。22 008人在几分钟内丧命,有幸生存下来的人是被营救人员从泥浆里抢救出来的。火山泥流冲向拉古尼得亚斯山谷并横扫树木、建筑物及其途经的所有物质。火山周围所有的道路、桥梁、商店、工厂、学校等全部遭到破坏，7700 余人流离失所，造成 2.12 亿美元的财产损失(Verstappen H T 等，1989)。

(八) 洪水

在山谷外的低洼地区外，火山灰的堆积通常可导致河流洪水泛滥，尤其是在那些易遭受热带飓风和季雨的国家。火山碎屑物阻碍了降水的入渗，从而使地表水径流量剧增，同时火山碎屑物填充河谷又使河流降低了泄洪能力。洪水伴随火山喷发或先于火山喷发进而引发泥流的现象很常见。山顶火山口湖的破裂也可能引起洪水。在冰岛，埋在永久冰盖下面的火山使融化的水在地下积聚，最终以被称作冰爆的形式喷出大量的水而形成洪水。河流被熔岩流或火山泥流堵塞也可导致洪水发生。由此产生的侵蚀和沉积作用可能引起下游水道的长期破坏。在受火山影响的河流系统中清除大规模火山碎屑喷发形成的火山灰堆积往往需要几年的时间。

1991 年皮纳图博火山爆发产生了 153×10^4 m^3 的火山泥流物质，由于火山泥流充填堵塞主要河道，火山附近地区的一些河流发生了永久改道。如果这些物质与山谷中原有沉积物被冲刷和搬运到下游，则可能有$(12\sim36)\times10^8$ m^3 的物质在其后的 10 年间搬运到火山外围的低洼地区。这些物质如果积聚在肥沃的农田、灌溉系统或鱼塘区，将造成巨大的经济损失。

(九) 海啸

强烈的水下喷发可能产生巨大的海浪，这就是海啸。

1883 年科拉克托火山喷发引起的海啸使爪哇和其他印度尼西亚岛屿的居民死亡 36 000 多人。

位于地中海的桑托林岛于公元前 1600 年发生火山喷发。这是有文字记载以来最强烈的火山喷发，它削弱并最终毁灭了该火山西南方向克里特岛上的迈诺盎文明。喷发产生的海浪使克里特岛近岸地带淹没于几十米深的水下，彻底毁坏了农业土地，环绕地中海东部的海岸低地也发生了洪水。

1883 年 8 月 27 日的夜晚，印度尼西亚的科拉克托(Krakatau)火山喷发并造成灾难性的后果。最严重的影响是喷发引起一系列巨大的海浪，淹没了附近的海岸地带。当 6 km^3 的岩浆喷出时，直径约 8 km 的破火山口发生坍塌并滑入水下 200 多米深处，由此而引发了至少三次大海啸和一系列较小的海啸，波浪高出正常海面 40 多米，一块重达 600 t 的珊瑚块体和其他物体被海浪带到距海岸很远的内陆。Berouw 号蒸气轮船被海浪带到距离岸边 2.5 km、高出海平面 24 m 的内陆；船上水手有 28 人被淹死。这次火山灾害造成 36 417 人死亡，其中绝大多数是被淹死的，沿岸 165 个村庄被毁。

(十) 饥荒和疾病

火山喷发物降落地面后常常掩盖农田、摧毁庄稼并进而引起饥荒。

1815 年坦博拉火山的大规模喷发不仅使 12 000 多人当场死亡，降落的火山灰还毁坏了印度尼西亚大片的农田，造成另外 80 000 多人死于火山喷发后的饥荒和疾病。

1991 年皮纳图博火山喷发死亡的人员中绝大多数不是喷发本身造成的，而是由于疾病、淡水短缺、环境卫生恶化以及无家可归所致。

5.2.2 火山喷发的资源效应

同大多数自然灾害不同的是，火山喷发还为人类提供了一定的可以开发利用的资源。虽然我们更重视与火山活动有关的灾害,但实际上它对人类的好处要比危害大得多。撇开火山灰的肥沃成分不谈,它可以提供能源、建筑材料,促进旅游业的发展。如意大利能源需求的1/3、新西兰能源需求的10%都是由地热资源提供的。冰岛雷克雅未克居民的热水供应,几乎都是由地下热水提供的。玄武质熔岩是用途广泛的石材,火山地貌常常可以形成重要的风景资源。许多国家公园都是以火山为中心的景区,如埃特纳、富士山等。此外,大气圈中的火山喷发物还可引起壮观的日落景象,如同太阳光线被空中颗粒和气溶胶折射时的美景。

火山活动还可形成对人类有用的矿床。金矿、银矿、铜矿等内生矿产均与火山活动有关,许多重要的宝玉石资源基本上都与火山作用有着直接或间接的联系,如与火山期后热液作用有关的欧泊、紫晶、玛瑙、鸡血石、寿山石等。天然硫矿床、石棉、硅藻土等非金属矿床也是火山活动的产物,火山灰、浮岩等是很好的建筑材料。坍塌的破火山口、富含 SiO_2 的地下裂隙系统等对某些矿床的形成起着决定性的作用。火山下部岩浆房对循环的地下水加热是许多主要矿床建造的基本特征。火山活动强烈地区通常也是温泉和矿泉密集分布的地区,中国的长白山、五大连池、内蒙古阿尔山、云南腾冲及台湾等地都是温泉集中地,五大连池药泉山一带矿泉水储量大、饮用和医疗价值很高。

此外,火山喷发后沉降下来的火山灰是有效的自然肥料,特别是当它们富含钾、磷和其他基本元素时更是这样。

5.2.3 重大火山灾害实例

(一) 1980 年圣海伦斯火山的喷发

1857—1980 年以前,美国圣海伦斯火山一直处于休眠状态。一周的强烈地震前兆活动后,1980 年 3 月 27 日火山开始出现喷发的迹象,到 5 月 17 日止间断性的准火山活动一直在持续,5 月 18 日发生猛烈喷发。这是美国历史上最严重的一次火山灾难,虽然已事先将危险区的人员撤离,但仍造成 57 人丧生,另有很多人受伤,火山喷发造成的财产损失达 10 亿美元以上。圣海伦斯火山喷发使美国的火山灾害研究计划得以扩大,美国地质调查局还在华盛顿州的范库弗建立了一个永久观测站来连续监测圣海伦斯的喷发活动。

(二) 1982 年墨西哥埃尔希琼(Elchichor)火山喷发

该火山喷发摧毁了埃尔希琼山顶的圆丘,在原来的位置留下一个直径约 1 km、深约 300 m 的火山口。火山碎屑流和喷发形成的海水涌浪夷平了距火山 7 km 直径范围内的所有村庄,夺去了 2000 多人的生命。在此次喷发前,人们认为它的最后一次活动是更新世时期而未把它看成是高危险性火山。1980 年 11 月到 1981 年 4 月,研究该地区地热潜能的两名地质学家在一项报告中提出地下岩浆活动的可能性,认为该地区有较高的火山喷发危险,如果开发地热需认真考虑,但报告并未引起重视。1982 年的勘察研究表明,过去几千年间埃尔希琼火山有过频繁而激烈的活动,其活动周期大约为 600±200 年。

(三) 1982—1983 年印度加隆贡(Galunggung)火山喷发

在历史上,位于印度西爪哇的加隆贡火山曾经发生过三次喷发(1822,1894 和 1918)。1982 年初,加隆贡火山在没有任何前兆活动的情况下复活,间断性喷发持续到 1983 年初。在这次喷发的大部分时间,喷发柱上升到大气层 20 km 的高空,火山灰降落到加隆贡以西 350 km 的首都雅加达。幸运的是初期的喷发比较缓和,火山附近的居民得以安全撤离。虽然没有与火山喷发直接有关的伤亡报告,但长达 9 个月的喷发活动造成了重大经济损失,严重干扰了西爪哇60多万人的日常生活，有8万人因处于危险区而被迫撤走，数百所房屋、学校和其他建筑被摧毁，交通和通信受到干扰，农田和鱼塘被火山泥石流毁坏，3.5万人因此失去了他们长期生活的家园。直接经济损失超过10亿美元。

（四）1985年哥伦比亚鲁伊斯火山喷发

1985年11月13日，安第斯山北端的内瓦多德尔鲁伊斯（Nevadodel Ruiz）活火山发生了一次规模较小的爆炸性喷发。炽热的喷出物使冰雪融化并与之混合形成几股破坏性的泥石流，火山泥石流沿陡峻的山坡倾泻而下，位于火山脚下的阿尔梅罗（Armero）镇惨遭厄运。23 000多人在泥石流中丧生，500多人受伤，10 000多人无家可归，整个阿尔梅罗镇被夷为平地，直接经济损失达2.12亿美元。鲁伊斯火山喷发是哥伦比亚历史上最严重的火山灾难，也是1902年珀莱山喷发以来世界上最严重的火山灾难。

（五）1991年菲律宾皮纳图博火山喷发

1991年6月12日，菲律宾的皮纳图博火山在平静400多年后开始喷发，6月14日发生强烈喷发，6月15日发生多方向的侧向爆发，喷发活动持续到8月底。1991年4月2日，火山口发生一系列汽爆后，美国和菲律宾的火山研究人员组成的联合观测队开始了对火山的监测工作。4—5月间，有关人员编制出火山灾害图，标出了上次喷发火山碎屑流到达的范围，并制定了一个5级预警方案，把火山灾害的危险性通知到有关防务及地方官员。根据该方案，5月13日，火山活动进入第二级预警阶段。这次喷发是菲律宾1912年以来的最大一次火山喷发，但由于对喷发事件及其影响进行了预测并提出了相应的对策，因而大大减少了人员伤亡。在6月15日火山爆发前至少有5.8万人疏散到安全地带，喷发后仅有320人死亡。

（六）2010年印度尼西亚默拉皮火山喷发

2010年10月26日黄昏，印度尼西亚中爪哇省的默拉皮火山再次喷发，在短短半小时之内，有三次猛烈的喷射，火山口上形成了浓重的热云和热浪。27日，火山继续喷发。火山喷发时，温度高达600℃的火山灰以每小时300 km的速度扑向山脚的基纳里约村，厚厚的火山灰几乎“埋了”整个村子，村内的建筑物几乎全被炙热的火山灰摧毁。虽然当地政府此前已经撤退了大约1.4万名住在附近的村民，不过依然有很多村民守着他们的家产不愿离开。大部分没有及时撤离的村民被炙热的火山灰活活烫伤致死，也有不少人因吸入火山灰窒息而死。还有很多人或被岩浆烫伤，或吸入火山灰呼吸困难而到医院救治。一些遇难者遗体在屋里被找到，其他的就在大街上。曾经多次经历火山喷发的83岁守山老人马里德加恩也在遇难者中。救援人员清理现场时，发现了老人的尸体，他仍保持着祈祷的姿势——双膝跪地，脸贴在地上。此次火山喷发共造成304人死亡，另有几百人受伤住进医院接受治疗。

5.3　火山活动的监测与预报

5.3.1　火山活动的前兆现象

火山活动常伴随着地下热过程、区域应力场变化和火山物质的迁移等，火山喷发之前必然在火山地区出现各种环境异常变化。在很大程度上，火山喷发预报，尤其是短期预报，是根据物理异常的观测和指示大事件发生的先兆或警告信号的确认来进行的。1985年UNDRO对火山喷发前可能观察到的各种物理和化学异常现象进行了分类（图5-5）。但是，并非所有这些现象在每一次火山喷发前都表现出来。

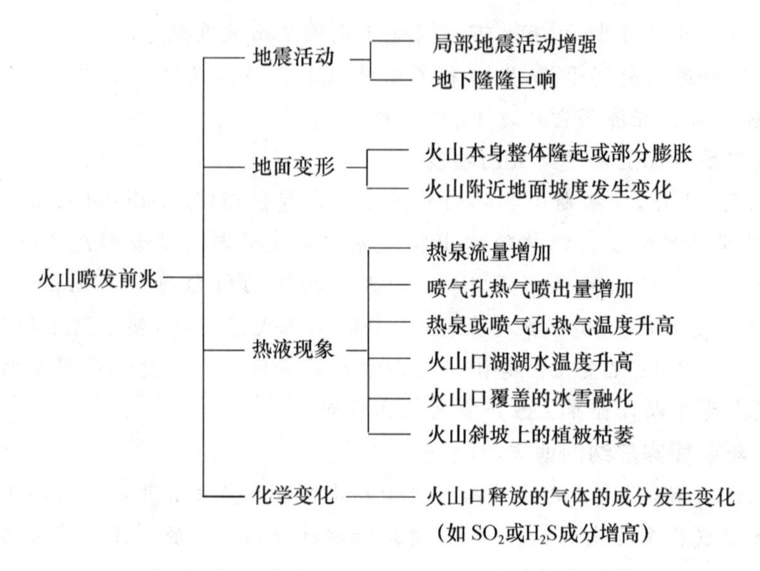

图 5-5 火山喷发前兆现象分类框图

(一) 地震活动

火山附近常常发生地震活动。然而,是地震触发火山喷发还是火山喷发引起地震,其机理还不十分清楚。

地震活动性的监测是预报火山喷发最可靠的方法之一。对预测火山喷发而言,确定在当地背景水平之上活动性的增强是至关重要的。这就要求有一份良好的地震记录仪的记录,尤其是多年连续的地震活动记录来监测火山活动。有证据表明,存在一种前兆地震特征,人们称之为"简谐振动",这种振动可持续 20 min 左右,反映了地面以频率 0.5~10 Hz 的颤动。这种振动与某种地球物理过程相关,局部小地震和有节奏的震动常常在大喷发之前达到极点。这种情况在圣海伦斯火山和皮纳图博火山喷发之前都发生过。

(二) 地面变形

地下深处的岩浆涌向地表时可能导致地面发生变形,特别是大的火山喷发之前常出现地面形态和标高的改变,如鼓胀、突起和穹窿等。因此,地面变形有时是预测爆炸式火山喷发的可靠依据。1980 年美国圣海伦斯火山喷发之前,人们用肉眼就能观察到地面形态的改变,但这是很少见的例子。大多数情况下,地面变形需要利用精密的仪器进行测量,如倾斜仪、光电测距仪和电子测距仪等。

(三) 地面热辐射变化

随着岩浆的不断上涌,地表温度可能逐渐增高。但也有不少火山喷发并没有明显的温度场变化。热泉和蒸气的温度虽然能够很容易地监测到,但它们只是间接地反映了地下的变化。而且,与较大原地热流相关的地表温度的微小上升可能会被大气降水的影响所淹没。如果地壳浅部物质的热传导性较低而使岩浆热能的传递发生"滞后"时,也会延误喷发。然而,火山口湖湖水、火山附近井水的热变化具有较好的指示意义。

1965 年菲律宾塔尔(Taal)火山喷发前,火山口湖的水温发生了大幅上升,6 月份之前一直保持恒定水温 33℃,到 7 月底上升为 45℃;湖水水位也同时上升。1965 年 9 月塔尔火山发生猛烈喷发。

火山周围地区的地面温度在大的喷发之前也可能改变。利用红外遥感，可以探测火山附近地面温度的这种微小变化。

(四) 地球化学场变化

火山喷发之前从喷气孔中喷射出来的气体有时会发生成分变化。如盐酸(HCl)和二氧化硫(SO_2)的比例相对于水蒸气的比例有上升的趋势。就像水温变化一样，气体成分的改变并不完全可靠，但它们可能对即将发生的事件提供一种辅助性证据。光谱对比分析技术能够测量紫外光吸收强度，并用来监测 SO_2 释放量。

然而，利用初期喷发出来的气体成分变化来解释并预报火山喷发是一项难度很大的工作。气体样本在短时间、近距离内就可能有明显的变化。

5.3.2 火山活动监测

系统的火山监测工作始于 20 世纪初，1912 年夏威夷火山观测台(VHO)在基拉韦厄破火山口北缘建立。目前，美国、日本、意大利、法国、英国等火山活动多的国家都建立了较为系统的火山监测站。

完好的火山监测记录表明，绝大部分火山喷发之前或喷发期间都可测量到地球物理场或地球化学场的变化。火山监控可以提供预报喷发的基本资料，而长期预测则主要以火山喷发的长期记录为依据。目前在火山的地球物理和地球化学监测中，地震和地形变是最广泛使用的常规监测方法。其他的一些地球物理方法有地磁、地电、重力、遥感和热辐射等。通过多种手段的综合监测和系统分析对于预测火山喷发具有重要的意义。

(一) 地震定位

地震和火山喷发均能够产生地震波，而某些类型的地震波(S 波)不能在液体中传播。科学家们利用这一事实来研究火山下面岩浆的分布。利用控制爆炸法在火山的一个侧面进行爆炸产生地震波，在火山的另一个侧面通过地震记录仪记录爆炸产生的地震波。如果在地震波的传播途径中有液体存在，S 波将被阻挡，形成所谓的阴影带(图 5-6)。重复这一方法，就能勾画出岩浆体的形状并监测岩浆体位置的变化。

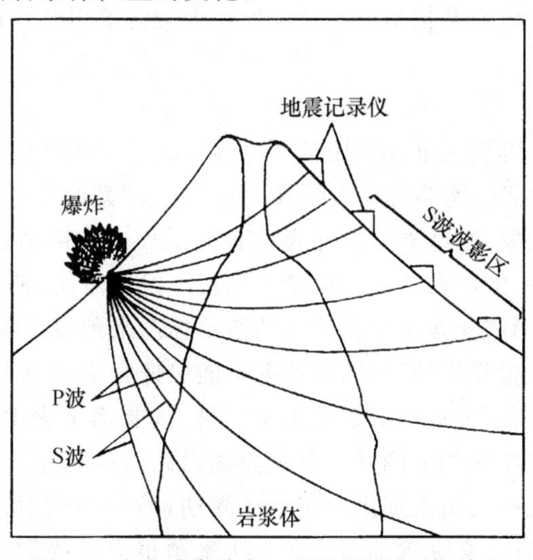

图 5-6 火山喷发的人工地震监测方法示意图

计算机技术的发展使地震监测可以快捷精确地进行岩浆的地震定位。使用地震反射波和折射波探测岩浆房位置和岩浆活动,已成为火山地震学和火山监测的主要方法。美国在加利福尼亚州旧金山以东的长谷(Long Valley)破火山口下方发现了岩浆体,堪称为地震波检测岩浆体的一个典型例子。

(二) 地形变测量

地形变测量被认为是仅次于地震监测的最重要的地球物理方法。利用计算机进行数据收集和分析处理,地形变连续监测的精度已得到提高。激光测距仪、高精度倾斜仪、钻孔式体积应变仪、蠕变仪、卫星定位系统(GPS)和航空测量等先进的技术手段已广泛应用于监测火山地区的地面变化和应力应变状态。

(三) 地电测量

地球具有天然的弱电场,下部岩浆体的变化可能引起岩石电阻率的改变。目前常用的地电测量可分为两类:一类是利用天然电流或电磁场的方法,如自激法、AMT法(声频磁大地电流法)和甚低频引入法;另一类是利用人工电流或电磁场的方法,如电流电阻法、充电法等。日本东京大学地震研究所使用人工电流对大岛火山电阻率进行测量时,发现1986年11月喷发前后在中央火山锥和外围广大区域内电阻率发生了显著变化。

(四) 地磁观测

岩石中的矿物大多具有天然磁性,磁铁矿是最常见的一种。如果磁铁矿被加热到它的居里点(575℃)以上,其磁场强度将会突然降低。而岩石的熔融温度在800～1200℃之间。如果岩浆体运移到岩石附近,岩石很可能被加热到它的居里点以上,岩石磁场强度也会降低。利用这种热磁效应以及压磁效应而导致的地磁异常变化,可进行火山活动的监测。

(五) 地球化学方法

利用地球化学方法来测量火山的气体释放和温度变化也被广泛用于火山活动监测。地球化学方法测量和研究的对象有火山挥发物、地下水和土壤中各种气体成分和含量、气溶胶、地下水和喷气孔中的放射性氡气等。1986年伊豆大岛火山喷发前观测到喷气孔化学成分CO_2、H_2和SO_2等的变化,对预报伊豆大岛火山的喷发提供了重要依据。美国夏威夷火山观测台一直使用地球化学方法来研究基拉韦厄和冒纳罗亚火山的喷射气体以评估火山状态。

5.3.3 火山喷发预报

火山喷发预报的许多判别因素在火山监测过程中就已经被确定下来了。监测对预报有两方面的好处:一是使科学家们能够得知岩浆在火山"管道"系统中的分布和运动;二是能够及时探测前兆并确认异常现象,这些异常前兆现象表征了火山内部活动的事件与过程。在绝大多数情况下,没有一种单一的异常前兆足以精确预报喷发。然而,把多种物理的和化学的异常现象综合到一起,就可能形成比较全面而清晰的指示标志来预报即将发生的喷发事件。

确认高风险火山是预报喷发的基础,但这并不能保证完全避免灾害。除了辨别活火山、休眠火山和死火山外,还必须研究火山的活动历史。第一,要确定火山历史上的喷发样式,这对预报活动类型和喷发可能影响的范围是十分重要的;第二,要确定火山喷发的周期,它是准确预报喷发时间的关键。某些火山表现出一定活动周期,另一些火山则没有周期性或周期性很不明显。因此,目前尚没有一套完善的理论和方法来预报火山喷发。对于不能完全确定的火山喷发,有时还会出现预报失误。

1976年位于西印度洋群岛的瓜德罗普岛(Guadaloupe)上的拉索弗瑞尔(Lasoufriere)火山异常活动历时一年之久,包括地震、气爆和降尘。火山学家们预测该火山可能发生大爆发,火山周围约7.2万人撤离了危险地区。半年后,专家们预报的火山大喷发并没有发生。全岛1/5人口的搬迁付出了昂贵的经济代价并产生了巨大的社会影响。

通过对内瓦多德尔鲁伊斯(Nevado del Ruiz)事件的详细分析,Voight(1990)指出,造成灾难的直接原因是人们在未查明地质地理条件的火山附近聚居繁衍,虽然观测到了几种主要的前兆现象,但因政府担心做出错误警报而延误了撤离的时机,结果造成重大灾难。1980年美国圣海伦斯火山喷发之前一直处于密切的监控之下,科学家们对其喷发的时间和规模做出了较准确的预报。然而,由于在大喷发之前没有任何特殊的异常现象,政府还是存有疑虑。结果侧向的火山喷发还是使57名进入危险地带的游客和不愿撤离的老人死亡。但如果允许当地居民和游客自由进入危险区的话,死亡的人数可能在千人以上。

5.4 减轻火山灾害的对策

有效地减轻火山灾害必须建立在长期而深入的火山(活动和不活动火山)研究之上。减轻火山灾害的对策主要包括识别高危险性火山、火山喷发灾害评估、火山监测和喷发预报、土地利用规划、工程措施和火山应急管理等六个方面,其中火山监测和喷发预报已在本章第三节论述。

5.4.1 危险性火山的识别与评价

全球大部分活火山位于人口密集的发展中国家,科学家们只对其中的一小部分进行了研究。由于受人力、物力和财力的限制,识别高危险性火山并优先加以研究是十分必要的。确定高危险性火山应考虑的因素包括火山喷发的特征、历史记录、已知的地形变和地震事件、喷发物的特征、火山附近的人口密度、历史上火山灾难的死亡人数等。1983年UNESCO(联合国教科文组织)发起的三个工作会议参加者在全球划出了89座高危险性火山,其中42座在东南亚和西太平洋,40座在美洲和加勒比地区,7座在欧洲和非洲。由于缺乏充分的地质和地球物理数据,这种划分并不完全正确。哥伦比亚的内瓦多德鲁伊斯(Nevado del Ruiz)火山当时未被列为高危险性火山,但两年之后的喷发使22 000多人丧失生命(徐光宇等,1998)。

火山灾害的评价包括利用识别高危险性火山的资料,同时考虑喷发物类型及特征和分布规律等方面的信息,以重建火山过去的喷发行为来评价未来喷发的潜在危害。

火山灾害评价的可靠性取决于地质资料的质量和丰富程度以及所用资料的完整性,时间序列越长,所得评价结果越可靠。作为灾害评价组成部分,灾害分带图以概括的方式描绘出供土地规划者、决策者和科学家容易利用的信息。目前,科学家们在某些高危险性火山地区开展了火山灾害评价和分区制图工作,为预报火山喷发、减轻火山灾害损失提供了翔实可靠的资料(徐光宇等,1998)。

5.4.2 火山地区土地利用规划

土地利用规划在减灾中扮演着重要的角色。通过对火山活动情况的长期观测及区域地质条件和地形地貌的分析研究,划分出火山灾害危险区并提出限制性开发的措施是避免火山灾害的有效途径。以往的火山喷发事件需要精确的地质测年技术,如^{14}C法、树木年轮法、地衣测年法和热释光法等。火山灾害图能够使人们得知过去的喷发事件所影响到的范围，它是土地利用规划的基础性图件。

圣海伦斯山是美国卡斯德山脉(Cascade Pange)的一座活火山，历史上发生过多次喷发事件。研究人员在1980年大喷发之前根据火山喷发物的堆积范围绘制了火山灾害分带图，图中标出了熔岩和火山泥流的影响范围。这种分带图在制定火山周围的土地规划时成了重要的参考图件。

5.4.3 与工程有关的减灾对策

火山喷发是不可控制的，但采用工程措施可以减轻、缓和灾害的影响。目前，大部分的工程对策与减轻火山碎屑流流动过程引起的灾害有关。改变熔岩流方向以减轻火山灾害的方法比其他工程措施更受青睐。除此之外，就是增强建筑物的抗灾能力。

(一) 阻隔熔岩流和火山泥流

熔岩流流动速度相对较慢，人们通过实施某种工程措施能够改变其流动方向或阻止其向前流动。1669年西西里岛的人们最早采取措施试图阻挡熔岩流的流动。当时人们用铁板来阻挡从埃特纳火山涌来的熔岩流，以免进入卡塔尼亚(Catania)城，但在熔岩流的侧翼形成了一个分支而流向另一个方向。改道后的熔岩流使另一村庄受到威胁，这种做法以失败而告终。1881年夏威夷人为了保护希洛(Hilo)城也曾尝试过阻挡熔岩流的前进。阻挡或转移熔岩流流动的方法主要有爆破法、筑堤法和冷却法。

(1) 爆破法

爆破法可在下列情形下使用：第一，爆破熔岩流的侧缘使其产生一个“决口”而形成支流，引导一部分熔岩流流向另一个方向来减少主流前锋的物质，从而控制熔岩流向某一居民点的流动；第二，爆破火山口的火山锥，使液态熔岩向四周扩散而不能汇聚成股状熔岩流，这种方法显然具有很大的冒险性。

(2) 筑堤法

筑堤法就是人工设置障碍物，促使熔岩流转向来保护那些更具价值的财产。这种方法要求具有适宜的地形地貌条件；障碍物必须由具有较强的抗高温、抗冲击性能的材料建成。该方法适合于黏度低、冲撞力较小的熔岩流。

(3) 喷水冷却法

喷水冷却法在1960年夏威夷的基拉韦厄(Kilauea)火山喷发时首次采用。1973年冰岛黑迈(Heimaey)的埃尔德费尔(Eldfell)火山喷发时，当地居民为保护维斯曼城也采用了这种方法。据估计，1 m^3 的水在完全转化为水蒸气时能把0.7 m^3 的熔岩由1100℃冷却至100℃。水泵把大量的海水抽送到熔岩流的前锋，有效地冷却了每天涌来的 6×10^4 m^3 的熔岩。喷水过后，前面的熔岩慢慢冷却成20 m高的固体墙。这种办法虽然代价昂贵，持续了150天，但收效显著。

对于火山泥流，同样可以采用类似的方法来减轻损失，但这些方法只适用于能够事先确定火山泥流流动途径的地区，对于局限在河谷中破坏性强的干流则不适用。在印度尼西亚的某些村镇筑起了土石堆来暂时阻挡火山泥流，以便人们有足够的时间到达高处的安全地带躲避灾难。但是，这种措施仍需要有效的应急预警组织系统与之相配合。

减轻火山泥流灾害的另一措施就是切断火山泥流的水体来源，而火山湖是形成火山泥流最大、最常见的供水水源。1919年爪哇克卢特(Kelut)火山喷发使火山口湖泄出$3850\times10^4\ m^3$的水体,由此而形成的火山泥流夺走了5000人的生命。为了避免类似灾难重演,工程师们设计了一系列虹吸式隧道使火山口湖的蓄水量由$6500\times10^4\ m^3$减少到$300\times10^4\ m^3$。1951年该火山以同样的规模再次喷发,结果却没有发生火山泥流。

(二) 增强建筑物抗灾能力

从空中落下的火山碎屑物可能导致强度不高的建筑物坍塌,从而造成人员伤亡和财产损失。特别是对平顶房屋而言,密度高达$1\ t/m^3$的湿火山灰使爆炸式火山周围危险区内的建筑物绝大多数遭受破坏。1991年菲律宾皮纳图博火山喷发后,距火山25 km的安赫莱斯(Angeles)城降落的火山灰厚度达8～10 cm。这座有28万人中的城市中,近10%的房屋屋顶坍塌。增强建筑物抵抗能力的唯一方法就是制定房屋结构设计和屋顶建筑材料的规范,对现有建筑进行加固改造,新建建筑物优先选择强度高、坡度大的屋顶结构。

5.4.4 火山应急管理

火山灾害应急管理在应付火山灾害危机中起着关键的作用。但目前这一减轻火山灾害的重要措施还未引起足够重视。这是由于相对于人类寿命而言,火山喷发的频度比其他地质灾害相对低得多。

某些火山从开始出现异常前兆现象到大爆发要持续几个月甚至更长的时间,另外一些火山则仅有几个小时。因此,为了保障危险区人员的生命安全,让他们事先熟悉撤离路线和可以避难的藏身之处是至关重要的。在某种程度上,撤离方向具有一定的灵活性,它决定于爆发规模、熔岩流动方式、喷发时的主导风向等因素。

用于撤离的道路必须保障畅通,特别是在人口密度大的地区更是如此。然而,一些道路会因地震引起的地面塌陷而被阻断;坡度较大的公路可能因细粒火山灰降落出现车轮打滑现象,在制定撤离路线时必须考虑到这些因素。

对于躲在避难场所的人们,则需要提供食物、饮水、帐篷、医疗和卫生保健等项服务。由于火山灰使空气质量极度恶化。患呼吸道疾病的人数剧增,必须有足够的药品供应。

5.4.5 灾后援助与重建

灾后援助对于遭受火山灾害的人们来讲也是非常重要的。火山活动的特征之一是持续时间长,喷发可能在几个月的时间内重复进行。这就意味着火山灾民需要较长时间的援助,重建家园的工作也不可避免地拖延很长时间。如印度尼西亚伽伦甘哥火山在连续6个月的时间内喷发了29次。在最初的3个月,政府对灾民的援助显得混乱而无计划;在印度尼西亚红十字会制订了完善的食品援助计划后,援助工作才进行得比较成功。

对于遭受火山灾难的人们来说,重建家园更是一项艰苦而长期的工作。降落到城市区内的火山碎屑物必须清除;市区内园林和绿地的植物需要重新移植;降落到农田的火山碎屑物因范围广阔而无法清除,只能等若干年后火山物质风化成土壤后再重新耕作。

第6章 斜坡变形破坏

体积巨大的表层物质在重力作用下沿斜坡向下运动，常常形成严重的地质灾害；尤其是在地形切割强烈、地貌反差大的地区，岩土体沿陡峻的斜坡向下快速滑动可能导致人身伤亡和巨大的财产损失。慢速的土体滑移虽然不会危害人身安全，但也可造成巨大的财产损失。斜坡变形破坏可以由地震活动、强降水过程而触发，但主要的作用营力是岩土体自身的重力。从某种意义上讲，这类地质灾害是内、外营力地质作用共同作用的结果。

斜坡变形破坏现象十分普遍，有斜坡的地方便存在斜坡岩土体的运动，就有可能造成灾害。随着全球性土地资源的紧张，人类正在大规模地在山地或丘陵斜坡上进行开发，因而增大了斜坡变形破坏的规模和危害程度，使崩塌、滑坡、泥石流等灾害不断发生。筑路、修建水库和露天采矿等大规模工程活动也是触发或加速斜坡岩土产生运动的重要因素之一。

斜坡变形破坏，特别是崩塌、滑坡和泥石流，每年都造成巨额的经济损失和大量的人员伤亡。20世纪70年代早期，全球平均每年约有600人死于斜坡破坏，其中90%的人员伤亡发生在环太平洋边缘地带。环太平洋地带地形陡峻、岩性复杂、构造发育、地震活动频繁、降水充沛，为斜坡变形破坏提供了必要的物质基础和条件；而全球人口在这一地带的高度集中与大规模的经济活动使得这类地质过程更为普遍和强烈。

以死亡人数计，斜坡变形破坏有时可能是灾难性的(表6-1)。在美国，全国有22%的人生活在斜坡变形破坏的高风险区，近20%人的生活在中等风险区；每年因滑坡造成的经济损失高达15亿美元，死亡人数25～50人(Barbara W Murck 等，1997)。日本、印度尼西亚、俄罗斯、意大利和中国都有无数城市受到崩塌、滑坡灾害的威胁。在许多不发达国家，由于人口众多、没有严格的区划法规、山地灾害知识宣传不够以及预防不充分，人员伤亡和财产损失可能更高。

除了直接经济损失和人员伤亡外，崩塌、滑坡和泥石流灾害还诱发多种间接灾害而造成人员伤亡和财产损失，如交通阻塞、水库大坝上游滑坡导致洪水泛滥、水土流失等。

表6-1 全球部分滑坡、泥石流灾害造成的死亡人数

年 份	地 点	灾害类型	死亡人数/人
1916	意大利，澳大利亚	滑坡	10000
1920	中国	滑坡	180000
1945	日本	滑坡	1200
1949	苏联	滑坡、泥石流	12000～20000
1954	澳大利亚	滑坡	200
1962	秘鲁	滑坡、泥石流	4000～5000
1963	意大利	滑坡	2000
1970	秘鲁	滑坡	20000
1985	哥伦比亚	滑坡	23000

续表

年　份	地　点	灾害类型	死亡人数/人
1987	厄瓜多尔	滑坡	1000
1987	厄瓜多尔	滑坡	1000
1999	委内瑞拉	泥石流	30000
2006	菲律宾	滑坡	1800
2010	中国	泥石流	1715

中国是世界上滑坡、泥石流等地质灾害最为严重的国家之一。近十年因崩塌、滑坡、泥石流等突发性地质灾害造成的人员伤亡平均每年近千人(图 6-1)。

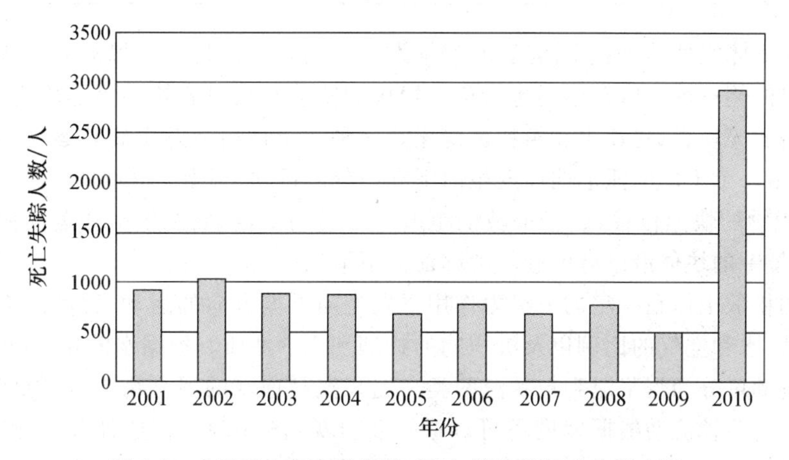

图 6-1　中国近十年来因崩塌、滑坡、泥石流死亡失踪人数

6.1　斜坡变形破坏的类型及其影响因素

6.1.1　斜坡变形破坏的类型

几乎所有岩土的自然位移过程都发生在斜坡上。斜坡变形破坏的种类很多,分类方法也有多种。根据物质运动速度和水所起的作用大小,Barbara W Murck 等人(1997)把斜坡变形破坏分为两种基本类型:

(1) 斜坡物质的快速失稳,结果导致相对整体的土体或岩块向坡下运动,运动的形式有滑塌、塌落和滑移。

(2) 岩土体与水的混合物向坡下的流动。

斜坡变形破坏在高纬度地区和高海拔地区也特别普遍。在这些地区,其形式表现为冻胀作用产生的沉积物蠕动、冰冻泥流和石冰川。岩土坡移也是海洋和湖泊斜坡沉积物运移的基本方式。如同在陆地上一样,在重力作用下水下斜坡上岩石和沉积物的运动也同样存在。大而复杂的滑移体涉及的范围可能超过 40000 km^2,深度可达 5400 m;水下斜坡失稳可能产生浊流,这是一种典型的沿水下峡谷运动的沉积物流和远离陆壳的碎屑沉积物流动(表 6-2)。

表 6-2 斜坡变形破坏综合分类表

斜坡失稳	沉积物流动	寒冷地区块体坡移	水下块体坡移
崩塌	泥浆流	冻胀蠕流	滑塌
岩石崩塌	泥流	冻融泥流	滑移
碎屑崩塌	碎屑流	石冰川	流动
滑塌	泥石流		
滑移(滑坡)	粒状流		
整体滑移	蠕动		
岩体滑移	土溜		
碎屑滑移	颗粒流		
	碎屑崩塌		

崩塌是岩土体突然的垂直下落运动,经常发生于陡峭的山地。崩塌的岩块碎屑在陡坡的坡脚形成明显的倒石堆。岩石崩塌包括单个岩块的坠落和大量岩块的突然垮塌;碎屑崩塌的物质主要是岩石碎块、风化表土和植物。滑塌是一种岩土体向下发生旋转运动的斜坡失稳形式,即岩土体沿一个下凹的弧形曲面发生向下和向外的运动,相当于滑坡的一种。滑移也是一种岩石或沉积物的快速位移,属于滑坡的范畴。在滑动中,物质发生平移运动而几乎没有旋转,相对完整统一的块体沿已有的倾斜滑移面向下滑动。

斜坡上的松散土体在一定的下滑力作用下发生向下坡方向的运动,运动的方式取决于松散土体中固体、水和空气的比例以及沉积物的物理和化学性质。根据水的含量(即沉积物的浓度),沉积物流动可分为泥浆流和粒状流两类。泥浆流是饱水的混合物流,而粒状流是不饱水的混合物流。这两种流动根据速度还可以进一步分类(图 6-2)。在这种分类方案中,不同类型物质运动过程之间的界线是渐变的,与沉积物颗粒大小、含水量、所处地形地貌条件密切相关。

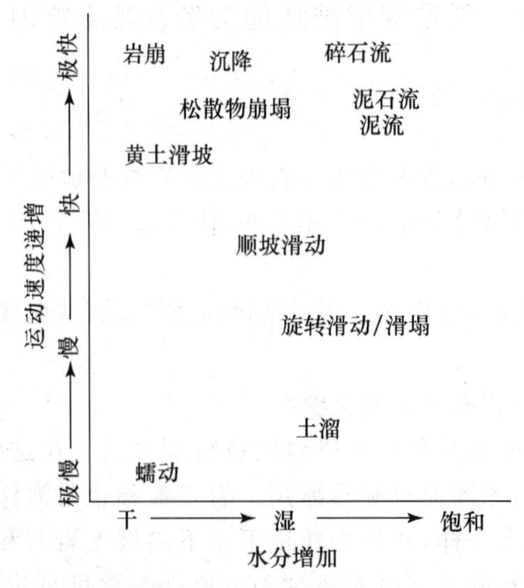

图 6-2 按运动速度大小及岩土体含水量不同的斜坡岩土运移类型

6.1.2 斜坡变形破坏的影响因素

崩塌、滑坡、泥石流(简称崩滑流)等斜坡变形破坏是地质、地理环境与人文社会环境综合作用的产物。影响斜坡变形破坏的因素相当复杂,总体上可分为地质因素及非地质因素两类,前者指崩滑流灾害发生的物质基础,后者则是发生崩滑流灾害外动力因素或触发条件(孙广忠,1988)。重力是斜坡变形破坏的内在动力,地形地貌、地质构造、地层岩性、岩体结构特性、新构造活动及地下水等条件是影响斜坡失稳的主要自然因素,而大气降水及爆破、人工开挖和地下开采等人类工程活动对斜坡的变形破坏起着重要的诱发作用。

(一)地形地貌

滑坡、崩塌是山地斜坡变形破坏的一种灾害类型。斜坡地形的高差和坡度决定着由重力产生的下滑力的大小,从而也决定着滑坡、崩塌体的规模和运动速度。

中国地貌类型和地形切割程度自东向西具有一定的变化规律,崩塌、滑坡灾害的分布及其变形体的规模也与此同步变化,多集中分布于地势一、二级阶梯过渡带与二、三级阶梯过渡带。前者为青藏高原与黄土高原、云贵高原的结合部位——黄河上游和横断山区;后者为秦岭以南的陕南、渝东、湘鄂西山地——大巴山、巫山、雪峰山、武陵山等山地。一、二级地势阶梯过渡带包含的黄河上游河谷和金沙江、澜沧江、怒江流域,不仅地势高峻,海拔 3000~5000 m,而且河谷深切,相对高差大于 1000 m,山坡陡峻,坡度 30°~60°,甚至近于直立,多级夷平面及河流高阶地十分发育。因此,山体稳定性差,为大型、特大型滑坡的产生提供了极为丰富的斜坡变形物质和极不稳定的地貌临空条件。二、三级地势阶梯过渡带为中部高原山地与东部丘陵平原的过渡地带,其海拔与相对高差虽不及前者,但也分别为 1000~2000 m 和 500~1000 m,对大型、中型滑坡及崩塌具有成因意义。

山地沟谷的发育为泥石流的形成提供了有利的空间场所和通道,沟谷坡降对泥石流的运动速度、径流、堆积起着制约作用。中国西南、西北地区中高山和大江大河两侧沟谷纵坡降比较大,泥石流灾害严重。

(二)地质构造与新构造活动

地质构造控制着山地的总体格局,新构造活动强弱反映该地区地壳的稳定性。地貌与构造共同控制着滑坡、崩塌、泥石流(崩滑流)灾害的发育程度。多数情况下,滑坡、崩塌、泥石流的形成与断裂构造之间存在着密切的关系,断裂的性质、破碎带宽度、节理裂隙的发育程度及其组合特征等都是影响崩滑流灾害的重要因素。崩塌、滑坡集中分布于不同的构造体系的结合部位,构造体系急剧作弧形转弯部位,互相穿插交汇或复合的部位,背斜倾伏端,向斜翘起端,深大断裂两侧,新构造活动强烈区。

地震是崩滑流灾害的重要触发因素。突然的震动可在瞬间增加岩土体的剪切应力而导致斜坡失稳;震动还可能引起松散沉积物中孔隙水压力的增加,导致砂土液化。地震常常诱发滑坡,如 1970 年秘鲁地震触发的碎屑崩塌沿 Huascaran 山陡峭的斜坡向下运动了 3.5 km,速度达到 400 km/h。结果造成两个村庄被毁,至少 20000 人死亡。1929 年新西兰南岛西北部的地震在震中周围 1200 km^2 的范围内至少触发了面积大于 2500 m^2 的滑坡 1850 个。中国南北地震带中段天水-武都-汶川地震带、南段川滇地震带也是滑坡、崩塌、泥石流密集分布区。2008 年“5.12”汶川大地震,在四川、陕西南部、甘肃南部引发数以万计的崩塌、滑坡,造成约 2.2 万人被埋而遇难,占地震灾区死亡失踪总数的 1/4。

(三) 地层岩性与岩体结构特性

地层岩性、岩体结构面及其组合形式是形成滑坡、崩塌、泥石流重要的内在条件之一。一般来说,岩体分为整体结构、块状结构、厚层状结构、中薄层状结构、镶嵌结构、层状碎裂结构、碎裂结构、散体结构、松软结构等(孙广忠,1988)。滑坡多发生在具有层状碎裂结构、碎裂结构和散体结构的岩体内,较完整的岩体虽然亦可产生滑坡,但多为受构造条件控制的块裂体边坡或受软弱层面控制的层状结构边坡。岩体结构对斜坡变形破坏的影响还在于结构面特别是软弱结构面对边坡岩体稳定性的控制作用,它们构成滑坡体的滑动面及崩塌体的切割面,如泥岩、页岩、片岩或断裂带中的糜棱岩、断层泥等构成的软弱面多为滑坡体的滑动面或崩塌体的分离结构面。

土体滑坡一般在松散堆积层或特殊土体中都存在透水或不透水层或在滑坡体底部有相对隔水基岩下垫层,它们构成了滑体的剪出带。

(四) 地下水

斜坡地带地下水状态对变形破坏的影响是显而易见的。地下水的浸润作用降低了岩土体特别是软弱面的强度;而地下水的静水压力一方面可以降低滑面上有效法向应力,从而降低滑面上的抗滑力,另一方面又增加了滑体的下滑力,使斜坡岩土体的稳定性降低。如重庆市云阳县鸡扒子滑坡的发生明显地受到地下水的控制,大量降水沿滑面泥岩渗入地下,改变了滑坡体的水文地质条件,从而产生急剧的大规模滑动。当富含黏土的细粒沉积物饱水时,其内部流体压力上升,从而变得不稳定而发生滑动。岩石块体同样受岩石空隙中水压的影响,如果两块岩石接触面上的空隙充满了承压水,就可能产生空隙水压力效应。空隙水压力的升高减小了岩块之间的有效应力和接触面上的摩擦阻力,结果导致岩体突然失稳破坏。

(五) 暴雨和连续降雨

崩塌、滑坡、泥石流对水的敏感性很强。崩滑流暴发的高峰期与降水强度较大的夏季基本同步,单次降雨强度和持续时间是诱发滑坡、崩塌或泥石流灾害发生与发展的重要因子。

中国大多数滑坡、泥石流灾害都是以地面大量降雨入渗引起地下水动态变化为直接的诱导因素。暴雨触发滑坡以1982年四川万县地区云阳等县最为典型。1982年7月中、下旬,上述地区降水量高达600～700 mm,占全年降水量的60%～70%,且主要集中在15—17日、19—23日、26—30日三次降水过程,其中第二次降水过程最大降水量达350～420 mm,最大日降水量为283 mm,结果在该地区诱发了数万处大小不等的滑坡(孙广忠,1991)。

大量滑坡、崩塌、泥石流灾害事例都表明它们的形成与暴雨关系十分密切。中国西南、西北、华北及中南地区暴雨强度的分布各不相同,所以形成灾害的频度也各异。从崩滑流灾害发生的频次和规模来看,西南、西北地区最严重,发生频次高、危害程度大。

(六) 人类活动

现阶段,人类活动已成为改变自然的强大动力。由于大量开发利用矿产资源、水力资源和森林资源等,破坏了地质环境的天然平衡状态,从而诱发了大量的崩塌、滑坡和泥石流等地质灾害。如铁路、公路、矿山开发、水利水电工程、港口、码头、地下硐室等建设活动,都会形成人工边坡或破坏稳定状态的自然边坡,诱发滑坡、崩塌及泥石流灾害。如成昆铁路修建,因沿线地质构造、地层岩性、地形地貌等条件非常复杂,地质环境比较脆弱,仅沙湾至黑井段就有滑坡454处,其中工程滑坡(人为活动诱发的)219处,占总灾害点数的48%。

边坡坡脚切层开挖是边坡变形造成滑坡的重要原因。上述云阳鸡扒子滑坡固然与大量雨水渗透诱导有关，但滑坡前缘切层开挖坡脚亦是十分重要的因素。铁路路堑滑坡，如宝成铁路观音山滑坡、铁西滑坡及武都滑坡等都是因为坡脚切层开挖而形成的。

在矿山开发建设中，人为诱发的灾害也时有发生。鄂西山地盐池河磷矿开采，造成山体边坡破坏失稳，于1980年6月3日发生岩石崩塌，规模达 100×10^4 m^3，284人丧生，直接经济损失510万元，整个矿山全被摧毁，酿成中国矿山史上的最大悲剧。中国四川、云南、江西、广东、湖北、福建等省先后发生矿渣泥石流23例(蒋爵光，1991)。

森林的乱砍滥伐和坡地的不适当耕作，也严重地破坏了自然生态环境，导致滑坡、崩塌、泥石流等地质灾害越来越严重。

显然，在上述诸因素中，地质因素是产生滑坡的基础，非地质因素是诱导或触发条件，起着加速滑坡发生与发展过程的作用。因此，在滑坡分析及边坡稳定性评价时，应该把握住主要的地质因素，对各种诱导或触发因素进行具体的分析。

6.1.3 中国崩塌、滑坡、泥石流的发育规律

中国是崩塌、滑坡、泥石流灾害最为严重的国家之一。据段永侯等人(1993)资料，中国全国共发育有特大型崩塌51处、滑坡140处、泥石流149处；较大型崩塌2984处以上、滑坡2212处以上、泥石流2277处以上。中国各省区特大、较大型崩滑流的分布情况如图6-3所示。据全国地质灾害防治规划研究(2010)，滑坡、崩塌、泥石流高易发区面积约 237×10^4 km^2，占全国总面积的24.6%。滑坡、崩塌、泥石流中易发区面积约 372×10^4 km^2，占全国总面积的38%。

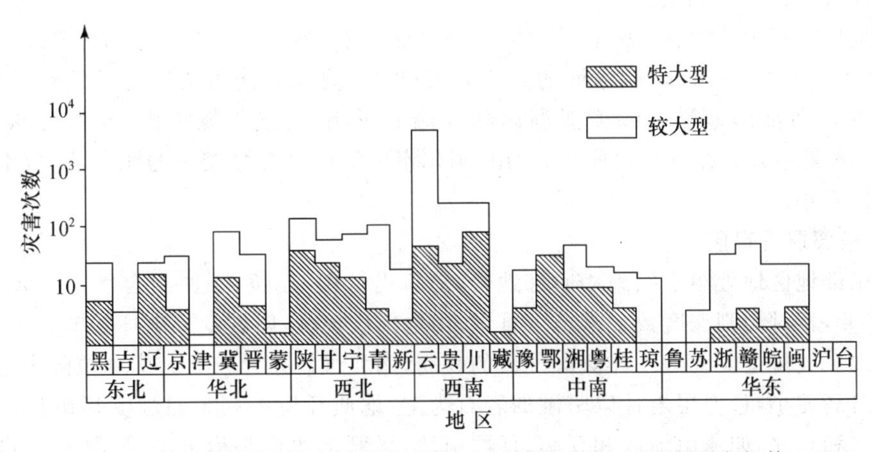

图6-3 中国各省区特大、较大型崩塌、滑坡、泥石流分布直方图(据段永侯等，1993)

滑坡、崩塌、泥石流等斜坡变形破坏的分布发育主要受地形地貌、地质构造、新构造活动、地层岩性以及气候、人为活动等因素的制约，这些影响因素的空间分布特征控制了中国崩塌、滑坡、泥石流灾害的区域分布规律。无论是灾害点分布密度还是灾害发生频度，中国大陆崩塌、滑坡、泥石流分布的总体规律是：中部地区最发育，西部地区较发育，东部地区较弱。

(一) 中部强烈发育区

中国中部地区崩滑流的发育，从总体来看集中分布在0°～40°N、98°～112°E的范围内，包括横断山、川西山地、白龙江、金沙江中上游、滇东北、川东、鄂西、黄土高原、黄河上游、秦巴山区等地段。但各处的发育程度不尽一致，类型也有区别，不同地段各有特点。

中部地区地质环境脆弱，地形地貌、地质构造、地层岩性复杂，新构造活动强烈，地震频繁，为崩滑流的形成提供了内在条件；加之气候条件复杂（暴雨多）、人类活动强烈，两类因素的叠加作用，使该区成为中国崩滑流灾害最发育的地区。

中部的黄土高原地区，地形切割也比较强烈，一般切割深度500 m左右，沟壑纵横密布，为滑坡、崩塌的形成提供了有利的地形条件。此外，黄土结构松散、具湿陷性，滑坡、崩塌灾害也十分发育。黄河中、上游地区古滑坡甚多，滑坡体积可达几千万立方米，甚至1亿立方米以上。由于地形切割强烈，沟谷十分发育，地表水系密度大、沟谷坡降大，沟谷纵比降可达20%～40%，为该地区泥石流发育提供了有利的地形条件。

复杂的气候条件是中部地区滑坡、崩塌、泥石流灾害发育的主要外部因素。秦岭以南地区降水较丰沛，年均降水量为800～1200 mm；秦岭以北地区，雨量偏少，为干旱半干旱地区，年均降水量约400～600 mm。从总体上看，整个中部地区降水主要集中分布在7～8两个月，降水量占全年降水量的30%～50%。因此，暴雨是该地区滑坡、崩塌、泥石流形成和发育的重要诱发因素之一。

20世纪70年代以后，随着大规模的开发大西南、大西北地区，人类活动的规模不断加大，崩滑流灾害发生的频次也逐渐增加。

（二）西部中等发育区

西部地区包括中国第一级地貌阶梯的青藏高原和部分第二级地貌阶梯的西部山地。青藏高原海拔在6000 m以上，地形切割强烈。西部山地海拔高度大多在2000～3500 m左右，相对切割深度500～1000 m左右，地形切割也很强烈，山体斜坡稳定性差。这些自然因素为崩滑流的形成和发育提供了有利条件。

西部地区气候复杂多变，藏南受印度洋暖气流影响，降水主要集中在7～8月，暴雨强度大，年均降水量600～1000 mm，丰沛的大气降水和冰雪融水为崩滑流灾害的发育提供了有利的外部条件。西部山地受高纬度亚洲内陆气流的影响，气候干燥少雨，年均降水量200～400 mm，降水集中分布在夏季。所以，天山、阿尔泰山等地也发育较多的泥石流，但滑坡、崩塌发生概率比较小。

（三）东部弱发育区

中国东部地区地处第三级地貌阶梯地带，地貌由低山、丘陵、平原组合而成。海拔一般为500～1000 m，相对切割深度数十米至近百米；山地斜坡较缓，斜坡变形破坏较弱。

东部地区气候主要受太平洋暖湿气流的控制，南北气候差异较大。南部虽降水丰沛，但由于地形相对高差小，且地层岩性以坚硬的岩石为主，地质环境不利于斜坡变形破坏，崩滑流不发育。华北和东北，如燕山地区和辽南、辽西山地，尽管山地切割程度中等，且年降水量不大，但降水比较集中，暴雨强度大，加之地层岩性以古老的变质岩为主，岩石破碎，对山地斜坡变形破坏较为有利。因此，这些地区崩塌、滑坡、泥石流发育，但规模较小。另一方面，在这些地区发育的崩滑流常具有群发性特征，所以危害比较严重。

6.2 崩 塌

6.2.1 崩塌的特点

崩塌的过程表现为岩块（或土体）顺坡猛烈地翻滚、跳跃，并相互撞击，最后堆积于坡脚，形成倒石堆。崩塌的主要特征为：下落速度快，发生突然；崩塌体脱离母岩而运动；下落过程中崩塌体自身的整体性遭到破坏;崩塌物的垂直位移大于水平位移。具有崩塌前兆的不稳定岩土体称为危岩体。

崩塌运动的形式主要有两种:一种是脱离母岩的岩块或土体以自由落体的方式而坠落,另一种是脱离母岩的岩体顺坡滚动而崩落。前者规模一般较小,从不足 1 m^3 至数百立方米;后者规模较大,一般在数百立方米以上。

6.2.2 崩塌的形成条件

崩塌是在特定自然条件下形成的。地形地貌、地层岩性和地质构造是崩塌的物质基础;降雨、地下水作用、振动力、风化作用以及人类活动对崩塌的形成和发展起着重要的作用。

(一) 地形地貌

地形地貌主要表现在斜坡坡度上。从区域地貌条件看,崩塌形成于山地、高原地区;从局部地形看,崩塌多发生在高陡斜坡处,如峡谷陡坡、冲沟岸坡、深切河谷的凹岸等地带。崩塌的形成要有适宜的斜坡坡度、高度和形态,以及有利于岩土体崩落的临空面。这些地形地貌条件对崩塌的形成具有最为直接的作用。崩塌多发生于坡度大于 55°、高度大于 30 m、坡面凹凸不平的陡峻斜坡上。据中国西南地区宝成线风州工务段辖区 57 个崩塌落石点的统计数据(表 6-3),有 75.4%的崩塌落石发生在坡度大于 45°的陡坡;坡度小于 45°的 14 次均为落石,而无崩塌,而且这 14 次落石的局部坡度亦大于 45°;个别地方还有倒悬情况(蒋爵光,1991)。

表 6-3 崩塌落石与边坡坡度关系的统计

(据蒋爵光,1991)

边坡坡度	<45°	45°~50°	50°~60°	60°~70°	70°~80°	80°~90°	总计
崩塌次数	14	11	7	17	6	2	57
百分率/(%)	24.6	19.3	12.3	12.3	10.5	3.5	100

(二) 地层岩性与岩体结构

1. 地层岩性

岩性对岩质边坡的崩塌具有明显控制作用。一般来讲,块状、厚层状的坚硬脆性岩石常形成较陡峻的边坡,若构造节理发育且存在临空面,则极易形成崩塌;相反,软弱岩石易遭受风化剥蚀,形成的斜坡坡度较缓,发生崩塌的机会小得多。

沉积岩岩质边坡发生崩塌的概率与岩石的软硬程度密切相关。若软岩在下、硬岩在上,下部软岩风化剥蚀后,上部坚硬岩体常发生大规模的倾倒式崩塌;含有软弱结构面的厚层坚硬岩石组成的斜坡,若软弱结构面的倾向与坡向相同,极易发生大规模的崩塌。页岩或泥岩组成的边坡极少发生崩塌。

岩浆岩一般较为坚硬,很少发生大规模的崩塌。但当垂直节理(如柱状节理)发育并存在倾向与坡向相同的节理或构造破裂面时,易产生大型崩塌;晚期侵入的岩脉或岩墙与围岩之间的不规则接触面也为崩塌落石提供了有利的条件。

变质岩中结构面较为发育,常把岩体切割成大小不等的岩块,所以经常发生规模不等的崩塌落石。片岩、板岩和千枚岩等变质岩组成的边坡常发育有褶曲构造,当岩层倾向与坡向相同时,多发生沿弧形结构面的滑移式崩塌。

土质边坡的崩塌类型有溜塌、滑塌和堆塌,统称为坍塌。按土质类型,稳定性从好到差的顺序为：碎石土＞黏砂土＞砂黏土＞结构面发育土；按土的密实程度，稳定性由大到小的顺序为：密实土＞中密土＞松散土。

2. 岩体结构

高陡边坡有时高达上百米甚至数百米，在不同部位、不同坡段发育有方向、规模各异的结构面，它们的不同组合构成了各种类型的岩体结构。各种结构面的强度明显低于岩石的强度，因此，倾向临空面的软弱结构面的发育程度、延伸长度以及该结构面的抗剪强度是控制边坡产生崩塌的重要因素。

（三）地质构造

1. 断裂构造对崩塌的控制作用

区域性断裂构造对崩塌的控制作用主要表现为：

(1) 当陡峭的斜坡走向与区域性断裂平行时，沿该斜坡发生的崩塌较多。

(2) 在几组断裂线交汇的峡谷区，往往是大型崩塌的潜在发生地。

(3) 断层密集分布区岩层较破碎，坡度较陡的斜坡常发生崩塌或落石。

2. 褶皱构造对崩塌的控制作用

位于褶皱不同部位的岩层遭受破坏的程度各异，因而发生崩塌的情况也不一样。

(1) 褶皱核部岩层变形强烈，常形成大量垂直层面的张节理。在多次构造作用和风化作用的影响下，破碎岩体往往产生一定的位移，从而成为潜在崩塌体(危岩体)。如果危岩体受到震动、水压力等外力作用，就可能产生各种类型的崩塌落石。

(2) 褶皱轴向垂直于坡面方向时，一般多产生落石和小型崩塌。

(3) 褶皱轴向与坡面平行时，高陡边坡就可能产生规模较大的崩塌。

(4) 在褶皱两翼，当岩层倾向与坡向相同时，易产生滑移式崩塌；特别是当岩层构造节理发育且有软弱夹层存在时，可以形成大型滑移式崩塌。

（四）地下水对崩塌的影响

地下水对崩塌的影响表现为：

(1) 充满裂隙的地下水及其流动对潜在崩塌体产生静水压力和动水压力。

(2) 裂隙充填物在水的浸泡下抗剪强度大大降低。

(3) 充满裂隙的地下水对潜在崩落体产生向上的浮托力。

(4) 地下水还降低了潜在崩塌体与稳定岩体之间的摩擦力。

边坡岩体中的地下水大多数在雨季可以直接得到大气降水的补给，在这种情况下，地下水和雨水的联合作用，使边坡上的潜在崩塌体更易于失稳。

（五）地振动对崩塌的影响

地震、人工爆破和列车行进时产生的振动可能诱发崩塌。地震时，地壳的强烈震动可使边坡岩体中各种结构面的强度降低，甚至改变整个边坡的稳定性，从而导致崩塌的产生。因此，在硬质岩层构成的陡峻斜坡地带，地震更易诱发崩塌。

列车行进产生的振动诱发崩塌落石的现象在铁路沿线时有发生。在宝成线K293＋365 m处，1981年8月16日当812次货物列车经过时，突然有720 m^3 岩块崩落，将电力机车砸入嘉陵江中，并造成7节货车颠覆。

（六）人类活动的影响

修建铁路或公路、采石、露天开矿等人类大型工程活动常使自然边坡的坡度变陡，从而诱发崩塌。当勘测设计不合理或施工措施不当时更易产生崩塌，如施工中采用大爆破的方法使边坡岩体受到振动而发生崩塌的事例屡见不鲜。宝成线宝鸡至洛阳段因采用大爆破引起的崩塌落石有 7 处，其中一处是在进行大爆破后 3 小时产生的，崩塌体积约 20×10^{4} m^{3}。

6.2.3 崩塌的力学机制

崩塌是岩体长期蠕变和不稳定因素不断积累的结果。崩塌体的大小、物质组成、结构构造、活动方式、运动途径、堆积情况、破坏能量等虽然千差万别，但崩塌的产生都是按照一定的模式孕育和发展的。按崩塌发生时受力状况的不同，可将其形成的力学机制分为倾倒崩塌、滑移崩塌、鼓胀崩塌、拉裂崩塌和错断崩塌五种(蒋爵光，1991)。

(一) 倾倒崩塌

在河流峡谷区、黄土冲沟地段或岩溶区等地貌单元的陡坡上，经常见有巨大而直立的岩体以垂直节理或裂隙与稳定的母岩分开。这种岩体在断面图上呈长柱形，横向稳定性差。如果坡脚不断地遭受冲刷掏蚀，在重力作用下或有较大水平力作用时，岩体因重心外移倾倒产生突然崩塌。这类崩塌的特点是崩塌体失稳时，以坡脚的某一点为支点发生转动性倾倒。

(二) 滑移崩塌

临近斜坡的岩体内存在软弱结构面时，若其倾向与坡向相同，则软弱结构面上覆的不稳定岩体在重力作用下具有向临空面滑移的趋势。一旦不稳定岩体的重心滑出陡坡，就会产生突然的崩塌。除重力外，降水渗入岩体裂缝中产生的静、动水压力以及地下水对软弱面的润湿作用都是岩体发生滑移崩塌的主要诱因。在某些条件下，地震也可引起滑移崩塌。

(三) 鼓胀崩塌

若陡坡上不稳定岩体之下存在较厚的软弱岩层或不稳定岩体本身就是松软岩层，深大的垂直节理把不稳定岩体和稳定岩体分开，当连续降雨或地下水使下部较厚的松软岩层软化时，上部岩体重力产生的压应力超过软岩天然状态的抗压强度后软岩即被挤出，发生向外鼓胀。随着鼓胀的不断发展，不稳定岩体不断下沉和外移，同时发生倾斜，一旦重心移出坡外即产生崩塌。

(四) 拉裂崩塌

当陡坡由软硬相间的岩层组成时，由于风化作用或河流的冲刷掏蚀作用，上部坚硬岩层在断面上常常突悬出来。在突出的岩体上，通常发育有构造节理或风化节理。在长期重力作用下，节理逐渐扩展。一旦拉应力超过连接处岩石的抗拉强度，拉张裂缝就会迅速向下发展，最终导致突出的岩体突然崩落。除重力的长期作用外，震动力、风化作用(特别是寒冷地区的冰劈作用)等都会促进拉裂崩塌的发生。

(五) 错断崩塌

陡坡上长柱状或板状的不稳定岩体，当无倾向坡外的不连续面和较厚的软弱岩层时，一般不会发生滑移崩塌和鼓胀崩塌。但是，当有强烈震动或较大的水平力作用时，可能发生如前所述的倾倒崩塌。此外，在某些因素作用下，可能使长柱或板状不稳定岩体的下部被剪断，从而发生错断崩塌。悬于坡缘的帽沿状危岩，仅靠后缘上部尚未剪断的岩体强度维持暂时的稳定平衡。随着后缘剪切面的扩展，剪切应力逐渐接近并大于危岩与母岩连接处的抗剪强度时，则发生错断崩塌。

另外一种错断崩塌的发生机制是：锥状或柱状岩体多面临空，后缘分离，仅靠下伏软基支撑。当软基的抗剪强度小于危岩体自重产生的剪切力或软基中存在的顺坡外倾裂隙与坡面贯通时，发生错断-滑移-崩塌。

产生错断崩塌的主要原因是由于岩体自重所产生的剪应力超过了岩石的抗剪强度。地壳上升、流水下切作用加强、临空面高差加大等，都会导致长柱状或板状岩体在坡脚处产生较大的自重剪应力，从而发生错断崩塌。人工开挖的边坡过高过陡，也会使下部岩体被剪断而产生崩塌。

6.2.4 崩塌的分类

从上述五种崩塌的成因模式看，崩塌体所处的地质条件以及崩塌的诱发因素是多种多样的，但危岩体开始失稳时的运动形式基本上就是上述的倾倒、滑移、鼓胀、拉裂和错断五种。是否产生崩塌主要取决于这五种初始变形的形成和发展。由此，可将崩塌分为倾倒式崩塌、滑移式崩塌、鼓胀式崩塌、拉裂式崩塌、错断式崩塌。不同类型的崩塌在岩性、结构面特征、地貌、崩塌体形状、岩体受力状态、起始运动形式和主要影响因素等方面都有各自的特点(表6-4)。在一定条件下，还可能出现一些过渡类型，如鼓胀-滑移式崩塌、鼓胀-倾倒式崩塌等。

表6-4 崩塌的类型及其主要特征

(据蒋爵光，1991，修改)

类型	岩性	结构面	地貌形态	崩塌体形状	力学机制	失稳因素
倾倒式崩塌	黄土，灰岩等直立岩层	垂直节理、柱状节理、直立岩层面	峡谷、直立岸坡、悬崖等	板状、长柱状	倾倒	水压力、地震力、重力
滑移式崩塌	多为软硬相间的岩层	有倾向临空面的结构面	陡坡，通常大于45°	板状、楔形、圆柱状及其组合形状	滑移	重力、水压力、地震力
鼓胀式崩塌	直立黄土、黏土或坚硬岩石下有厚层软岩	上部垂直节理、柱状节理，下部为近水平的结构面	陡坡	岩体高大	鼓胀	重力、水的软化
拉裂式崩塌	多见于软硬相间的岩层	多为风化裂隙和重力拉张裂隙	上部突出的悬崖	上部硬岩层以悬臂梁形式突出来	拉裂	重力
错断式崩塌	坚硬岩石、黄土	垂直裂隙发育，无倾向临空面的结构面	大于45°的陡坡	多为板状、长柱状	错断	重力

根据边坡失稳破坏的具体部位，可将崩塌划分为三种类型：

(1) 坡体崩塌：沿松弛带以下未松弛的岩体内一组或二组结构面向临空面滑动产生崩塌。

(2) 边坡崩塌：破坏范围限于岩体松弛带范围之内而产生的崩塌。

(3) 坡面崩塌：在斜坡形状和各段坡度基本稳定的条件下，产生坡面岩土坍塌、局部松动掉石。

此外，按崩塌的组成物质，可把崩塌分为崩积土崩塌、表层土崩塌、沉积土崩塌和基岩崩塌四种类型。按崩塌发生的地貌部位，则有山坡崩塌和岸边崩塌之分。也有人将崩塌分为断层崩塌、节理裂隙崩塌、风化碎石崩塌和软硬岩接触带崩塌。

6.2.5 崩塌的危害

崩塌常使斜坡下的农田、厂房、水利水电设施及其他建筑物受到损害,有时还造成人员伤亡。铁路、公路沿线的崩塌则阻塞交通、毁坏车辆,造成行车事故和人身伤亡。

为了保证人身安全、交通畅通和财产不受损失,对具有崩塌危险的危岩体必须进行处理,从而增加了工程投资。整治一个大型崩塌往往需要几百万甚至上千万元的资金。

重庆市北温泉位于嘉陵江温塘峡南岸,距重庆市 52 km。北温泉危岩体沿上陡下缓的似"圈椅"状高陡岸坡分布,由 47 段危岩组成近 1000 m 长的危岩带,总体积约 50×10^4 m³。高陡岸坡最低侵蚀基准面(嘉陵江)海拔高度 108 m,坡顶海拔高度 400 m 左右,相对高差 200～290 m。上部陡崖带主要由三叠系块状砂岩组成,中下部为含巨块石的崩、坡积碎石土,厚10～30 m,最厚达 48 m(图 6-4)。

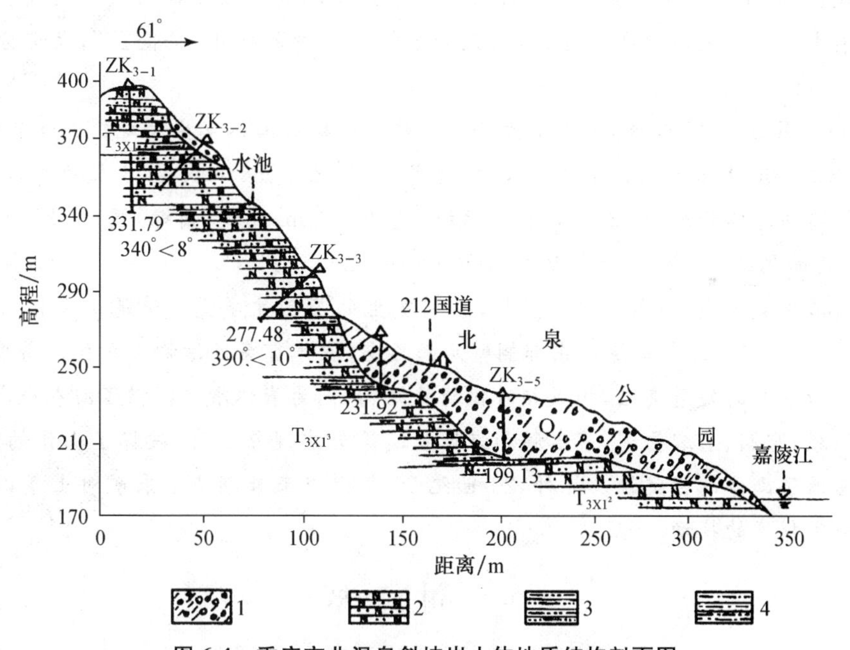

图 6-4　重庆市北温泉斜坡岩土体地质结构剖面图

(据胡克定等,1995)

1. 碎块石土; 2. 长石,石英砂岩; 3. 粉砂岩; 4. 砂质泥岩

据地方志记载,北温泉公园始建于公元 432 年,13 世纪时,寺庙毁于岩体垮塌;公元 1426 年重建新殿,1927 年辟为公园,1974 年 7 月 14 日发生岩崩,体积约 3500 m³。崩塌前 1 小时可见坡顶土层中裂缝迅速加宽到 40～50 cm,坡肩明显向坡外倾斜,一声巨响后,巨大块石从山崖飞出顺坡而下,堵塞了坡脚的公路,使交通中断了几十天。崩塌还砸坏了公园内的房屋和游泳池,滚入江中的块石击起几米高的巨浪,掀翻航行中的木船。这次崩塌造成 5 人死亡、多人受伤,直接经济损失达 50～60 万元。

长江三峡库区三斗坪至重庆长约 1380 km 的岸坡内,已查明的滑坡、崩塌和变形体 263 个,总体积约 16×10^8 m³,平均线变形破坏模数约为 116×10^4 m³/km。奉节以东的瞿塘峡、巫峡和西陵峡两岸岸坡变形破坏较为强烈,平均线变形破坏模数约为 95×10^4 m³/km。其中,崩塌和变形体数目占变形体总数的90%，体积占总体积的99%。著名的白鹤坪、作揖沱、火焰石和鸭浅湾4个大型崩塌均位于这一地段。位于湖北秭归县链子崖变形体与新滩滑坡隔江对峙，距三斗坪25 km，变形体总体积330×10^4 m^3 左右。链子崖历史上曾多次发生崩塌，造成堵江毁船事件。

1980年6月3日晨5时35分，湖北省远安县盐池河磷矿发生崩塌，16秒钟内摧毁矿务局机关全部建筑物和坑口设施，致死284人，经济损失2500万元。崩塌发生在由震旦系石灰岩组成的高差达400 m的陡壁部位，磷矿即在石灰岩层之下。崩塌块石堆积于V型河谷中，形成体积130×10^4 m^3、最大厚度40 m的堆积体。9个地震台记录到崩塌产生的地震，震级Ms=1.4级。山体压力、采空区悬臂变形效应使上覆山体发生张裂和剪裂是导致崩塌的主要原因。崩塌前最大裂缝长180 m，最宽达0.8 m，深160 m。崩塌时，前缘块体率先滑出倾倒，产生气垫浮托效应；高压作用下产生的高速气流使地表建筑物高速自下而上撞击对面陡壁后产生回弹。崩塌块石以此运动形式越过山脊，毁灭了河谷下游的所谓“安全区”，大部分人员在此遇难。

2009年6月5日15时许，重庆市武隆县铁矿乡鸡尾山山体发生大规模山体崩塌，掩埋了12户民房以及400多米外的铁矿矿井入口，造成10人死亡、64人失踪、8人受伤的特大灾害。垮塌块体顺坡向总体长度约720 m，南侧（后缘）宽约152 m，北侧（前缘）宽约125 m，平均厚度约60 m，平均面积约8.4×10^4 m^2，体积约500×10^4 m^3。

据全国地质灾害通报（2009年）资料，崩塌发生的原因主要是：鸡尾山山体属于单斜结构，倾角达20°～35°。北部前缘和东部侧壁两面临空，坡体贯穿性结构面发育。崩塌区灰岩地层中存在连续分布的炭质夹层，构成相对软弱的结构面，为岩体滑动提供了潜在底滑面。山体岩溶作用强烈，溶洞、岩溶管道、落水洞和溶蚀裂缝等岩溶现象发育，破坏了山体的结构，在一定程度上降低了山体的稳定性。此外，20世纪20年代以来长期地下采矿对上覆山体的稳定性也构成一定程度的扰动。

6.3 滑 坡

6.3.1 滑坡的特点

在自然地质作用和人类活动等因素的影响下，斜坡上的岩土体在重力作用下沿一定的软弱面“整体”或局部保持岩土体结构完整而向下滑动的过程和现象及其形成的地貌形态，称为滑坡。滑坡的特征首先表现为：

(1) 发生变形破坏的岩土体以水平位移为主，除滑动体边缘存在为数较少的崩离碎块和翻转现象外，滑体上各部分的相对位置在滑动前后变化不大。

(2) 滑动体始终沿着一个或几个软弱面（带）滑动，岩土体中各种成因的结构面均有可能成为滑动面，如古地形面、岩层层面、不整合面、断层面、贯通的节理裂隙面等。

(3) 滑坡滑动过程可以在瞬间完成，也可能持续几年或更长的时间。规模较大的“整体”滑动一般为缓慢、长期或间歇的滑动。

滑坡的这些特征使其有别于崩塌、错落等其他斜坡变形破坏现象。

6.3.2 滑坡的形成条件

自然界中,无论天然斜坡还是人工边坡都不是固定不变的。在各种自然因素和人为因素的影响下,斜坡一直处于不断地发展和变化之中。滑坡的形成条件主要有地形地貌、地层岩性、地质构造、水文地质条件和人为活动等因素。

(一) 地形地貌

斜坡的高度、坡度、形态和成因与斜坡的稳定性有着密切的关系。高陡斜坡比低缓斜坡更容易失稳而发生滑坡。斜坡的成因、形态反映了斜坡的形成历史、稳定程度和发展趋势,对斜坡的稳定性也会产生重要的影响。如山地的缓坡地段,由于地表水流动缓慢,易于渗入地下,因而有利于滑坡的形成和发展。山区河流的凹岸易被流水冲刷和淘蚀,黄土地区高阶地前缘斜坡坡脚易被地表水和地下水浸润,这些地段也易发生滑坡。

(二) 地层岩性

地层岩性是滑坡产生的物质基础。虽然不同地质时代、不同岩性的地层中都可能形成滑坡,但滑坡产生的数量和规模与岩性有密切关系。容易发生滑动的地层有第四系黏性土、黄土及黄土类土以及各种成因的细粒沉积物,第三系、白垩系及侏罗系的砂岩、页岩、泥岩的互层、煤系地层,石炭系的石灰岩与页岩、泥岩互层,泥质岩的变质岩系,质软或易风化的凝灰岩等。这些地层岩性软弱,在水和其他外营力作用下易形成滑动带,从而具备了产生滑坡的基本条件。

(三) 地质构造

地质构造与滑坡的形成和发展的关系主要表现在两个方面:

(1) 滑坡沿断裂破碎带往往成群分布;

(2) 各种软弱结构面(如断层面、岩层面、节理面、片理面及不整合面等)控制了滑动面的空间位置及滑坡的范围。如常见的顺层滑坡,其滑动面绝大部分是由岩层层面或泥化夹层等软弱结构面构成的。

(四) 水文地质条件

各种软弱层、强烈风化带因组成物质中细粒成分多容易阻隔、汇聚地下水,如果山坡上方或侧方有丰富的地下水补给,则这些软弱层或风化带就可能成为滑动面而诱发滑坡。地下水在滑坡的形成和发展过程中所起的作用表现为:

(1) 地下水进入滑坡体增加了滑体的重量,滑带土在水的浸润下抗剪强度降低;

(2) 地下水位上升产生的静水压力对上覆岩层产生浮托力,降低了有效正应力和摩擦阻力;

(3) 地下水与周围岩体长期作用改变岩土的性质和强度,从而引发滑坡;

(4) 地下水运动产生的动水压力对滑坡的形成和发展起促进作用。

(五) 人类活动

人工开挖边坡或在斜坡上部加载,改变了斜坡的外形和应力状态,增大了滑体的下滑力,减小了斜坡的支撑力,从而引发滑坡。铁路、公路沿线发生的滑坡多与人工开挖边坡有关。人为破坏斜坡表面的植被和覆盖层等人类活动,均可诱发滑坡或加剧已有滑坡的发展。

6.3.3 滑坡的形成机制

(一) 滑动面与斜坡稳定性的关系

滑动面(带)是滑坡的关键要素。滑动面的埋深在很大程度上决定了滑坡体的规模,其形状直接控制着滑坡体的稳定状态，是滑坡研究、勘测、稳定性分析、灾害预测预报以及工程设计的重要对象或依据。

典型的滑坡滑动面由陡倾的后段、缓倾的中段和平缓以至反翘的前段三部分组成，在剖面上状似船底形。但受各种因素的影响，滑动面的真实形态可表现为直线形、折线形、圈椅形、阶梯形等形状。

直线形滑动面主要形成于具有单一结构面的坡体中，即多形成于层状岩体（包括层状火山岩）内或堆积层下伏基岩面和堆积层内的沉积间断面上。其特点是地层倾角小于坡面倾角，前缘在坡脚附近及以上位置剪出，后缘与上方斜坡面相交，呈一倾斜的平面。直线形滑动面不存在前缘反翘抗滑段，故稳定性差，危害大。

折线或阶梯形滑面多发生在滑面坡角大于岩层倾角的斜坡地带，滑面由节理或层理等软弱结构面组成，在纵剖面上呈阶梯状折线。

圈椅形滑动面的中部顺层段一般不发育，前缘段的长短取决于滑坡规模和所处岩层的结构面的发育程度，对滑坡的稳定起着重要作用。

船底形滑面滑坡多发育在土质边坡，其后缘较陡，倾角大多在60°以上。在蠕变阶段，滑坡后缘首先出现弧状拉张裂隙，是滑坡预报的重要依据；中部滑面一般比较平缓，倾角多小于20°，但长度占整个滑面的一半以上，是滑坡的主滑段；前缘平缓甚至反倾，形成抗滑段；当主滑体滑至滑面前缘时，大多数滑坡已趋于稳定。

（二）滑坡的发育阶段

滑坡的发育是一个缓慢而长期的变化过程。通常将滑坡的发育过程划分为三个阶段，即蠕动变形阶段、滑动破坏阶段和压密稳定阶段。研究滑坡发育过程对于认识滑坡和正确地选择防治措施都有重要的意义。

1. 蠕动变形阶段

由于各种因素的影响，斜坡岩土体强度逐渐降低或斜坡内部剪切应力不断增加使斜坡的稳定状态受到破坏。斜坡内较软弱的岩土体首先因抗剪强度小于剪切应力而发生变形，当变形发展至坡面便形成断续的拉张裂缝。裂缝的出现使地表水的入渗作用加强，变形进一步发展，后缘裂缝加宽，并出现小的错断，滑体两侧的剪切裂缝也相继出现，坡脚附近的岩土被挤出。此时，滑动面基本形成，但尚未全部贯通。

斜坡变形继续发展，后缘拉张裂缝进一步加宽，错距不断增大，两侧羽毛状剪切裂缝贯通，斜坡前缘的岩土受推挤而鼓起，并出现大量鼓胀裂缝，滑坡出口附近渗水浑浊。至此，滑动面全部贯通，斜坡岩土体开始沿滑动面整体向下滑动。从斜坡发生变形、坡面出现裂缝到斜坡滑动面贯通的发展阶段称为滑坡的蠕动变形阶段。这一阶段经历的时间有长有短，长者可达数年之久，短者仅数月或几天时间。

2. 滑动破坏阶段

滑动破坏阶段是指滑动面贯通后，滑坡开始作整体向下滑动的阶段。此时滑坡后缘迅速下陷，滑壁明显出露；有时滑体分裂成数块，并在坡面上形成阶梯状地形。滑体上的树林倾斜形成“醉汉林”，水管、渠道等被剪断，各种建筑物严重变形以致倒塌。随着滑体向前滑动，滑坡体向前伸出形成滑坡舌，并使前方的道路、建筑物遭受破坏或被掩埋。发育在河谷岸坡的滑坡，或者堵塞河流，或者迫使河流弯曲转向。

这一阶段滑坡的滑动速度主要取决于滑动面的形状和抗剪强度、滑体的体积以及滑坡在斜坡上的位置。如果滑带土的抗剪强度变化不大，则滑坡不会急剧下滑，一般每天只滑动几毫米。在滑动过程中若滑带土的抗剪强度快速降低，滑坡就会以每秒几米甚至几十米的速度下滑。这种高速下滑的大型滑坡在滑动中常伴有巨响并产生很大的气浪，从而危害更大。

3. 压密稳定阶段

滑坡体在滑动过程中具有一定的动能，可以滑到很远的地方。但在滑面摩擦阻力的作用下，滑体最终要停止下来。滑动停止后，除形成特殊的滑坡地形外，滑坡岩土体结构和水文地质条件等都发生了一系列变化。

在重力作用下，滑坡体上的松散岩土体逐渐压密，地表裂缝被充填，滑动面(带)附近的岩土强度由于压密，固结程度提高，整个滑坡的稳定性也有所提高。当滑坡坡面变缓、滑坡前缘无渗水、滑坡表面植被重新生长的时候，说明滑坡已基本稳定。滑坡的压密稳定阶段可能持续几年甚至更长的时间。

实际上，滑坡的滑动过程是非常复杂的，并不完全遵循上述三个发展阶段。如黄土或黏性土滑坡一般没有蠕动变形阶段，在强大震动力的作用下可突然发生滑坡灾害。

6.3.4 滑坡的分类

合理的滑坡分类对于认识和防治滑坡是必要的。目前，人们从不同的观点和应用目的出发提出了多种分类方案，但尚未形成统一的认识。下面介绍几种主要的滑坡分类方式。

(一) 按滑动面特征划分

(1) 顺层滑坡。指沿已有结构面发生滑动而形成的滑坡。这些结构面是前期地质作用而形成的，如岩层层面、不整合面、节理或裂隙面、松散层与基岩的界面等。

(2) 切层滑坡。指滑动面与岩土体中的结构面相交切的滑坡。

(二) 按滑动性质划分

(1) 牵引式滑坡。斜坡下部首先失稳发生滑动，继而牵动上部岩土体向下滑动的滑坡。

(2) 推动式滑坡。斜坡上部首先失去平衡发生滑动，并挤压下部岩土体使其失稳而滑动的滑坡。

(3) 混合式滑坡。属于牵引式滑坡和推动式滑坡的混合形式。

(三) 按滑坡的主要组成物质和滑体厚度划分

首先按组成滑坡的物质成分分为堆积层滑坡、岩层滑坡和变形体三大类(表 6-5)；然后又可按滑体的厚度分为浅层滑坡(滑体厚仅数米)、中层滑坡(滑体厚几米至 25 m 左右)、深层滑坡(25～50 m)和极深层滑坡(大于 50 m)四个亚类。

表 6-5　滑坡物质分类

类　型	亚　类	特 征 描 述
堆积层(土质)滑坡	滑坡堆积体滑坡	由前期滑坡形成的块碎石堆积体，沿下伏基岩或体内滑动。
	崩塌堆积体滑坡	由前期崩塌等形成的块碎石堆积体，沿下伏基岩或体内滑动。
	崩滑堆积体滑坡	由前期崩滑等形成的块碎石堆积体，沿下伏基岩或体内滑动。
	黄土滑坡	由黄土构成，大多发生在黄土体中，或沿下伏基岩面滑动。
	黏土滑坡	由具有特殊性质的黏土构成，如昔格达组、成都黏土等。
	残坡积层滑坡	由基岩风化壳、残坡积土等构成，通常为浅表层滑动。
	人工填土滑坡	由人工开挖堆填弃渣构成，次生滑坡。

续表

类　型	亚　类	特 征 描 述
岩层滑坡	近水平层状滑坡	由基岩构成，沿缓倾岩层或裂隙滑动，滑动面倾角$\leqslant 10^\circ$
	顺层滑坡	由基岩构成，沿顺坡岩层滑动
	切层滑坡	由基岩构成，常沿倾向山外的软弱面滑动。滑动面与岩层层面相切，且滑动面倾角大于岩层倾角
	逆层滑坡	由基岩构成，沿倾向坡外的软弱面滑动，岩层倾向山内，滑动面与岩层层面相反
	楔体滑坡	在花岗岩、厚层灰岩等整体结构岩体中，沿多组弱面切割成的楔形体滑动
变形体	危岩体	由基岩构成，受多组软弱面控制，存在潜在崩滑面，已发生局部变形破坏
	堆积层变形体	由堆积体构成，以蠕滑变形为主，滑动面不明显

(四) 按滑坡形成机制划分

孙广忠等人(1988)从滑坡形成机制的角度对中国的滑坡进行了详细分类，归纳为九种类型，即楔形体滑坡、圆弧面滑坡、顺层面滑动的滑坡、复合型滑坡、堆积层滑坡、崩坍碎屑流型滑坡、岸坡或斜坡开裂变形体、倾倒变形边坡和溃屈破坏边坡。其中岸坡或斜坡开裂变形体属潜在危岩体，尚未形成滑坡；倾倒变形边坡和溃屈破坏边坡更接近于崩塌。

楔形体滑坡的主要特点是滑动面及切割面均为较大的断层或软弱结构面，常出现于人工开挖的边坡，其规模一般比较小。圆弧滑面滑坡常见于具有半胶结特性的土质滑坡中，规模一般较大，其发育演化过程表现为坡脚蠕动变形、滑坡后缘张裂扩张和滑坡中部滑床剪断贯通三个阶段。顺层面滑动的滑坡可进一步分为沿单一层面滑动的滑坡及座落式平推滑移型滑坡两类。具有复合形态滑面的滑坡多为深层滑坡，上部第四系松散堆积层形成近似圆弧形滑面；下部基岩则多沿软弱结构面发育，构成复合形态的滑动面。堆积层滑坡常发生在第四系松散堆积层中。崩坍碎屑流滑坡一般具有较高的滑动速度，多发生在两岸斜坡较陡的峡谷地区，高速运动的滑体在抵达对岸受阻后反冲回弹而顺峡谷向下游“流动”，形成碎屑流堆积体。

此外，按主滑面成因，可将滑坡分为堆积面滑坡、岩层层面滑坡、构造面滑坡和同生面滑坡四类。按滑坡滑动年代，分为老滑坡、古滑坡和新滑坡；按滑体运动形式，分为推移式滑坡和牵引式滑坡；按发生原因，分工程滑坡和自然滑坡等(表6-6)。

表6-6　滑坡的其他因素分类

有关因素	名称类别	特 征 说 明
运动形式	推移式滑坡	上部岩层滑动，挤压下部产生变形，滑动速度较快，滑体表面波状起伏，多见于有堆积物分布的斜坡地段
	牵引式滑坡	下部先滑，使上部失去支撑而变形滑动。一般速度较慢，多具上小下大的塔式外貌，横向张性裂隙发育，表面多呈阶梯状或陡坎状
发生原因	工程滑坡	由于施工或加载等人类工程活动引起滑坡。还可细分为： (1) 工程新滑坡：由于开挖坡体或建筑物加载所形成的滑坡； (2) 工程复活古滑坡：原已存在的滑坡，由于工程扰动引起复活的滑坡
	自然滑坡	由于自然地质作用产生的滑坡。按其发生的相对时代，可分为古滑坡、老滑坡、新滑坡

续表

有关因素	名称类别	特征说明
现今稳定程度	活动滑坡	发生后仍继续活动的滑坡。后壁及两侧有新鲜擦痕,滑体内有开裂、鼓起或前缘有挤出等变形迹象
	不活动滑坡	发生后已停止发展,一般情况下不可能重新活动,坡体上植被较茂盛,常有老建筑
发生年代	新滑坡	现今正在发生滑动的滑坡
	老滑坡	全新世以来发生滑动,现今整体稳定的滑坡
	古滑坡	全新世以前发生滑动的滑坡,现今整体稳定的滑坡
滑体体积	小型滑坡	$<1\times10^5$ m^3
	中型滑坡	$1\times10^5\sim1\times10^6$ m^3
	大型滑坡	$1\times10^6\sim1\times10^7$ m^3
	特大型滑坡	$1\times10^7\sim1\times10^8$ m^3
	巨型滑坡	$>1\times10^8$ m^3

应该指出,上述各种分类虽然自成系统,但也彼此具有内在的联系。根据不同的目的和需要,可以对滑坡进行单要素定名或综合要素定名。如对沿堆积面滑动的滑体为黏性土的滑坡,可按单要素定名为黏性土滑坡或堆积面滑坡;也可按综合要素定为黏性土堆积面滑坡或堆积面黏性土滑坡。

6.3.5 滑坡的危害

滑坡、崩塌灾害是中国地质灾害中的主要灾种,这些灾害给中国人民的生命财产和国民经济建设带来了严重的危害,极大地影响了社会经济的发展。自1949年到1990年的42年中,中国至少发生了432次危害和影响重大的崩塌、滑坡事件,分布范围涉及23个省、市、自治区。其中四川省是遭受滑坡、崩塌灾害频次最高的省区,约占全国总受灾频次的1/4;其次为陕西、云南、甘肃、青海、贵州、湖北六省。据统计,1949—1990年42年中,滑坡、崩塌灾害致死3635人,年均87人;直接经济损失约为55亿元,年均1.3亿元(段永侯等,1993)。年均死亡人数明显高于美国、加拿大、日本等发达国家。

滑坡灾害的广泛发育和频繁发生使城镇建设、工矿企业、山区农村、交通运输、河运航道及水利水电工程等受到严重危害。

(一) 滑坡对村镇的危害

城镇是一个地区的政治、经济和文化中心,人口、财富相对集中,建筑密集,工商业发达。因此,城镇遭受滑坡灾害,不仅造成巨大的人员伤亡和直接经济损失,而且也给其所在地区带来一定的社会影响。

著名山城重庆是中国西南地区重要的经济中心,由于所处的特殊地质地理环境和强烈的人类活动影响,滑坡、崩塌灾害频繁,已成为影响居民生活和城市规划建设的主要因素之一。

自1949年以来,重庆市已发生几十次严重的滑坡、崩塌灾害。如1985年王家坡滑坡,造成102户居民被迫搬迁,并严重危及重庆火车站的安全;1986年7月,向家坡、老君坡等数处滑坡活动,造成16人死亡,3人重伤,多处房屋被毁;1989年9月,李子坝滑坡复活,堵塞交通,并迫使数十户居民搬迁。1998年8月中旬,重庆市巴南区麻柳嘴镇和云阳县帆水乡大面村分别发生特大型滑坡灾害,500户房屋全部被毁,1000多人无家可归,直接经济损失超过8000万元。据最新调查资料,重庆市201.59 km^{2}范围内,共有体积大于500 m^{3}的新、老滑坡129处,其中66处滑坡处于潜在不稳定或活动状态。

2010年6月28日14时左右,受持续强降雨天气影响,贵州省关岭县岗乌镇大寨村发生严重山体滑坡,导致大寨村遭受灭顶之灾,42人死亡,57人失踪。据全国地质灾害通报(2010),关岭县岗乌镇滑坡是一起罕见的特大滑坡碎屑流复合型灾害,呈现高速远程滑动特征,下滑的山体前行约500m后,与岗乌镇大寨村永窝村民组的一个小山坡发生剧烈撞击,偏转90°后转化为高速碎屑流呈直角形高速下滑,并铲动了大寨村民组一带的表层堆积体,最终形成了这起罕见的特大滑坡-碎屑流灾害。这起特大地质灾害的形成,主要有以下四个方面的原因:

(1) 当地地质结构比较特殊,山顶是比较坚硬的灰岩、白云岩,灰岩和白云岩虽然比较坚硬,但透水性好,容易形成溶洞;山体下部地势比较平缓,地层岩性为易形成富水带的泥岩和砂岩,这种"上硬下软"的地质结构,不仅容易形成滑坡,也容易形成崩塌等地质灾害。

(2) 这次灾害发生前,当地经受了罕见的强降雨,仅27日和28日两天,降雨量就达310mm,其中27日晚8时至28日11时的15个小时,降雨量就高达237mm,超过此前当地的所有气象记录。

(3) 当地地形特殊,发生滑坡的山体为上陡下缓的"靴状地形",地形相对高差达400~500m,因此滑坡体下滑后冲力巨大,不仅形成碎屑流,而且滑动距离长达1500m。

(4) 2009年贵州遭遇历史上罕见的夏秋冬春四季连旱,强降雨更容易快速渗入山体下部的泥岩和砂岩中。

(二) 滑坡对交通运输的危害

1. 对铁路的危害

滑坡是最为严重的一种山区铁路灾害。规模较小的滑坡可造成铁路路基上拱、下沉或平移,大型滑坡则掩埋、摧毁路基或线路,以致破坏铁路桥梁、隧道等工程。铁路施工期间滑坡常常延误工期,在运营中则经常中断行车,甚至造成生命财产的重大损失。

中国铁路沿线的滑坡、崩塌灾害主要集中于宝成、宝天、成昆、川黔、鹰厦、长杭、黔桂、枝柳、太焦、沈大等线路,滑坡、崩塌灾害约占全国山区铁路沿线地质灾害的80%以上,平均每年中断运输约40余次,中断行车800多小时,每年造成的直接经济损失约7000多万元。

1998年8月中旬,刚刚正式通车三个月的达川至成都铁路的南充段发生5处山体滑坡,8月13日距南充市50km的大通车站前方的桥堡因滑坡而坍塌,路基塌方约8000m^3,致使铁路运输中断行车90多个小时。因此次山体滑坡和路基塌方,公路运输也严重受阻,水上运输被迫封航。

2. 对公路的危害

山区公路也不同程度地遭受着滑坡、崩塌的危害,极大地影响了交通运输的安全。中国西部地区的川藏、滇藏、川滇西、川陕西、川陕东、甘川、成兰、成阿、滇黔、天山国防公路等十余条国家级公路频繁遭受滑坡、崩塌的严重危害。受灾最重的川藏公路每年因滑坡、崩塌、泥石流影响,全线通车日数不足半年。省级、县级、乡级公路上的滑坡、崩塌、泥石流灾害更是屡见不鲜。

2000年4月9日,位于中国西藏林芝地区波密县境内的易贡藏布河扎木弄沟发生大规模的山体滑坡,形成长约2500m、宽约2500m、平均高约60m的滑坡堆积体,面积约5km^2,体积约$(2.8\sim3.0)\times10^8\ m^3$,致使波密县易贡、八盖两乡和易贡茶场与外界的交通中断,4000多人被围困。经确认,滑坡滑动距离约8km,高差约3330m。滑坡体堵塞了易贡藏布河7km长的主河道,形成汇水面积达1万多平方公里的"湖泊"。至6月10日晚,"易贡藏布湖"累计水位涨幅达35.94m，容量达30多亿立方米。由于滑坡和泥石流物质土质疏松，导致“大坝”于6月11日凌晨溃决，使下游通麦大桥和两座吊桥被冲垮，通麦大桥至易贡茶场及排龙乡的公路全部被冲毁。

此次山体滑坡为世界罕见，也是迄今为止中国发生的最大规模的山体崩滑灾害。

3. 对河道航运的危害

由于特殊的地形地貌，河流沿岸，特别是峡谷地段多为滑坡、崩塌的密集发生段，对河流航运的危害和影响很大。号称黄金水道的长江是遭受滑坡、崩塌灾害最严重的河运航道，数十年来，因滑坡、崩塌造成的断航事故时有发生。

1982年7月18日云阳鸡扒子老滑坡复活，180×10^4 m^3 土石滑入长江，河床填高30余米，江岸外移50m，在鸡扒子航段600m范围内形成三道“水坝”，严重阻碍了长江航运，仅清航整治费就达8000多万元。

1985年6月12日凌晨3点45分，位于长江三峡西陵峡峡谷段北岸的新滩镇发生了著名的新滩大滑坡。滑动物质约 3000×10^4 m^3，其中 200×10^4 m^3 滑入长江。整个新滩镇被推入长江，入江物质激起高达54m的涌浪，使新滩镇上、下游停泊于港口的11艘大小船只被摧毁或击沉，夜宿船内的船民死亡10人，失踪2人，伤8人；滑体物质堵江停航12天，总计直接经济损失832.42万元。由于对滑坡进行了长期监测，有关部门临滑前做出了及时、准确的预报，使得滑坡区的1371人及时撤离，无一人伤亡。

新滩滑坡属于堆积层滑坡。滑坡体后缘陡壁上硬下软，但上部砂岩、灰岩中的节理、裂隙发育，岩体完整性差，下部为软弱的页岩及煤层。在长期风化和重力作用下，崩塌频繁发生，崖壁不断后退，崩落物在下方斜坡上形成了厚达数十米的堆积层。居民在崖脚的采煤活动加剧了崩塌的发生，崩塌物不断坠落冲击、加载于斜坡后缘，推动堆积层逐渐产生蠕动下滑。这是引起新滩滑坡的最主要原因。其次，堆积层斜坡上，从崖脚下至江边长约2000 m，高差达200 m左右，平均坡度约23°。江水在坡脚处的冲刷淘蚀，也使斜坡稳定性进一步恶化。地下水和入渗的雨水受堆积物下伏不透水基岩的顶托，在基岩表面形成软弱的易滑带(图6-5)。在上述诸因素的综合作用下，新滩斜坡经过长达21年(1964—1985年)的累积变形，终于发生了堆积层沿下伏基岩的长距离高速，形成堆积层滑坡。

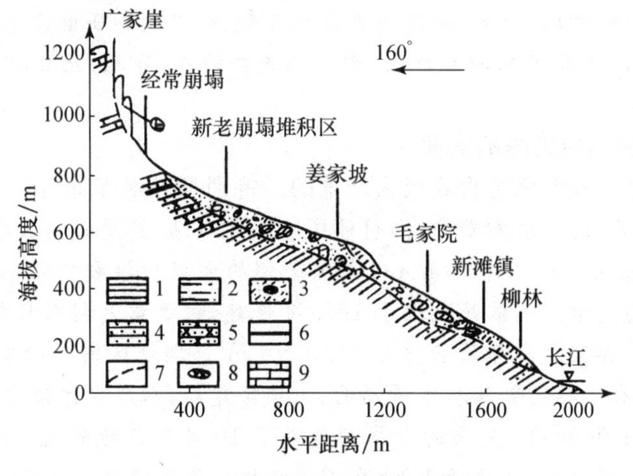

图6-5 新滩滑坡纵剖面示意图

1. 页岩；2. 粉砂岩；3. 崩坡积物；4. 砂岩；5. 石英砂岩；6. 煤层；7. 滑面；8. 崩塌碎块石；9. 灰岩

(三) 滑坡对工厂、矿山的危害

滑坡是影响和破坏山区工厂、矿山正常生产的主要地质灾害之一,许多工矿企业甚至因此而被迫搬迁。

中国汽车生产基地之一的湖北十堰第二汽车制造厂一直处于滑坡、崩塌、泥石流灾害的不断侵扰之中,在厂区18km^{2}范围内,共有滑坡、崩塌270处,总方量达750×10^4 m^3,严重威胁着厂区的安全和工厂生产。1982年7月底,在突降暴雨的诱发下,多处发生滑坡、崩塌、泥石流,崩滑流物质冲入两个专业厂的7个车间,工厂被迫停产数天。

1990年8月11日,天水锻压机床厂附近发生滑坡,摧毁该厂的6个生产车间,造成6人死亡,工厂被迫停产,直接经济损失达2000万元以上。

几乎所有矿山都不同程度地遭受到滑坡、崩塌、泥石流灾害的危害或威胁。这些山地地质灾害在某种程度上已经成为影响矿山建设和矿产开发的“公害”。在露天矿山,滑坡、崩塌灾害几乎影响着矿山生产的整个过程。据中国10个大型露天矿山的统计,不稳定或具有潜在滑坡危险的边坡约占边坡总长度的20%,个别矿山甚至高达33%。

辽宁省抚顺西露天矿自1914年投产至1985年,共发生滑坡近60次。为整治滑坡,共削坡减载剥离岩石近1×10^8 m^3。滑坡造成多次重大事故,发生于1959年的滑坡使矿山的主要提升运输系统西大巷停运,后期工程处理历时三年,耗资2000余万元;1964年南帮西部滑坡,使矿山机修厂滑落、毁坏,1979年露天矿西端边坡发生大滑坡,掩埋西大巷提升系统,使矿山再度停产;露天矿西北帮的滑坡及地面变形,严重影响了抚顺石油一厂建筑物的安全。

(四) 滑坡对农田的危害

滑坡、崩塌还对农田造成危害,使耕地面积减少。据统计,中国因滑坡、崩塌灾害毁坏的耕地至少达8600多公顷。大量耕地的毁坏,严重地阻碍了受灾地区农业生产的发展和农民生活水平的提高。

1982年7月18日,四川省石柱县桥头乡沙岭滑坡,毁坏耕地0.66km^2,使全村农户严重受灾。1983年3月7日,甘肃省东乡族自治县洒勒山发生了中国罕见的高速、远程大型滑坡,滑坡体覆盖范围南北长达1600m,东西宽达1700m,面积约1.4km^2,体积约5000×10^4 m^3。如此大规模的滑坡,全过程仅用了一两分钟,最大滑速19.8m/s。洒勒山滑坡毁坏耕地1.67km^2,使两座小型水库部分被淤埋、阻塞,破坏灌溉设施4处、公路及高压电线1.3km长;使洒勒、新庄、三个村庄被摧毁,400余头牲口被埋没,财产损失共约40万元,死亡237人,重伤27人,损失之惨重为国内所罕见。

(五) 滑坡对水利水电工程的危害

滑坡对水利水电工程的危害也是极为严重的。特别是对水库而言,它不仅使水库淤积加剧、降低水库综合效益、缩短水库寿命,而且还可能毁坏电站,甚至威胁大坝及其下游的安全。

1963年发生在意大利瓦依昂(Vaiont)大坝南侧的大规模堆积物滑移给大坝及其下游的居民带来了毁灭性的灾难。瓦依昂大坝于1960年修建,位于意大利东北部靠近奥地利和斯洛文尼亚的一个深山峡谷里。水库蓄水量为1.5×10^8 m^3。坝址区河谷两侧为高角度易滑的沉积岩出露区,并发育有密集的裂隙和古滑动面;大坝修建后,水库水体使坡脚处的岩石饱和、孔隙水压力上升。1963年8～10月份的大暴雨诱发了10月9日晚的大滑坡,瓦依昂水库南侧发生快速的大规模坍塌滑动,滑体长1.8km,宽1.6km,体积超过2.4×10^8 m^3,一部分水库被岩石碎屑填充,并高出水面150m。滑坡重击地面,在欧洲大部分地区都感觉到了地震。滑动物质持续时间不足30秒钟,运动速率达30m/s。滑体前锋形成的巨大气流掀翻了房屋。大坝北侧的水柱高出水面240m，高出坝顶100m高的波浪冲出水库，并以70多米高的水墙沿瓦依昂河谷向下游的Longarone城冲去。大部分伤亡损失是由于库水涌浪造成的，仅6分钟时间，Longarone城就被大水淹没，2000多名居民被洪水淹死。这一事件被看做是世界最大的水库大坝灾难。

中国水库库区也经常发生滑坡灾害。如湖北黄龙滩水库1976—1988年共发生滑坡82处，总方量达$1.88\times10^8\ m^3$之多，造成水库严重淤积。刘家峡水库自1968年蓄水以来，库区不断发生滑坡、崩塌，仅1970—1984年入库总方量达$0.12\times10^8\ m^3$以上，约占水库淤积物质的三分之一。1980年6月28日，甘肃民乐县瓦房城水库滑坡，推倒水库进水塔用岸坡护墙，水库因此不能正常运行。

(六) 滑坡的次生灾害

滑坡灾害不仅直接危害受灾地区，还常常引发一系列次生灾害，如洪水、涌浪、淤积及有毒废石渣污染等，造成更大范围的影响和更严重的损失，次生灾害损失有时远远超过灾害本身的直接损失。

1963年意大利瓦依昂水库滑坡死亡约3000人的特大灾难就是滑坡诱发库水形成的洪水造成的(表6-7)。1967年6月8日，中国四川省雅砻江唐古栋滑坡本身并未造成任何直接损失，但$0.68\times10^8\ m^3$土石滑入江中，形成355m高的涌浪并越过坝顶，猛烈的洪水将下游沿岸600km范围内所有土地、房屋、公路、桥梁等一扫而光，危害极其严重。1963年9月，甘肃舟曲县泄流坡滑坡，堵断白龙江，使上游水位升高18.5m，回水达6.5km，淹没上游大片土地、房屋。

表6-7 全球历史上部分大型岸坡崩塌造成的涌浪及伤亡情况

(据胡广韬，1986；刘传正，1995，编制)

崩滑名称	所在地	发生年代	水体性质	崩滑方量/m^3	涌浪高度/m	死亡人数/人
Chungar	秘鲁	1971	湖泊	1×10^5	30	400～600
Vaiont	意大利	1963	水库	$(2.5\sim3)\times10^8$	260	3000
Liwya Bay	美国	1958	海湾	3×10^7	530	2
Lion Lake	挪威	1636	湖泊	1×10^6	70	73
Taford	挪威	1934	峡湾	1.5×10^6	62	44
Lion Lake	挪威	1905	湖泊	4×10^5	40	61
Shimabara	日本	1792	海湾	5.4×10^8	10	1500
Laufjord	挪威	1756	峡湾	1.2×10^7	40	32
长江新滩	中国	1985	水库	3×10^7	36.5	10
乌江鸡冠岭	中国	1994	峡湾	3.9×10^6	30	9
柘溪塘岩光	中国	1961	水库		21	

6.4 泥 石 流

6.4.1 泥石流的一般特征

泥石流是山区特有的一种突发性的地质灾害现象。它常发生于山区小流域，是一种饱含大量泥沙石块和巨砾的固液两相流体，呈黏性层流或稀性紊流等运动状态，是地质、地貌、水文、气象、植被等自然因素和人为因素综合作用的结果。

泥石流暴发过程中，有时山谷雷鸣、地面震动，有时浓烟腾空、巨石翻滚；混浊的泥石流沿着陡峻的山涧峡谷冲出山外，堆积在山口。泥石流含有大量泥沙块石，具有发生突然、来势凶猛、历时短暂、大范围冲淤、破坏力极强的特点，常给人民生命财产造成巨大损失。

泥石流具有如下三个基本性质，并以此与挟沙水流和滑坡相区分。

(1) 泥石流具有土体的结构性，即具有一定的抗剪强度(τ_0)，而挟沙水流的抗剪强度等于零或接近于零。

(2) 泥石流具有水体的流动性，即泥石流与沟床面之间没有截然的破裂面，只有泥浆润滑面，从润滑面向上有一层流速逐渐增加的梯度层，而滑坡体与滑床之间有一破裂面，流速梯度等于零或趋近于零。

(3) 泥石流一般发生在山地沟谷区，具有较大的流动坡降(蒋爵光，1991)。

泥石流体是介于液体和固体之间的非均质流体，其流变性质既反映了泥石流的力学性质和运动规律，又影响着泥石流的力学性质和运动规律。无论是接近水流性质的稀性泥石流，还是与固体运动相近的黏性泥石流，其运动状态介于水流的紊流状态和滑坡的块体运动状态之间。泥石流中含有大量的土体颗粒，具有惊人的输移能力和冲淤速度。挟沙水流几年、甚至几十年才能完成的物质输移过程，泥石流可以在几小时，甚至几分钟内完成。由此可见，泥石流是山区塑造地貌最强烈的外营力之一，又是一种严重的突发性地质灾害。

根据泥石流发育区的地貌特征，一般可划分出泥石流的形成区、流通区和堆积区。泥石流形成区位于流域的上游沟谷斜坡段，山坡坡度30°～60°，是泥石流松散固体物质和水源的供给区。泥石流流通区位于沟谷的中下游，一般地形较顺直，沟槽坡度大，沟床纵坡降通常在15‰～40‰。泥石流堆积区是泥石流固体物质停积的场所，位于冲沟的下游或沟口处，堆积体多呈扇形、锥形或带形。

6.4.2 泥石流的形成条件

泥石流现象几乎在世界上所有的山区都有可能发生，尤以新构造运动时期隆起的山系最为活跃，遍及全球50多个国家。中国是一个多山的国家，山地面积广阔，又多处于季风气候区，加之新构造运动强烈、断裂构造发育、地形复杂，从而成为世界上泥石流最发育、分布最广、数量最多、危害最重的国家之一。

泥石流的形成条件概括起来主要表现为三个方面：地表大量失稳的松散固体物质、充足的水源条件和特定的地貌条件。

(一) 物源条件

泥石流形成的物源条件系指物源区土石体的分布、类型、结构、性状、储备方量和补给的方式、距离、速度等，而土石体的来源又决定于地层岩性、地质构造和气候条件等因素。

从岩性看，第四系各种成因的松散堆积物最容易受到侵蚀、冲刷，因而山坡上的残坡积物、沟床内的冲洪积物以及崩塌、滑坡所形成的堆积物等都是泥石流固体物质的主要来源。厚层的冰碛物和冰水堆积物则是中国冰川型、融雪型泥石流的固体物质来源。

就中国泥石流物源区的土体来说，虽然成因类型很多，但依据其性质和组构可划分为碎石土、沙质土、粉质土和黏质土四种类型。沙质土广泛分布于沙漠地区，但因缺少水源很少出现水沙流，而多在风力作用下发生风沙流；粉质土主要分布于黄土高原和西北、西南地区的山谷内，在水流作用下可形成泥流；黏质土以红色土为代表，广布于中国南方地区，是这些地区泥石流细粒土的主要来源。

板岩、千枚岩、片麻岩等变质岩和喷出岩中的凝灰岩等属于易风化岩石，节理裂隙发育的硬质岩石也易风化破碎。这些岩石的风化物质为泥石流提供了丰富的松散固体物质来源。

（二）水源条件

水不仅是泥石流的组成部分，也是松散固体物质的搬运介质。形成泥石流的水源主要有大气降水、冰雪融水、水库溃决水、地下水等。中国泥石流的水源主要由暴雨形成，由于降雨过程及降雨量的差异，形成明显的区域性或地带性差异。如北方雨量小，泥石流暴发数量也少；南方雨量大，泥石流较为发育。

（三）地形地貌条件

地形地貌对泥石流的发生、发展主要有两个方面的作用：一是通过沟床地势条件为泥石流提供位能，赋与泥石流一定的侵蚀、搬运和堆积的能量；二是在坡地或沟槽的一定演变阶段内，提供足够数量的水体和土石体。沟谷的流域面积、沟床平均比降、流域内山坡平均坡度以及植被覆盖情况等都对泥石流的形成和发展起着重要的作用。

泥石流既是山区地貌演化中的一种外营力，又是一种地貌现象或过程。泥石流的发生、发展和分布无不受到山地地貌特征的影响。全球泥石流频发带主要分布于环太平洋山系和阿尔卑斯-喜马拉雅山系。这两大山系的新构造运动活跃，地震强烈，火山时有喷发，山体不断抬升，河流切割剧烈，地形相对高差大，为泥石流提供了必需的地形条件。中国的泥石流比较集中地分布于全国性三大地貌阶梯的两个边缘地带。这些地区地形切割强烈，相对高差大，坡地陡峻，坡面土层稳定性差，地表水径流速度和侵蚀速度快。这些地貌条件有利于泥石流的形成。

地形陡峻、沟谷坡降大的地貌条件不仅给泥石流的发生提供了动力条件，而且在陡峭的山坡上植被难以生长，在暴雨作用下，极易发生崩塌或滑坡，从而为泥石流提供了丰富的固体物质。如中国云南省东川地区的蒋家沟泥石流，就明显具有上述特点。

泥石流的规模和类型受许多种因素的制约，除上述三种主要因素外，地震、火山喷发和人类活动都有可能成为泥石流发生的触发因素，而引发破坏性极强的自然灾害。

6.4.3 泥石流的运动特征与机理

（一）泥石流的径流特征

从运动角度来看，泥石流是水和泥沙、石块组成的特殊流体，属于一种块体滑动与携沙水流运动之间的颗粒剪切流。因此，泥石流具有特殊的流态、流速、流量及运动特征（吴积善等，1993）。

1. 流态特征

泥石流是固相、液相混合流体，随着物质组成及稠度的不同，流态也发生变化。细颗粒物质少的稀性泥石流，流体容重低、黏度小、浮托力弱，呈多相不等速紊流运动的石块流速比泥砂和浆体流速小，石块呈翻滚、跃移状运动。这种泥石流的流向不固定，容易改道漫流，有股流、散流和潜流现象。

含细颗粒多的黏性泥石流，流体容重高、黏度大、浮托力强，具有等速整体运动特征及阵性流动的特点。各种大小颗粒均处于悬浮状态，无垂直交换分选现象。石块呈悬浮状态或滚动状态运动。泥石流流路集中，不易分散，停积时堆积物无分选性，并保持流动时的整体结构特征。

2. 流速、流量特征

泥石流流速不仅受地形控制,还受流体内外阻力的影响。由于泥石流挟带较多的固体物质,本身消耗动能大,故其流速小于洪水流速。稀性泥石流流径的沟槽一般粗糙度比较大,故流速偏小。黏性泥石流含黏土颗粒多,颗粒间黏聚力大,整体性强,惯性作用大,故与稀性泥石流相比,流速相对较大。

泥石流流量过程线与降水过程线相对应,常呈多峰型。暴雨强度大、降雨时间长,则泥石流流量大;若泥石流沟槽弯曲,易发生堵塞现象,则泥石流阵流间歇时间长,物质积累多,崩溃后积累的阵流流量大。

泥石流流量沿流程是有变化的,在形成区流量逐步增大,流通区较稳定,堆积区的流量则沿程逐渐减少。

3. 泥石流的直进性和爬高性

与洪水相比,泥石流具有强烈的直进性和冲击力。泥石流黏稠度越大,运动惯性也越大,直进性就越强;颗粒越粗大,冲击力就越强。因此,泥石流在急转弯的沟岸或遇到阻碍物时,常出现冲击爬高现象。在弯道处泥石流经常越过沟岸,摧毁障碍物,有时甚至截弯取直。

4. 泥石流漫流改道

泥石流冲出沟口后,由于地形突然开阔,坡度变缓,因而流速减小,携带物质逐渐堆积下来。但由于泥石流运动的直进性特点,首先形成正对沟口的堆积扇,从轴部逐渐向两翼漫流堆积;待两翼淤高后,主流又回到轴部。如此反复,形成支岔密布的泥石流堆积扇。

5. 泥石流的周期性

在同一个地区,由于暴雨的季节性变化以及地震活动等因素的周期性变化,泥石流的发生、发展也呈现周期性变化的规律。

(二) 泥石流的运动机理

泥石流的运动模式主要取决于其物质组成。黏粒的性质与含量决定着泥浆的结构、浓度、强度、黏性和运动状态。吴积善等人(1993)按黏粒含量变化,将泥石流运动模式划分为塑性蠕动流、黏性阵流、阵性连续流和稀性连续流,它们的运动机理各不相同。

塑性蠕动流的浆体中土水比大于0.8、石土比大于4.0、容重大于2.3 t/m^3,泥浆具有极高的黏滞力。在运动中石块之间泥浆变形所产生的阻力相当大,泥石流运动速度缓慢,流体中石块大体可保持相对稳定的状态。塑性泥石流流体中,细粒浆体的网状结构十分紧密,呈聚合状,不发生“压缩”沉降,所有的石块被“冻结”在粗粒浆体内。静止时,石块既不上浮,也不下沉;运动过程中石块与浆体互不分离,等速前进。当沟床坡度较小、流速较慢时,流体呈蠕流形式前进,在流体边缘石块可发生缓慢转动;当沟床坡度较大、流速较快时,多以滑动流的形式运动,其底部有一层阻力较小的润滑层。因此,塑性泥石流可以认为是土体颗粒被水饱和并具有一定流动性的滑坡体。实际上,许多塑性泥石流是直接由滑坡体演变而来的。

黏性阵流的浆体中土水比为0.8～0.6,石土比为4.0～1.0,容重为2.3～1.9 t/m^3。它流速很快,一般为8 m/s,最大可达15 m/s。泥石流携带的石块数量不如黏性泥石流多,泥浆体的黏滞度也比较小,因此运动能耗小。黏性泥石流的细粒浆体呈蜂窝状或聚合状结构,水充填在结构体中,多呈封闭自由水。沙粒被束缚在结构体中,石块与浆体构成较紧密的格式结构,绝大部分石块悬浮在结构体内。

阵性连续流的土水比为0.6～0.35，石土比为1.0～0.2，容重为1.9～1.6 t/m³。泥浆更接近于流体性质，属过渡性泥浆体。黏滞度进一步减小，启动条件降低，搬运力下降；流体中石块的自由度增大，相互间容易发生碰撞；流体具有一定的紊动特性，石块多呈推移质。

稀性连续流的土水比小于0.35，石土比0.2～0.001，容重为1.6～1.3 t/m³。泥浆体的黏滞作用很小，接近水流特征，流态紊乱，石块翻滚并相互撞击。

6.4.4 泥石流的分类

泥石流的分类方法很多，依据主要是泥石流的形成环境、流域特征和流体性质等。各种分类都从不同的侧面反映了泥石流的某些特征。尽管分类原则、指标和命名等各不相同，但每一个分类方案均具有一定的科学性和实用性。下面仅对几种主要的分类方案加以论述。

(一) 根据环境对泥石流的分类

泥石流具有地带性分布规律，环境条件对泥石流的发生、发展有着重大影响。泥石流的环境特征在一定程度上决定或影响着泥石流的组构、性质、规模、频率和危害程度等。

从全球范围看，可将泥石流分为陆地泥石流和水下泥石流两大类。按形成条件，陆地泥石流有地带性泥石流和非地带性泥石流之分(图6-6)。由地带性因素形成雨水泥石流和融水泥石流；非地带性因素形成地震泥石流、火山泥石流、崩塌泥石流、滑坡泥石流、溃决泥石流和人为泥石流等。后者主要分布于地壳强烈隆起的山区或人类活动较强烈的地区(吴积善等，1993)。

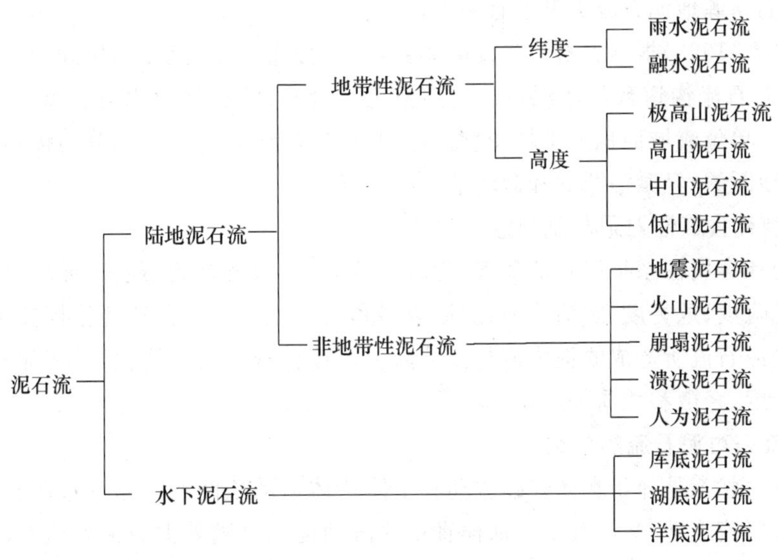

图6-6 泥石流的环境分类图

(据吴积善，1993)

(二) 按流域地貌对泥石流的分类

泥石流流域既是一个泥石流发生、发展的自然单元，又是一个危害人类社会、经济、环境的自然单元，所以也是防治泥石流灾害的基本单元。故可从这些方面的属性指标对泥石流进行分类。

1. 据流域自然属性对泥石流的分类

泥石流的水土物质来源于流域,流域为泥石流提供形成、运动和堆积的场所以及势能条件。一个完整的泥石流流域包括形成区、流通区和堆积区。有的泥石流源地上游还有清水(或挟沙水流)汇集区。

根据泥石流源地土、水汇集和相互作用的过程与方式,可将泥石流分为两大类,下又分成8种泥石流(图6-7)。

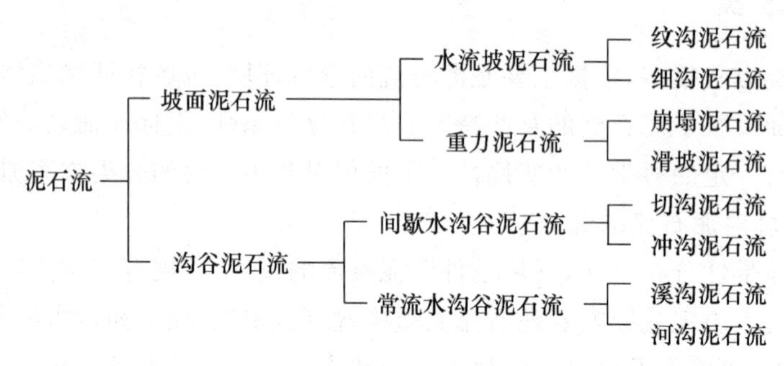

图6-7　据源地对泥石流的分类

(据田连权,1988)

根据形成过程,可将泥石流分为土力类泥石流和水力类泥石流。土力类泥石流的性质一般偏黏性,水力类泥石流偏稀性。它们在下泄过程中因水土补给相对量的变化可发生相互转化。此外,它们与源地泥石流类型没有一致性关系。

吴积善等人(1993)根据泥石流暴发的频繁程度、分布密度、流体性质和规模等指标,利用泥石流频率、泥石流沟道数与非泥石流沟道数之比、泥石流源地面积与非源地面积之比、100年内最大流量、单位流域面积上平均冲刷土体的方量等指标,将泥石流分为极强活跃的、强烈活跃的、中等活跃的、轻微活跃的和微弱活跃的等五类。

2. 按流域社会属性对泥石流的分类

泥石流的社会属性系指泥石流危害(含潜在危害)对象的社会、经济、环境等方面的属性,比如泥石流危险度、危害度、防治能力、防治费用和防治效益等。据这些指标亦可对泥石流进行分类。根据泥石流所造成的损失值与流域内全部社会资产折价比值,可将泥石流划分为毁灭性、严重、中度、轻微和微弱等五类。

(三)据流态对泥石流的分类

泥石流运动状态是介于水体连续流动和土体块体运动之间的一系列过渡状态,既缺乏水流那样的典型层流流动,又没有土体那样真正的滑动运动。随着泥石流性质和沟床条件的改变,泥石流的流动状态有紊动流、扰动流、层动流、蠕动流和滑动流四种类型。

陈光曦(1983)按泥石流挟带的泥沙物质,将泥石流分为泥流、泥石流和水石流三类。

此外,还有按泥石流爆发频率、泥石流堆积物体积大小等进行的分类(表6-8)。

表 6-8 泥石流的其他分类

分类指标	分 类	特 征
物质组成	泥流	由细粒径土组成，偶夹砂砾，黏度大，颗粒均匀
	泥石流	由土、砂、石混杂组成，颗粒差异较大
	水石流	由砂、石组成，粒径大，堆积物分选性强
固体物质提供方式	滑坡泥石流	固体物质主要由滑坡堆积物组成
	崩塌泥石流	固体物质主要由崩塌堆积物组成
	沟床侵蚀泥石流	固体物质主要由沟床堆积物侵蚀提供
	坡面侵蚀泥石流	固体物质主要由坡面或冲沟侵蚀提供
流体性质	黏性泥石流	层流，有阵流，浓度大，破坏力强，堆积物分选性差
	稀性泥石流	紊流，散流，浓度小，破坏力较弱，堆积物分选性强
发育阶段	发育期泥石流	山体破碎不稳，日益发展，淤积速度递增，规模小
	旺盛期泥石流	沟坡极不稳定，淤积速度稳定，规模大
	衰败期泥石流	沟坡趋于稳定，以河床侵蚀为主，有淤有冲，由淤转冲
	停歇期泥石流	沟坡稳定，植被恢复，冲刷为主，沟槽稳定
暴发频率(n)	极高频泥石流	$n \geqslant 10$ 次/年
	高频泥石流	1 次/年 $\leqslant n <$ 10 次/年
	中频泥石流	0.1 次/年 $\leqslant n <$ 1 次/年
	低频泥石流	0.01 次/年 $\leqslant n <$ 0.1 次/年
	间歇性泥石流	0.001 次/年 $\leqslant n <$ 0.01 次/年
	老泥石流	0.0001 次/年 $\leqslant n <$ 0.001 次/年
	古泥石流	$n <$ 0.0001 次/年
堆积物体积(V)	巨型泥石流	$V > 5 \times 10^5\ m^3$
	大型泥石流	$2 \times 10^5\ m^3 \leqslant V \leqslant 5 \times 10^5\ m^3$
	中型泥石流	$2 \times 10^4\ m^3 \leqslant V < 2 \times 10^5\ m^3$
	小型泥石流	$V < 2 \times 10^4\ m^3$

6.4.5 泥石流的危害

(一) 灾害性泥石流的主要特征

灾害性泥石流是指造成较严重经济损失和人员伤亡的泥石流，其主要特征表现为暴发突然、来势凶猛、冲击强烈、冲淤变幅大、沟道摆动速度和幅度大等几个方面。

1. 暴发突然

灾害性泥石流往往突然暴发，从强降雨过程开始到泥石流暴发的间隔时间仅十几分钟至几十分钟。因此，对于低频泥石流的发生难以预测、预报。如成昆铁路沿线的盐井沟泥石流和利子依达沟泥石流暴发前分别有几十年没有发生泥石流灾害了，但在大暴雨的激发下，突然暴发泥石流，分别使上百人丧生，酿成惨重灾祸。

2. 来势凶猛

泥石流来势凶猛系指泥石流的规模大、流速快和龙头高等。与同频率的挟沙洪水相比较，同一条沟内的黏性泥石流的流量、流速和泥深均大 50%，有的达数倍、十数倍。

3. 冲击力强

泥石流的容重可达 2.3 t/m^3，黏性泥石流可挟带巨大的石块快速运动，故流体的整体冲击力和大石块的撞击力均十分可观。成昆铁路利子依达沟铁路桥和东川铁路支线达德沟铁路桥均被泥石流的强大冲击力所毁坏。

4. 冲淤变幅大

泥石流的冲淤变幅很大，是挟沙水流所无法比拟的。东川蒋家沟的一次泥石流在局部沟段冲刷深度达16 m，淤积厚度达6 m以上。

1976年5月14日四川喜德汉罗沟泥石流在中游段沟床刷深达3～5 m，在下游普遍淤高1～2 m，形成一片石海。

泥石流的强烈冲淤可使桥涵遭受严重破坏，大片农田沦为沙砾滩，整个村庄变成废墟。

5. 主流摆动速度快、幅度大

泥石流不仅冲淤变幅大、速度快，主流线左右摆动的速度和幅度也很大。稀性泥石流的这一特征更为明显，相对而言，黏性泥石流的主沟槽摆动频次较少，可是一旦发生，其幅度颇大。如云南盈江浑水沟主槽曾在1974年发生一次摆动，最大幅度达280 m。

（二）泥石流的危害方式

泥石流的危害方式多种多样，主要有冲刷、冲击、磨蚀和淤埋等。

1. 冲刷

泥石流的冲刷作用，在沟道的上游段以下切侵蚀作用为主，中游段以冲刷旁蚀为主，下游段在堆积过程中时有局部冲刷。

泥石流沟道上游坡度大，沟槽狭窄。随着沟床的不断刷深，两侧岸坡坡度加大、临空面增高，沟槽两侧不稳定岩土体发生崩塌或滑坡而进入沟道，成为堵塞沟槽的堆积体。而后泥石流冲刷堆积体，再次刷深沟床，如此周而复始，山坡不断后退，进而破坏耕地和山区村寨。

泥石流中游沟段纵坡较缓，多属流通段，有冲有淤，冲淤交替。冲刷作用包括下蚀和侧蚀。黏性泥石流的侧蚀不明显，一般出现于主流改道过程中；稀性泥石流的侧蚀作用明显，主流可来回摆动。

泥石流下游沟道一般以堆积作用为主，但在某种情况下可出现强烈的局部冲刷。泥石流沟槽下游的导流堤在泥石流的侧蚀作用下时有溃决，从而酿成灾害。

2. 冲击

泥石流的冲击作用包括动压力、大石块的撞击力以及泥石流的爬高和弯道超高等能力。

泥石流具在强大的动压力、撞击力，其原因在于流体容重大、携带的石块大、流速快。处于泥石流沟槽的桥梁很容易受到泥石流强大的冲击力而毁坏。泥石流的爬高与弯道超高能力也是由泥石流强大的冲击力所引起的。

3. 堆积

泥石流的堆积作用主要出现于下游沟道，尤其多发生在沟口的堆积扇区。但在某些条件下，中、上游沟道亦可发生局部(或临时性)的堆积作用。泥石流堆积扇的强烈堆积和堆积区的迅速扩大，还可堵塞它所汇入的主河道，在主河堵塞段上、下游造成次生灾害。

除上述三种主要危害方式外，泥石流还具有磨蚀、振动、气浪和砸击等次要危害形式。它们与泥石流的规模、流态、沟床条件等因素有密切的关系。

（三）泥石流的危害

泥石流活动强烈、危害严重的国家有俄罗斯、日本、意大利、奥地利、美国、瑞士、秘鲁、印度尼西亚和中国等国家和地区。日本占国土面积2/3的山区均为泥石流频发区，共有泥石流沟62 272条，每年因泥石流造成的损失平均为0.29×10^{8}美元。美国约有一半国土是山区，大多有泥石流活动，每年因泥石流造成的损失约 3.6×10^8 美元。

泥石流可对其影响区内的城镇、道路交通、厂矿企业和农田等造成危害。中国泥石流分布广泛、活动强烈、危害严重。据调查统计，全国有 19 个省(市、自治区)，771 个县(市)有泥石流活动，泥石流分布区的面积约占国土总面积的 18.6%，有灾害性泥石流沟 8500 余条，每年因泥石流造成的损失约 3×10^8 元；四川、云南、西藏、甘肃、陕西、辽宁、台湾及北京等省(市、区)泥石流危害最为严重。中国泥石流暴发频率之高、规模之大，远非世界其他国家所能比，如云南省东川县蒋家沟泥石流在治理前每年都要发生 10 次以上，最长的一次活动过程达 82 小时。西藏波密古乡沟 1953 年发生了一次冰川泥石流，其洪峰流量达 $2.86\times10^4\ m^3/s$，洪峰模数达 $1135\ m^3/(s\cdot km^2)$。这种现象用一般的水文概念是无法解释的。

1. 泥石流对城镇的危害

山区地形以斜坡为主，平地面积狭小，平坦的泥石流堆积扇往往成为山区城镇和工矿企业的建筑用地。当泥石流处于间歇期或潜伏期时，城镇建筑和居民生活安全无恙；一旦泥石流暴发或复发，这些位于山前沟口泥石流堆积扇上的城镇将遭受严重危害。中国有 92 个县(市)级以上的城镇有泥石流灾害，其中以四川最多，约占 40%。四川省西昌市座落于东、西河泥石流堆积扇上，近百年来，多次遭受泥石流危害，累积死亡人数达 1000 余人。解放以来，四川省喜德、汉源、宁南、普格、黑水、金川、南坪、得荣、宝兴、德格、泸定、乡城等 20 余座县城先后遭受泥石流灾害，泥石流冲毁或部分冲毁街道、房屋和其他建筑设施，死难人数少则几人，多则百余人，经济损失巨大。

2. 泥石流对道路交通的危害

(1) 泥石流对铁路的危害

中国遭受泥石流危害的铁路路段近千处，全国铁路跨越泥石流的桥涵达 1386 处。1949—1985 年遭受较重的泥石流灾害 29 次，一般灾害 1173 次。其中，列车颠覆事件 9 起，死亡 100 人以上的重大事故 2 次，19 个火车站被淤埋 23 次。1981 年 7 月 9 日四川甘洛利子依达沟泥石流冲毁跨沟铁路大桥，颠覆一列火车，致使 2 个车头、3 节车厢坠入沟中，死亡 300 余人，中断行车 16 昼夜，损失 2000 万元。在中国铁路沿线泥石流分布密度最大的云南东川支线仓房以北线段，平均每 1.5 km 长线路上就有一条泥石流沟。该线自 1958 年动工后，因遭泥石流等破坏后维修线路所耗的费用为原设计预算的 4 倍。

泥石流还对跨越泥石流沟道的桥梁、渠道、输电、输气、输油和通信管线以及水库、电厂等水利水电等工程建筑物造成危害。如成昆铁路新基古沟的桥梁、东川铁路支线达德沟桥梁等均遭泥石流冲毁。1975 年四川米易水陡沟暴发泥石流，冲毁中游一座小水库，并在下泄中淤埋了成昆铁路的弯丘车站。

(2) 泥石流对公路的危害

中国山区的公路，尤其是西部地区的公路，每年雨季经常因泥石流冲毁或淤埋桥涵、路基而断道阻车。川藏、川滇、甘川、川青、中尼、川黔等山区公路断道均为泥石流、山洪、滑坡所致。1985 年培龙沟特大泥石流一次冲毁汽车 80 余辆，断道阻车长达半年多。有些公路遭受泥石流灾害严重，甚至整个雨季都无法正常通车。

(3) 泥石流对山区内河航道的影响

泥石流对山区内河航道的影响分直接和间接两种形式。直接影响系指泥石流汇入河道，泥沙石块堵塞航道或形成险滩；间接影响为泥石流注入江河，增加江河含沙量，加速航道淤积，致使江面展宽，水深变浅，直至无法通航。

3. 泥石流对厂矿企业的危害

山区的许多厂矿建于泥石流沟道两侧河滩或堆积扇上，泥石流一旦暴发，就会造成厂毁人亡事故。中国西南地区有大量工厂因遭山洪泥石流的危害一直未能投入正常生产，经济损失巨大。

在矿山建设和生产过程中，由于开矿弃渣、破坏植被、切坡不当、废矿井陷落引起的地面崩塌等原因，可使沟谷内松散土层剧增，雨季在地表山洪的冲刷下极易发生泥石流。

4. 泥石流对农田的危害

绝大多数泥石流对农田均有不同程度危害。泥石流对农田的危害方式有冲刷(冲毁)和淤埋两种方式。泥石流的冲刷危害集中于流域的上、中游地区，淤埋主要发生在下游地区。据统计，中国因泥石流灾害毁坏的耕地约760 km^2。近百年来，四川凉山黑沙河泥石流先后淤埋或冲毁耕地2 km^2，村寨5座，被淤埋的耕地多半沦为乱石滩或堆积扇。甘肃武都白龙江、云南小江、四川汉源流沙河、凉山安宁河等流域内，泥石流沟道密集，每年均有数百至数千亩乃至上万亩农田遭泥石流毁坏，其中约一半的堆积扇难以复耕。

5. 泥石流的次生灾害

除上述五个方面的直接危害外，泥石流还可引发次生灾害。如果泥石流体汇入河道，可能导致泥石流堵断河水，形成临时堤坝和堰塞湖(坝体上游积水成湖)，湖水位迅速上涨，造成大面积的淹没灾害，而临时堤坝溃决后又造成下游的洪涝灾害。由于支沟泥石流的汇入，主沟槽迅速淤积上涨，导致航道废弃和引水工程、水库工程报废等。有些河段甚至成为地上河，时常出现溃决与河流改道。泥石流活动还使流域中上游的森林植被破坏，流域水土保持能力下降，下游和干流江河河床淤浅，泄洪能力锐减，导致洪、旱灾害加剧。

6.4.6 泥石流的灾害实例

(一) 云南蒋家沟泥石流

云南省东川地区的小江流域是中国泥石流发育最集中、最频繁、危害最严重的地区之一。而蒋家沟泥石流又是小江流域中规模最大、危害最重的一条泥石流沟。

蒋家沟长12.1 km，流域面积47.1 km^2，计有大小支沟178条。蒋家沟年年暴发泥石流，少则十几次，多则可达30次，使小江经常断流。1968年爆发的一次泥石流，不仅堵塞了小江，还淹没了公路、铁路，造成交通中断，上游的万亩农田颗粒未收。

蒋家沟流域内约80%的地层是易于风化的板岩，其风化产物是泥石流的重要固体物质来源；流域的形态呈上宽下窄的瓢状，地形陡峻，沟壑纵横，坡陡流急；雨量丰富、干湿季节分明的气候特点为泥石流的形成提供了充分的水源条件。此外，人类活动的影响也对蒋家沟泥石流的发生、发展起着不可忽视的触发作用。东川地区从唐代即开始有炼铜活动，历史上掠夺式的开采和大量烧炭炼铜活动，严重破坏了该区的森林植被，所以流域内大部分地区是基岩裸露、土石崩坠的荒山秃岭。严重的水土流失，进一步加剧了灾害性泥石流的活动。

(二) 四川利子依达沟泥石流

1981年7月9日，经成昆铁路从攀枝花开往成都的442次旅客列车，在四川省甘洛县利子依达沟口突遇猛烈的泥石流。两个机车头、一节行李车和一节硬座车箱被泥石流冲入大渡河中。由于铁路桥被冲毁，另有两节硬座车箱被困在桥台护坡、一节车箱出轨。泥石流冲过汹涌澎湃的大渡河直捣对岸，约有29×10^4 m^3泥石流固体物质堵断大渡河，形成高达26 m的天然坝。约3个小时后坝体崩决，强大的洪峰将汉源至无斯河间的公路冲毁830 m，使275人丧生、数十人受伤，直接经济损失达4000多万元。

这是一次由高山局部地区强暴雨引发的泥石流。泥石流沟流域内最大高差达2631 m，主沟床平均纵坡为162.8‰，从而为泥石流提供了巨大势能。暴雨形成的洪水几乎全部参与了泥石流活动，沿沟大量的滑坡、崩塌物卷入洪流中，使泥石流容重达高到2.34 t/m^3，流速大于10 m/s，使71×10^4 m^3的固体物质冲出沟谷。这次高速度、高密度、大流量、大规模的灾害性泥石流是中国铁路史上所遭受的最惨重的一次泥石流灾害。

（三）四川盐井沟泥石流

盐井沟位于四川省冕宁县泸沽镇以东约4.2 km处，源于大顶山西坡，自南向北注入孙水河。盐井沟原系一条老泥石流沟，泥石流活动已停息近百年。1960年以后，盐井沟流域的森林和植被受到大面积破坏，特别是泸沽铁矿的采矿活动，使大量废渣和基建排土堆弃于沟道中，为泥石流的发生蓄积了大量松散的固体物质。

1970年5月26日晚，在暴雨的激发下，盐井沟重新暴发泥石流。沟中弃渣与洪水混合物一起奔腾而下，冲出沟口后又斜穿公路注入孙水河，冲击河水并形成拍岸浪，将沿河数幢工棚瞬间冲毁，104人丧生。

（四）西藏古乡沟特大冰川型泥石流

1953年9月29日夜，西藏波密县境内的古乡沟突然暴发泥石流。古乡沟峡谷内烟雾弥漫，浪花飞溅，距沟24 km以外都可听见泥石流的轰鸣声。泥石流夹带着大量泥沙、巨石、断树和冰块以排山倒海之势直泻而下。泥石流摧毁了沿途的原始森林，耕地、房屋和道路被淹没，人畜大量伤亡。堆积体堵断帕龙藏布江，并冲到对岸高70 m的阶地上。江水受壅成湖，使上游水位猛涨50多米，淹没大片农田和森林。这次泥石流总径流量约为1710×10^4 m^3，泥石流冲出沟口后，形成了一个面积约24 km^2的扇形石海，迫使帕龙藏布江改道向南迁移。

古乡沟发育于念青唐古拉山东延余脉的向阳山坡，流域面积26 km^2，主沟长6 km，相对高差约3500 m；它的源区三面环山、中间低洼，是古冰川长期雕塑而成的围椅形盆地，盆地的谷坡上存有大量的松散冰碛物。1950年西藏察隅地区8.5级大地震诱发的大规模雪崩、冰崩和岩崩也为泥石流的暴发提供了一定数量的水源和松散的固体物质。1953年该地区气候异常，一方面降水丰富且集中，另一方面，持续高温形成的大量冰雪融水为泥石流提供了充足的水源，从而引发了泥石流灾害。

古乡沟泥石流是特大规模的冰川型泥石流，其诱发因素是持续高温和丰富而集中的降雨以及强地震活动。它的固体物质来源不仅有基岩滑坡、崩塌物，还有大量的冰碛物；其水源不仅有雨水，还有冰雪融水。所以，这次泥石流灾害堪称中国西部高原冰雪覆盖区泥石流的典型代表。

（五）甘肃舟曲泥石流

2010年8月8日0时12分，甘肃省舟曲县城区及上游村庄遭受特大山洪泥石流灾害，造成1481人死亡，284人失踪。

2010年8月7日23～24时，舟曲县城北部山区三眼峪、罗家峪流域突降暴雨，小时降水量达96.77 mm，半小时瞬时降水量达77.3 mm。短临超强暴雨在三眼峪、罗家峪两个流域分别汇聚成巨大山洪，沿着狭窄的山谷快速向下游冲击，沿途携带、铲刮和推移沟内堆积的大量土石，冲出山口后形成特大规模山洪泥石流。在向2 km外的白龙江奔流过程中，造成月圆村和椿场村几乎全部被毁灭，三眼峪村和罗家峪村部分被毁，数千亩良田被掩埋。山洪泥石流冲入舟曲县城区和白龙江后，造成20多栋楼房损毁，河道被淤填长度约1 km，江面壅高回水使舟曲县城部分被淹，县城交通、电力和通信中断。三眼峪山洪泥石流前锋出山口的瞬时最大速度为27 m/s(时速接近100 km)。罗家峪山洪泥石流前锋出山口的瞬时最大速度为14.76 m/s(时速约53 km)。据专家测算，舟曲县城北山三眼峪、罗家峪两沟山洪泥石流共冲出固体堆积物合计181×10^4 m^3。其中，三眼峪沟冲出固体堆积物150×10^4 m^3(岸上堆积约100×10^4 m^3，冲入白龙江约50×10^4 m^3)，罗家峪沟冲出固体堆积物31×10^4 m^3(据全国地质灾害通报，2010.8)。

6.5 斜坡变形破坏的监测与预报

6.5.1 斜坡变形破坏的监测

斜坡变形破坏监测的主要目的是了解和掌握斜坡变形破坏的演变过程，及时捕捉崩塌、滑波、泥石流灾害的特征信息，为崩滑流及其他类型斜坡变形破坏的分析评价、预测预报及治理工程提供可靠资料和科学依据。同时，监测结果也是检验斜坡变形破坏分析评价及防治工程效果的尺度。因此，监测既是斜坡变形破坏调查、研究与防治的重要组成部分，又是获取崩塌、滑坡等山地地质灾害预测预报信息的有效手段之一。通过监测可掌握崩滑流的变形特征及规律，预测预报崩滑体的边界条件、规模、滑动方向、失稳方式、发生时间及危害性，及时采取防灾措施，尽量避免和减轻灾害损失。

如中国长江西陵峡新滩滑坡的成功预报减少直接经济损失8700万元；湖北省秭归县马家坝滑坡的短临预报使924人幸免遇难；甘肃省永靖县黄茨滑坡及瑞士阿尔卑斯山滑坡等的监测预报成功典型实例，均为探索研究斜坡变形破坏的监测预报和减灾防灾积累了宝贵经验。

目前，国内外崩塌滑坡监测的技术和方法已发展到一个较高水平，监测内容丰富，监测方法众多，监测仪器也多种多样，它们从不同侧面反映了与崩塌、滑坡形成和发展相关的各种信息。随着电子技术与计算机技术的发展，斜坡变形破坏的自动监测技术及所采用的仪器设备也将不断得到发展与完善，监测内容将更加丰富。

(一) 监测的内容

斜坡变形破坏监测的内容主要涉及斜坡变形破坏的成灾条件、演变过程和地质灾害防治效果等。具体包括：

(1) 斜坡岩土表面及地下变形的二维或三维位移、倾斜变化监测。

(2) 应力、应变、地声等特征参数的监测。

(3) 地震、降水量、气温、地表水和地下水动态和水质变化以及水温、孔隙水压力等环境因素的监测。

(二) 监测仪器

监测仪器类型较多，按仪器的适用范围，可分为位移测量仪器、倾斜测量仪器、应力测量仪器和环境要素测量仪器等四大类。

(1) 用来监测斜坡变形破坏的仪器主要有多点位移计、伸长计、收敛计、短基线、下沉仪、水平位错仪、增量式位移计及三向测缝计等。

(2) 倾斜测量仪器主要有钻孔倾斜仪、盘式倾斜测量仪、T字型倾斜仪、杆式倾斜仪及倒垂线等。

(3) 测量地应力变化的仪器主要有压应力计和锚杆测力计等。

(4) 监测环境因素的仪器种类很多，主要有雨量计、地下水位自记仪、孔隙水压计、河水位量测仪、温度记录仪及地震仪等。

随着科学技术的发展，斜坡变形破坏的监测仪器也正在向精度高、性能佳、适应范围广、监测内容丰富、自动化程度高的方向发展。电子摄像、激光技术和计算机技术的发展以及各种先进的高精度电子经纬仪、激光测距仪的相继问世，为斜坡变形破坏的监测提供了精密准确的现代化手段。

（三）监测方法

在监测技术方法方面，已由过去的人工皮尺监测过渡到仪器监测，现在正向自动化、高精度的遥控监测方向发展。目前国内外常用的崩塌、滑坡监测方法主要有宏观地质观测法、简易观测法、设站观测法、仪表观测法及自动遥测法等，用以监测崩滑体的三维位移、倾斜变化及有关物理参数和环境影响因素的改变（易庆林等，1996）。由于斜坡变形破坏的类型较多，特征各异，变形机理和所处的变形阶段不同，监测的技术方法也不尽相同。

1. 宏观地质观测法

宏观地质观测法就是利用常规地质调查方法对崩塌、滑坡等宏观变形迹象及其发展趋势进行调查、观测，以达到科学预报的目的。

宏观地质观测法以地裂缝、地面鼓胀、沉降、坍塌、建筑物变形特征及地下水变异、动物异常等现象为主要内容。这种方法不仅适用于各种类型斜坡变形破坏的监测，而且监测内容丰富，获取的前兆信息直观且可信度高。结合仪器监测资料进行综合分析，可初步判定崩滑体所处的变形阶段及中短期变形趋势，作为临崩、临滑的宏观地质预报判据。此方法简易经济，便于掌握和普及推广，适合群测群防。宏观地质法可提供崩塌、滑坡短临预报的可靠信息。即使已采用了先进的观测仪器和自动遥测技术，该方法也是不可缺少的。

2. 简易观测法

简易观测法是在斜坡变形体及建筑物裂缝处设置骑缝式简易观测标志，使用长度量具直接测量裂缝变化与时间关系的一种简易观测方法。主要方法及监测内容有：

（1）在崩滑体裂缝处埋设骑缝式简易观测桩，监测裂缝两侧岩土体相对位移的变化。

（2）在建筑物裂缝上设简易玻璃条、水泥砂浆片或贴纸片。

（3）在岩石裂缝面上用红油漆画线作标记。

（4）在陡壁软弱夹层出露处设简易观测桩等，定期测量裂缝长度、宽度和深度变化及裂隙延伸的方向等。

该方法监测内容比较单一，观测精度相对较低，劳动强度较大，但是操作简易，直观性强，观测数据可靠，适合于交通不便、经济困难的山区普及推广应用。即使在有精密仪器观测的条件下，也可开展一些简易观测，以便进行检验核对。

3. 设站观测法

设站观测法是在斜坡变形破坏调查与勘探的基础上，在可能造成严重灾害的危岩、滑坡变形区设立线状或网状分布的变形观测站点，同时在变形区影响范围以外的稳定地区设置固定观测站，利用经纬仪、水准仪、测距仪、摄影仪及全站型电子速测仪、GPS 接收机等定期监测变形区内网点的三维位移变化，是一种行之有效的监测方法。

（1）大地测量法

用来进行大地测量的方法很多，其突出的优点就是能够精确地测定斜坡变形破坏的范围和绝对位移量，同时测量量程不受限制，可以观测到斜坡变形破坏的全过程，掌握斜坡整体不同阶段的变形状态，为评价斜坡的稳定性提供可靠依据。

大地测量法技术成熟、精确度高、监控面广、成果资料可靠，便于灵活地设站观测。它在斜坡监测中占有主导地位，但有时也受到地形通视条件的限制和气象条件的影响，作业量大，周期较长。

(2) 全球定位系统(GPS)测量法

GPS最早是为军事服务的一项高科技方法，主要用于导航和定位。用户在地面用GPS接收机接收4颗以上GPS卫星发射的信号，测定接收机天线至卫星的距离，经技术处理后即可得到待测点的三维坐标。GPS可全天候作业，受通视条件的限制较小，在斜坡变形破坏监测中有着广阔的应用前景。其基本原理是用GPS卫星发送的导航定位信号进行空间后方交会测量，确定地面待测点的三维坐标。

GPS用于斜坡变形监测的优点是选点限制少；观测不受天气状况影响，可进行全天候观测；观测点的三维坐标可以同时测定，对运动的观测点还能精确测出它的速度；观测精度比较高。此方法特别适合地形条件复杂、建筑物密集、通视条件差的滑坡的三维位移监测。目前，中国已将GPS技术应用于新滩滑坡和链子崖危岩体的变形监测以及铜川市川口滑坡治理效果监测。

(3) 近景摄影测量法

把近景摄影仪安置在两个不同位置的固定测点，同时对滑坡区观测点摄影构成立体象对，利用立体坐标仪量测像片上各观测点的三维坐标并随时进行比较，可获得斜坡岩土体的变形位移资料。在精度方面，近景摄影测量法可以满足崩滑体处于速变、剧变阶段的监测要求，即适合于危岩临空陡壁裂缝变化或滑坡地表位移量变化速率较大时的监测。但这种方法受地形条件限制大、内业工作量复杂、专业化程度较高，故在崩塌、滑坡的位移监测中并未广泛应用。

4. 仪器仪表观测法

仪器仪表观测法主要有测缝法、测斜法、重锤法、沉降观测法，电感电阻位移法、电桥测量法、应力应变测量法、地声法、声波法等用以监测危岩体滑坡的变形位移、应力应变、地声变化等。

用精密仪器仪表可对变形斜坡进行地表及深部的位移、倾斜、裂缝变化及地声、应力应变等物理参数与环境影响因素进行监测。按所采用的仪表，可分为机械式传动仪表观测法(简称机测法)和电子仪表观测法(简称电测法)两类，其共性是监测的内容丰富、精度高、灵敏度高、测程可调、仪器便于携带。

(1) 机测法。机测法是在斜坡变形部位埋设测座，采用有百分表、千分表、游标刻度、水准气泡、齿轮传动装置的仪表在实地直接观测的一种方法。观测结果直观、可靠，适用于斜坡变形的中期、长期监测。

(2) 电测法。电测法是将电子元件制作的传感器(探头)埋设于斜坡变形部位，利用电子仪表接受传感器的电信号来进行观测的一种方法。其技术比较先进，监测内容比机测法丰富，仪表灵敏度高、易于遥测，适用于斜坡变形的短期或中期监测。

5. 自动遥测法

自动遥控监测系统可进行远距离无线传输观测，其自动化程度高，可全天候连续观测，省时、省力、安全，是今后滑坡监测技术的发展方向。

但自动遥测法也存在着某些缺陷，如传感器质量不过关、仪器的长期稳定性差、运行中故障率较高等，遇有恶劣的环境条件(如雨、风、地下水浸蚀、锈蚀、雷电干扰、瞬时高压)，遥测数据时有中断。

对一个具体的危岩或滑坡，如何针对其特征，如地形地貌、变形机理及地质环境等，选择合适的监测技术、方法，确定理想的监测方案，正确地布置监测点，则是一个值得不断探索的课题(易庆林等，1996)。应通过各种方案的比较，使监测工作做到既经济安全，又实用可靠，避免单方面地追求高精度、自动化、多参数而脱离工程实际的监测方案。在选择监测技术方法时，不仅应以监测方法的基本特点、功能及适用条件为依据，而且要充分考虑各种监测方法的有机结合、互相补充、校核，才能获得最佳的监测效果。

6.5.2 斜坡变形破坏的预测预报

斜坡变形破坏预报的重点是崩塌、滑坡的预测预报，因此，我们在这里重点介绍崩塌、滑坡的预测预报的方法。崩滑预报是崩塌、滑坡研究的重点，亦是斜坡稳定性研究的主要目的。一般来说，崩滑预报包括崩塌、滑坡的发生时间、空间及规模三个方面。区域斜坡稳定性的空间预测首先通过野外地质调查、遥感解译和试验分析，在建立地质模型的基础上进行预测(图6-8)。

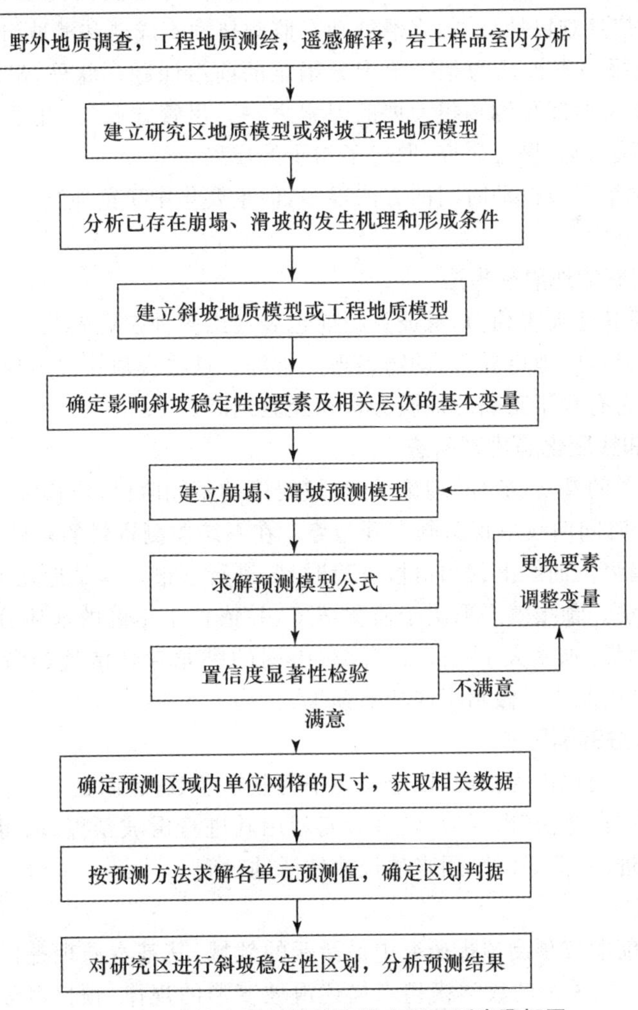

图 6-8 区域性山区斜坡稳定性空间预测步骤框图

崩滑发生时间则主要依据斜坡变形破坏的演化规律来确定,预测预报大多采用如下三种方式:① 通过仪器监测,自动报警预报;② 采用实验数据,通过公式计算进行预报;③ 采用监测数据进行预报。

日本学者斋藤迪孝等人自1947—1953年进行了多次人工滑坡试验,并利用仪器监测研究滑坡活动规律,建立了预报滑坡发生时间的公式和图解法,并于1970年1月22日利用计算公式首次成功地预报了高场山隧道滑坡的剧滑时间,误差仅6分钟。此后,滑坡预测预报研究渐趋活跃。预报成功的实例还有智利的Chuiquicamata露天矿滑坡(1969.2.18)、加拿大的Hogarth滑坡(1975.6.23)以及中国的甘肃金川露天矿采石场滑坡(1983.7.9)、宝鸡卧龙寺新滑坡(1977.5.5)和湖北新滩滑坡(1985.6.12)等。

文宝萍等人(1996年)从滑坡滑动时间预报、滑坡活动强度预报及滑坡危害预测三个方面对国内外的研究现状与发展趋势做了系统总结。下面就其主要内容做一介绍。

(一) 滑坡滑动时间的预测预报

由于滑坡地质过程、形成条件、诱发因素的复杂性、多样性及其变化的随机性、非稳定性,从而导致滑坡动态信息难以捕捉,加之滑坡动态监测技术不成熟和滑坡研究理论不完善,滑坡滑动时间的预测预报一直被认为是一项十分困难的前沿课题。此外,滑坡监测费用高、周期长,也是制约滑坡滑动时间预测预报发展的因素之一。尽管如此,近几十年来,国内外许多研究者都将其作为攻关目标,潜心研究,取得了初步的成果。

目前,国内外预报滑坡滑动时间的方法很多,但主要集中于前兆现象、经验公式、统计模型和仪器监测等几个方面。

1. 滑坡变形前兆的现象预报法

与地震、火山等其他灾害相似,滑坡失稳前也表现出多种宏观先兆,如前缘频繁崩塌、地下水位突然变化、地热异常、地声异常、动物表现失常等。这些现象一般出现在临滑前,用于临滑预报十分有效。但它有赖于正确的地质分析和经验判断。

2. 位移-时间曲线变化趋势判断法

基于岩土体变形的蠕变(流变)理论,在滑坡变形的不同阶段,位移-时间曲线形态不同,处于临滑阶段的位移-时间曲线呈现急剧上升趋势。在系统监测资料的基础上,判断位移变化的加速阶段,按变化趋势在曲线上找出滑坡失稳时刻,进行预报。这是近几十年来滑坡滑动时间预报中最常用的方法。预报效果取决于监测精度,并依赖于正确的地质分析和经验判断。智利Chuquikamata滑坡、加拿大Hogarth滑坡、中国的卧龙寺新滑坡(1977.5.5)及新滩滑坡(1985.6.12)等都是用此方法做出了成功的预报。

3. 斋滕法和改进的斋滕法

斋滕法以土体蠕变理论为基础,以应变速率为基本参数,所以在一定程度上反映了滑坡变形的本质。因而,自"斋滕法"出现后,较多研究者用其进行滑坡预报,取得了一定效果。一些学者尝试研究了改进的"斋滕法",用来预报滑坡滑动时间。

4. 统计模型法

统计模型是目前滑坡预测预报研究中最活跃的领域,其基本原理是以数理统计方法为基础,建立滑坡位移-时间关系的数学模型来描述滑坡变形的规律,预报滑坡发生的时间。常见的统计模型有回归模型、灰色理论模型、泊松旋回模型、生物生长模型、梯度正弦模型及突变理论模型等。

5. 非线性动力学模型预报法

以非线性动力学理论为基础，建立滑坡孕育过程的非线性动力学模型，进而预报滑坡发生时间。从理论上看，这是对滑坡滑动规律认识的一个飞跃。然而，由于滑坡演变的复杂性及外界环境的多变性，要建立滑坡孕育过程的非线性动力学方程并不容易，但其对今后的进一步研究将产生很大的影响。

6. 降水量参数预报法

降水在滑坡演变过程中起着重要的诱发作用。雨季或雨季后，滑坡发生频繁。降雨可缩短滑坡的演变历程，使处于蠕滑变形阶段的滑坡提前滑动。因此，以降雨量为参数预报滑坡启动的临界降雨量和降雨强度，亦是预报滑坡发生时间的方法之一。

7. 声发射参数预报法

以滑坡变形过程中岩土体声发射参数为指标预测滑坡动态，是目前国内外滑坡滑动时间预报研究中的另一热点。声发射(acoustic emission)现象是指材料受到一定大小的作用力后，其内部产生微裂隙而发射出声波的现象。一般来说，只有当应力达到或超过材料所受到的最大先期应力时，才会出现明显的声发射现象。岩体临近破坏前，声发射的频率和幅度都显著增加；破坏以后，达到新的平衡，声发射频率和幅度随之减小。因此，采用声发射法进行监测分析，可以了解岩体的软弱部位、应力状态，并预测其稳定性。

此外，还有多参数预报法、黄金分割法等预报方法。从上述各种方法的有效性来看，仅前三种方法对滑坡做出过成功的滑前预报。其他方法中，有的事后验证效果不错，有的还处于探索之中。总体上看，以地质分析、经验判断为主的定性或半定量预报以及基于监测资料的趋势性预报是当前滑坡滑动时间预报的主要研究方向。如基于岩土体蠕变理论的滑坡变形演变过程及动态趋势预报研究、基于数理统计理论的滑坡滑动时间预报模型研究、基于非线性动力学的滑坡滑动时间预报研究、多因子综合预报研究以及考虑水体影响和人类活动因素的定量评价研究等，均是滑坡滑动时间预报研究的重要方向。

(二) 滑坡活动强度预测预报研究现状与趋势

滑坡活动强度包括滑动速度和滑移距离两个方面。滑坡活动强度预测是滑坡运动学特征的预测。因此，研究物体运动特征的运动物理学和能量转换与守恒定律被视为是滑坡运动学研究的基础。

1. 质点运动学预测方法

将滑坡运动看做是质量集中于重心的质点运动，从而可利用质点运动学和相应的能量转换与守恒定律研究滑坡的运动过程。

2. 滑坡运动机理研究与质量运动学相结合的预测方法

这是一种基于不同的滑坡运动机理假设而进行预测的方法。如奥地利学者Scheidegger A E在调查了世界上33个大型滑坡的运动特征后提出了架空坡斜率(等价摩擦系数)的概念，并建立了相应的计算公式；日本学者佐佐木恭二在室内环剪实验的基础上，利用测定的内摩擦角对日本数个碎屑流滑坡的滑速、滑程进行反演拟合研究，并提出了相应的公式。中国学者王思敬等在研究大型滑坡运动机理的基础上，通过滑坡运动全过程能量分析，提出了滑速及最大滑距预测公式。

与滑坡滑动时间的预测预报研究一样，滑坡活动强度的预测预报亦不成熟，有待进一步研究。如何将质点运动物理学理论和能量转换与守恒定律更合理地用于滑坡运动特征研究，是今后的主要研究趋势。

(三)滑坡危害预测预报研究现状与趋势

滑坡危害的预测研究大多建立在运动特征研究的基础上,首先圈定滑坡可能的危害范围,然后根据直观经验对可能受灾范围内的灾害损失和社会经济影响做出评估。

滑坡、崩塌、泥石流灾害潜在危险的预测是一项很复杂的系统工程,其中许多因素是动态变化的。目前较为流行的方法是通过成灾动力条件分析,建立专家综合评判模型,采用类比推断的方法,确定成灾预测评判模式。其重点是抓住形成崩塌、滑坡、泥石流的主要因子,即人为活动强度、降雨强度与年均降水量、地震活动强度等条件,结合环境质量进行综合评判。

上述各种滑坡、崩塌的预测预报方法有其各自的适用条件(表6-9)。大多数定量预测模型都依赖于对滑坡的绝对位移量进行系统的连续监测,但无论国内还是国外,当前只对极少数重大滑坡实施了监测,以致很多滑坡都是在没有任何监控的条件下"突然"发生。此外,影响滑坡的因素复杂,不确定性因素很多,滑坡变形特点、变形过程和变形机制复杂多变。因此,绝大多数滑坡难以准确预报。对于因偶然因素触发的滑坡更是无能为力,如地震诱发的滑坡等。由此可见,在对滑坡进行调查的基础上,有计划地对滑坡进行监测,是保证滑坡预报成功、减少灾害损失的前提。对频繁发生的降水诱发型滑坡,要重点监测降水量、地下水位与滑坡变形的关系,为滑坡的预报提供可靠的依据。

表6-9　各种预报方法适用性表

(据钟荫乾,1997,改编)

崩塌滑坡预报方法	适用条件
确定性预报模型	
斋滕迪孝法 K·霍克法 极限分析法	属加速蠕变经验方程,精度较低,适用于滑坡的中、短期预报和临滑预报 适于滑坡的长期预报
非确定性预报模型	
灰色预报 生长曲线预报 马尔柯夫法 趋势叠加法 指数平滑法 非线性相关分析法 卡尔曼滤波法 动态跟踪法 泊松旋回法 AB模型	多属趋势预报或跟踪预报,适于各类崩塌、滑坡的中、短期预报;当崩塌、滑坡到达变形加速阶段时,可以较准确地预报剧(崩)滑时间
类比分析法	
多参数预报模型	可识别崩塌、滑坡的变形阶段,适于临滑预报
力学图解分析法	用于崩塌滑坡判据,以及判定破坏型式
黄金分割法	可用于中长期预报

尽管滑坡预测预报的难度很大,但只要能够对预报的崩滑体进行深入的现场考察和长期的监测,从工程地质条件和变形破坏机制上把握崩滑体动态变化的信息,从多方面进行综合分

析，而不是简单地套用数学方法去作结论，完全可以提高崩塌、滑坡预报的成功率。

6.6 斜坡变形破坏的防治工程

地质灾害防治工程是针对自然或人为作用产生的有害地质现象进行防护与治理的工程或措施。它不同于其他建筑工程，一般不产生直接经济效益。因此，在实现整治目标的基础上，应尽可能降低治理费用。地质灾害防治工程设计与施工还必须遵循地质原则、效益原则、技术原则、目标原则、环境原则、整体优化原则和社会安定原则等七项基本原则（刘传正，2000）。地质灾害防治工程设计必须根据地质体的破坏机制对症施治，避免忽视地质条件分析和斜坡破坏机制研究，或仅从地质条件分析出发而忽视工程技术的可行性。在实际工作中，防治工程应以改善地质体自身及周围的生态环境为原则，把地质灾害体作为一个系统工程来对待。

6.6.1 崩塌的防治

崩塌落石灾害具有高速运动、高冲击能量、多发性、在特定区域发生时间和地点的随机性、难以预测性和运动过程的复杂性等特征。因此，发生在道路沿线、工业或民用建筑设施附近的崩塌落石，常会导致交通中断、建筑物毁坏和人身伤亡等事故。

（一）防治原则

对于崩塌而言，在整治过程中，必须遵循标本兼治、分清主次综合治理、生物措施与工程措施相结合、治理危岩与保护自然生态环境相结合的原则。通过治理，最大限度降低危岩失稳的诱发因素，达到治标又治本的目的。

许多崩塌区都是山清水秀的自然风景区，是游人观赏自然景观的理想场所。危岩本身既是崩塌灾害的祸根，也是一种景观资源。因此，危岩崩塌整治工程必须兼顾艺术性与实用性，把治岩、治坡、治水与开发旅游资源结合起来，达到除害兴利的目的。同时，治理危岩、防止崩塌应采取一次性根治不留后患的工程措施；对开辟为观光游览区的危岩地带，采取生物措施治理时应慎重选择植物种类，宜种草不宜植树，防止根系发达的树种对危岩的稳定性产生负作用。

此外，应加强减灾防灾科普知识的宣传，严格进行科学管理；合理开发利用坡顶平台区的土地资源，防止因城镇建设和农业生产而加快危岩的形成，杜绝发生崩塌的诱发因素。

（二）防治措施

崩塌落石本身仅涉及少数不稳定的岩块，它们通常并不改变斜坡的整体稳定性，亦不会导致有关建筑物的毁灭性破坏。因此，防止落石造成道路中断、建筑物破坏和人身伤亡是整治崩塌危岩的最终目的。这就是说，防治的目的并不是一定要阻止崩塌落石的发生，而是要防止其带来的危害。因此，崩塌落石防治措施可分为防止崩塌发生的主动防护和避免造成危害的被动防护两种类型。具体方法的选择取决于崩塌落石历史、潜在崩塌落石特征及其风险水平、地形地貌及场地条件、防治工程投资和维护费用等。图 6-9 列出了主要的崩塌防治措施，图中 SNS 为安全网系统（safety netting system）的简称。

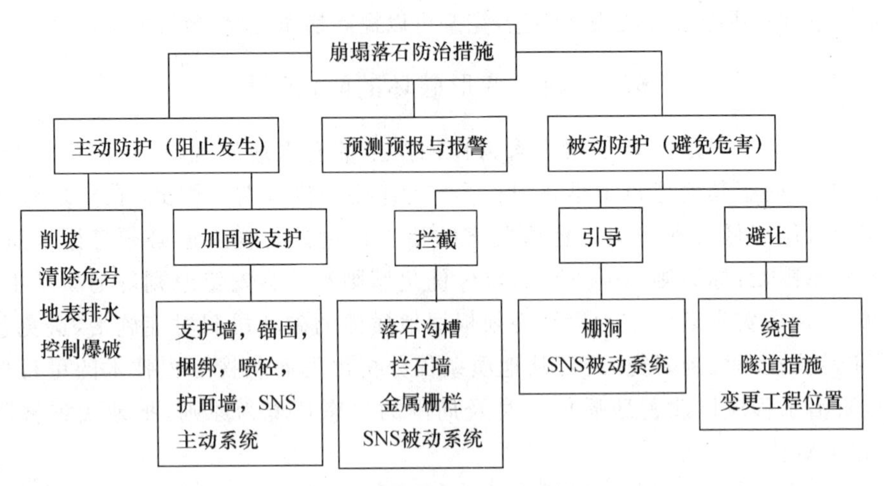

图 6-9 崩塌落石防治主要措施

（据阳友奎，1998，改编）

1. 修筑拦挡建筑物

对中、小型崩塌，可修筑遮挡建筑物或拦截建筑物。拦截建筑物有落石平台、落石槽、拦石堤或拦石墙等，遮挡建筑物形式有明洞、棚洞等（图 6-10）。

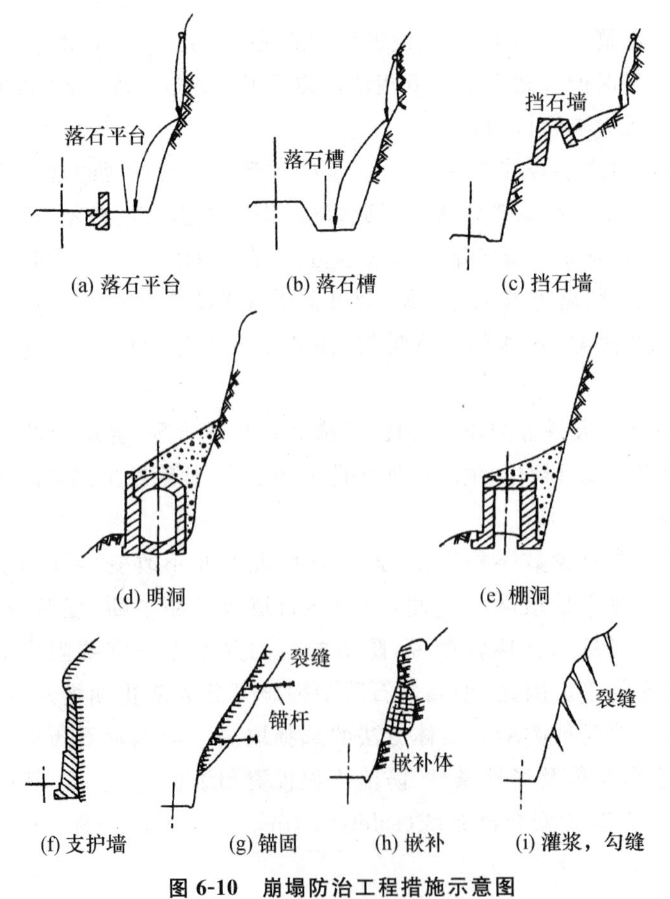

图 6-10 崩塌防治工程措施示意图

在危岩带下的斜坡上，大致沿等高线修建拦石堤兼挡土墙，即可拦截上方危岩掉落石块，又可保护堆积层斜坡的相对稳定状态，对危岩下部也可起到反压保护作用。

2. 支撑与坡面防护

支撑是指对悬于上方、以拉断坠落的悬臂状或拱桥状等危岩采用墩、柱、墙或其组合形式支撑加固，以达到治理危岩的目的。

对危险块体连片分布，并存在软弱夹层或软弱结构面的危岩区，首先清除部分松动块体，修建条石护壁支撑墙保护斜坡坡面。

3. 锚固

板状、柱状和倒锥状危岩体极易发生崩塌错落，利用预应力锚杆或锚索可对其进行加固处理，防止崩塌的发生。锚固措施可使临空面附近的岩体裂缝宽度减小，提高岩体的完整性。因此，锚杆或锚索是一种重要的斜坡加固措施。该方法适用于危岩体上部的加固。

4. 灌浆加固

固结灌浆可增强岩石完整性和岩体强度。经验表明，水泥灌浆加固可使岩体抗拉强度提高0.1 MPa，相当于安全系数提高50%以上。在施工顺序上，一般先进行锚固，再逐段灌浆加固。

5. 疏干岸坡与排水防渗

通过修建地表排水系统，将降雨产生的径流拦截汇集，利用排水沟排出坡外。对于滑坡体中的地下水，可利用排水孔将地下水排出，从而减小孔隙水压力、减低地下水对滑坡岩土体的软化作用。

6. 削坡与清除

削坡减载是指对危岩体或滑坡体上部削坡，减轻上部荷载，增加危岩体和滑坡体的稳定性。对规模小、危险程度高的危岩体，可采用爆破或手工方法进行清除，彻底消除崩塌隐患，防止造成危害。削坡减载的费用比锚固和灌浆的费用要小得多。但削坡减载有时会对斜坡下方的建筑物造成一定损害，同时也破坏了自然景观。

7. 软基加固

保护和加固软基是崩塌防治工作中十分重要的一环。对于陡崖、悬崖和危岩下裸露的泥岩基座，在一定范围内喷浆护壁可防止进一步风化，同时增加软基的强度。若软基已形成风化槽，应根据其深浅采用嵌补或支撑方式进行加固。

8. 线路绕避

对可能发生大规模崩塌的地段，即使是采用坚固的建筑物，也经受不了大型崩塌的破坏，故铁路或公路必须设法绕避。根据当地的具体情况，或绕到河谷对岸、远离崩塌体，或移至稳定山体内以隧道通过。

9. 加固山坡和路堑边坡

(1) 常规方法

在临近道路路基的上方，如有悬空的危岩或体积巨大的危石威胁行车安全，则应采用修筑与地形相适应的支护、支顶等支撑建筑，或是用锚固方法予以加固；对深凹的坡面需进行嵌补，对危险裂缝应进行灌浆处理。

通过上述崩塌落石的治理措施完全消除崩塌落石的危险是很难做到的，因此通常仅对即将崩塌的岩石进行清除，作为其他防治方法的配套措施。通过削坡来阻止崩塌落石的土石方工程很大，在经济上往往是不可取的；而作为加固或支护的各种措施都有其特定的适用条件，在坡面整体性和稳定性较好时才能达到防治的目的。

被动防护措施并不试图阻止岩石崩落,但必须避免崩落的岩块危及被保护的对象。在崩塌落石规模较大或(和)发生频繁的区域,采用交通线路绕行、隧道通过或改变工程位置等避让方案可能是最为有效而彻底的预防措施,但由此必然带来工程投资的明显增加。

(2) SNS 技术

近几年来,一种全新的 SNS 柔性拦石网防护技术在中国水电站、矿山、道路等各种工程现场的崩塌落石防护中得到了广泛的应用。

SNS 系统是利用钢绳网作为主要构成部分来防护崩塌落石危害的柔性安全防护系统,它与传统刚性结构的防治方法的主要差别在于该系统本身具有的柔性和高强度,更能适应于抗击集中荷载和(或)高冲击荷载。当崩塌落石能量高且坡度较陡时,SNS 钢绳网系统不失为一种十分理想的防护方法(阳友奎,1998)。

该系统包括主动系统和被动系统两大类型。前者通过锚杆和支撑绳固定方式将钢绳网覆盖在有潜在崩塌落石危害的坡面上,通过阻止崩塌落石发生或限制崩落岩石的滚动范围来实现防止崩塌危害的目的。后者为一种栅栏式拦石网,它采用钢绳网覆盖在潜在崩岩的边坡面上,使崩岩在被覆作用下沿坡面滚下或滑下而不致剧烈弹跳到坡脚之外,它对崩塌落石发生频率高、地域集中的高陡边坡的防治既有效且经济。

SNS 被动防护系统是一种能拦截崩落的岩块、以具有足够高的强度和柔性的钢绳网为主体的金属柔性栅栏式被动拦石网。整个系统由钢绳网、减压环、支撑绳、钢柱和拉锚 5 个主要部分构成。与传统的拦截式刚性建筑物相比,其主要差别在于系统的柔性和强度足以吸收和分散崩岩能量并使系统受到的损伤最小。该系统既可有效防止崩塌灾害,又可以最大限度的维持原始地貌和植被、保护自然生态环境。SNS 柔性安全防护系统与传统刚性系统的差别如表 6-10 所示。

表 6-10 传统刚性系统与 SNS 柔性系统主要特征对比

(据阳友奎,1998)

性能特征	刚性系统	SNS 柔性系统
结构类型	钢、木、浆砌石构筑的拦截建筑物	带减压环的钢绳网系统
能量范围	低能范围 0~50 kJ	标准化体系达 2350 kJ,设计范围5000 kJ
系统内力	高	低
部件尺寸	牢固但规模庞大笨重	牢固而质轻的轻型部件
视觉干扰	庞大建筑物或墙体	小型可透视建筑物
施工	简单易行,得劳动强度大,工期长,干扰作业或运营	简单易行的标准化装配作业,工期短,不干扰其他作业或运营
辅助工程	需大量开挖工程,破坏地貌和植被	仅做少量锚固,不破坏原始地貌和植被
设计可靠性	无计算冲击荷载需要的变形量,且缺乏试验资料,系统结构尺寸设计困难	在大量的理论分析计算和室内外试验基础上已建立了标准化的设计计算体系

6.6.2 滑坡的防治

滑坡的防治较之危岩更加复杂,必须在查明其工程地质条件的基础上,深入分析其稳定性和危害性,找出影响滑坡的因素及相互关系,综合考虑,全面规划,才能有针对性地采取相应的防治措施。

(一) 防治原则

(1) 以长期防御为主,防御工程与应急抢险工程相结合;应急抢险工程应尽可能与防御工程衔接、配套。

(2) 根据危害对象及程度,正确选择并合理安排治理的重点,保证以较少的投入取得较好的治理效益。

(3) 生物措施与工程措施相结合,治理与管理、开发相结合。工程治理的方法很多,诸如蓄水工程、分水工程、排水工程、拦挡工程、爆破工程、锚固工程、减载工程、反压工程、护坡工程、停淤工程、排导工程、砌体工程等。工程治理作用明显、见效快,缺点是成本高、专业性强且效果不易持久。

生物治理是指通过增加植被覆盖,应用先进的农牧科学技术对山地资源开发利用,以减少水土流失,削减地表径流和控制松散固体物质补给,进而抑制滑坡的发生并促进生态环境的良性发展。生物治理功效持久,成本低,方法较简单,容易广泛开展,能较好地与经济开发相结合,因而生物治理与工程治理可以互为补充。

(4) 因地制宜,讲求实效,治标与治本相结合。大、中型滑坡一般以搬迁避让为主,对不能采取搬迁避让措施的,才进行工程治理。在治理过程中,应针对滑坡形成的诱发因素,分清主次,合理选择治理方案。

(二) 防治措施

一般来讲,治理滑坡的方法主要有"砍头"、"压脚"和"捆腰"三项措施。"砍头"就是用爆破、开挖等手段削减滑坡上部的重量;"压脚"是对滑坡体下部或前缘填方反压,加大坡脚的抗滑阻力;"捆腰"则是利用锚固、灌浆等手段锁定下滑山体。

滑坡的防治措施可归纳为"排、稳、固、挡"四个字。"排"即排水,包括拦截和旁引可能流入滑坡体内的地表水和地下水;排出滑坡体内的地表水和地下水;对穿过滑坡区的引水或排水工程做防渗漏处理;避免在滑坡区内修建蓄水工程;对滑坡区地表做防渗处理;防止地表水对坡脚的冲刷等。"稳"即稳坡,包括降低斜坡坡度,滑坡后部削方减重及滑坡前缘回填压脚;以生物工程和护坡工程来保护边坡等。"固"即加固,包括采用各种形式的抗滑桩、预应力锚索和预应力抗滑桩、抗滑明硐等工程,或采用灌浆、电化学加固、焙烧等方法以改变滑带岩土的性质来进行加固,增大滑面的抗滑力。"拦"即拦挡、拦截,如挡土墙等拦挡工程,图 6-11 为滑坡治理措施的综合示意图。

按滑坡治理措施的施工方式、适用条件和主要作用,可将其分为防御避让、护坡护岸、削坡卸载、排水防渗、排引地下水、拦挡抗滑、固结加固和生物工程等类型(表 6-11)。

1. 排除地表水和地下水

滑坡滑动多与地表水或地下水活动有关。因此在滑坡防治中往往要设法排除地表水和地下水,减少地表水对滑坡岩土体的冲蚀和地下水对滑体的浮托,增大滑带土的抗剪强度。

地表排水的目的是拦截滑坡范围以外的地表水使其不能流入滑体,同时还要设法使滑体范围内的地表水流出滑体范围。地表排水工程可采用截水沟和排水沟等。

排除地下水是用地下建筑物拦截、疏干地下水,降低地下水位,防止或减少地下水对滑坡的影响。根据地下水的类型、埋藏条件和工程的施工条件,可采用的地下排水工程有:截水盲沟、支撑盲沟、边坡渗沟、排水隧洞以及设有水平管道的垂直渗井、水平钻孔群和渗管疏干等。

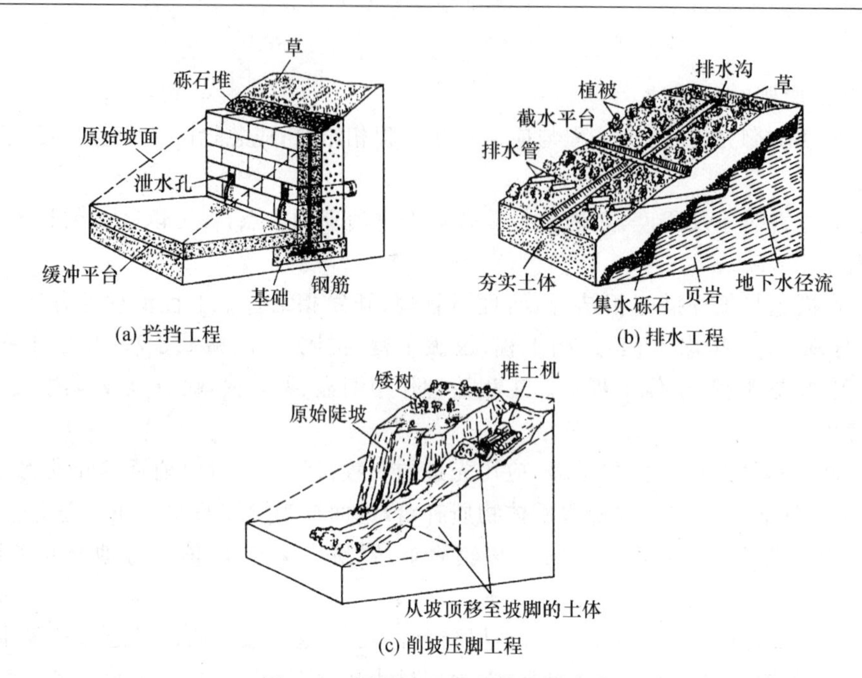

图 6-11　滑坡治理工程措施示意图

(据 Barbara W Murck 等,1997)

表 6-11　滑坡治理的类型、措施及其主要作用

类　型	措　施	主要作用
防御避让	坡面铺设钢丝或铁链栏棚防御 御塌棚防御 道路明洞、隧洞、改线通过 居民点和基建工程改址搬迁	崩滑体规模大、治理费用高时以避让防御灾害
护坡护岸	导流堤(丁坝或顺坝) 防波堤(破浪堤) 灰浆抹面、浆砌片石 种植草皮	防止水流和波浪冲刷、冲蚀或岩体风化、土体开裂等
削方压脚	顶部削方减重 前缘填方压脚 斜坡平整、清除不稳定部分	改变斜坡形态、减少剪应力,提高抗滑力
排水防渗	截水天沟 填堵裂缝	孔隙水压力和动水压力,减少剪应力,提高抗滑力
排引地下水	切沟、卧式钻孔 盲洞、竖井、虹吸管、立式钻孔	
拦挡抗滑	压脚垛、挡墙(坝) 锚固桩、抗滑桩 锚杆、锚索	减少剪应力,提高抗滑力
固结加固	固结灌浆法 电化学法 冻结法(临时性) 熔烧法	增强岩土强度,提高抗滑力
生物工程	植树造林、保护植被等	防止降雨、水流冲刷侵蚀

2. 减重与加载

通过削方减载或填方加载方式来改变滑体的力学平衡条件,也可以达到治理滑坡的目的。但这种措施只有在滑坡的抗滑地段加载、主滑地段或牵引地段减重才有效果。

(1) 后部主滑地段和牵引地段减重

如果滑坡的滑动方式为推动式,并具有上陡下缓的滑动面,采取后部主滑地段和牵引地段减重的治理方法可起到根治滑坡的作用。减重时需经过滑坡推力计算,求出沿各滑动面的推力,才能判断各段滑体的稳定性。减重不当,不但不能稳定滑坡,还会加剧滑坡的发展。

(2) 滑坡前部加载

加载,即在滑坡前部或滑坡剪出口附近填方压脚,以增大滑坡抗滑段的抗滑能力。采用本措施的前提条件是滑坡前缘必须有抗滑地段存在。与减重一样,滑坡前部加载也要经过精确计算,才能达到稳定滑坡的目的。

3. 抗滑挡土墙

抗滑挡土墙工程破坏山体平衡小,稳定滑坡收效快,是滑坡整治中经常采用的一种有效措施。对于中小型滑坡可以单独采用,对于大型复杂滑坡,抗滑挡土墙可作为综合措施的一部分。设置抗滑挡土墙时必须弄清滑坡滑动范围、滑动面层数及位置和推力方向及大小等,并要查清挡墙基底的情况,否则会造成挡墙变形,甚至挡墙随滑坡滑动,造成工程失效。

抗滑挡墙按其受力条件、墙体材料及结构,可分为浆砌石抗滑挡墙、混凝土抗滑挡墙、实体抗滑挡墙、装配式抗滑挡墙和桩板式抗滑挡墙等类型。

4. 抗滑桩

抗滑桩是以桩作为抵抗滑坡滑动的工程建筑物。抗滑桩就像在滑体和滑床间打入一系列铆钉,使两者成为一体,从而稳定滑坡,所以又称锚固桩。桩的材料有木桩、钢管桩、混凝土桩等。近年来,抗滑桩已成为滑坡整治的一种主要工程措施,并取得了良好的效果。

抗滑桩的布置取决于滑体的密实程度、含水情况、滑坡推力大小等因素,通常按需要布置成一排和数排。中国铁路部门多采用钢筋混凝土的挖孔桩,截面多为方形或矩形,其尺寸取决于滑坡推力和施工条件。

5. 护坡工程

护坡工程主要是指对滑坡坡面的加固处理,目的是防止地表水渗入坡体。对于黄土滑坡,坡面加固护理较为有效。具体方法有混凝土方格骨架护坡和浆砌片石护墙。在混凝土方格骨架护坡的方格内还可铺种草皮,进行绿化。

6. 绕避

绕避属于预防措施而非治理措施。对于大型滑坡或滑坡群的防治,由于工程量大,防治工程造价高,工期长,有时不得不采取绕避的方式来预防滑坡灾害。对于线路绕避,有时也要修建工程以便线路通过,如在滑床下以隧道通过,或在滑坡前缘外以旱桥通过,也可以跨河将线路移到对岸较稳定地段。

7. 其他措施

针对滑带土性质,可通过提高滑带土强度的方法防止滑坡滑动。这种方法包括钻孔爆破、焙烧、化学加固和电渗排水等。从理论上来说,这些方法是可行的,但由于技术和经济方面的原因,在实践中还很少应用。

滑坡作为一种主要地质灾害,其产生的地质条件、影响因素、运动机理复杂多变,预测预报困难,治理费用昂贵,一直是世界各国研究的重要地质工程问题之一。近 20 年来,特别是“国际减灾十年活动”开展以来，国际上研究和防治滑坡灾害空前活跃，防治工程措施也在不断完善和发展，多种新技术措施得到深入研究和广泛应用，如地下排水工程开始大量采用平孔排水和虹吸排水，支挡工程发展为大直径抗滑桩、锚索、锚索抗滑桩、微型桩群、全埋式抗滑桩、悬臂式抗滑桩和土钉墙等。

6.6.3 泥石流的防治

泥石流的活动和危害几乎遍及全球各个山区，尤其在北回归线到北纬50°之间的山区显得更为活跃。随着各国山区经济的日益发展、人类活动的日趋频繁，泥石流灾害不断加剧。有效防治泥石流灾害，已成为发展山区经济、保障山区人民生命财产安全的一项重要任务。

(一) 防治原则

1. 全面规划、重点突出

泥石流治理需上、中、下游全面规划，各沟段有所侧重。如上游水源区通过植树造林、修筑水库以减少水量、削减洪峰，抑制形成泥石流的水动力；中游修建拦沙坝、护坡、挡土墙等固定沟床、稳定边坡，减少松散土体来源；下游修建排导沟、急流槽和停淤场，以控制灾害的蔓延。

2. 工程措施与生物措施相结合

泥石流治理的工程措施与生物措施各有优缺点，在治理方案的选择上应综合考虑，各有兼顾。工程措施工期短、见效快、效益明显，但超过使用年限或出现超标准设计的流量时，工程将失效甚至遭受破坏。生物措施见效慢、稳定土层厚度浅，但时间越长效果越好，同时可恢复生态平衡。因此，在治理前期以工程措施为主，可稳定边坡、促进林木生长；治理后期以生物措施为主，生态效益明显，也可延长工程措施的使用年限。

3. 分清类别，因害设防

泥石流的形成机理不同，造成的危害方式也不同，治理对象的主次也应有所不同。对土力类泥石流宜以治土、治山为主，采用拦挡工程、固床工程和水土保持措施来稳定山坡，调节沟床纵坡，消除或减少松散土体来源。对水力类泥石流，则以治水为主，采用引、蓄水工程和水源涵养林来调节径流，削减洪峰。

鉴于泥石流危害状况和保护对象不同，治理方案和措施也应有所侧重。若保护对象集中分布于泥石流流域内的某一局部地带，则以排导工程为主，控制泥石流流势。对全流域的保护对象而言，需进行全流域综合治理，控制泥石流形成，消除泥石流危害。如果泥石流治理费用高于被保护建筑物的造价或使用价值，从经济效益的角度讲，则应搬迁甚或放弃受灾建筑物。

4. 因地制宜，合理设计

泥石流防治工程的合理设计取决于对泥石流性质、形成过程、冲淤规律、流态特征和冲击过程的研究。一般来说，稀性泥石流的旁蚀和侧向堆积比黏性泥石流强烈，而黏性泥石流的局部下切和堆积能力又比稀性泥石流强。因此，稀性泥石流的导流堤须采用浆砌块石护面的土堤，而对于流体规模不大的黏性泥石流，在沟道顺直时可采用土堤。

此外，在选定设计方案时，还需注意区域工程地质条件、材料条件、施工条件和技术条件等。

(二) 防治措施

泥石流综合治理措施很多，一般归纳为两大类，即工程措施和生物措施。也有学者将保护森林植被、合理布局建筑物和进行预警预报等方法归为预防措施。如唐邦兴等人(1988)提出的泥石流综合治理系统包括生物工程子系统、工程治理子系统和预防子系统三个子系统；陈光曦等人(1983 年)结合铁路泥石流的防治,提出六类防治措施(表 6-12);吴积善等人(1993 年)认为,泥石流的综合治理措施包括生物和工程两大类,下分 8 个亚类(表 6-13)。

表 6-12 泥石流治理措施分类

(据陈光曦等人,1983,略改)

治理措施	工 程	主要作用
跨越措施	桥梁、涵洞工程	跨越泥石流沟,使泥石流下泄
穿过措施	隧道、明硐和湾槽工程	穿过泥石流沟道,使泥石流从线路上方排泄
防护措施	护堤、挡墙、拦坝等工程	抵御或消除泥石流的冲刷、冲击、侧蚀或淤埋等危害
排导措施	导流堤、排导沟、急流槽	改变泥石流的走势,增大排泄泥石流能力
拦挡措施	拦沙坝等工程	控制泥石流的土源和水源,削弱泥石流下泄总量
生物措施	营造森林、保护草坡	稳定山区坡面,保持水土、制止泥石流发育

表 6-13 泥石流综合治理措施一览表

(据吴积善等,1993,略改)

总 目	分 目	细 目	主要作用
工程措施	治水工程	蓄水工程	调蓄洪水、消除或削减洪峰
		引水、排水沟	引、排洪水,削减或控制下泄水量
		截水沟	拦截滑坡或水土流失严重地段的上方径流
		防御冰雪融化	提前融化冰雪,防止集中融化;加固或清除冰碛堤
		拦沙坝、谷坊	拦蓄泥沙、固定沟床、稳定滑坡、抬高侵蚀基准
	治土工程	挡土墙	稳定滑坡或崩塌体
		护坡、护岸	加固边坡、岸坡,免遭冲刷
		变坡	防止坡面冲刷
		潜坝	固定沟床,防止下切
	排导工程	导流堤	排导泥石流,防止泥石流冲淤危害
		顺水坝	调整泥石流流向,畅排泥石流
		排导沟	排泄泥石流,防止泥石流漫溢成灾
		渡槽、急流槽	在道路上方或下方排泄泥石流,保障线路安全
		明硐	道路以明硐形式从泥石流下通过,保证线路畅通
		改沟	把泥石流出口改到邻沟,保护该沟下游建筑物安全
	停淤工程	停淤场	利用开阔的低洼地区停积泥石流体
		拦泥库	利用宽阔平坦的谷地停积泥石流,削减下泄量
	农田工程	水改旱	减少入渗水量,停积泥石流体,减少地下水
		水渠防渗	防止渠水渗漏,稳定边坡
		坡改梯	防止坡面侵蚀,控制水土流失
		田间排、截水	引、排坡面径流,防止泥沙,稳定边坡,减少侵蚀
		填缝筑埂	防止博渗,拦泥沙,稳定边坡,减少侵蚀

续表

总 目	分 目	细 目	主要作用
生物措施	林业措施	水源涵养林	涵养水源,减少地表径流,削减洪峰
		水土保持林	控制侵蚀,减少水土流失
		护床防冲林	保护沟床,防止冲刷、下切
		护堤固滩林	加固河堤,保护滩地,控制泥石流危害
	农业措施	等高耕作	减少水土流失
		立体种植	增加复种指数,护大覆盖面积,减少地表径流
		免耕种植	改善土壤结构,减少土壤侵蚀
		选择作物	选择水保效应好的作物,减少水土流失
	牧业措施	适度放牧	控制牧草覆盖率,减少水土流失
		圈 养	保护草场,减轻水土流失
		分区轮牧	防止草场退化,控制水土流失
		改良牧草	提高产草率、覆盖率,减轻水土流失

1. 泥石流治理的工程措施

泥石流治理的工程措施几乎适用于各种类型的泥石流防治,尤其是对急需治理的泥石流,可有立竿见影之功效。目前所采用的主要工程措施有排导工程、拦挡工程和综合整治工程。

(1) 排导工程

为避免泥石流出山口后造成危害,常采用导流排放措施。这类工程主要有导流堤、急流槽、束流堤和渡槽等,有时也采用明洞和隧道。其作用是将泥石流按指定方向排到远离建筑物或道路的地区;利用泥石流自身的力量提高或改变天然沟槽的搬运能力,增加输送量;保持沟槽坡度,限制沟槽纵向和横向扩展,稳定沟槽。

(2) 拦挡工程

在泥石流形成区的上游,选择适宜的地点建造水库、水塘或其他形式的蓄水池以调节洪水,削减流径泥石流形成区的洪峰流量,减弱泥石流形成的水动力条件。

发育泥石流沟槽的斜坡上常伴生有滑坡、崩塌,某些相对稳定的斜坡由于长期受到水流、泥石流的冲刷而日趋不稳。为了制止滑坡、崩塌的发生,需要修建拦挡土石的护坡工程。这类工程主要有拦渣坝、谷坊工程和停淤场等。

拦渣坝的作用主要是拦渣滞流、固定沟槽。在一条沟内修建多座低坝,称为“谷坊坝群”,其作用是拦挡泥石流固体物质、淤缓沟床纵坡、加大沟宽、减小流速,从而减少洪峰和固体物质下泄量;同时利用坝前的淤积物,既可防止沟床继续下切,保护岸坡不再发生侧蚀,最终对泥石流的发展起到抑制作用。

拦渣坝、谷坊的类型很多。按建筑材料分类,有砌块石坝、干砌块石坝、混凝土坝、土坝、钢筋石笼坝、钢索坝、木质坝、木石混合坝、竹石笼坝、砖砌坝等;从结构上分类,有直线型重力坝、曲线型拱坝及格栅坝等等。

停淤场是指在较平缓的堆积扇上或较宽阔的沟内,修筑拦截建筑物,形成人工泥石流落淤场。其作用是在一定期限内,让泥石流物质在指定地段内淤积,从而减少泥石流固体物质下泄量。

上述防治工程除单独修建外，还可根据需要联合使用。最常见的有拦渣坝与急流槽相结合，导流堤、拦渣坝和急流槽相结合。

2. 泥石流治理的生物措施

泥石流治理的生物措施主要是指保护与营造森林、灌丛和草本植被，采用先进的农牧业技术以及科学的山区土地资源开发措施等。生物措施既可减少水土流失、削减地表径流和松散固体物质补给量，又可恢复流域生态平衡，增加生物资源产量和产值。因此，生物措施是治理泥石流的根本性措施。

(1) 林业措施

在泥石流频发区营造森林水源涵养林、水土保持林、护床防冲林和护堤固滩林等，既可削减泥石流土石体补给量，又可控制形成泥石流的水动力条件。如在泥石流形成区和流通区营造水土保持林可增加地面植被覆盖率，调节地表径流，增强土层的稳定性，减少滑坡和崩塌的发生，从而控制或减少形成泥石流的土体和水体补给量。

(2) 农业措施

农业措施有农业耕作措施和农田基本建设措施两类。农业耕作措施包括沿等高线耕作、立体种植和免耕种植等，其主要作用在于减缓坡耕地的侵蚀作用，提高耕地的保水保土效能。农田基本建设措施指对山区农田、引排水渠系和交通道路网的合理布局和全面规划，这既是社会经济发展的需要，也是防治泥石流灾害的需要。

(3) 牧业措施

牧业措施包括适度放牧、改良牧草、改放牧为圈养、分区轮牧等。采取科学合理的牧业措施，既可缓解发展畜牧业与缺少草料的矛盾，间接地减轻泥石流源地过度放牧的压力，又有利于草地恢复和灌木林的营造，防止草场退化，增强水土保持能力，削弱泥石流的发育条件。

3. 泥石流的综合整治

就一般情况来说，大面积的泥石流形成区应以生物措施为主，局部的泥石流源地和流通沟段宜采用工程措施。但两者各有优缺点，对许多流域或地段，需先辅以必要的工程措施，然后再进行生物防治。

根据泥石流的危害及性质，采取多种工程措施和生物措施，统一规划，综合治理，防止或减少泥石流灾害是泥石流综合治理的目标。

如成昆线黑沙河泥石流，提高综合治理取得了良好效果。该区雨量充沛、气候温和、日照多、冰冻期短，造林育草恢复植被条件优越。在这些条件下，经过全面规划、分期施工，在上游修建水库，下游修筑拦渣坝、停淤场和导流堤等工程，在流域内造林育草、合理放牧。治理后的黑沙河泥石流已由黏性变为稀性，泥石流发生的次数明显减少，全流域的松散土石体已渐趋稳定。由于拦挡工程的修建，每年排出山口的固体物质已减少到原来的四分之一；束导堤将黑沙河洪流或泥石流全部归槽下泄至安宁河，流域下游的村镇、农田和铁路运营得到了有效保护(吴积善等，1993)。

除上述工程措施和生物措施等“硬”措施外，要达到有效防治泥石流灾害，还必须采取某些“软”措施。“软”措施包括技术管理、行政管理和资源管理等措施。技术管理包括治理中和治理后的技术管理，如合理利用资源、改善生产结构等；行政管理包括行政命令和立法，以确保各类综合治理措施，尤其生物工程措施得以有效实施，充分发挥作用；资源管理是通过有计划的合理利用资源，使资源开发与环境保护相结合，脱贫致富与提高防治能力相结合，从而达到发展经济和控制灾害的双重目的。

国内外泥石流治理已有悠久的历史，尤其是近几十年的实践积累了丰富的经验。建国以后，中国在泥石流综合治理方面取得了显著的成效，创造了很多先进且经济可靠的治理措施。泥石流治理正在从单项治理转向综合治理，从单纯的防御性治理转向系统化治理，从按水利工程标准设计转向结合泥石流特性进行设计，泥石流防治工程设计正在走向规范化和标准化，治理工程的结构也在趋向实用化、轻便化和多样化。

第7章 地面变形地质灾害

从广义上讲，地面变形地质灾害是指因内、外动力地质作用和人类活动而使地面形态发生变形破坏，造成经济损失和(或)人员伤亡的现象和过程。如构造运动引起的山地抬升和盆地下沉等，抽取地下水、开采地下矿产等人类活动造成的地裂缝、地面沉降和塌陷等。从狭义上讲，地面变形地质灾害主要是指地面沉降、地裂缝和岩溶地面塌陷等以地面垂直变形破坏或地面标高改变为主的地质灾害。随着人类活动的加强，人为因素已经成为地面变形地质灾害的重要原因。因此，在发展经济、进行大规模建设和矿产开采的过程中，必须对地面变形地质灾害及其可能造成的危害有充分的认识，加强地面变形地质灾害的成因、预测和防治措施的研究，有效减轻地面变形地质灾害造成的经济损失。

7.1 地面变形地质灾害的类型及其分布规律

(一) 地面变形地质灾害的类型

地面变形地质灾害具有成因复杂、发生突然、破坏程度高以及影响范围广等特点。地面变形的成因可分为自然因素和人为因素两大类。构造运动、火山喷发、地震等均可引起地面变形。人类活动的影响使地面变形的类型更加复杂，开采地下矿产、修建地下工程、筑路架桥、城市建设、农业活动等都在改变着地表的形态，战争中的炸弹轰炸也使原始地面形状发生很大的变化。可以说，地面变形成因复杂、种类繁多。但地面变形地质灾害研究的对象主要是对人类社会构成较大危害并造成经济损失或人员伤亡的类型。从分类角度看，地面变形地质灾害可从变形形式和成因两个方面来考虑。

1. 地面变形地质灾害的形式分类

按照变形的主要方式，可以将地面变形分为地面沉降、地面塌陷、地裂缝、渗透变形、特殊岩土胀缩变形等。

2. 地面变形地质灾害的成因分类

地面变形地质灾害的成因分类比较复杂，一个地区的地质环境、地形地貌、植被类型、人类工程活动等对于地面变形的产生都有重要的影响。可以说，各种内、外动力地质作用都能够改变地面的形态，有些地面变形是多因素共同作用的结果。主要的地面变形成因类型有内动力地面变形、水动力地面变形、重力地面变形和人类活动诱发地面变形等。

内动力地面变形主要有地震裂缝、地震塌陷、构造地裂缝、火山地面变形等。水动力地面变形是指由地表水和地下水运动引起的地面变形，如由江、河、湖、海波浪和水流冲蚀而形成的边岸再造，岩溶水动态变化造成的岩溶塌陷，过量开采地下水引起的地面沉降以及斜坡坡面流水引起的地面冲刷等。重力地面变形是指在岩土体自身重力作用下发生的地面变形，如崩塌、滑塌、滑坡、黄土湿陷等。人类活动诱发的地面变形种类最多，如修路开挖边坡、采矿地面塌陷、城市建设平整土地、农业活动中的梯田改造等。

(二) 主要地面变形地质灾害的分布规律

地面变形地质灾害在世界各地均有分布，其中，危害严重且分布广泛的地面变形地质灾害主要是区域性地面沉降。自19世纪末以来，随着世界范围内人类工程活动强度和规模的不断增大，许多地区陆续出现了地面下沉现象。在诸多实例中，由于人类抽取地下液体的工程活动而引起的地面沉降最为普遍。意大利的威尼斯城是最早被发现因抽取地下水而产生地面沉降的城市。之后，日本、美国、墨西哥、中国、欧洲和东南亚一些国家中的许多位于沿海和内陆低平原上的城市或地区，由于抽取地下液体而先后出现了较严重的地面沉降问题。

中国的国土辽阔，地质条件复杂。从西部的高山、高原，中部的低山丘陵，到东部的冲洪积平原和沿海低地，地形变化很大。气候从南向北由热带、亚热带和温带直到寒温带，湿度变化和雨量差别极大。社会经济发展和人类工程活动的区域性差异也很大。这些因素决定了中国地面变形地质灾害具有明显的地带性分布规律。

(1) 东部地区

中国东部地势低平，多为平原和丘陵区，加之东部地区人口密集、经济发达、人类活动强烈，因而地面变形地质灾害比较严重。根据地面变形地质灾害的类型，中国东部地区可分为长白山、燕山山地、松辽平原地面塌陷灾害区；华北平原、长江中下游平原地面沉降、地面塌陷灾害区；东南沿海丘陵特殊岩土变形和地面塌陷灾害区；台湾地震、地面沉降为主塌陷灾害区。

(2) 中部地区

中国中部地区为黄土高原和中低山，有黄土高原湿陷、地裂缝、地面沉降塌陷灾害区；秦岭、川鄂和横断山地区地面塌陷灾害区；以及长江上游平原、云贵高原岩溶塌陷区。中国的黄土高原为世界上面积最大、土层最厚的黄土高原，黄土湿陷、黄土冲刷和地裂缝均十分发育。

(3) 西部地区

中国西部地区以高山、高原为主，内陆盆地位于其间，地形及气候变化大，但人烟稀少，塌陷造成的损失也较小。可分为内蒙高原、准噶尔盆地、塔里木盆地土地砂化和盐渍化地面变形地质灾害区；天山、昆仑山地震地面变形灾害区；大兴安岭北段山地冻融塌陷灾害区；青藏高原山地岩土冻融、地震塌陷灾害区。

广义上讲，地面变形地质灾害包括上述各种类型。滑坡、崩塌、黄土湿陷、冻融、地裂缝、地面沉降等均可引起地面形态发生改变。本章主要论述狭义上的地面变形地质灾害，即对人类及其生存环境具有危害且分布范围广的地面沉降、地裂缝和地面塌陷。

7.2 地面沉降

地面沉降指在自然因素和人为因素影响下形成的地表垂直下降现象。导致地面沉降的自然因素主要是构造升降运动以及地震、火山活动等，人为因素主要是开采地下水和油气资源以及局部性增加荷载。自然因素所形成的地面沉降范围大，速率小；人为因素引起的地面沉降一般范围较小，但速率和幅度比较大。一般情况下，把自然因素引起的地面沉降归属于地壳形变或构造运动的范畴，作为一种自然动力现象加以研究；而将人为因素引起的地面沉降归属于地质灾害现象进行研究和防治。

7.2.1 地面沉降的特征与分布

(一) 地面沉降的特征

地面沉降是指某一区域内由于开采地下水或其他地下流体导致的地表浅部松散沉积物压实或压密引起的地面标高下降的现象，又称做地面下沉或地陷。地面沉降的特点是波及范围广，下沉速率缓慢，往往不易察觉，但它对于建筑物、城市建设和农田水利危害极大。

地面沉降灾害在全球各地均有发生。由于工农业生产的发展、人口的剧增以及城市规模的扩大，大量抽取地下水引起了强烈的地面沉降，特别是在大型沉积盆地和沿海平原地区，地面沉降灾害更加严重。石油、天然气的开采也可造成大规模的地面沉降灾害。

(二) 地面沉降的分布规律

1. 世界地面沉降分布概况

地面沉降主要发生于平原和内陆盆地工业发达的城市以及油气田开采区。如美国内华达州的拉斯韦加斯市，自 1905 年开始抽取地下水，由于地下水位持续下降，地面沉降影响面积已达 1030 km^2，累计沉降幅度在沉降中心区已达 1.5 m，并使井口超出地面 1.5 m；同时还伴生了广泛的地裂缝，其长度和深度均达几十米。

日本在 20 世纪 50—80 年代，地面沉降已遍及全国的 50 多个城市和地区。东京地区的地面沉降范围达 1000 多平方千米，最大沉降量达到 4.6 m，部分地区甚至降到了海平面以下。

开采石油也造成了严重的地面沉降灾害。美国加利福尼亚州长滩市的威明顿油田，在 1926—1968 年间累计沉降达 9 m，最大沉降速率为 71 cm/a。表 7-1 列举了世界上一些城市或地区的地面沉降现象。

表 7-1 世界各地部分城市地面沉降情况统计表

（据张倬元等，1994，增补）

国别及地区	沉降面积 km^2	最大沉降速率 cm/a	最大沉降量 m	发生沉降的主要时间	主要原因
日本					
东京	1000	19.5	4.60	1892—1986	
大阪	1635	16.3	2.80	1925—1968	开发地下水
新潟	2070	57.0	1.17	1898—1961	
美国					
加州圣华金流域	9000	46.0	8.55	1935—1968	
加州洛斯贝诺斯-开脱尔曼市	2330	40.0	4.88	？—1955	
加州长滩市威明顿油田	32	71.0	9.00	1926—1968	开采石油
内华达州拉斯韦加斯	500		1.00	1935—1963	
亚利桑那州凤凰城	310		3.00	1952—1970	
得克萨斯州休斯敦-加尔维斯顿	10 000	17	1.50	1943—1969	
墨西哥					
墨西哥城	7560	42.0	7.50	1890—1957	
意大利					
波河三角洲	800	30.0	>0.25	1953—1960	开采石油
中国					
上海		10.1	2.667	1921—1987	
天津	8000	21.6	1.76	1959—1983	抽取地下水
宁波	91		0.30	1965—1986	
台北	100	2.0	1.70	1955—1971	

此外，英国的伦敦、俄罗斯的莫斯科、匈牙利的德波勒斯、泰国的曼谷、委内瑞拉的马拉开波湖、德国沿海以及新西兰和丹麦等国家也都发生了不同程度的地面沉降。

2. 中国地面沉降分布规律

目前，中国已有上海、天津、江苏、浙江、陕西等16个省（区、市）共46个城市（地段）、县城出现了地面沉降问题，总沉降面积达48.7×10⁴ km²（表7-2）。

表7-2 中国地面沉降情况统计说明

（据段永侯等，1993，略改）

省（区，市）	面积/km²	发育分布简要说明
上海	850	始于1920年，至1964年发展到最严重程度，最大降深2.63 m，现基本得到控制，处于微沉和反弹的状态
天津	10 000	自1959年始，>1×10⁴ km² 的平原区均有不同程度的沉降，形成市区、塘沽、汉沽3个中心，最深达2.916 m，最大速率80 mm/a
江苏	379.5	60年代初苏、锡、常三市分别出现，到80年代末累计沉降量分别达1.10 m、1.05 m、0.9 m，目前已连成一片，现最大沉积速率分别为49～50 mm/a、15～25 mm/a、0～50 mm/a
浙江	262.7	宁波、嘉兴两市自60年代初开始，到1989年累计沉降量最大量分别达0.346 m、0.597 m。现最大速率分别为18 mm/a、41.9 mm/a
山东	526	菏泽、济宁、德州三市沉降先后发现于1978年、1988年、1978年，累计沉降量分别达0.077 m、0.063 m、0.104 m，最大速率为9.68、31.5、20 mm/a
陕西	177.2	50年代后期开始，西安市及近郊出现7个地面沉降中心，最大累积降深达1.035 m，最大沉降速率达136 mm/a
河南	59	许昌（1995年发现）、开封、洛阳（1979年发现）、安阳，最大沉降量分别为0.208 m、不详、0.113 m、0.337 m，安阳区域性沉降速率65 mm/a
河北	3.6×10⁴	自50年代中期开始沉降，已形成沧州、衡水、任丘、河间、保定、南宫、邯郸等10个沉降中心，沧州累积降深达1.131 m，速率达25.5 mm/a
安徽	360	阜阳市70年代初出现沉降、1992年最大累积降深达1.02 m，速率达60～110 mm/a
黑龙江		哈尔滨、大庆、齐齐哈尔、佳木斯出现了房屋开裂、地面形变等地面沉降的前兆，均存在地下水超量开采诱发地面沉降的因素
山西	200	太原市（1979年发现），最大沉降量1.967 m，速率0.037～0.114 m/a，大同市（1988年发现）、榆次、介休最大沉降量分别为0.06 m、不详、0.065 m，速率分别为31 mm/a、10～20 mm/a、5～7.5 mm/a
北京	313.96	50年代末开始沉降，中心位于东郊，最大累积沉降量达0.597 m，目前趋势减缓
广东	0.25	60—70年代湛江市出现地面沉降，最大降深0.11 m，后因控制地下水开采已基本得到控制
福建	9	福州市发现地面沉降始于1957年，目前最大累积沉降量达678.9 mm，速率2.9～21.8 mm/a
合计	48655.21	主要分布在长江下游三角洲平原、河北平原、环渤海、东南沿海平原、河谷平原和山间盆地几类地区，年均直接损失1亿元以上

从成因上看，中国地面沉降绝大多数是因地下水超量开采所致。从沉降面积和沉降中心最大累积降深来看，以天津、上海、苏锡常、沧州、西安、阜阳、太原等城市较为严重，最大累积沉降量均在1 m以上；如按最大沉降速率来衡量，天津（最大沉降速率80 mm/a）、安徽阜阳（年沉降速率60～110 mm/a）和山西太原（114 mm/a）等地的发展趋势最为严峻。中国地面沉降的地

域分布具有明显的地带性，主要位于厚层松散堆积物分布地区。

(1) 大型河流三角洲及沿海平原区

主要是长江、黄河、海河及辽河下游平原和河口三角洲地区。这些地区的第四纪沉积层厚度大，固结程度差，颗粒细，层次多，压缩性强；地下水含水层多，补给径流条件差，开采时间长、强度大；城镇密集、人口多，工农业生产发达。这些地区的地面沉降首先从城市地下水开采中心开始形成沉降漏斗，进而向外围扩展，形成以城镇为中心的大面积沉降区。

(2) 小型河流三角洲区

主要分布在东南沿海地区，第四纪沉积厚度不大，以海陆交互相的黏土和砂层为主，压缩性相对较小。地下水开采主要集中于局部的富水地段。地面沉降范围一般比较小，主要集中于地下水降落漏斗中心附近。

(3) 山前冲洪积扇及倾斜平原区

主要分布在燕山和太行山山前倾斜平原区，以北京、保定、邯郸、郑州及安阳市等大、中城市最为严重。该区第四纪沉积层以冲积、洪积形成的砂层为主；区内城市人口众多，城镇密集，工农业生产集中；地下水开采强度大，地下水位下降幅度大。地面沉降主要发生在地下水集中开采区，沉降范围由开采范围决定。

(4) 山间盆地和河流谷地区

主要集中在陕西省的渭河盆地及山西省的汾河谷地以及一些小型山间盆地内，如西安、咸阳、太原、运城、临汾等城市。第四纪沉积物沿河流两侧呈条带状分布，以冲积砂土、黏性土为主，厚度变化大；地下水补给、径流条件好；构造运动表现为强烈的持续断陷或下陷。地面沉降范围主要发生在地下水降落漏斗区。

7.2.2 地面沉降的危害

地面沉降所造成的破坏和影响是多方面的。其主要危害表现为地面标高损失，继而造成雨季地表积水，防泄洪能力下降；沿海城市低地面积扩大、海堤高度下降而引起海水倒灌；海港建筑物破坏，装卸能力降低；地面运输线和地下管线扭曲断裂；城市建筑物基础下沉脱空开裂；桥梁净空减小，影响通航；深井井管上升，井台破坏，城市供水及排水系统失效；农村低洼地区洪涝积水，使农作物减产等。

(一) 滨海城市海水侵袭

世界上有许多沿海城市，如日本的东京市、大阪市和新潟市，美国的长滩市，中国的上海市、天津市、台北市等，由于地面沉降致使部分地区地面标高降低，甚至低于海平面。这些城市经常遭受海水的侵袭，严重危害当地的生产和生活。为了防止海潮的威胁，不得不投入巨资加高地面或修筑防洪墙或护岸堤。

如中国上海市的黄浦江和苏州河沿岸，由于地面下沉，海水经常倒灌，影响沿江交通，威胁码头仓库。1956 年修筑防洪墙，1959—1970 年间加高 5 次，投资超过 4 亿元，每年维修费也达 20 万元。为了排除积水，不得不改建下水道和建立排水泵站。

1985 年 8 月 2 日和 19 日，天津市沿海海水潮位达 5.5 m，海堤多处决口，新港、大沽一带被海水淹没，直接经济损失达 12 亿元。1992 年 9 月 1 日，特大风暴再次袭击天津，潮位达 5.93 m，有近 100 km 海堤漫水，40 余处溃决，直接经济损失达 3 亿元。虽然风暴潮是气象方面的因素而引起的，但地面沉降损失近 3 m 的地面标高也是海水倒灌的重要原因。

地面沉降也使内陆平原城市或地区遭受洪水灾害的频次增多、危害程度加重。可以说，低洼地区洪涝灾害是地面沉降的主要致灾特征。无可否认，江汉盆地沉降、洞庭湖盆地沉降(现代构造沉降速率为10 mm/a)和辽河盆地沉降加重了1998年中国的大洪灾。

(二) 港口设施失效

地面下沉使码头失去效用，港口货物装卸能力下降。美国的长滩市，因地面下沉而使港口码头报废。中国上海市海轮停靠的码头，原标高5.2 m，至1964年已降至3.0 m，高潮时江水涌上地面，货物装卸被迫停顿。

(三) 桥墩下沉，影响航运

桥墩随地面沉降而下沉，使桥下净空减小，导致水上交通受阻。上海市的苏州河，原先每天可通过大小船只2000条，航运量达$(1.0\sim1.2)\times10^6$ t。由于地面沉降，桥下净空减小，大船无法通航，中小船只通航也受到影响。

(四) 地基不均匀下沉，建筑物开裂倒塌

地面沉降往往使地面和地下建筑遭受巨大的破坏，如建筑物墙壁开裂或倒塌、高楼脱空，深井井管上升、井台破坏，桥墩不均匀下沉，自来水管弯裂漏水等。美国内华达州的拉斯韦加斯市，因地面沉降加剧，建筑物损坏数量剧增；中国江阴市河塘镇地面塌陷，出现长达150 m以上的沉降带，造成房屋墙壁开裂、楼板松动、横梁倾斜、地面凹凸不平，约5800 m^2 建筑物成为危房，一座幼儿园和部分居民已被迫搬迁。地面沉降强烈的地区，伴生的水平位移有时也很大，如美国长滩市地面垂直沉降伴生的水平位移最大达到3 m，不均匀水平位移所造成的巨大剪切力，使路面变形、铁轨扭曲、桥墩移动、墙壁错断倒塌、高楼支柱和桁架弯扭断裂、油井及其他管道破坏。

由于地面下降，一些园林古迹遭到严重的损坏。如中国苏州市朴园内的亭台楼群阁、回廊假山经常被水淹没，园内常年备有几台水泵排水(王则任，1998)。

7.2.3 地面沉降的成因机制和形成条件

(一) 地面沉降的成因机制

由于地面沉降的影响巨大，因此早就引起了各国政府和研究人员的密切注意。早期研究者曾提出一些不同的观点，如新构造运动说、地层收缩说和自然压缩说、地面动静荷载说、区域性海平面上升说等。大量的研究证明，过量开采地下水是地面沉降的外部原因，中等、高压缩性黏土层和承压含水层的存在则是地面沉降的内因。因而多数人认为，沉降是由于过量开采地下水、石油和天然气、卤水以及高大建筑物的超量荷载等引起的。

在孔隙水承压含水层中，抽取地下水所引起的承压水位的降低，必然要使含水层本身及其上、下相对隔水层中的孔隙水压力随之而减小。根据有效应力原理可知，土中由覆盖层荷载引起的总应力是由孔隙中的水和土颗粒骨架共同承担的。由水承担的部分称为孔隙水压力(p_w)，它不能引起土层的压密，故又称为中性压力；而由土颗粒骨架承担的部分能够直接造成土层的压密，故称为有效应力(p_s)；二者之和等于总应力。假定抽水过程中土层内部应力不变，那么孔隙水压力的减小必然导致土中有效应力等量增大，结果就会引起孔隙体积减小，从而使土层压缩。

由于透水性能的显著差异，上述孔隙水压力减小、有效应力增大的过程，在砂层和黏土层中是截然不同的。在砂层中，随着承压水头降低和多余水分的排出，有效应力迅速增至与承压水位降低后相平衡的程度,所以砂层压密是"瞬时"完成的。在黏性土层中,压密过程进行得十分缓慢,往往需要几个月、几年甚至几十年的时间;因而直到应力转变过程最终完成之前,黏土层中始终存在有超孔隙水压力(或称剩余孔隙水压力)。它是衡量该土层在现存应力条件下最终固结压密程度的重要指标。

相对而言,在较低应力下砂层的压缩性小且主要是弹性、可逆的,而黏土层的压缩性则大得多且主要是非弹性的永久变形。因此,在较低的有效应力增长条件下,黏性土层的压密在地面沉降中起主要作用,而在水位回升过程中,砂层的膨胀回弹则具有决定意义。

此外,土层的压缩量还与土层的预固结应力(即先期固结应力)、土层的应力-应变性状有关。由于抽取地下水量不等而表现出来的地下水位变化类型和特点也对土层压缩产生一定的影响。

(三)地面沉降的产生条件

从地质条件,尤其是水文地质条件来看,疏松的多层含水层体系、水量丰富的承压含水层、开采层影响范围内正常固结或欠固结的可压缩性厚层黏性土层等的存在,都有助于地面沉降的形成。从土层内的应力转变条件来看,承压水位大幅度波动式的持续降低是造成范围不断扩大累进性应力转变的必要前提。

1. 厚层松散细粒土层的存在

地面沉降主要是抽采地下流体引起土层压缩而引起的,厚层松散细粒土层的存在则构成了地面沉降的物质基础。在广大的平原、山前倾斜平原、山间河谷盆地、滨海地区及河口三角洲等地区分布有很厚的第四系和上第三系松散或未固结的沉积物,因此,地面沉降多发生于这些地区。如在滨海三角洲平原,第四纪地层中含有比较厚的淤泥质黏土,呈软塑状态或流动状态。这些淤泥质黏性土的含水量可高达60%以上,孔隙比大、强度低、压缩性强,易于发生塑性流变。当大量抽取地下水时,含水层中地下水压力降低,淤泥质黏土隔水层孔隙中的弱结合水压力差加大,使孔隙水流入含水层,有效压力加大,结果发生黏性土层的压缩变形。

易于发生地面沉降的地质结构为砂层、黏土层互层的松散土层结构。随着抽取地下水,承压水位降低,含水层本身及其上、下相对隔水层中孔隙水压力减小,地层压缩导致地面发生沉降。

2. 长期过量开采地下流体

未抽取地下水时,黏性土隔水层或弱隔水层中的水压力与含水层中的水压力处于平衡状态。抽水过程中,由于含水层的水头降低,上、下隔水层中的孔隙水压力较高,因而向含水层排出部分孔隙水,结果使上、下隔水层的水压力降低。在上覆土体压力不变的情况下,黏土层的有效应力加大,地层受到压缩,孔隙体积减小。这就是黏土层的压缩过程。

由于抽取地下水,在井孔周围形成水位下降漏斗,承压含水层的水压力下降,即支撑上覆岩层的孔隙水压力减小,这部分压力转移到含水层的颗粒上。因此,含水层因有效应力加大而受压缩,孔隙体积减小,排出部分孔隙水。这就是含水层压缩的机理。

地面沉降与地下水开采量和动态变化有着密切联系:

(1) 地面沉降中心与地下水开采漏斗中心区呈明显一致性。

(2) 地面沉降区与地下水集中开采区域大体相吻合。

(3) 地面沉降量等值线展布方向与地下水开采漏斗等值线展布方向基本一致,地面沉降的速率与地下液体的开采量和开采速率有良好的对应关系。

(4) 地面沉降量及各单层的压密量与承压水位的变化密切相关。

(5) 许多地区已经通过人工回灌或限制地下水的开采来恢复和抬高地下水位的办法，控制了地面沉降的发展，有些地区还使地面有所回升。这就更进一步证实了地面沉降与开采地下液体引起水位或液压下降之间的成因联系。

3. 新构造运动的影响

平原、河谷盆地等低洼地貌单元多是新构造运动的下降区，因此，由新构造运动引起的区域性下沉对地面沉降的持续发展也具有一定的影响。

西安地面沉降区位于西安断陷区的东缘，由于长期下沉，新生界累计厚度已经超过3000 m。1970—1987年，渭河盆地大地水准测量表明，西安的断陷活动仍在继续，在北部边界渭河断裂及东南部边界临潼-长安断裂测得的平均活动速率分别为3.37 mm/a和3.98 mm/a，构造下沉约占同期各沉降中心部位沉降速率的3.1%～7%左右。

4. 城市建设对地面沉降的影响

相对于抽采地下流体和构造运动引起的地面下沉，城市建设造成的地面沉降是局部的，有时也是不可逆转的。

城市建设按施工对地基的影响方式可分为：以水平方向为主和以垂直方向为主的两种类型。前者以重大市政工程为代表，如地铁、隧道、给排水工程、道路改扩建等，利用开挖或盾构掘进，并铺设各种市政管线；后者以高层建筑基础工程为代表，如基坑开挖、降排水、沉桩等。沉降效应较为明显的工程措施有开挖、降排水、盾构掘进、沉桩等(龚士良，1998)。

若揭露有流沙性质的饱水砂层或具流变特性的饱和淤泥质软土，在开挖深度和面积较大的基坑时，则有可能造成支护结构失稳，从而导致基坑周边地区地面沉降。而规模较大的隧道、涵洞的开挖有时具有更显著的沉降效应。降排水常作为基坑等开挖工程的配套工程措施，旨在预先疏干作业面渗水，其机理与抽取地下水引发地面沉降一致。

城建施工造成的沉降与工程施工进度密切相关，沉降主要集中于浅部工程活动相对频繁和集中的地层中，与开采地下水引起的沉降主要发生在深部含水砂层有根本区别。

地壳沉降活动、松散沉积物的自然固结、人类开采地下水或油气资源引起的土层压缩等因素都会引起地面沉降，但从灾害研究角度而言的地面沉降是指人类活动引起的地面沉降，或者是以人类活动为主、自然动力为辅而引起的地面沉降。地面沉降的形成条件主要包括两个方面：

(1) 一是地面沉降的地质条件，即具有较高压缩性的厚层松散沉积物。

(2) 地面沉降的动力条件，如人类长期过量开采地下水和地下油气资源等。

7.2.4 地面沉降的监测与预测

地面沉降的危害十分严重，且影响范围广大。尽管地面沉降往往不明显，不易引人注目，却会给城市建筑、生产和生活带来极大的损失。因而，在必须开采利用地下水的情况下，通过大地水准测量来监测地面沉降是非常重要的。

目前，中国地面沉降严重的城市，几乎都已制订了控制地下水开采的管理法令，同时开展了对地面沉降的系统监测和科学研究。

(一) 地面沉降的监测

地面沉降的监测项目主要有大地水准测量、地下水动态监测、地表及地下建筑物设施破坏现象的监测等。

监测的基本方法是设置分层标、基岩标、孔隙水压力标、水准点、水动态监测网、水文观测点、海平面预测点等，定期进行水准测量和地下水开采量、地下水位、地下水压力、地下水水质监测及地下水回灌监测，同时开展建筑物和其他设施因地面沉降而破坏的定期监测等。根据地面沉降的活动条件和发展趋势，可预测地面沉降速度、幅度、范围及可能产生的危害。

(二) 地面沉降趋势的预测

虽然地面沉降可导致房屋墙壁开裂、楼房因地基下沉而脱空和地表积水等灾害，但其发生、发展过程比较缓慢，属于一种渐进性地质灾害，因此，对地面沉降灾害只能预测其发展趋势。目前，地面沉降预测计算模型主要有基于释水压密理论的土水模型和生命旋回模型两种。

(1) 土水模型

土水模型由水位预测模型和土力学模型两部分构成，可利用相关法、解析法和数值法等地下水水位进行预测分析；土力学模型包括含水层弹性计算模型、黏性土层最终沉降量模型、太沙基固结模型、流变固结模型、比奥(Biot)固结理论模型、弹塑性固结模型、回归计算模型及半理论、半经验模型(如单位变形量法等)和最优化计算法等。

(2) 生命旋回模型

生命旋回模型主要从地面沉降的整个发展过程来考虑，直接由沉降量与时间之间的相关关系构成，如泊松旋回模型、Verhulst 生物模型和灰色预测模型等(刘毅等，1998)。

晏同珍等(1990)用动力学和数学方法预测了西安市及宁波市的地面沉降周期趋势，并绘制了动力曲线图，得出两城市地面沉降周期分别为 25 年和 80 年的结论。根据沉降周期预测，认为西安市 1992—1996 年地面沉降达到峰值，此后将显著减缓，2050 年地面沉降威胁结束。宁波市地面沉降 1987—1989 年已达到峰值阶段，2050 年沉降将进入休止阶段。

7.2.5 地面沉降的防治

地面沉降与地下水过量开采紧密相关，只要地下水位以下存在可压缩地层，就会因过量开采地下水而出现地面沉降，而地面沉降一旦出现则很难治理，因此地面沉降主要在于预防。

上海市为合理开采使用地下水，有效控制地面沉降，近年来坚持“严格控制，合理开采”的原则，加大对地下水开发、利用和管理的力度，取得了显著的成效。据市给水处的统计数据，1996 年至今全市近郊地区共压缩停用深井 185 口，地下水的开采量从 1996 年的 $1.5\times10^{12}\ m^3$ 缩减到 1999 年的 $1.04\times10^{12}\ m^3$，使本市地下水开采量又恢复到 80 年代的水平；1999 年全市平均地面沉降量比 1998 年减少 1.94 mm。为继续保持地下水开采量负增长的良好势头，上海市政府做出决定，2000 年全市地下水净开采量要比上年同比递减 $3\times10^6\ m^3$。

目前，世界各国预防地面沉降的主要技术措施大同小异，主要包括建立健全地面沉降监测网络，加强地下水动态和地面沉降监测工作；开辟新的替代水源，推广节水技术；调整地下水开采布局，控制地下水开采量；对地下水开采层位进行人工回灌；实行地下水开采总量控制、计划开采和目标管理。

除上述措施外，还应查清地下地质构造，对高层建筑物的地基进行防沉降处理。在已发生区域性地面沉降的地区，为了减轻海水倒灌和洪涝等灾害损失，还应采取加高加固防洪堤、防潮堤以及疏导河道、兴建排涝工程等措施。

7.3 地 裂 缝

7.3.1 地裂缝的特征、类型与分布

(一) 地裂缝的特征

地裂缝是地表岩土体在自然因素和人为因素作用下,产生开裂并在地面形成一定长度和宽度裂缝的现象。地裂缝一般产生在第四系松散沉积物中,与地面沉降不同,地裂缝的分布没有很强的区域性规律,成因也比较多。地裂缝的特征主要表现为发育的方向性、延展性和灾害的不均一性与渐进性。

1. 地裂缝发育的方向性与延展性

地裂缝常沿一定方向延伸,在同一地区发育的多条地裂缝延伸方向大致相同。据王景明等人(1994)统计,河北平原的地裂缝以 NE 5°和 NW 85°最为发育。地裂缝造成的建筑物开裂通常由下向上蔓延,以横跨地裂缝或与其成大角度相交的建筑物破坏最为强烈。

地裂缝灾害在平面上多呈带状分布。从规模上看,多数地裂缝的长度为几十米至几百米,长者可达几公里。如山西大同机车厂-大同宾馆的地裂缝长达 5 km;宽度在几厘米到几十厘米之间,最宽者可达 1 m 以上;裂缝两侧垂直落差在几厘米至几十厘米,大者可达 1 m 以上,但也存在没有垂直落差者。平面上地裂缝一般呈直线状、雁行状或锯齿状;剖面上多呈弧形、V形或放射状。

2. 地裂缝灾害的非对称性和不均一性

地裂缝以相对差异沉降为主,其次为水平拉张和错动。地裂缝的灾害效应在横向上由主裂缝向两侧致灾强度逐渐减弱,而且地裂缝两侧的影响宽度以及对建筑物的破坏程度具有明显的非对称性。如大同铁路分局地裂缝的南侧影响宽度明显比北侧的影响宽度大。同一条地裂缝的不同部位,地裂缝活动强度及破坏程度也有差别,在转折和错列部位相对较重,显示出不均一性。如西安大雁塔地裂缝,其东段的活动强度最大,塌陷灾害最严重,中段灾害次之,西段的破坏效应很不明显(刘玉海等,1994)。在剖面上,危害程度自下而上逐渐加强,累计破坏效应集中于地基基础与上部结构交接部位的地表浅部十几米深的范围内。

3. 灾害的渐进性

地裂缝灾害是因地裂缝的缓慢蠕动扩展而逐渐加剧的。因此,随着时间的推移,其影响和破坏程度日益加重,最后可能导致房屋及建筑物的破坏和倒塌。

4. 地裂缝灾害的周期性

地裂缝活动受区域构造运动及人类活动的影响,因此,在时间序列上往往表现出一定的周期性。当区域构造运动强烈或人类过量抽取地下水时,地裂缝活动加剧,致灾作用增强;反之,则减弱。如山西大同机车厂地裂缝,在 1990 年 1 月 1 日—5 月 7 日用水稳定期,垂直形变量为 0.6 mm;而在 1990 年 5 月 8 日—6 月 23 日的枯水季节,因集中用水垂直形变量增至 7.5 mm;1990 年 6 月 24 日—12 月 30 日的雨季及用水平衡期,垂直形变量只有 1.3 mm(丰继林,1994)。

(二) 地裂缝的类型

地裂缝是一种缓慢发展的渐进性地质灾害。按其形成的动力条件可分为两大类:内动力形成的构造地裂缝,有多种类型;非构造型,即外动力作用形成的地裂缝,类型也很多。此外,还有混合成因的地裂缝。若按应力作用方式,地裂缝可分为压性地裂缝、扭性地裂缝和张性地

裂缝。

1. 构造地裂缝

构造地裂缝是由于地壳构造运动直接或间接在基岩或土层中所产生的开裂变形。构造地裂缝多数由断裂的缓慢蠕滑或快速黏滑而形成，断层的快速黏滑活动常伴有地震发生，因而又称为地震地裂缝；褶皱构造作用和火山活动也可产生构造地裂缝。

构造地裂缝的延伸稳定，不受地表地形、岩土性质和其他地质条件影响，可切错山脊、陡坎、河流阶地等线状地貌。构造地裂缝的活动具有明显的继承性和周期性。

构造地裂缝在平面上常呈断续的折线状、锯齿状或雁行状排列；在剖面上近于直立，呈阶梯状、地堑状、地垒状排列。

2. 非构造地裂缝

非构造成因的地裂缝常伴随崩塌、滑坡及地面沉降等灾害而发生，其纵剖面形态大多呈弧形、圈椅形或近于直立。此外，矿山塌陷、岩溶塌陷以及特殊土的理化性质改变也会引发地裂缝。

（三）中国地裂缝的分布

地裂缝类型复杂多样，除伴随地壳运动、地面沉降、滑坡、冻融以及特殊土的胀缩或湿陷而产生的地裂缝外，人类活动也可诱发地裂缝。王景明等(2001)认为，中国地裂缝主要是断裂构造蠕变活动而产生的构造地裂缝。

断裂蠕变地裂缝的分布十分广泛，在华北和长江中下游地区尤为发育。汾渭盆地、太行山东麓平原和大别山东北麓平原形成了三个规模巨大的地裂缝发育地带。此外，在豫东、苏北以及鲁中南等地区，还有一些规模较小的地裂缝发育带(图7-1)。

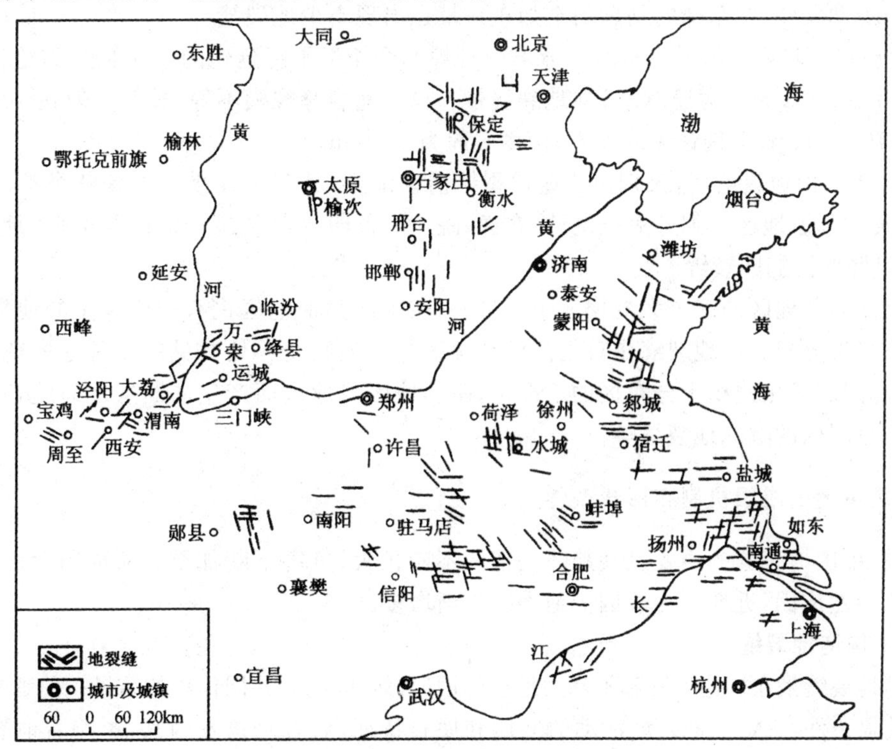

图7-1 中国东部部分地区地裂缝分布示意图

(据王景明等，2000)

1. 汾渭盆地地裂缝带

自六盘山南麓的宝鸡，沿渭河向东经西安到风陵渡转向 NE 方向，沿汾河经临汾、太原到大同，发育有一个地裂缝带，最大展布宽度近 100 km、延伸长度约 1000 km。该带沿汾渭盆地边缘断裂带内侧的第四纪沉积区延伸。太原市榆次县北部王湖至聂村一带，1982 年出现 4 条近 SN 向的地裂缝，构成长约 500 m、深约 2.5～3.0 m（最深达 12 m）、宽约 15 m 的地裂缝带。大同机床厂地裂缝始见于 1977 年，发生在剧场街 9 号楼附近，长 200 m，使 9 号楼出现裂缝。80 年代以后，地裂缝迅速发展，1986 年延伸到 1000 m，1988 年和 1989 年进一步发展到 5000 m，至今仍在活动。地裂缝走向 NE 57°，宽 1～6 cm。其南盘相对下滑，垂直相对位移 2～5 cm，最大 18 cm，地裂缝破坏带宽 5～20 m。

2. 太行山东麓倾斜平原地裂缝带

位于太行山山前的河北平原和豫北平原有许多地区相继发生日益严重的地裂缝活动，北起保定，向南经石家庄、邢台、邯郸进入河南的安阳、新乡、郑州一带以后，转而向西延伸，经洛阳达三门峡一带，与渭河盆地和运城盆地的地裂缝带相连，全长约 800 km。在该带共有 50 多个县市发现 400 多处地裂缝。

3. 大别山北麓地裂缝带

1974 年在大别山北麓的山前倾斜平原地区出现了大量地裂缝，主要分布在豫东南和皖西南的 11 个县市，其范围南北宽近 100 km，东西长约 150 km，可大致分为 3 个近 EW 向延伸的地裂缝密集带：

(1) 从大别山北麓的信阳、六安向东到南通的 EW 向地裂缝带，其地裂缝除在潢川至寿县一带进一步发展外，在东部的马鞍山至如东一带也出现不少地裂缝。

(2) 周口—阜阳—寿县和商丘—永城—蚌埠两个相近平行延伸的 NW 向地裂缝带。

(3) 沂水—郯成—宿迁 NNE 向地裂缝带。单个地裂缝规模不等，长度一般在 10～300 m 以上，宽 10～50 cm，个别达 1 m 左右，深度一般为 3～5 m。

1976 年唐山地震前后，大别山北麓地裂缝活动加剧，其范围几乎扩展到整个淮河流域和长江、黄河中下游地区。据不完全统计，在豫、皖、苏、鲁四个省中有 152 个县出现了地裂缝。

4. 其他地区的地裂缝

除上述华北地区的三个大规模地裂缝带外，在中国其他地区也有一些零星的地裂缝或小规模地裂缝带分布。如地裂缝是黄土高原台塬区与沟壑区交界处常见的一种地质现象，华南膨胀土、花岗岩风化残积土分布区的地裂缝，西部地区因地震而产生的断层地裂缝，高原地区冻土分布范围内的融冻地裂缝等。

7.3.2 地裂缝的成因机制和形成条件

目前，中国地裂缝的主要发展趋势是范围不断扩大、危害不断加重。从成因上讲，早期地裂缝多为自然成因，近期人为成因的地裂缝逐渐增多。

（一）构造地裂缝

构造地裂缝是在构造运动和外动力地质作用（自然和人为）共同作用的结果。前者是地裂缝形成的前提条件，决定了地裂缝活动的性质和展布特征，后者是诱发因素，影响着地裂缝发生的时间、地段和发育程度（图 7-2）。从构造地裂缝所处的地质环境来看，构造地裂缝大都形成于隐伏活动断裂带之上。断裂两盘发生差异活动导致地面拉张变形，或者因活动断裂走滑、倾滑诱发地震影响等均可在地表产生地裂缝。更多情况是在广大地区发生缓慢的构造应力积累而使断裂发生蠕变活动形成地裂缝。这种地裂缝分布广、规模大，危害最严重。

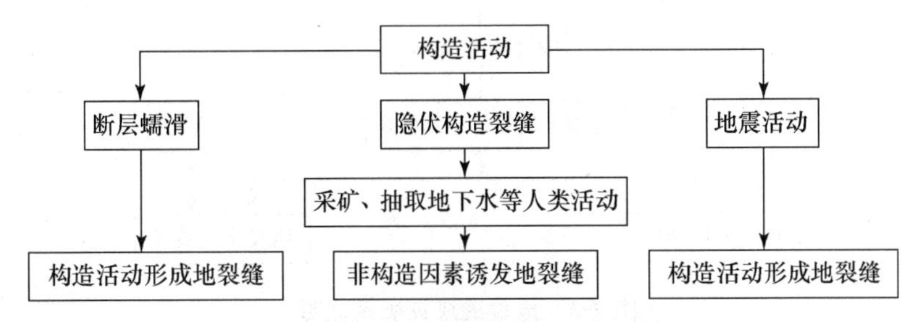

图 7-2 构造地裂缝成因机制框图

区域应力场的改变使土层中构造节理开启也可发展为地裂缝。1966 年邢台地震后，华北平原在区域应力调整过程中出现了大范围的地裂缝灾害，并于 1968 年达到高潮。

构造地裂缝形成发育的外部因素主要有两方面：大气降水加剧裂缝发展；人为活动，因过度抽水或灌溉水渗入等都会加剧地裂缝的发展。西安地裂缝就是城市过量抽取地下水产生地面沉降，从而加剧了地裂缝的发展。陕西泾阳地裂缝，则是因农田灌水渗入和降雨同时作用而诱发的地裂缝。

(二) 非构造地裂缝

非构造地裂缝的形成原因比较复杂，崩塌、滑坡、岩溶塌陷和矿山开采，以及过量开采地下水所产生的地面沉降都会伴随有地裂缝的形成；黄土湿陷、膨胀土胀缩、松散土潜蚀也可造成地裂缝。此外，还有干旱、冻融引起的地裂缝等。

特殊土地裂缝在中国分布也十分广泛。中国南方主要是胀缩土地裂缝，北方以黄土高原地区黄土地裂缝最发育。胀缩土是一种特殊土，它含有大量膨胀性黏土矿物，具有遇水膨胀、失水收缩的特性。中国南方广泛发育的残积红土就具有这种特点。北方广泛分布的黄土具有节理发育的特性，在地表水的渗入潜蚀作用下，往往产生地裂缝。

实践表明，许多地裂缝并不是单一成因的，而是以一种原因为主，同时又受其他因素影响的综合作用的结果。因此，在分析地裂缝形成条件时，还要具体现象具体分析。就总体情况看，控制地裂缝活动的首要条件是现今构造活动程度，其次是崩塌、滑坡、塌陷等灾害动力活动程度以及动力活动条件等。

7.3.3 地裂缝的危害

地裂缝活动使其周围一定范围内的地质体内产生形变场和应力场，进而通过地基和基础作用于建筑物。由于地裂缝两侧出现的相对沉降差以及水平方向的拉张和错动，可使地表设施发生结构性破坏或造成建筑物地基的失稳。地裂缝的成灾机理如图 7-3 所示。

地裂缝的主要危害是造成房屋开裂、地面设施破坏和农田漏水。在三条巨型地裂缝带中，汾渭盆地地裂缝带不仅规模最大、裂缝类型多，而且危害十分严重。据不完全统计，迄今已造成数亿元的经济损失。

1983 年 7 月 28 日傍晚和 29 日早晨，山西省万荣县两次暴雨后，该县薛店村地面出现开裂。地裂缝长 1.5 km；一般宽为 1～2 m，最宽达 5.2 m；一般深 1.5～3.0 m，最深达 12 m。大

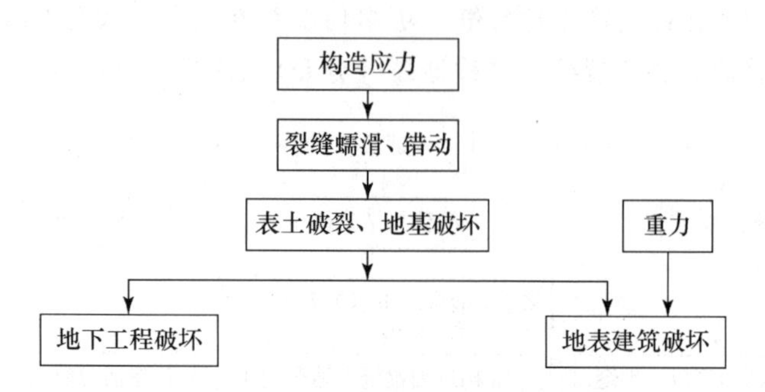

图 7-3 地裂缝成灾机理框图

量积水顺裂缝瞬间排泄。裂缝所经之处，房屋开裂或倒塌，受损房屋300余间(受害居民67户)。村内一口深223 m、造价6万余元的机井也因此而塌毁。

河北省及京津地区60个县市已发现地裂缝453条，造成大量建筑和道路破坏，上千处农田漏水，经济损失达亿元以上(王景明等，1994)。

1999年8月3日，陕西省泾阳县出现一条2000 m长的地裂缝，从东到西穿过该县龙泉乡沙沟村。裂缝时宽时窄，最宽处超过1 m。裂缝经过村中数十户民房，墙上、地上全部出现程度不等的砖缝错位、土墙开裂和地面凹陷等。

西安地裂缝灾害已闻名中外，影响范围超过150 km^2(图7-4)，给城市建设和人民生活造成了严重的危害，地裂缝所经之处道路变形、交通不畅、地下输排水管道断裂、供水中断、污水

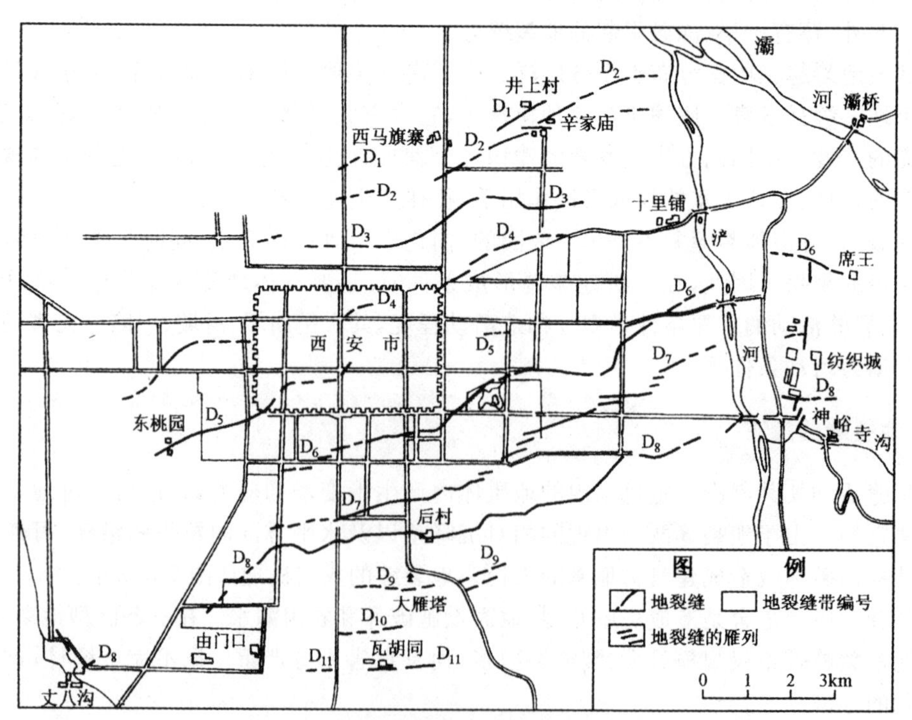

图 7-4 西安市及近郊地区地裂缝分布图

(据陕西地矿局资料，1987)

横溢;楼房、车间、校舍、民房错裂,围墙倒塌;文物古迹受损。据不完全统计,地裂缝穿越91座工厂、40所学校、公用设施60多处、村寨41个;破坏道路60处、围墙427处,132幢楼房受破坏和影响,其中20幢全部或部分拆除,1057间平房受毁,18处文物古迹受损,仅民用住房损失已达2164.6万元。

7.3.4 地裂缝灾害的防治措施

地裂缝灾害多数发生在由主要地裂缝所组成的地裂缝带内,所有横跨主裂缝的工程和建筑都可能受到破坏。对人为成因的地裂缝,关键在于预防,合理规划、严格禁止地裂缝附近的开采行为。对自然成因地裂缝,则主要在于加强调查和研究,开展地裂缝易发区的区域评价,以避让为主,从而避免或减轻经济损失。

1. 控制人为因素的诱发作用

对于非构造地裂缝,可以针对其发生的原因,采取各种措施来防止或减少地裂缝的发生。例如,采取工程措施防止发生崩塌、滑坡,通过控制抽取地下水防止和减轻地面沉降或地面塌陷等;对于黄土湿陷裂缝,主要应防止降水和工业、生活用水的下渗和冲刷;在矿区井下开采时,根据实际情况,控制开采范围,增多、增大预留保护柱,防止矿井坍塌诱发地裂缝。

2. 建筑设施避让防灾措施

对于构造成因的地裂缝,因其规模大、影响范围广,在地裂缝发育地区进行开发建设时,首先应进行详细的工程地质勘察,调查研究区域构造和断层活动历史,对拟建场地查明地裂缝发育带及隐伏地裂缝的潜在危害区,做好城镇发展规划,合理规划建筑物布局,使工程设施尽可能避开地裂缝危险带。特别要严格限制永久性建筑设施横跨地裂缝,一般避让宽度不少于4~10 m。

对已经建在地裂缝危害带内的工程设施,应根据具体情况采取加固措施。如跨越地裂缝的地下管道工程,可采用外廊隔离、内悬支座式管道并配以活动软接头连接措施等预防地裂缝的破坏。对已遭受地裂缝严重破坏的工程设施,需进行局部拆除或全部拆除,防止对整体建筑或相邻建筑造成更大规模破坏。

3. 监测预测措施

通过地面勘查、地形变测量、断层位移测量以及音频大地电场测量、高分辨率纵波反射测量等方法监测地裂缝活动情况,预测、预报地裂缝发展方向、速率及可能的危害范围。

7.4 岩溶地面塌陷

岩溶地面塌陷指覆盖在溶蚀洞穴之上的松散土体,在外动力或人为因素作用下产生的突发性地面变形破坏,其结果多形成圆锥形塌陷坑。岩溶地面塌陷是地面变形破坏的主要类型,多发生于碳酸盐岩、钙质碎屑岩和盐岩等可溶性岩石分布地区。激发塌陷活动直接诱因除降雨、洪水、干旱、地震等自然因素外,往往与抽水、排水、蓄水和其他工程活动等人为因素密切相关。在各种类型塌陷中,以碳酸盐岩塌陷最为常见;因抽排岩溶地下水而引发人为塌陷的概率最大。自然条件下产生的岩溶地面塌陷一般规模小、发展速度慢,不会给人类生活带来太大的影响。但在人类工程活动中产生的岩溶地面塌陷不仅规模大、突发性强,且常出现在人口聚集地区,对地面建筑物和人身安全构成严重威胁。

岩溶地面塌陷造成局部地表破坏,是岩溶发育到一定阶段的产物。因此,岩溶地面塌陷也是一种岩溶发育过程中的自然现象，可出现于岩溶发展历史的不同时期，既有古岩溶地面塌陷，也有现代岩溶地面塌陷。岩溶地面塌陷也是一种特殊的水土流失现象，水土通过塌陷向地下流失，影响着地表环境的演变和改造，形成具有鲜明特色的岩溶景观。

7.4.1 岩溶地面塌陷的分布规律

岩溶地面塌陷主要分布于岩溶强烈到中等发育的覆盖型碳酸盐岩地区。全球有16个国家存在严重的岩溶地面塌陷问题。中国可溶岩分布面积约为363×10^4 km^2，是世界上岩溶地面塌陷范围最广、危害最严重的国家之一。全国24个省区共发生岩溶地面塌陷2841处，塌陷坑33 192个，塌陷面积合计332.28 km^2。其中以南方的桂、黔、湘、赣、川、滇、鄂等省区最为发育，北方的冀、鲁、辽等省区也发生过严重的岩溶地面塌陷灾害（段永侯等，1993）。

岩溶地面塌陷的分布规律与表现主要有以下几个方面的特征：

1. 多产生在岩溶强烈发育区

中国南方许多岩溶区的资料说明，浅部岩溶愈发育，富水性愈强，地面塌陷愈多，规模愈大。岩溶地面塌陷与岩溶率具有较好的正相关关系（表7-3）。

表7-3 广东省凡口矿区岩溶率与地面塌陷的相关关系

岩溶发育程度	岩溶率/(%)	水位降低/m	排水量/($m^3\cdot d^{-1}$)	塌陷个数
强发育区	19.08	13.48	5900	24
中等发育区	4.01	36.35	4800	5
弱发育区	1.96	28.39	3700	无塌陷，仅有沉降、开裂

2. 主要分布在第四系松散盖层较薄地段

在其他条件相同的情况下，第四系盖层的厚度愈大，成岩程度愈高，塌陷愈不易产生。相反，盖层薄且结构松散的地区，则易形成地面塌陷。如广东沙洋矿区疏干漏斗中心部位，盖层厚度为40～130 m，地面塌陷少而稀。而在漏斗中 心的东南部和东部边缘地段，因盖层厚度较小（8～23 m），地面塌陷多而密。

3. 多分布在河床两侧及地形低洼地段

在这些地区，地表水和地下水的水力联系密切，两者之间的相互转化比较频繁，在自然条件下就可能发生潜蚀作用，形成土洞，进而产生地面塌陷。

4. 常分布在降落漏斗中心附近

由采、排地下水而引起的地面塌陷，绝大部分发生在地下水降落漏斗影响半径范围以内，特别是在近降落漏斗中心的附近地区。另外，在地下水径流强度大的地方也极易形成岩溶地面塌陷。

7.4.2 岩溶地面塌陷的成因机制和形成条件

（一）岩溶地面塌陷的成因机制

岩溶地面塌陷是在特定地质条件下，因某种自然因素或人为因素触发而形成的地质灾害。由于不同地区地质条件相差很大，岩溶地面塌陷形成的主导因素也有所不同。因此，对岩溶地面塌陷成因机制的认识也存在着不同的观点。其中占主导地位的主要有两种，即地下水潜蚀机制和真空吸蚀机制。

1. 地下水潜蚀机制

在地下水流作用下，岩溶洞穴中的物质和上覆盖层沉积物产生潜蚀、冲刷和淘空作用，结果导致岩溶洞穴或溶蚀裂隙中的充填物被水流搬运带走，在上覆盖层底部的洞穴或裂隙开口处产生空洞。若地下水位下降，则渗透水压力在覆盖层中产生垂向的渗透潜蚀作用，土洞不断向上扩展最终导致地面塌陷。

岩溶洞穴或溶蚀裂隙的存在、上覆土层的不稳定性是塌陷产生的物质基础，地下水对土层的侵蚀搬运作用是引起塌陷的动力条件。自然条件下，地下水对岩溶洞穴或裂隙充填物质和上覆土层的潜蚀作用也是存在的。不过这种作用很慢，且规模一般不大。人为抽采地下水，对岩溶洞穴或裂隙充填物和上覆土层的侵蚀搬运作用大大加强，促进了地面塌陷的发生和发展。此类塌陷的形成过程大体可分如下四个阶段：

(1) 在抽水、排水过程中，地下水位降低，水对上覆土层的浮托力减小，水力坡度增大，水流速度加快，水的潜蚀作用加强。溶洞充填物在地下水的潜蚀、搬运作用下被带走，松散层底部土体下落、流失而出现拱形崩落，形成隐伏土洞。

(2) 隐伏土洞在地下水持续的动水压力及上覆土体的自重作用下，土体崩落、迁移，洞体不断向上扩展，引起地面沉降。

(3) 地下水不断侵蚀、搬运崩落体，隐伏土洞继续向上扩展。当上覆土体的自重压力逐渐接近洞体的极限抗剪强度时，地面沉降加剧，在张性压力作用下，地面产生开裂。

(4) 当上覆土体自重压力超过了洞体的极限强度时，地面产生塌陷(图 7-5)。同时，在其周围伴生有开裂现象。这是因为土体在塌落过程中，不但在垂直方向产生剪切应力，还在水平方向产生张力所致。

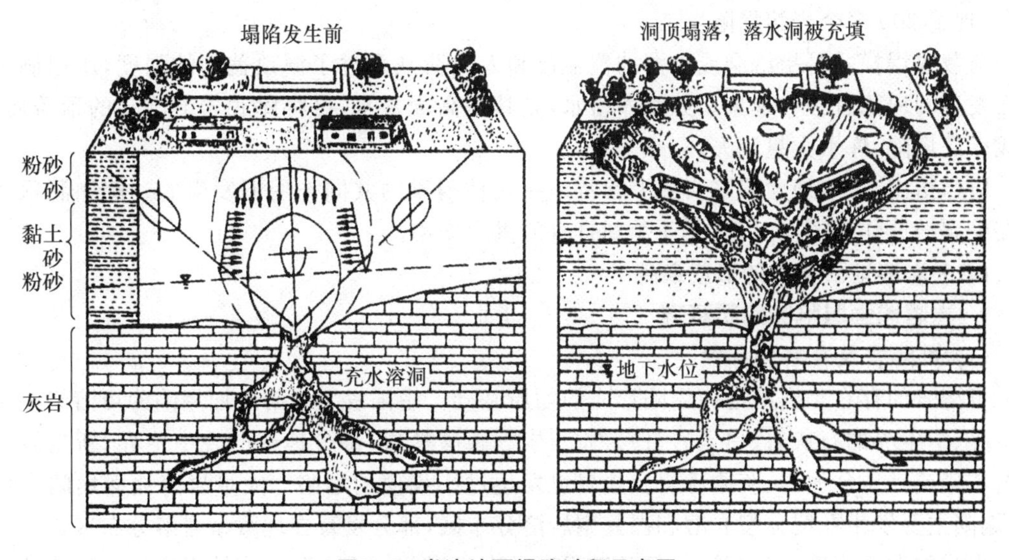

图 7-5　岩溶地面塌陷过程示意图

潜蚀致塌论解释了某些岩溶地面塌陷事件的成因。按照该理论，岩溶上方覆盖层中若没有地下水或地面渗水以较大的动水压力向下渗透，就不会产生塌陷。但有时岩溶洞穴上方的松散覆盖层中完全没有渗透水流仍会产生塌陷，说明潜蚀作用还不足以说明所有的岩溶地面塌陷的机制(纪万斌等，1993)。

2. 真空吸蚀机制

根据气体的体积与压力关系的玻意尔-马略特定律，在密封条件下，当温度恒定时，随着气体的体积增大，气体压力则不断减小。在相对密封的承压岩溶网络系统中，由于采矿排水、矿井突水或大流量开采地下水，地下水水位大幅度下降。当水位降至较大岩溶空洞覆盖层的底面以下时，岩溶空洞内的地下水面与上覆岩溶洞穴顶板脱开，出现无水充填的岩溶空腔。随着岩溶水水位持续下降，岩溶空洞体积不断增大，空洞中的气体压力不断降低，从而导致岩溶空洞内形成负压。岩溶顶板覆盖层在自身重力及溶洞内真空负压的影响下向下剥落或塌落，在地表形成岩溶塌陷坑。

3. 其他岩溶地面塌陷形成机制

除前述两种岩溶地面塌陷形成机制外，还有学者提出重力致塌模式、冲爆致塌模式、振动致塌模式和荷载致塌模式等其他岩溶地面塌陷的成因模式。

重力致塌模式是指因自身重力作用使岩溶洞穴上覆盖层逐层剥落或者整体下陷而产生岩溶地面塌陷的过程和现象。它主要发生在地下水位埋藏深、溶洞及土洞发育的地区。

冲爆致塌模式的形成过程是岩溶通道、空洞及土洞中蓄存的高压气团和水头，随着地下水位上涨压力不断增加；当其压强超过岩溶顶板的极限强度时，就会冲破岩土体发生“爆破”并使岩土体破碎；破碎的岩土体在自身重力和水流的作用下陷入岩溶洞穴，在地面则形成塌陷。冲爆致塌现象常发生于地下暗河的下游。

振动致塌模式是指由于振动作用，使岩土体发生破裂、位移和砂土液化等现象，降低了岩土体的机械强度，从而发生岩溶塌陷。在岩溶发育地区，地震、爆破或机械振动等经常引发地面塌陷，如辽宁省营口地震时，孤山乡第四纪松散沉积物覆盖型岩溶区，由于地震引起砂土液化，出现了200多个岩溶塌陷坑。

荷载致塌模式是指溶洞或土洞的覆盖层和人为荷载超过了洞顶盖层的强度，压塌洞顶盖层而发生的塌陷过程和现象。如水库蓄水，尤其是高坝蓄水，可将库底岩溶洞穴的顶盖压塌，造成库底塌陷，库水大量流失。

应当指出，岩溶地面塌陷实际上常常是在几种因素的共同作用下发生的。例如洞顶的土层在受到潜蚀作用的同时，往往还受到自身的重力作用。

（二）岩溶地面塌陷的形成条件

1. 岩溶地面塌陷的地质基础

（1）可溶岩及岩溶发育程度

可溶岩的存在是岩溶地面塌陷形成的物质基础。中国发生岩溶地面塌陷的可溶岩主要是古生界、中生界的石灰岩、白云岩、白云质灰岩等碳酸盐岩，部分地区的晚中生界、新生界富含膏盐芒硝或钙质砂泥岩、灰质砾岩及盐岩也发生过小规模的塌陷。大量岩溶地面塌陷事件表明，塌陷主要发生在覆盖型岩溶和裸露型岩溶分布区，部分发育在埋藏型岩溶分布区。

岩溶的发育程度和岩溶洞穴的开启程度是决定岩溶地面塌陷的直接因素。从岩溶地面塌陷形成机理看，可溶岩洞穴和裂隙一方面造成岩体结构的不完整，形成局部的不稳定；另一方面为容纳陷落物质和地下水的强烈运动提供了充分条件。因此，一般情况下，可溶岩的岩溶越发育，溶隙的开启性越好，溶洞的规模越大，岩溶地面塌陷越严重。

（2）覆盖层厚度、结构和性质

发生于覆盖型岩溶分布区的塌陷与覆盖层岩土体的厚度、结构和性质存在着密切的关系。

大量调查统计结果显示，覆盖层厚度小于 10 m 发生塌陷的机会最多，10～30 m 以上只有零星塌陷发生。覆盖层岩性结构对岩溶地面塌陷的影响表现为颗粒均一的砂性土最容易产生塌陷；层状非均质土、均一的黏性土等不易落入下伏的岩溶洞穴中。此外，当覆盖层中有土洞时，容易发生塌陷；土洞越发育，塌陷则越严重(蒋爵光，1991)。

(3) 地下水运动

强烈的地下水运动，不但促进了可溶岩洞隙的发展，而且是形成岩溶地面塌陷的重要动力因素。地下水运动的作用方式包括：溶蚀作用、浮托作用、侵蚀及潜蚀作用、冲爆作用、搬运作用等。因此，岩溶地面塌陷多发育在地下水运动速度快的地区和地下水动力条件发生剧烈变化的时期，如大量开采地下水而形成的降落漏斗地区极易发生岩溶地面塌陷。

2. 动力条件

引起岩溶地面塌陷的动力条件主要是水动力条件的急剧变化，由于水动力条件的改变可使岩土体应力平衡发生改变，从而诱发岩溶地面塌陷。水动力条件发生急剧变化的原因主要有降雨、水库蓄水、井下充水、灌溉渗漏以及严重干旱、矿井排水或高强度抽水等。

除水动力条件外，地震、附加荷载、人为排放的酸碱废液对可溶岩的强烈溶蚀等均可诱发岩溶地面塌陷。

7.4.3　岩溶地面塌陷的危害

岩溶地面塌陷的产生，一方面使岩溶区的工程设施，如工业与民用建筑、城镇设施、道路路基、矿山及水利水电设施等遭到破坏；另一方面造成岩溶区严重的水土流失、自然环境恶化，同时影响各种资源的开发利用(图 7-6)。

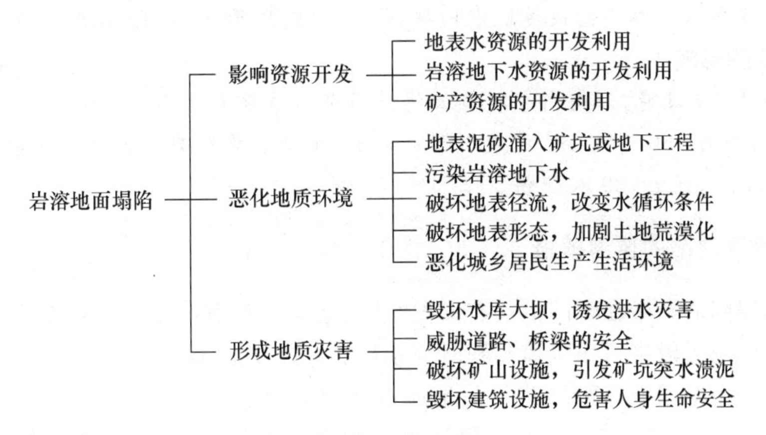

图 7-6　岩溶地面塌陷的危害

1. 对矿山的危害

岩溶地面塌陷可成为矿坑充水的诱发型通道，严重威胁矿山开采。

如中国淮南谢家集矿区，因矿井疏干排水，在 1978 年 7 月河底岩溶盖层很快产生塌陷，河水瞬间灌入地下，岸边的房屋也遭受破坏。湖北大门铁矿，1978 年平巷突水引起柯家沟河谷地面塌陷，出现 70 多个陷坑，河水因大量漏入地下而断流，岸边有 4000 m^2 建筑物被毁，矿山专用铁路和高压输电线遭受破坏，造成近百万元的经济损失。

湖北武汉中南轧钢厂，因附近开采岩溶地下水，于 1977 年在该厂区内发生地面塌陷，形成

5个陷坑，大者直径达16～22 m，深8～10 m，共造成1500 t生产用煤和600 t钢坯陷入地下。

2. 对城市建筑的危害

在城市地区，岩溶地面塌陷常常造成建筑物破坏、市政设施损毁。

如1981年5月8日发生在美国佛罗里达州Winter Park巨型塌陷，直径达106 m、深30 m，使街道、公用设施和娱乐场所遭受严重毁坏，损失超过400万美元。

1975年，中国辽宁省海城地区大地震诱发产生了大规模的岩溶地面塌陷。共出现陷坑200多处，直径一般3～4 m，最大达10 m，深几米至几十米不等。塌陷破坏了大量耕地，并造成个别民房倒塌。

1996年发生于桂林市市中心的体育场塌陷，虽然塌陷坑直径只有9.5 m，深度也只有5 m，但由于塌陷紧靠"小香港"商业街，造成整个商业街关闭15天，营业额损失近千万元。1997年11月11日，桂林市雁山区柘木镇岩溶塌陷共形成塌陷坑51个，影响面积达0.2 km^2，使近100间民房受到破坏，直接损失达300多万元。

3. 对道路交通的影响

位于中国云南省境内的贵昆铁路，其沿线自1965年建成通车以来，西段陆续发现岩溶地面塌陷。至1987年底，已发现塌陷117处。1976年7月7日在K606+475路段发生塌陷，塌陷坑长15 m、宽6 m、深5 m，中断行车61小时40分；1979年9月1日在K534+0.24路段发生塌陷，陷坑长6 m、宽2.5 m、深3 m，造成2502次列车颠覆，断道14小时25分。仅这两次塌陷造成的直接经济损失就达3000万元。

辽宁省瓦房店三家子岩溶地面塌陷发生于1987年8月8日，范围1.2 km^2，共有大小陷坑25个，一般坑长20～40 m，宽5～35 m。塌陷使长春—大连铁路约20 m长的路基遭到破坏，累计停运8小时5分。一些通信设施及农田被毁，44间民房开裂，66眼水井干枯。

4. 对坝体的影响

1962年9月29日晚，云南省个旧市云锡公司新冠选矿厂火谷都尾矿坝因岩溶地面塌陷突然发生垮塌，坝内150×10^4 m^3泥浆水奔腾而出，冲毁下游农田5.3 km^2和部分村庄、公路、桥梁等，造成174人死亡，89人受伤。

7.4.4 岩溶地面塌陷的监测预报

岩溶地面塌陷的产生在时间上具有突发性，在空间上具有隐蔽性，因此，对岩溶发育地区难以采取地面监测手段进行塌陷监测和时空预报。美国学者Benson等曾在北卡罗来纳州威明顿西南部的一条军用铁路沿线进行过地质雷达探测溶洞并进行预报的试验。该项工作从1984年开始，共历时3年。试验中，每隔半年用地质雷达以相同的频率(80 MHz)、相同的牵引速度沿1113 m的铁路线扫描一次，通过不同时间探测结果的对比，圈定扰动点并做出预报。结果表明，地质雷达因能提供具高度可重复性的监测资料，完全可以达到对塌陷进行长期监测的目的。然而，由于地质雷达设备昂贵，探测成本较高，难以在监测中广泛应用。此外，可用于岩溶地面塌陷的探测方法和仪器还有浅层地震、电磁波、声波透视(CT)等。

近年来，地理信息系统(GIS)技术的应用，使得岩溶地面塌陷危险性预测评价上升到一个新的水平。利用GIS的空间数据管理、分析处理和建模技术，对潜在塌陷危险性进行预测评价，已经取得了良好的效果(雷明堂等，1998)。但这些预测方法多局限于对研究区潜在塌陷的危险性分区，并没有解决塌陷的发生时间和空间位置的预测预报问题。某些可引起岩溶水压力发生突变的因素，如振动、气体效应等，有时也可成为直接致塌因素，甚至在通常情况下不会发生塌陷的地区出现岩溶地面塌陷。因此，如何进行岩溶地面塌陷的时空预测预报已成为岩溶地面塌陷灾害防治研究中的前沿课题。

7.4.5　岩溶地面塌陷灾害的防治措施

(一) 控水措施

要避免或减少地面塌陷的产生，根本的办法是减少岩溶充填物和第四系松散土层被地下水侵蚀、搬运。

1. 地表水防水措施

在潜在的塌陷区周围修建排水沟，防止地表水进入塌陷区，减少向地下的渗入量。在地势低洼、洪水严重的地区围堤筑坝，防止洪水灌入岩溶孔洞。

对塌陷区内严重淤塞的河道进行清理疏通，加速泄流，减少对岩溶水的渗漏补给。对严重漏水的河溪、库塘进行铺底防漏或者人工改道，以减少地表水的渗入。对严重漏水的塌陷洞隙采用黏土或水泥灌注填实，采用混凝土、石灰土、水泥土、氯丁橡胶、玻璃纤维涂料等封闭地面，增强地表土层抗蚀强度，均可有效防止地表水冲刷入渗。

2. 地下水控水措施

根据水资源条件规划地下水开采层位、开采强度和开采时间，合理开采地下水。在浅部岩溶发育、并有洞口或裂隙与覆盖层相连通的地区开采地下水时，应主要开采深层地下水，将浅层水封住，这样可以避免地面塌陷的产生。在矿山疏干排水时，在预测可能出现塌陷的地段，对地下岩溶通道进行局部注浆或帷幕灌浆处理，减小矿井外围地段地下水位下降幅度，这样既可避免塌陷的产生，也可减小矿坑涌水量。

开采地下水时，要加强动态观测工作，以此用来指导合理开采地下水，避免产生岩溶地面塌陷。必要时进行人工回灌，控制地下水水位的频繁升降，保持岩溶水的承压状态。在地下水主要径流带修建堵水帷幕，减少区域地下水补给。在矿区修建井下防水闸门，建立有效的排水系统，对水量较大的突水点进行注浆封闭，控制矿井突水、溃泥。

(二) 工程加固措施

1. 清除填堵法

清除填堵法常用于相对较浅的塌坑或埋藏浅的土洞。首先清除其中的松土，填入块石、碎石形成反滤层，其上覆盖以黏土并夯实。对于重要建筑物，一般需要将坑底与基岩面的通道堵塞，可先开挖然后回填混凝土或设置钢筋混凝土板，也可灌浆处理。

2. 跨越法

跨越法用于比较深大的塌陷坑或土洞。对于大的塌陷坑，当开挖回填有困难时，一般采用梁板跨越，两端支承在坚固岩、土体上的方法。对建筑物地基而言，可采用梁式基础、拱形结构，或以刚性大的平板基础跨越、遮盖溶洞，避免塌陷危害。对道路路基而言，可选择塌陷坑直径较小的部位，采用整体网格垫层的措施进行整治。若覆盖层塌陷的周围基岩稳定性良好，也可采用桩基栈桥方式使道路通过。

3. 强夯法

在土体厚度较小、地形平坦的情况下，常采用强夯砸实覆盖层的方法消除土洞，提高土层的强度。通常利用 10～12 t 的夯锤对土体进行强力夯实，可压密塌陷后松软的土层或洞内的回填土，提高土体强度，同时消除隐伏土洞和松软带，是一种预防与治理相结合的措施。

4. 钻孔充气法

随着地下水位的升降，溶洞空腔中的水气压力产生变化，可能出现气爆或冲爆塌陷，因此，在查明地下岩溶通道的情况下，将钻孔深入到基岩面下溶蚀裂隙或溶洞的适当深度，设置各种岩溶管道的通气调压装置，破坏真空腔的岩溶封闭条件，平衡其水、气压力，减少发生冲爆塌陷的机会。

5. 灌注填充法

在溶洞埋藏较深时，通过钻孔灌注水泥砂浆，填充岩溶孔洞或缝隙、隔断地下水流通道，达到加固建筑物地基的目的。灌注材料主要是水泥、碎料（砂、矿渣等）和速凝剂（水玻璃、氧化钙）等。

6. 深基础法

对于一些深度较大，跨越结构无能为力的土洞、塌陷，通常采用桩基工程，将荷载传递到基岩上。

7. 旋喷加固法

在浅部用旋喷桩形成一“硬壳层”，在其上再设置筏板基础。“硬壳层”厚度根据具体地质条件和建筑物的设计而定，一般10～20 m即可。

（三）非工程性的防治措施

1. 开展岩溶地面塌陷风险评价

当前，岩溶地面塌陷评价只局限于根据其主要影响因素和由模型试验获得的临界条件进行潜在塌陷危险性分区，这对岩溶地面塌陷防治决策而言是远远不够的。因此，在岩溶地面塌陷评价中，需开展环境地质学、土木工程学、地理学、城市规划、经济学、管理学等多领域、多学科协作，对潜在塌陷的危险性、生态系统的敏感性、经济与社会结构的脆弱性进行综合分析，才能达到对岩溶地面塌陷进行风险评价的目的。

2. 开展岩溶地面塌陷试验研究

开展室内模拟试验，确定在不同条件下岩溶地面塌陷发育的机理、主要影响因素以及塌陷发育的临界条件，进一步揭示岩溶地面塌陷发育的内在规律，为岩溶地面塌陷防治提供理论依据。

3. 增强防灾意识，建立防灾体系

广泛宣传岩溶地面塌陷灾害给人民生命财产带来的危害和损失，加强岩溶地面塌陷成因和发展趋势的科普宣传。在国土规划、城市建设和资源开发之前，要充分论证工程地质环境效应，预防人为地质灾害的发生。

建立防治岩溶地面塌陷灾害的信息系统和决策系统。在此基础上，按轻重缓急对岩溶地面塌陷灾害开展分级、分期的整治计划。同时，充分运用现代科学技术手段，积极推广岩溶地面塌陷灾害综合勘查、评价、预测预报和防治的新技术与新方法，逐步建立岩溶地面塌陷灾害的评估体系及监测预报网络。

第 8 章　矿山与地下工程地质灾害

矿山是人类工程活动对地质环境影响最为强烈的场所之一。人类在开发利用矿产资源的同时，也改变或破坏了矿区的自然地质环境，从而产生众多的地质灾害，影响人类自身的生存和环境。实践证明，一个国家或地区的生态破坏与环境污染状况，在某种程度上总是与矿产资源消耗水平相一致。所以，矿产资源开发引起的环境问题历来备受各国政府和科学家的重视，保护矿山环境、合理开发矿产资源、避免人为地质灾害的发生已成为矿山活动主要任务之一。

8.1　矿山与地下工程地质灾害的类型

因大规模采矿活动而使矿区自然地质环境发生变异，产生影响人类正常生活和生产的灾害性地质作用或现象，称为矿山地质灾害。采矿过程中能量交换和物质转移是影响矿山地质环境的主要原因，矿山地质灾害的种类、强度和时空分布特征取决于矿区的地质地理环境、矿床开采方式、选冶工艺等因素。采矿对矿区环境的影响主要表现在矿坑疏干排水造成地面塌陷、泉水枯竭、河水断流和区域地下水位下降；深井排水或注水诱发地震；地面开挖、地下采掘引起崩塌、滑坡、地面开裂与沉陷；矿山剥离堆土及矿渣堆积占用土地、淤塞河道，导致山洪或矿山泥石流发生；矿渣及尾矿、选矿废水、选冶废气及可燃性矿渣自燃等造成的土壤、水体及大气污染；露天采矿不仅破坏地貌景观，还经常引起滑坡、滑塌、崩塌以及泥石流等地质灾害，形成矿山荒地，加速水土流失（表 8-1）。

表 8-1　矿山地质灾害种类综合表

（据程伯禹，1994，略改）

环境要素	作用形式	主要地质灾害种类
地表环境	地下采空 地面及边坡开挖 爆破及震动 地下水位降低 废水排放 废渣、尾矿排放	采空区地面沉降 山体开裂 崩塌、滑坡、泥石流 水土流失与土地荒漠化 岩溶塌陷 采矿诱发地震 尾矿库溃坝 煤层自燃
水环境	地下水位降低 废水排放 废渣、尾矿排放	水动力条件改变 井、泉枯竭 海水入侵 水质污染
采场环境	地下采空 地面及边坡开挖 爆破及震动 地下水位降低	粉尘 煤与瓦斯突出 突水、溃泥 岩爆 地下热害 坑道变形 露采边坡失稳

除采矿外,铁路隧道、引水涵洞、地下发电站厂房以及地下停车场、储油库、飞机库和弹道导弹发射井等地下洞室工程的开挖,由于地下采空引起应力重分布,围岩变形破坏或发生岩爆、突水、溃泥等地质灾害,威胁地下工程的安全,造成人员伤亡和财产损失。

8.2 矿区地面变形与荒漠化

全球每年从地下开采的各种矿石(包括煤炭和石油等)约 500×10^8 t,再加上运到地面的各种矸石、废石,数量非常可观。大量的矿石和矸石从地下开采出来所形成的地下空间必然在地表造成普遍而严重的矿区地面变形灾害,表现为矿区内大面积的地面塌陷与大规模的地裂缝。矿区地面变形和露采剥离土及废石堆、尾矿堆的不合理排放造成了“矿区荒漠化”。此外,由于采矿而引起的崩塌、滑坡等事故也加剧了矿区的土地荒漠化。

8.2.1 矿区地面塌陷与地裂缝

采用地下开采的矿山,由于采空区上覆岩土体冒落或变形而在地表发生大面积变形破坏并造成人员伤亡或财产损失的现象和过程,称为矿区地面变形地质灾害。如果地面变形呈现面状分布,则为地面塌陷;如为线状分布,则为地裂缝。矿区地面塌陷造成大量农田损毁,地表建筑物遭受严重破坏。

据初步统计,中国因采矿引起的地面塌陷面积达 1150 km^2,发生采矿塌陷灾害的城市近40个,造成严重破坏的25个,每年因采矿地面塌陷造成的损失达4亿元人民币以上。半个世纪以来,山西省大同煤矿累计生产原煤20多亿吨,形成面积达450 km^2 的煤矿采空区,在地表形成近百个塌陷坑。河北省开滦煤矿累计地面塌陷面积约 99.80 km^2,因塌陷无法耕种的绝产农田达 19.96 km^2;80年代以来,由于受地面塌陷影响而迁移村庄31处,迁建费用近2亿元人民币。

辽宁省本溪市在已采空的 18.7 km^2 区域中有 6.5 km^2 的地面建筑物遭到破坏。采空区地表平均下沉达2 m,最深的达3.7 m,造成建筑物墙体移位、断裂、房屋倾斜,甚至倒塌,地上和地下的供水、排水、供热、通信、人防等管网和设施遭到了不同程度的损坏。目前,尚未得到治理的 4.3 km^2 的区域灾情十分严重,5400余户灾民忍受着房屋破裂、欲炊无烟的窘状。在地面塌陷区的城市建设中有一条不成文的约定就是“拒绝高层”。当地居民形容本溪市就像一座被架空了的“空中楼阁”。

(一) 矿区地面塌陷与地裂缝的危害

1. 破坏土地资源,影响农业生产

矿区塌陷灾害对于农田的破坏十分严重。当前,中国约有国营矿山6000座、乡镇集体及个体矿山12万座,由此所造成的矿山塌陷灾害十分严重。而在各类矿山中,煤矿的开采量最大,所以由此造成的采空塌陷也最为严重。

中国21个主要煤矿区由于矿区地面变形遭受破坏的土地面积已达600 km^2。如江苏省200多座煤矿所造成的矿山塌陷灾害面积已达127 km^2,平均每采 1×10^4 t煤,地表沉陷面积达2670 m^2;开滦煤矿塌陷的土地约有86.5 km^2;山西省统配煤矿矿区发生塌陷、地裂缝的面积已达246.2 km^2。在临近淮河沿岸的塌陷区有近26.61 km^2 积水,最大水深达15 m,严重影响了农业生产。许多村庄已面临无地可耕、无处可迁的局面。地面塌陷和地裂缝灾害造成土地绝产或减收,经济损失巨大。塌陷区的土地赔偿、村镇搬迁等费用成了某些矿务局发展生产的沉重负担。

2. 损坏地表建筑物

矿山塌陷灾害的范围广，塌陷具有突发性、累进性和不均匀性等特点，对于各种地面建筑工程的危害很大。在城镇建筑物、水坝、桥梁和铁路、公路之下通常不允许开采固体矿产资源，否则就可能引起地面塌陷，造成各种建筑的破坏和城市基础设施损坏，破坏正常生产、生活和交通的安全。

黑龙江省七台河市是一座新兴的煤炭工业城市，原市中心建在煤田之上，下压煤炭储量达 0.33×10^{8} t。截至 1991 年，市区范围内采空区面积已达 0.42×10^{8} m^2，塌陷平均深度 2 m 左右，造成了严重的后果。因地表塌陷已倒塌房屋 476 间，建筑面积约 2.4×10^{4} m^2；因墙壁错裂无法居住的民房面积达 13×10^{4} m^2。市区的通信线路和各种管道全部破坏；一些主要街道由于塌陷造成路面凹凸不平，桥涵和停车场等也严重损坏。地面塌陷使地面的标高已经低于倭肯河河床的标高，雨季时形成地表积水淹没多处大街小巷，严重影响居民的生活和交通。为了保证安全，拆迁村镇，消耗了大量的资金和人力物力(纪万斌等，1996)。

(二) 矿区地面塌陷与地裂缝的成因

矿区地面塌陷和地裂缝的主要诱发因素是开采方式和矿体赋存条件。矿床地下开采，形成采空区，是地面塌陷和地裂缝形成的主要原因。采空区深度与面积、采掘面高度、地形地貌、地层岩性、地质构造、水文地质等自然条件决定了地面塌陷和地裂缝的规模与空间分布。

矿层开采后，采空区主要依靠洞壁和支撑柱维持围岩稳定。但由于在岩体内部形成一个空洞，使其天然应力平衡状态受到破坏，产生局部的应力集中。当采空区面积较大、围岩强度不足以抵抗上覆岩土体重力时，顶板岩层内部形成的拉张应力超过岩层抗拉强度极限时产生向下的弯曲和移动，进而发生断裂、破碎并相继冒落；随着采掘工作面的向前推进，受影响的岩层范围不断扩大，采空区顶板在应力作用下不断发生变形、破裂、位移和冒落，自下而上出现冒落带、裂隙带和下沉带，结果在地表形成塌陷盆地，使农田和各种建筑物受到破坏。这是一个十分复杂的物理、力学变化过程。

矿山塌陷灾害主要是由于采空区上覆岩土体发生变形、破裂和冒落而造成的。从平面上看，地表塌陷区比其下部的采空区范围大，中间塌陷区沉降速度及幅度最大，无明显地裂缝产生；内边缘区下沉不均匀，呈凹形向中心倾斜，为应力挤压区；外边缘区下沉不明显，多数情况下易形成张性地裂缝，为应力拉张区。从剖面上看，塌陷呈一漏斗状，破裂角和稳定角决定了“漏斗”的开口程度(图 8-1)。如果煤层埋藏浅、厚度不大，冒裂带直达地表，则在采空区正上方形成下宽上窄的地裂缝。

由于受地形地貌的影响，地裂缝往往不是对称出现的，斜坡地带通常比平坦地带易于产生地裂缝。岩性对裂缝的影响表现为脆性岩石形成明显地裂缝，松散岩类覆盖区形成的地裂缝易被充填而成隐伏地裂缝。

在煤炭开采技术上，将可采煤层埋深与采厚之比称为深厚比。该比值越小，越容易产生地面塌陷：一般在深厚比小于 20 时，有可能产生极严重的塌陷破坏，地表出现规模大、范围广的裂缝或塌陷等地表变形；深厚比在 20～200 之间时，地表将产生不同程度的变形；深厚比大于 200 时，地表变形一般很轻，有可能出现微小裂缝(赵改栋，1997)。

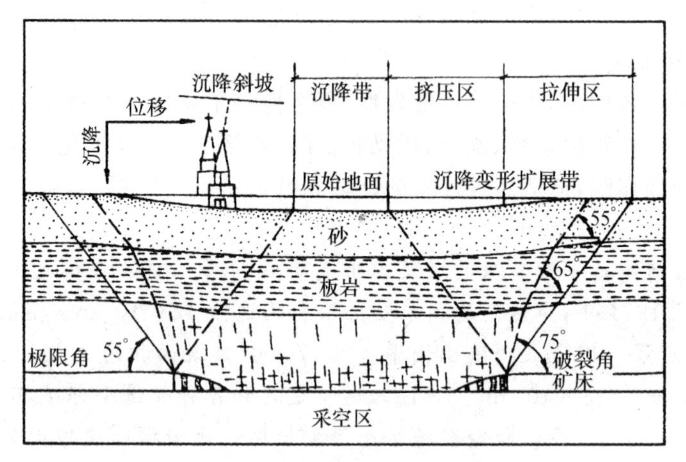

图 8-1　采空区地面塌陷示意图

(据 John E C 等,1981,略改)

(三) 矿区地面变形的防治对策

1. 地面塌陷区的整治和利用

地面变形是地下开挖、尤其是地下采矿最易引发的地质灾害。地面变形范围往往超出地下对应采空区的范围,即塌陷面积大于采空区面积,体积约为采出矿石体积的60%～70%。对于地下采矿而造成的地面变形破坏,可通过回填、充填等措施进行整治。

在许多矿山塌陷区,沉陷坑深部常年积水但积水不深,而周围农田则是雨季洪涝,旱季泛碱。对于这些"水浅不能养鱼,地涝不宜耕种"的浅沉陷区,可采用"挖深垫浅"的方法整治。就是将较深的塌陷区再深挖,使其适合养鱼或从事其他淡水养殖;垫浅是指用挖出的泥土垫到浅的沉陷区,使其地势增高,改造成为水田或旱田。

淮北矿务局从1985年开始采用"挖深垫浅"的方法进行复垦试验,修复水田约$12\times10^4\ m^2$,修建渔塘$12\times10^4\ m^2$,总投资仅43.4万元,平均每亩耗资1200元。这$24\times10^4\ m^2$水田和渔塘年总产值达10万元,不到5年即收回投资,而其社会和环境效益更加显著。

对于某些特殊塌陷的水淹区,根据实际情况可以适当整治开发,直接用于农业灌溉或改建成水陆公园等。

2. 以废治害

矿区塌陷是矿山地下采空造成的,而采出的矸石、尾矿等无法利用部分却作为废弃物堆积在矿区周围,既占用土地又污染环境。以煤矿为例,中国每年煤矸石排放量约$(1.5\sim2.0)\times10^8$ t,而综合利用(烧制建材等)部分不到其总量的15%。

以废治害就是用尾矿、矸石、粉煤灰填埋塌陷区,治理塌陷灾害。具体办法是,在用尾矿、矸石填埋前,先将塌陷区表土剥离另放,然后充填矸石、尾矿至目标标高以下0.5 m处,再覆以表土到原标高,这样既可以使地形得以复原,保持原来的土质和肥力,还减少了因堆积矸石、尾矿而占用的土地,同时可以减少或消除塌陷区和废石堆对环境的污染。若经周密规划,则可变荒芜之地为风景宜人、工农业兴旺的良好用地。

应该注意,当地表塌陷区与地下水或地表水体相通时,要防止因充填而造成水体的污染。

3. 治理地裂缝,消除隐患

在一些老矿区,特别是已经闭坑的矿区,对已有的地裂缝进行治理是非常关键的。治理前,首先应调查其几何特征、成因,对于沉降盆地边缘的地裂缝,可采用灌注浆的方法治理;对于采空塌陷地裂缝,治理方法较多,如采用尾矿石回填、灌注浆等。

4. 减轻塌陷灾害的预防措施

在矿山生产期间,可采取充填开采法和减灾开采法等技术性措施预防采空后塌陷(纪万斌等,1996)。充填开采是减缓采空塌陷灾害最为简便而实用的方法。按材料的不同,可分为水砂充填、粉煤灰充填和矸石充填等。其中水砂充填效果最好,但其成本过高,只适于特定地区采用。目前,中国许多煤矿采用粉煤灰和矸石充填废旧坑道,取得了较好的经济效益和环境效益。这些矿山在开采后通过把矸石或粉煤灰充填于村庄、道路、高压输电线、河堤等建筑物之下的巷道和回采区内,大大减轻了塌陷灾害,避免了因塌陷或潜在威胁而造成的损失和治理费用。

减灾开采法是指从回采技术上预防或减轻采空塌陷的方法,具体措施有条带开采法、顺序开采法、协调开采法和离层高压注浆法等。条带开采法分定向条带、倾向条带、冒落条带和充填条带等形式;顺序开采法指分层按顺序开采矿层,当第一层采空影响消失后再开采第二层,以减轻应力集中和矿坑围岩变形的累积;协调开采法是将同时开采的几个工作面错开一定距离,使因开采而产生的地表变形应力相互抵消,以减轻塌陷;由于上覆岩层强度的差异,矿层开采后在软层与硬层之间常形成离层空间,离层高压注浆法就是在离层空间还没有扩展的情况下及时打钻注浆以控制上覆盖层弯曲下沉,减少塌陷量。

8.2.2 矿区荒漠化

(一) 矿区荒漠化的特征与危害

矿产资源开发,除造成地面塌陷、地裂缝、边坡失稳破坏外,尾矿和矸石堆放及筛选冶炼过程中排放的矿山"三废"(废气、废水、废渣)还危害矿区周围的植被,导致植被枯萎、死亡;露天采矿剥离表土使矿区原有的地表生态系统遭受破坏,水土流失加剧,土地生产力下降,土地资源丧失,呈现地表荒芜、砂石(或碎石)裸露景观的土地退化过程,朱震达等人(1996)把这种现象称为工矿型土地荒漠化。

据美国世界观察研究所的调查资料,全球采矿和冶炼业每年生产的废料超过了全世界城市垃圾的总和。中国是个矿业大国,特别是采煤业居世界首位,仅煤矿业一项,全国每年外排矸石、剥离物、粉煤灰等固体废弃物就达 30×10^{8} t 。

中国的矿山企业每年产生固体废物 134×10^{8} t;重点金属矿山约有90%是露天开采,每年剥离岩土约 3×10^{8} t。因露天采矿、开挖和各类废渣、废石、尾矿堆置等,直接破坏与侵占的土地已达 $(1.4\sim2.0)\times10^{4}$ km^2,并以每年200 km^2 的速度增加。

工矿型荒漠化土地主要位于工矿开发区附近,如晋、陕、蒙交界的准噶尔矿区,川、滇、黔接壤地区的叙永、毕节和威信、镇雄等市县,鄂西南的建始,赣南的大余、寻乌等地。但由于矿区分布于人口和耕地集中的山区河谷内,所以危害巨大。以川南叙永大树区硫矿为例,矿区附近有30.6%的耕地丧失生产能力,26.6%的耕地生产力急剧下降,收成仅为矿山开发前的10%,另有42.8%的耕地收成下降了50%～80%。受其影响,矿区周围的林木也大量枯萎死亡。这种工矿型荒漠化土地在分布特点上往往以工矿区为中心,荒漠化程度呈同心圆向外逐渐减弱,影响范围与矿山开发规模密切相关。有资料表明:江西省因采矿破坏植被造成退化的土地约

720 km^2，福建省因开山采石造成水蚀的土地达 730 km^2，四川省自 1983—1986 年累计人为造成的水蚀退化土地达 2854 km^2。

花岗岩、钾长石和瓷土等建材开采和大型基础工程设施开挖所造成的土地荒漠化也是一个值得重视的环境问题。由于缺乏生态、经济、社会三个效益一致性的观念和因地制宜的环境保护措施，乱挖、乱采、乱堆现象时有发生，尤其是在一些城市的郊区更为明显。位于著名庐山风景区东南的星子县，由于开山采石，近 10 余年来已使邻近庐山的一些海拔 550 m 以下的低山丘陵发生明显的土地退化，根据 1982 年 10 月 8 日与 1994 年 11 月 2 日两期卫星图像的对比分析，平均每年因开采建材石料而扩大的退化土地达 6.38 km^2（朱震达等，1996）。

（二）矿区荒漠化的防治对策

1. 增强环境意识，强化法规管理

《环境保护法》、《矿产资源法》、《土地管理法》等法规都明确规定，在开采和利用矿产资源的同时，必须保护环境和自然资源，防止污染。环境保护部门和矿山管理部门必须按"三同时"（环保设施必须与主体工程同时设计、同时施工、同时投产）原则严格把关，对矿山企业强化监督管理，使其完善各项环保设施，以达到尾矿和废水的排放标准。对不按环境法规排放尾矿或废污水而造成环境污染和生态破坏的矿山企业，要实行重罚或关停。

2. 加强环境规划和环境影响评价

在进行矿山设计时，要对排土场、尾矿库等设施进行合理选址，尽量少占或不占耕地，充分利用荒地建设排土场或尾矿库，以减少耕地损失和环境破坏，同时要注意防止排土或尾矿泥石流灾害的发生。

3. 露天矿山的复垦和利用

露天开采的剥离物，可边剥边回填到采空区内，这称为内排土开采法；也可临时堆放在矿区边界以外地面，即外排土开采法。内排土开采的优点是可以边采边填，剥离物不占用土地。外排土开采则需要占用大面积的土地堆放剥离物，开采完毕时才能回填采空区。从土地利用和环境保护角度看，应尽量创造条件，实现内排土开采法。

（1）外排土露天采空区的复垦与利用

对外排土开采法形成的露天采空区，应综合考虑土地利用的要求、露天矿坑的深浅、填充物料的供给以及坑内有无积水或涌水等多种因素，因地制宜地确定复垦的方法。

如果矿坑与地表或地下水体相通，永久地被水淹没，且面积又足够大，则可将其辟为水库、鱼塘、人工湖泊或水上娱乐场所。对间歇性被水淹没的矿坑，既可用来蓄水、灌溉农田、调节小气候，也可回填复垦为农业用地，或辟为其他有用的场地，如运动场、公园等。但应注意，当矿坑与地下水或地表水有水力连通时，若充填物选择不当，可能造成水体污染。

对无水采空区，其底板往往是平坦的，只要通过研究和实验，采取适当的措施，改善采空区植物生长的条件后，是可以复耕的。

对于覆盖物少的深大露天矿坑，通常难于找到或需耗费巨资才能找到大量的回填材料。因此，这类矿坑可有两种用途：① 若矿坑处于潜水面以下，给水充足，或者排水差而被淹没，则适宜修建水库，灌溉农田，"水库"周围植树造林，改建成幽静的风景点；② 把干燥的深露天矿坑改建成打靶场、攀岩训练场或作为其他用途。

（2）内排土露天采场的复垦与利用

采矿与复垦并举的开采方法，对保护土地、防治环境污染有利，应该尽量采用内排土场的

露天开采方法。缓倾斜薄矿床和某些砂矿床，比较适宜开辟内排土场进行开采(图 8-2)。而陡倾斜厚矿体就不易实现内排土开采，但对于有几个采场的矿区，若周密规划采掘顺序和进度，先强化开采某一二个采场，形成采空区，有意识地开辟内排土场地，也可实行内排土开采。

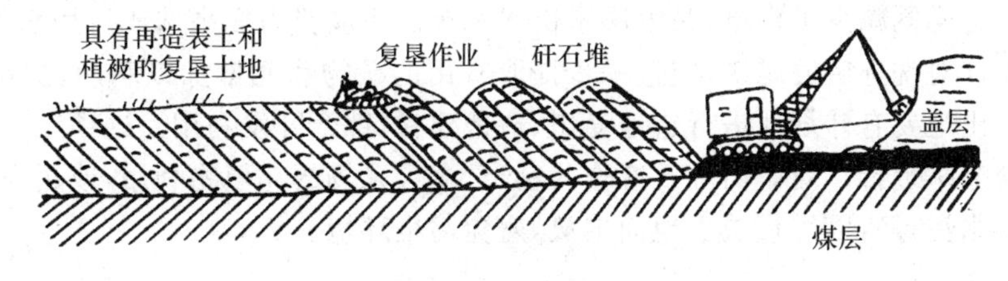

图 8-2 露采煤矿内排土复垦作业示意图

内排土开采把复垦作为开采过程中的一个组成环节，两者有机地结合起来，实现了资源开发与环境保护并重的目标。具体的开采方法有索斗铲开采复垦法、汽车回运复垦法、轨道回运复垦法、沿等高线分区段剥离开采复垦法、横向采掘复垦法等。

4. 废石堆及尾矿池复垦

地下采掘出的大量废石，除部分可用作井下填料使用外，绝大部分需堆存于地表。这些废石堆必然会造成矿山荒漠化和其他环境问题，必须认真及时地进行处理。

(1) 废石堆复垦

目前，国内外普遍采用土壤层覆盖法进行废石堆复垦，复垦后的结构自下而上为坚硬或粗粒岩土→底土层→表土层。因此，在施工时应将表层土壤和底层土壤分别采掘并分开储存，以备按设计要求回填。

复垦废石堆时，首先要根据具体条件，将废石堆平整成符合利用要求的场地。如用于农业种植的废石堆，其表面坡度应小于用做植树造林场地的坡度，切忌平整成周围高、中间低的场地，然后铺盖表土。表土的厚度和性质应视场地再种植的可能性来决定，如种植农作物则要求土质好、厚度大，植树造林则对表土土质要求低一些。废石堆放时还应预先设计堆置方法并布置防水和排水系统及通气系统，以防止有害物质的淋滤，减少自热、自燃或爆炸的可能性。

河北省迁西县汉儿庄铁矿在已填满的尾矿库上复垦土地约 54 000 m^2(80 多亩)，其方法是在尾矿砂表面掺入风化片麻岩和黄土，表层施以肥料即可种植农作物或栽种树木。这样既治理了尾砂又增加了经济收益，使原来风起沙扬的“小沙漠”变成了耕地。

(2) 尾矿池复垦

矿山的尾矿池一般修建在山谷里，由类似于水库大坝的坝体拦挡尾矿，有些尾矿池则利用人工采石场或采土场。池内堆积的尾矿物质大多由极细的颗粒组成，凝聚能力差，透气性能低；缺乏植物生长的营养物质，土壤细菌及微型动物往往也无法生存；金属矿山的尾矿中富集了多种重金属元素及不符合植物生长的土壤组分。

尾矿池堆满后若不加以整治，可能成为大气颗粒物的污染源。即使在较小风速下，也容易发生“沙尘暴”。由于雨水淋滤、侵蚀、酸(碱)废水及各种有毒有害金属离子和杂质不断渗出，还会污染水体、土壤。若坝体倒塌，后果则更加严重。相反，复垦废弃的尾矿池，则可达到变害为利的目的，除种植农作物、增加农副收入外，还可以消除污染，改善环境。因此，种植前应设法固结表土层，施加肥料，并创造良好的表层透气和容气的条件。

5. 矿山“三废”的综合利用

逐步实行尾矿、矸石及矿坑排水资源化，把矿坑排水纳入水资源管理系统。有条件的矿山可通过改变排水方式，改井下集中卧泵排水为地面井直接排水，把矿坑疏干排水与解决供水水源结合起来。这样既减少了污染，又解决了供水水源。还应努力提高选矿厂用水的复用率，尽量减少排放量。对洗选后的尾矿，应进一步提取有用的矿物和元素加以利用，提高经济效益。对塌陷破坏的土地要有计划地进行造地复田、造地建村，综合开发利用。这项工作要与环境的综合治理结合起来进行。对矿山矸石应作为巷道、露天采场的充填物利用，或用来制作建筑材料(如制砖、烧水泥等)，以尽量减少地面堆放，避免污染环境。

8.3 矿山与地下工程地压灾害

地下采矿和地下工程开挖，最基本的生产过程就是破碎和挖掘岩石与矿石，同时维护顶板和围岩稳定。如果对地下洞室不加以支撑维护，则洞室围岩就会在地应力的作用下发生变形或破坏，这种现象在采矿界称为地压显现。由地压造成的灾害，对矿井来说，主要表现为顶板下沉和垮落、底板隆起、岩壁垮帮、支架变形破坏、采场冒落、岩层错动、煤与瓦斯突出及岩爆等；因采空区处理不当而引起的大规模地压灾害在地面表现为地表开裂、地面下沉、建筑物倒塌、水源枯竭等。对于煤矿，尤其是露天煤矿，常常表现为滑坡、崩塌、倾倒等边坡失稳及其引起的地面变形破坏，如抚顺露天矿。而煤与瓦斯突出是高瓦斯煤矿开采过程中最常见、危害性最大的地压灾害。

本节主要论述危害大、发生频率高、分布范围广的冒顶垮帮、岩爆、煤与瓦斯突出和露天边坡失稳。

8.3.1 冒顶垮帮

(一) 冒顶垮帮的特征及其影响因素

地下洞室开挖后，由于卸荷回弹，应力和水分的重分布常使围岩的性状发生很大变化。如果围岩岩体承受不了回弹应力或重分布应力的作用，就会发生变形或破坏。围岩岩体变形及破坏的形式和特点，除与岩体内的初始应力状态和洞形有关外，主要取决于围岩的岩性和结构(表8-2)。

表8-2 围岩的变形破坏形式及其与围岩岩性和结构的关系

(据张倬元等，1994)

围岩岩性	岩体结构	变形及破坏形式	产生机制
脆性围岩	块体状结构及	张裂塌落	拉应力集中造成的张裂破坏
	厚层状结构	劈裂剥落	压应力集中造成的压致拉裂
		剪切滑移及剪切碎裂	压应力集中造成的剪切破裂及滑移拉裂
		岩爆	压应力高度集中造成的突然而猛烈的脆性破坏
塑性围岩	中薄层状结构	弯折内鼓	卸荷回弹压应力集中造成的弯曲拉裂
	碎裂结构	碎裂松动	压应力集中造成的剪切松动
	层状结构	塑性挤出	压应力集中作用下的塑性流动
		膨胀内鼓	水分重分布造成的吸水膨胀
	散体结构	塑性挤出	压应力作用下的塑流
		塑流涌出	松散饱水岩体的悬浮塑流
		重力坍塌	重力作用下的坍塌

冒顶事故是矿井生产过程中，对矿工人身安全威胁大且发生频率最高的矿山地质灾害之一。据不完全统计，中国各种矿山每年工伤死亡人数中有40%死于矿坑冒顶，死亡频率占各种矿山地质灾害之首。

湖南锡矿山南矿的开采实践表明，当失去支撑能力的矿柱达到全采场矿柱60%左右时，采空区顶板就可能冒落。而一个采空区的冒落会在相邻采空区引起连锁反应，最后导致采场地压急剧增大，造成采场和巷道严重破坏，并造成人员伤亡。美国、英国、日本等国金属矿山冒顶事故死亡人数均占井下事故死亡总人数的1/3～1/2。日本为40.7%，美国为30.2%，英国、俄罗斯、波兰和比利时等国约占30%～50%。

中国冶金矿山顶板及其他地压灾害死亡人数占全部伤亡人数的25%～27%；大中型统配煤矿近年来发生的重大死亡事故中，顶板冒落灾害占30%左右。

1981年8月11日，贵州省水城矿务局大河边煤矿发生冒顶事故，死亡10人，伤2人。冒顶的主要原因是工作面支护设计选择不当，支护工程质量差，未严格执行作业规程，致使压力冲垮直接顶板，在总长105 m的工作面上有57 m发生垮落。

顶板冒落或侧壁垮帮的征兆有：顶板掉渣由小而大、由稀变密，裂隙数量增多、宽度加大，煤帮煤质在高压下变软，支架压坏、折断，瓦斯涌出量突然增多，淋水量增大等。

(二) 采空区处理方法

防止采空区大冒落的处理方法可以归纳为“充填”、“崩落”、“支撑”、“封闭”八个字（隋鹏程，1998）。

(1) 充填法

采用空场采矿法开采完毕后，要及时用碎石、尾矿砂、水砂、混凝土等物质充填采空区，从而起到支撑顶板、减小其承受上覆岩土体的压力。如湖南锡矿山南矿在三次大冒落后，新采区地压剧增，地表不断沉陷，为保证安全，对采空区进行了全面充填处理，充填率达90.6%，使地压活动得以缓和。

(2) 崩落法

崩落法是指利用深孔爆破的方法将采空区围岩崩落，充填采空区。

(3) 支撑法

支撑法则是以矿柱或支架等支撑采空区，防止其发生危险变形的方法。

(4) 封闭法

封闭法常用来处理与主要矿体相距较远、围岩崩落后不会影响主矿体坑道和其他矿体开采的孤立小采空区。封闭这些小采空区的目的，主要是防止围岩突然冒落时空气冲击波对人员和设备的危害。

为有效预防冒顶垮帮，还必须采取合理的开采方案，避免片面追求产量而采富弃贫，坚决杜绝开采保护矿柱的乱采行为；采用合理的设计方案，进行科学的顶板管理；根据围岩应力集中大小与分布形式，采用声发射监测技术及其他测定地应力方法，预测预报顶板来压的强度和时间，掌握地压规律，及时采取有效措施；制订科学合理的工作面作业规程、支护规程、采空区处理规程等。

8.3.2　岩爆

岩爆又称冲击地压，是指承受强大地压的脆性煤、矿体或岩体，在其极限平衡状态受到破坏时向自由空间突然释放能量的动力现象，是一种采矿或隧道开挖活动诱发的地震。岩爆在煤矿、金属矿和各种人工隧道中均有发生。

岩爆发生时，岩石碎块或煤块等突然从围岩中弹出，抛出的岩块大小不等，大者直径可达几米甚至几十米，小者仅几厘米或更小。大型岩爆通常伴有强烈的气浪和巨响，甚至使周围的岩体发生振动。岩爆可使洞室内的采矿设备和支护设施遭受毁坏，有时还造成人员伤亡。

(一) 岩爆的类型和特点

由于发生部位和释放能量的差异，岩爆表现为多种不同的类型，它们的特点也各不相同(张倬元等，1994)。

1. 围岩表部岩石破裂引起的岩爆

在深埋隧道或其他类型地下洞室中发生的中小型岩爆多属这种类型。岩爆发生时常发出如机枪射击的劈劈啪啪响声，故被称为岩石射击。它一般发生在新开挖的工作面附近，掘进爆破后 2～3 h，围岩表部岩石发出爆裂声，同时有中间厚边部薄的不规则片状岩块自洞壁围岩中弹出或剥落。这类岩爆多发生于表面平整、有硬质结核或软弱面的地方，且多平行于岩壁发生，事前无明显的预兆。

2. 矿柱或围岩破坏引起的岩爆

在埋深较大的矿坑中，由于围岩应力大，常常使矿柱或围岩发生破坏而引发岩爆。这类岩爆发生时通常伴有剧烈的气浪和巨响，甚至还伴有周围岩体的强烈振动，破坏力极大，对地下采掘工作常造成严重的危害，故被称之为矿山打击或冲击地压。在煤矿中这类岩爆多发生于与坑道壁有一定距离的区域内。四川绵竹天池煤矿就曾多次发生此类岩爆，最大的一次将约20 t 的煤抛出 20 m 以外。

3. 断层错动引起的岩爆

当开挖的洞室或坑道与潜在的活动断层以较小的角度相交时，由于开挖使作用于断层面上的正应力减小，降低了断层面上的摩擦阻力，常引起断层突然活动而形成岩爆。这类岩爆一般发生在活动构造区的深矿井中，破坏性大，影响范围广。

(二) 岩爆的产生条件与发生机制

岩爆是洞室围岩突然释放大量潜能的剧烈的脆性破坏。从产生条件来看，高储能体的存在及其应力接近于岩体极限强度是产生岩爆的内在条件，而某些因素的触发则是岩爆产生的外因(张倬元等，1994)。

围岩内高储能体的形成必须具备两个条件：① 岩体能够储聚较大的弹性应变能；② 在岩体内部应力高度集中。弹性岩体具有最大的储能能力，受力变形时所能储聚的弹性应变能非常大，而塑性岩体则全无储聚弹性应变能的能力。

从应力条件看，围岩内高应力集中区的形成首先需要有较高的原岩应力。但在构造应力高度集中的地区，岩爆也可以发生在浅部隧洞中，甚至有可能发生在地表的基坑或采石场中。

洞室围岩表部岩爆经常发生在下述一些高压力集中部位，如因洞室开挖而形成的最大压应力集中区、围岩表部高变异应力及残余应力分布区以及由岩性条件所决定的局部应力集中区、断层和软弱破碎岩墙或岩脉等软弱结构面附近形成的应力集中区。

对地下洞室造成破坏的岩爆主要有三种形式：岩体扩容，岩石突出和振动诱发冒落。岩体扩容是指由于岩石的破碎或结构失稳而使岩体体积增大的现象，如果扩容的幅度很大且过程较为猛烈，就会给洞室造成危害；当远处传来的扰动地震波能量较高时，可直接将洞室围岩碎块以非常快的速度(可达 2～3 m/s)弹射到洞室空间中而形成灾害,这就是以岩石突出形式发生的岩爆;振动诱发岩石冒落是指当洞室顶部有松动岩块或存在软弱面时,在扰动地震波和巨大重力势能作用下发生垮落的现象。

(三) 岩爆的预测及防治

1. 岩爆的监测预报

对岩爆灾害的预测包括对岩爆发生强度、时间和地点的预测。由于地下工程开挖和岩爆现象本身的复杂性,岩爆的预测工作需要考虑地质条件、开挖情况以及扰动等许多因素。以往的岩爆记录是预测未来岩爆的重要参考资料。

岩爆的预测预报可以分为两个方面:① 在试验室内测量煤岩或岩块的力学参数,依据弹性变形能量指数判断岩爆的发生概率和危险程度;② 现场观测,即通过观测声响、震动,在掘进面上钻进时观察测量钻屑数量等进行预测预报。目前国内外常用的岩爆预测预报方法有钻屑法、地球物理法、位移测试法、水分法、温度变化法和统计方法等(张斌等,1999)。

(1) 钻屑法或岩芯饼化率法

对于强度很高的岩石,若钻孔岩芯取出后在地表发生饼化现象,则表明地下存在较高的地应力,可根据一定厚度岩芯中岩饼数量的相对大小来进行判断。在钻进过程中,还可将钻孔中的爆裂声、摩擦声和卡钻现象等动力响应作为辅助判断信息。

(2) 地震波预测法

地震波预测法是指利用已发生岩爆(诱发地震)的信息来预测未来开挖过程中的岩爆,并建立岩爆次数、大小、分布及其与地应力场变化的关系,从而预报大中型岩爆的时空位置及数量和大小。此外,还可以利用单道地震仪对掌子面及前方岩体进行监测,如沿水平线每隔 1 m 逐点测试岩石弹性波速度,采用准强度概念推测发生岩爆的可能性等。

(3) 声发射(A-E)法

声波发射 A-E 法即 Acoustic-Emission 方法。此方法的建立基于岩石临近破坏前有声发射这一实验观测结果,它是对岩爆孕育过程最直接的监测预报方法。其基本参数是能率 E 和大事件数频度 N,二者在一定程度上可以反映岩体内部的破裂程度和应力增长速度。岩爆发生前通常有一个能量的积蓄期,而这一时期是声发射平静期,可以视为发生岩爆的前兆。这种方法可望在现场对岩爆进行直接的定量定位监测,是一种具有很大发展前景的监测和预报方法。

岩爆预测是地下建筑工程地质勘察的重要任务之一,在总结已有的实践经验和研究成果的基础上,国内外学者目前已建立了一些可行的准则。挪威曾采用巴顿的方法,将岩石单轴抗压强度(R_e)与地应力(σ_1)的比值($\alpha=R_e/\sigma_1$)作为岩爆的判别准则:

- 当 $\alpha=5\sim2.5$ 时,有中等岩爆发生;
- 当 $\alpha<2.5$ 时,有严重岩爆发生。

中国在一些工程实践中常采用巴顿法进行预测。例如贵州天生桥电站,根据巴顿法判断隧洞施工中可能有中等岩爆发生,工程开挖的实际情况证明预测基本成功(张倬元等,1994)。

此外,由于岩爆属于一种诱发地震,地震震级和发震时间的预报方法可用来预测岩爆最大震级和发生的概率。

2. 岩爆的防治

岩爆的防治问题虽然目前尚难彻底解决,但在实践中已摸索出一些较为有效的方法,根据开挖工程的实际情况,可采取不同的防治方法。

(1) 设计阶段的防治对策

● 洞轴线的选择。人们通常认为洞轴线方向应与最大主应力方向平行,以改善洞室结构的受力条件。然而,使洞室相对稳定的受力条件是围岩不产生拉应力、压应力均匀分布和切向压应力最小。在选择轴线方向时应多方面比较选择,以减少高地应力引发的不利因素。

● 洞室断面形状选择。洞室断面形状一般有圆形、椭圆形、矩形和倒U型等。当断面的宽高比等于侧压系数(λ)时,可使围岩处于最佳受力状态,此时以选择椭圆断面为好。但从降低工程开挖量和成本的角度看,可综合考虑各种因素确定洞室断面形状。

(2) 施工阶段的防治对策

● 超前应力解除法。在高地应力区,洞室开挖后易产生超高应力集中。为了有效地消除应力集中现象,可采取预切槽法、表面爆破诱发法和超前钻孔应力解除法等提前释放地应力。在岩爆危险地带钻浅孔进行爆破,造成围岩表部松动带,可有效防止破坏性岩爆的发生。

开采煤层时,首先开采无冲击地压或一般冲击地压的煤层,作为解放压力层。回采时,要用全面陷落法管理顶板,不要留煤柱;对不易冒落的顶板,要采用深孔爆破法或强力高压注水法强制放顶。

● 喷水或钻孔注水促进围岩软化。在洞室的易发生岩爆地段,爆破后立即向工作面新出露围岩喷水,既可降尘又可缓释围岩应力。因为注水使裂纹尖端能量降低,裂纹扩张传播的可能性减小,裂纹周围的热能转为地震能的效率随之降低,从而减少剧烈爆裂的危险性。

● 选择合适的开挖方式。岩爆是高压力集中的结果,因此,开挖时可采取分布开挖的方式,人为地给围岩岩体提供一定的变形空间,使其内部的高应力得以缓慢降低,从而达到预防岩爆的目的。

● 减少岩体暴露的时间和面积。在短进尺、多循环的施工作业过程中,应及时支护,以尽量减少岩体暴露的时间和面积,防止或减少岩爆发生。

● 岩爆发生时的处理措施。一旦发生岩爆,应彻底停机、待避,对岩爆的发生情况进行详细观察并如实记录,仔细检查工作面、边墙或拱顶,及时处理、加固岩爆发生的地段。

(3) 合理选择围岩的支护加固措施

对于开挖的洞室周边或前方掌子面的围岩进行加固(或超前加固),可改善掌子面本身及洞室周边1~2倍洞径范围内的应力分布状况,使围岩岩体从单向应力状态变为三向应力状态;同时,围岩加固措施还具防止岩体弹射和塌落的作用。主要的支护加固措施有:① 喷混凝土或钢纤维喷混凝土加固;② 钢筋网喷混凝土加固;③ 周边锚杆加固;④ 格栅钢架加固;⑤ 必要时可采取超前支护。

8.3.3 煤与瓦斯突出

在煤矿地下开采过程中,从煤(岩石)壁向采掘工作面瞬间突然喷出大量煤(岩)粉和瓦斯(CH_4,CO_2)的现象,称为煤与瓦斯突出 。而大量承压状态下的瓦斯从煤或围岩裂缝中高速喷出的现象称为瓦斯喷出。突出与喷出均是一种由地应力、瓦斯压力综合作用下产生的伴有声响和猛烈应力释放效应的现象。煤与瓦斯突出可摧毁井巷设施和通风系统,使井巷充满瓦斯与煤粉,造成井下矿工窒息或被掩埋,甚至可引起井下火灾或瓦斯爆炸。因此,煤与瓦斯突出是煤炭行业中的严重矿山地质灾害。

(一) 煤与瓦斯突出的特征及其影响因素

煤与瓦斯突出是地应力和瓦斯气体体积膨胀力联合作用的结果，通常以地应力为主，瓦斯膨胀力为辅。煤与瓦斯突出的基本特征是固体煤块(粉)在瓦斯气流作用下发生远距离快速运移，煤、岩碎块和粉尘呈现分选性堆积，颗粒越小被抛得越远。突出时有大量瓦斯(CH_4 或 CO_2)喷出，由于瓦斯压力远大于巷道内通风压力，喷出的瓦斯常逆风前进；煤与瓦斯突出具有明显的动力效应，可搬运巨石、推翻矿车、毁坏设备、破坏井巷支护设施等。

发生突出的煤层具有瓦斯扩散速度快、湿度小，煤的力学强度低且变化大、透气性差等特点，大多属于遭受构造作用严重破坏的"构造煤"。突出的次数和强度随煤层厚度的增加而增多，突出最严重的煤层一般都是最厚的主采煤层。突出的时间多发生在爆破落煤的工序。

煤与瓦斯突出灾害随采掘深度的增加而增加，其主要影响因素有矿区的地质构造条件、地应力分布状况、煤质软硬程度、煤层产状以及厚度和埋深等。一般说来，煤层埋深大，突出的次数多，强度也大。

此外，水力冲孔和震动放炮可使地应力作用下的高压瓦斯煤体在人为控制下发生突出。

(二) 煤与瓦斯突出的实例

世界上第一次有记载的煤与瓦斯突出于1834年3月22日发生在法国的鲁阿煤田伊萨克矿。事故发生在陡倾斜厚煤层平巷掘进的工作面上，当时3名支架工正在架设支护，当他们发现工作面煤壁有外移迹象时便立即撤离，但为时已晚。巷道中瞬间煤尘弥漫，1人被煤流埋没，1人窒息死亡，只有1人幸免于难。

1879年4月17日，世界上第一次大规模煤与瓦斯的猛烈突出发生于比利时的阿格拉波2号井。这次事故发生在地下580～610 m之间的水平掘进巷道内，突出煤420 t，瓦斯 50×10^4 m^3以上。最初瓦斯喷出量高达每分钟2000 m^3 以上，由于井口附近的火炉引燃了瓦斯，火焰高出井口50余米，井口附近的地面建筑物烧成一片废墟。2小时后，在火焰将要熄灭时，又接连发生了7次瓦斯爆炸。这次事故使正在井下作业的209人中死亡121名，井口烧死3人，烧伤11人。

中国属多瓦斯突出灾害的国家之一，在统配煤矿中有煤和瓦斯突出危险的矿井约占46%，发生煤与瓦斯突出的次数累计有8000次以上。

1985年7月12日，广东省梅田矿务局三矿在放炮作业后突然雷鸣巨响，突出煤量3200 t，堵塞巷道640 m；突出瓦斯量 72×10^4 m^3，造成主副井风流逆转25分钟，反风距离长达1600 m，突出灾害波及全井，造成56人窒息死亡，直接经济损失180万元。1988年10月26日四川南桐矿务局鱼田堡煤矿采用震动法揭开4号煤层时，突出煤约9000 t，瓦斯 200×10^4 m^3，堵塞巷道2101 m，瓦斯逆流1400 m，共死亡15人，造成经济损失75万元。

中国迄今强度最大的煤与瓦斯突出于1975年8月8日发生在重庆天府矿务局磺汇坝一矿主平洞，一次突出岩石 1.3×10^4 t，煤8000 t，瓦斯 140×10^4 m^3。这次灾害是在主平洞揭穿6号煤层放震动炮时发生的。

(三) 煤与瓦斯突出的预防措施

目前，常用且有效的预防煤与瓦斯突出的技术措施主要有以下四种。

(1) 首先开采没有突出危险或突出危险性较小的煤层。由于受采动影响，地应力以弹性潜能得以缓慢释放，煤层因卸压而膨胀变形，透气性增大，或者因层间岩石移动形成裂隙与孔道，有突出危险的煤层中的瓦斯缓慢排放而使瓦斯压力和瓦斯含量明显下降，从而避免或降低煤与瓦斯突出的危险。

(2) 在有突出危险的煤层内均匀布置钻孔并预先抽放一定时间的瓦斯，以降低瓦斯压力与瓦斯含量，并使地应力下降、煤层强度增加。

(3) 在工作面前方一定距离的煤体内，超前钻探一定数量的大口径钻孔，使煤层内的瓦斯得以提前释放。

(4) 利用封堵、引排、抽放等综合方法处理洞穴内积存的瓦斯。

为了防止煤与瓦斯突出造成严重危害，还必须加强煤层顶板管理和地应力监测，加强职工安全教育。

8.3.4 露天边坡失稳

露天矿边坡稳定性问题是影响或困扰矿山生产与安全的重大难题。据中国若干大中型露天矿山的不完全统计，不稳定边坡或具有滑坡危险的潜在不稳定边坡占露天边坡总量的15%～20%左右，个别露天矿山甚至可高达30%以上。

中国大中型国有露天矿山有300多个，其中年产量在千万吨以上的有129个，其余均在300×10^4 t以上。大冶、金川、白银等露天矿的最大深度均远超过300 m。随着矿山开采深度的不断加大，露天矿山边坡的高度、面积相应大幅度增加，所以矿山边坡稳定性问题亦日益突出。

(一) 露天矿边坡的特点及其破坏类型

1. 露天矿边坡的特点

(1) 边坡稳定性的动态特征

露天矿边坡是露天矿最主要的结构要素，边坡的存在贯穿于整个矿山开采过程。但在不同的开采阶段，边坡的形状、规模以及边坡岩土体内应力的分布状况等不尽相同，因此，露天矿边坡的稳定性在矿山开采活动的不同阶段也有所不同。

(2) 边坡工程地质条件的特定性

矿山工程与水利水电工程不同，后者可以从众多的坝址中进行可行性分析和比较，从中选择出地质条件最佳的坝址，而矿山工程的目的是为了开采地下各种有用矿物或矿物资源，只能在赋存矿产的特定地质环境进行开挖和采矿，因此出现边坡稳定性问题的概率比较大。

(3) 边坡工程具有明显的时效性

矿山开采及边坡稳定性评价虽然是一个比较复杂的问题，但它与地下洞室工程及水利水电工程等地质工程不同，矿山边坡的稳定并不要求持久稳定，只要求在生产期间或相应的服务期限内稳定即可。

(4) 边坡结构的复杂性

露天矿边坡工程的结构体系虽然比地下矿山要简单得多，但也是由比较复杂的多种结构组成的。为了保证边坡的稳定，往往还要在边坡下面开挖适当的排水巷道等。这些工程结构使露天矿边坡的稳定性因素更趋复杂。

(5) 边坡适度变形或破坏的可接受性

露天矿边坡工程允许边坡岩体存在适度的变形甚至破坏，只要这种变形或破坏不危及矿山的生产与安全就可以认为是稳定的。这是露天矿边坡工程与大坝坝基工程及地下洞库工程不同的另一个显著特点(孙玉科，1987)。

2. 露天矿边坡的滑动类型

露天矿边坡的滑动类型可分为平面滑坡、楔体滑坡、圆弧滑坡、倾倒滑坡和复合滑坡五种类型(隋鹏程,1998)。

(1) 平面滑坡

边坡岩体沿单一结构面如层理面、节理面或断层面发生滑动。结构面下部被坡面切割,即当结构面与边坡同倾向,且其倾角小于边坡角而大于内摩擦角时,则容易发生平面滑坡。

(2) 楔体滑坡

当边坡中有两组结构面相互交切成楔形失稳体,即当两组结构面交线的倾向与边坡的倾向相近或相同时,且倾角小于边坡角而大于内摩擦角时,则容易发生楔体滑坡。

(3) 圆弧滑坡

圆弧滑坡指滑动面基本为圆弧状的滑坡。土体滑坡一般为此种形式,散体结构的破碎岩体或软弱泥质岩边坡,如煤矿、页岩矿、铝土矿等滑坡多属此类。

(4) 倾倒滑坡

当边坡岩体结构面倾角很陡时,岩体可能发生倾倒。它的破坏机理与上述三种类型不同,它是在岩石重力作用下岩块发生移动而产生的倒塌破坏。这种滑坡往往发生在台阶坡面上,很少导致整个边坡下滑。

(5) 复合滑坡

复合滑坡是由上述两种或两种以上形式组合而成的滑坡。

(二) 露天边坡失稳的灾害实例

抚顺西露天矿是中国最早开采的露天煤矿,1945 年边坡发生滑落,移动土石方达 $750\times10^4\ m^3$,埋没了全部采煤工作面,致使两大卷扬运输系统停止运行达 12 年之久,直到解放后的 1957 年才清理完毕,恢复正常生产。1984 年 3 月 21 日,露天矿西北帮因列车通过时产生的振动而诱发边坡局部滑动,滑坡体积达 $6.4\times10^4\ m^3$,该滑坡破坏了 4 个开采工作面,掩埋了附近停放的开采设备。

大冶铁矿露天边坡在 1967—1979 年的 13 年间曾先后发生过不同规模的滑坡 25 次,滑落土石方达 $120\times10^4\ m^3$。1976 年 6 月北侧边坡因断层、节理发育,在一次高强度降水后发生大规模滑坡,滑落岩石 $76\times10^4\ m^3$,使矿山生产受到严重影响。

柳州市综合建材厂在无工作台阶的 49 m 高的陡壁处自下而上掏采石料。1988 年 3 月 15 日,爆破震动使采场上部岩体发生松动,随后的大雨加剧了岩体的不稳定性,结果于 3 月 17 日突然塌落约 $1000\ m^3$ 岩石碎块,正在采石场工作的 30 名工人中 10 人被当场压死,另有 7 人被砸伤(隋鹏程,1998)。

国外也常有露天矿边坡失稳形成灾害的报道(隋鹏程,1998)。

美国一高岭土露天矿曾发生大型滑坡,滑落约 $0.38\times10^8\ m^3$ 岩土,堵塞了附近的一条河谷,并在其上游形成一个 60 m 长的湖泊,整个矿山报废。

捷克斯格石棉矿是加拿大开采深度最大的一个露天矿,深达 350 m,日产矿石 2×10^4 t。在生产过程中突然遭遇大量涌水,半小时内涌水量达 $400\times10^4\ m^3$。由于水位升高,边坡因受水的浸润而软化并导致滑坡发生,滑落岩土达 $0.3\times10^8\ m^3$,几乎将揭露的矿体全部掩埋。

捷克斯洛伐克东摩拉维亚黏土矿,由于不同高度的工作台阶整体失稳,出现矿山整体大滑坡,滑落的岩土体覆盖了一个村庄,造成 2000 人死亡的大灾难。

（二）露天边坡失稳破坏的预防措施

1. 边坡坡角的合理确定

为使露天采掘、剥离作业正常进行，采场边坡的岩体应具有一定的稳定性。当工作台阶采掘到最终状态时，便形成最终边坡。最终边坡的假想斜面与水平面的夹角，称最终边坡角。边坡角过陡时，边坡稳定性差，易发生滑坡，危及人员和设备的安全，或导致停产闭坑；边坡角过缓，则增加了表土剥离量，降低了采矿的经济效益。因此，必须综合考虑影响边坡稳定的因素以及矿床开采剥离、运输方式、设备选型及安全管理水平等因素，确定合理的最终边坡角。目前，边坡设计多用经验数据，如用铁道运送矿石的露天煤矿底帮坡角一般不超过30°，顶帮取30°～40°；金属露天矿顶底帮取40°～50°，矿体缓倾斜或有不利地质结构时，则相应降低最终边坡角(隋鹏程，1998)。

2. 边坡维护与加固

对露天矿边坡，必须进行经常性的检查和维护，以保证边坡稳定，防止灾害发生。要建立一支边坡维护加固的专业队伍，加强检查维修，必要时采用人工放坡、铺草皮、植树，砌筑局部挡土墙，预埋防滑木桩等人工加固措施。

在边坡附近进行爆破作业时，宜采用预裂法和减震爆破法，减少单孔装药量，加密孔距，以防爆破而使边坡失稳。

此外，在露天边坡上要设置排水网络，防止雨水冲刷边坡或深入地下浸润岩体软弱结构面。深度较大的露天矿要在矿坑外围设置防止山洪、泥石流的阻挡或疏导设施。

3. 滑坡防治

严禁无证开采和不开工作台阶、不剥离表土或边剥离边开采的掠夺式开采。严格禁止随沟就坡任意抛弃废石，保护河流、排洪沟的畅通无阻。在开采过程中，对有潜在滑动可能的边坡进行机械加固。

8.4 瓦斯爆炸与煤层自燃

8.4.1 瓦斯爆炸

瓦斯突出后，若遇有燃火点则极易发生瓦斯爆炸。瓦斯爆炸是煤矿的一种主要地质灾害。

（一）瓦斯的生成与聚集

矿井瓦斯是在矿床或煤炭形成过程中所伴生的天然气体产物的总称，其主要成分是甲烷(CH_4)，其次为二氧化碳和氮气，有时还含有少量的氢、二氧化硫及其他碳氢化合物。狭义的瓦斯是指煤矿井下普遍存在而且爆炸危险性最大的甲烷(隋鹏程，1998)。

瓦斯的赋存分为游离状态和吸附状态两种。游离状态瓦斯呈自由气体存在于煤层的较大孔隙或孔洞中，吸附状态的瓦斯则在煤颗粒的分子引力作用下以分子形式被吸着在孔隙表面。在一定条件下，这两种状态瓦斯处于动态平衡之中。在采掘过程中，煤体内的瓦斯通过暴露而得以释放，使瓦斯压力逐渐降低，结果导致吸附瓦斯解吸转化为游离瓦斯并不断向采掘空间涌出。如果煤层中的吸附瓦斯在地压作用下突然大量地解吸为游离瓦斯时，就会发生瓦斯突然喷出。

（二）瓦斯爆炸的危害

1. 瓦斯爆炸的危害方式

一般认为，在正常压力下，瓦斯的引火温度是650～750℃。无论明火、电火花、摩擦热产生火花及火药爆破,均可点燃瓦斯与空气的混合物而引起爆炸。瓦斯爆炸或瓦斯与煤尘联合爆炸不仅出现高温,而且爆炸压力所构成的冲击破坏力也相当大。煤矿瓦斯爆炸产生的瞬间温度可达1850～2650℃,压力可达初始压力的9倍。当发生瓦斯连续爆炸时,会越爆越猛,出现很高的冲击压力。

瓦斯爆炸火焰前沿的传播速度,最大为2500 m/s。当火焰前沿通过时,井下人员从皮肤到五脏均可烧焦。井下设备由于爆炸的高压作用可深陷到岩石内,爆炸的冲击波还可破坏巷道,引起冒顶垮帮等其他灾害。

爆炸冲击波的传播速度最大可达2000 m/s,冲击破坏力极强。在爆炸波正向冲击过程中,由于内部形成真空,压力降低,外部压力相对增大,结果空气返回后又形成反向冲击。这种反向冲击虽然速度较前者为慢,但因氧气的补充可能造成二次或多次瓦斯爆炸,其破坏力往往更大。

2. 瓦斯爆炸危害的实例

英国威尔士森亨尼特通用煤矿大爆炸是英国采矿史上最惨重的一次灾难。1913年10月14日,一场煤矿粉尘大爆炸使整个矿井烧了起来,439名井下工作的矿工均被烧死,无一幸免。事故调查显示,森亨尼特矿坑粉尘多,早在3年前就该闭矿撤离,以防发生爆炸。尽管大火使矿坑面目全非,以致无法确认爆炸起因,但人们一般认为裸露电线之间的火花是点燃煤炭粉尘的火源。

中国是煤矿瓦斯爆炸灾害较为严重的国家,高瓦斯矿井和煤与瓦斯突出的矿井约占总矿井数的44%,瓦斯爆炸事故经常造成大量的人员伤亡和巨额经济损失。

1964年抚顺龙凤矿曾在一昼夜内发生过43次瓦斯连续发生间断性的3次瓦斯爆炸,共死亡83人。

1976年11月13日,河南省平顶山矿务局六矿因井下巷道沉积煤尘厚达0.3 m,从未清扫,由电缆接头产生电火花引燃煤尘大爆炸,死亡75人,炸毁巷道达7600 m。

1981年12月24日,平顶山矿务局五矿因修理电缆,将掘进工作面的装煤机、风扇停电停风,造成巷道瓦斯大量积聚。在未排出巷道积存瓦斯的情况下又盲目送电,形成电流短路,产生电火花,引起瓦斯、煤尘联合大爆炸,死亡133人,炸毁巷道2673 m,损坏电器设备127台。

1985年4月7日,山东省薛城县兴仁乡煤矿开采浅部露头煤。由于水源供应中断,无法进行洒水防尘,又未及时清扫煤尘,结果放炮时火药爆炸引燃了煤尘尘云,造成煤尘大爆炸,冲击波又波及西邻另一煤矿,造成63人死亡。

1988年11月26日,黑龙江省鸡西矿务局平岗煤矿由于装运电机和修补风筒,两次停止通风,造成瓦斯积聚。后由于绞车电动机与铁轨撞击,摩擦产生撞击火花,引燃了积聚的瓦斯,发生瓦斯爆炸,造成45人死亡,23人受伤。

据统计,20世纪80年代初到90年代初的十年间中国共发生瓦斯爆炸灾害200次以上,死亡1400余人,其中较为严重的省份有山西、贵州、广东等省,宁夏、青海、云南、新疆、辽宁等地也存在瓦斯爆炸问题。据全国17次大、中、小型瓦斯爆炸事故统计,每次瓦斯爆炸造成的直接经济损失为6.9～295万元,平均每次46.88万元。全国近年来发生的200多次瓦斯爆炸事故共造成直接经济损失达9376万元,平均每年近1000万元(段永侯,1993)。从1990—1994年的5年间,全国瓦斯爆炸事故直线上升。1990年发生32起,死亡485人;1994年发生50起,死亡914人。爆炸事故数5年间增加56.3%,死亡人数增加1.9倍(隋鹏程,1998)。

(三) 瓦斯爆炸灾害的预防措施

瓦斯积聚达到引爆浓度是发生瓦斯爆炸事故的物质基础,而引燃瓦斯的火种主要来自于管理不善,技术上的原因占少数。因而可以说,这种频率较大而严重程度极高的煤矿爆炸灾害几乎全部是人为致灾。因此,预防瓦斯爆炸主要应从防止瓦斯积聚和杜绝引爆火种两个方面入手。

1. 防止瓦斯积聚的措施

(1) 确保矿井通风

矿井通风是防止瓦斯积聚的有效预防措施,"无风不作业"是矿工们代代相传的"座右铭"。所有矿井都应实行机械通风,入风道布置在工作面下方,回风道在上方,即采用上行通风方式。对每一开采深度、每一采区都要布置单独回风道,实行分区并联通风。此外,要注意防止漏风,主要进出风巷道要密闭,控制风流的设施要严格按标准施工。

(2) 及时处理积存的瓦斯

井下易于发生瓦斯积聚的地点有回采工作面上隅角、冒顶顶拱处以及采空区密闭不严的地方等处。对这些地方都要及时采取相应措施,或排,或堵,及时有效地处理瓦斯的积聚。

(3) 抽放瓦斯

抽放瓦斯,是指将未开采煤层或采空区中的瓦斯用钻孔或专用抽放巷道、管道、真空泵等直接抽吸到地面加以利用,变害为利。这是一项防止瓦斯爆炸的根本性措施,但这项措施往往受到煤层构造、瓦斯蕴藏量、生产强度、通风能力等因素的限制。

(4) 建立严格的瓦斯检查制度

每一矿井都必须建立瓦斯检查制度,配备专用仪表并安排专业瓦斯检查人员定时检查巷道内的瓦斯含量。对含量超过极限的地方,要及时采取措施加以处理。

2. 杜绝瓦斯爆炸火种的措施

(1) 严禁明火

严格禁止携带烟草及点火工具下井;井下严禁使用灯泡或电炉取暖;井下和井口不准从事电焊、气焊和喷灯等焊接工作。如果必须使用,则需采取必要的安全措施。为防止摩擦冲击火花,镐尖、手锤刃上要包上铜。

(2) 加强防爆电器的管理,防止电火花引燃

瓦斯矿井应选用矿用安全型、防爆型或安全防火花型电器设备。使用过程中要经常检查维护,使其保持良好的防爆性能。

(3) 加强火药管理,严格遵守安全爆破制度。放炮前后要检查瓦斯含量,瓦斯超限时不准放炮。

(4) 严格管理自然发火区,注意防火,加强检查火区内有毒气体及瓦斯浓度。

8.4.2 煤层自燃

煤层自燃是指在自然环境下,有自燃倾向的煤层在适宜的供氧储热条件下氧化发热,当温度超过其着火点时而发生的燃烧现象。一般情况下,煤层自燃首先从煤层露头开始,然后不断向深部发展,形成大面积煤田火区,因此有时也称为煤田自燃。煤层自燃是人类面临的重大地质灾害之一。印度、美国、俄罗斯、印度尼西亚和中国等国家普遍存在煤层自燃现象。

煤层自燃必须具备的三个基本条件是:具有低温氧化特性的煤、充足的空气供氧以维持煤

的氧化过程不断进行、在氧化过程中生成的氧化热大量蓄积。

(一) 影响煤层自燃的因素

1. 决定煤层自燃的条件

煤的炭化变质程度越高,其自燃倾向性越小。烟煤矿井发生自燃火灾的概率高于褐煤矿井,含有一定水分的煤更易于自燃。从煤岩成分来看,含丝煤愈多,愈易自燃。此外,煤的粒度、孔隙度、瓦斯含量及导热能力也是影响自燃的重要因素。

2. 影响煤层自燃的因素

煤层自燃的地质因素主要有煤层的厚度、倾角以及地质构造条件。煤层愈厚,愈易发生自燃火灾,这是因为煤层厚难于全部采出,常遗留大量浮煤和残柱,而且厚煤层采区回采时间过长,大大超过煤层的自燃发火期。据鹤岗矿区统计,86.6%的自燃火灾发生在5 m以上的厚煤层中。煤层倾角对于自燃也有影响,煤层倾斜愈大,自燃危险性愈大。

在断层、褶皱、破碎带、岩浆入侵地区,由于煤层破碎吸氧条件好而更易氧化,因而煤层自燃发生火灾的概率较大。

采矿过程中的回采率、回采速度以及通风条件等也对煤层自燃有影响。如大巷开采时切割煤层少、保留矿柱少、回采速度慢、地压易于集中,很容易产生煤层自燃。从通风条件看,漏风大不仅有效风量低,而且向采空区、煤柱区渗漏供氧,促进了煤的自燃。

中国北方煤田自燃大部分发生在煤质好、灰分低、埋藏浅、易于开采的厚煤层地区,且多处于气候干旱、特干旱的中西部地带。新疆已成为世界上煤田自燃灾害最严重的地区。

(二) 煤层自燃的危害

利用遥感技术,发现自燃在中国北方煤田普遍存在,共有火区56处,主要分布在新疆、宁夏、内蒙古、甘肃、青海、陕西、山西7个省(区),火区燃烧面积累计达720 km^2。每年直接燃烧损失的煤炭资源(0.1～0.14)$\times 10^8$ t,间接损失的优质煤炭达2×10^8 t。据初步统计,全国由煤层自燃造成的煤炭资源损失达0.12×10^8 t/a。

新疆的煤田自燃损失最大。据统计,近一二百年以来,新疆已白白烧掉21×10^8 t煤炭。位于乌鲁木齐市西北的硫磺沟煤田火区面积达120 km^2,煤田几十年的自燃已损失煤炭储量4270×10^4 t。造成火灾的主要原因是地壳变动煤层裸露而自燃起火,周围一些小煤窑的无序开采也助长了火势。新疆环境监测中心对火区的监测表明,硫磺沟火区燃烧已向大气排放10.8×10^4 t的各种有毒、有害气体,这些气体如果瞬间进入到任何一个城市,都足以使它毁灭。此外,它还污染了河流水质,造成水土流失,土壤荒漠化。

宁夏和内蒙古因自燃而烧掉的优质无烟煤每年达230×10^4 t。中国北方煤田自燃每年排放一氧化碳、二氧化硫、二氧化氮及粉尘约105×10^4 t。

煤田自燃除破坏资源、污染环境外,还危害煤矿的安全生产。由于煤田自燃导致的煤矿井下起火在中国中西部频繁发生。

(三) 预防煤层自燃的技术措施

1. 开采技术措施

(1) 选择合理的开采方法。优先采用石门、岩石大巷的脉外掘进方式,以减少煤层的切割量,便于少留煤柱,易于及时封闭和隔离采空区。

(2) 坚持先上层后下层,自上而下的开采顺序和由边界向中央后退式回采方式。选用回采率高、回采速度快、不留煤柱、采空区容易封闭的采煤方法。

(3) 根据煤的自燃发火期的长短和回采速度来决定采区尺寸，合理布置采区。必须保证在煤体自然发火期到来之前回采完毕并及时封闭采区。

(4) 提高回收率，降低煤炭损失；减少采区残煤，提高回采程度；适时清扫工作面，及时充填采空区。

2. 通风防火措施

(1) 实行机械通风，建立稳定可靠的通风系统，加强通风管理。

(2) 采用分区通风，避免串联，及时调节风流，控制和隔绝火区，缩小火区范围。

(3) 最大限度地降低风压、减少漏风，及时安设调节风门、密闭墙等通风构筑物，并正确选择安设地点，保证施工质量。

(4) 加强通风系统的测定和管理，特别注意有自燃危险区域的风量、风压、风向、漏风状况、空气中瓦斯浓度、一氧化碳含量的测定。

(5) 调节风门均压，减少并联网路漏风，即在工作面回风巷道里安装调节风门，降低工作面压差，减少风量。

3. 预防性灌浆

对厚度较大的煤层或老采空区过多而极易自燃的煤田，易采用预灌浆的方法进行隔断，防止煤层自燃。随采随灌的方法可防止遗煤自燃，同时可胶结冒落的矸石形成再生顶板，为下部开采层创造了安全防火条件。采后灌浆，则可以填充易自燃的采空区而避免煤层自燃。为降低灌浆材料成本，在保障有效阻隔和一定胶结强度的前提下，可根据具体情况采用黏土浆、黏土水泥浆、黏土石灰浆。

4. 阻化剂防火

采用阻止氧化剂溶液喷洒在采空区的煤块上，以阻止残煤氧化自燃；或向已氧化发热的煤壁打钻孔压注阻化剂，控制煤的自燃。阻化剂可采用无机盐化合物，通常由氯化钙($CaCl_2$)、氯化镁($MgCl_2$)、氯化铵(NH_4Cl)、氯化钠(NaCl)或三氯化铝($AlCl_3$)等溶液制成。

8.5　矿井突水

许多矿床的上覆和下伏地层为含水丰富的岩溶化碳酸盐岩地层，如中国北方石炭、二叠纪煤系地层，不仅煤系内部夹有赋水性强的地层，下伏的巨厚奥陶纪灰岩岩溶水水量极其丰富。随着开采深度的加大以及对地下水的深降强排，从而产生了巨大的水头差，使煤层底板受到来自下部灰岩地下水高水压的威胁；在构造破碎带、陷落柱和隔水层薄的地段经常发生坑道突水事故，严重威胁着矿井生产和工人的生命安全。

当采矿平洞通过河流、水库下部，并有地表水和地下水连通通道时，不仅突水灾害严重，而且还造成水库渗漏等问题。如中国重庆市奉节县后淯水库，因挖掘开采库区煤层，揭穿了水库底部裂隙通道，结果发生大量突水，不仅煤层无法继续开采，而且造成水库渗漏报废。

8.5.1　矿井突水的致灾条件和影响因素

(一) 致灾条件

(1) 地层含水系统中地下水的水头压力和水量

在其他条件相同时，水压愈大，愈容易发生矿井突水；水量愈大，矿井突水的概率愈大。

(2) 采掘空间与含水体之间围岩软弱带的厚度、岩石物理力学性质及岩体结构类型

(3) 矿山地压对围岩的破坏程度

地压对围岩破坏越严重,断裂和裂隙越发育,诱发突水的通道越发育。矿体上部覆盖层中冒落带和断裂带的高度、底板的破坏深度、压裂破碎带的厚度等都是矿坑突水的影响因素。

(4) 水源补给的丰富程度及过水通道的渗透能力

矿井突水通过的水路,称为过水通道,或称矿井突水通道。它是地表水体、地下岩溶水、采空区积水及富水含水层中的水突然涌入矿井的途径。过水通道包括导水断层、陷落柱,与含水层或其他水体有密切联系的钻孔、溶洞、地下暗河、含水层本身的孔隙及裂隙等。由矿山地应力作用产生的裂隙、断裂及地表裂缝等也是矿坑突水的潜在过水通道。

导致坑道突水的水源有地表水、松散含水层孔隙水、基岩裂隙水、岩溶水以及废坑旧巷采空区积水等,其中岩溶水和老空区积水危害最大,是构成矿山水灾的主要水源。

(二) 影响矿井突水的因素

影响矿井突水的因素包括自然因素和人为因素两个方面,后者的影响程度往往更大。

1. 自然因素

矿坑突水的自然因素包括地形地貌、围岩岩性和地质构造等。

地形地貌对于矿坑突水有很大影响。位于侵蚀基准面以上的山区高位矿床,一般为无水或含水较少的矿床;位于河谷洼地,地形低凹处和地方侵蚀基准面以下的矿床,特别是与山洪泄洪道、河道相邻的矿床,受地面水源影响的可能性极大。

围岩岩性、厚度、结构及其与矿床的接触关系对矿坑突水也有很大影响。若松散砂砾层及裂隙、溶洞发育的岩体中赋存大量的地下水,都有可能成为矿井突水的主要水源。

褶皱和断层可以影响地下水的储存和补给条件。一般而言,背斜构造含水量少,向斜构造含水量大,断层破碎带则经常成为矿坑突水的水源通道。

2. 人为因素

采矿活动中,乱采滥挖、破坏防水矿柱、进入废弃矿井采掘残煤或乱丢废弃渣而堵塞山谷、河床等人为因素都对矿坑突水有很大影响。此外,在江、河、湖、海下部或岸边采矿而又不采取特殊防治措施,或对勘探钻孔不封闭、对废弃露天坑底不铺设防水隔层等都可能成为导致矿坑突水的隐患。

8.5.2 矿井突水的危害

矿井突水是矿床开采中发生的严重的地质灾害之一。目前,中国至少有 14 个省(区)出现过矿井(主要是煤矿)突水事故,近十余年来共发生的严重突水事故 262 起,直接经济损失巨大。坑道突水灾害较严重的省份有河北、山东、山西、安徽、江西、广东、广西、河南、吉林、江苏、浙江、四川等。据全国 13 宗大、中、小型突水事故的统计,直接经济损失每次达 23～5600 万元,平均每次 1172.39 万元;全国十几年来发生的 262 宗突水事故共造成损失30.72 亿元,平均每年 3 亿元以上(段永侯等,1993)。

中国矿山受水灾威胁的矿井主要是煤矿,全国 624 对统配煤矿中,受水灾威胁的矿井就有 272 对,占 43%。从 1990 年到 1994 年 5 年间,全国煤矿共发生一次死亡 10 人以上的突水灾害 45 起,共死亡 892 人,占全国煤矿一次死亡 10 人以上各类事故死亡人数的 17%(隋鹏程,1998)。在中国北方岩溶区,煤矿约有 150×10^{8} t 储量、铁矿约有 3×10^{8} t 储量因受水威胁而难于开采。

1984年6月2日，因奥陶系灰岩岩溶水通过陷落柱溃入矿井，河北开滦范各庄煤矿发生淹井事故，瞬时最大突水量达2053 m^3/min，仅21个小时便淹没了已生产20年、年产煤 3×10^6 t的大型矿井。突水后矿区附近出现11个塌陷坑，以突水点为中心的10余千米范围奥陶系灰岩水位下降20～30 m，地面取水井出现吊泵现象，供水系统遭到严重破坏。

2001年7月26日，广西壮族自治区南丹县拉甲坡锡矿因长期非法开采，违规实施爆破作业，致使隔水岩层被击穿而发生特大矿井透水事故，200多名矿工被困井下，虽经1700多人次全力抢救，仍造成81人遇难。

8.5.3 矿井突水灾害的防治对策

(一) 地面防水

矿井地面防水主要是切断大气降水补给源，防止地表水大量进入矿井。具体措施有修筑防洪沟、封堵塌陷坑或裂缝通道、排出低洼地积水、铺垫河床底部或使河流改道等。对老矿区的老窑、古坑，要进行封闭或堆充，以防雨水灌入。

(二) 井下防水

井下防治水的措施可归结为“查、探、堵、排”四个字，即查明水源，超前钻探水、隔绝水路堵挡水源和排水疏干。

1. 查明水源

在矿床开采之前和开采过程中，要自始至终做好矿床水文地质工作，查明矿井充水的可能水源、矿井水与地下水和地表水的补给关系以及涌水通道，为有效预防和先期治理矿井突水提供依据。

2. 超前钻探水

为探明矿山水文情况，确切掌握可能造成水灾的水源位置，在采矿之前必须进行超前钻探探水。严格做到有疑必探，先探后掘。特别是当巷道接近溶洞、含水断层、富水含水层、地表水体、被淹井巷、积水老窑等潜在的突水水源时，必须在离可疑水源一定距离处打探水钻。

此外，要加强观测，发现有底鼓、渗水等突水征兆，立即进行处理，尽可能减少损失。

3. 隔绝水路，堵截水源

对突水危险性大的矿井，为防止突然涌水均应设置水闸门、水闸墙、密闭泵房等防、截水构筑物。设置防水矿柱和灌浆堵水也是隔绝水路的重要措施。其中灌浆堵水是将制成的水泥浆液通过管道压入地层裂隙，经凝结、硬化后起到隔绝水源的目的，这种方法因工艺设备简单，效果良好，已成为国内外矿山、铁路涵洞、水工建筑等防治地下水害的有效方法。

4. 预先排水，疏干降压

矿井疏干降压的目的在于消除灾害性突发涌水，从而保证矿山采掘时的安全。这是世界各国应用最为广泛的消除矿井水灾的有效方法。

疏干排水就是有计划地将危险水源的水全部或部分疏放出来，彻底消除在采掘进程中发生突然涌水的可能性。特别是在浅部开采时，采用“疏水降压”的办法，可使水头压力降至开采水平以下，从而杜绝突水事故。在中部和深部，若现有技术条件不允许采用降压的方法时，则利用底板隔水层的阻水能力，实行“带压开采”。采用在底板内打钻注浆加固底板或改革采掘方法和工艺，提高底板整体隔水能力，减小突水概率。

疏干降水可采用地面钻孔预先疏干、井下钻孔疏干和利用巷道疏干等方法。

第 9 章　表生环境地球化学异常与地方病

在各种动力地质作用下，组成岩石圈的各类岩石不断地形成和转化，它们的化学成分是自然条件下地壳表层系统化学成分的本底含量。由于各地裸露的岩石类型不同，因此构成了不同地带地表元素背景值的差异性。

人类在地球上出现以后，随着其活动规模的不断扩大，表生地球化学环境的演化规律越来越复杂。人类活动的大量废弃物排放到岩石圈表面，进入水圈、生物圈和大气圈，参与环境中的各种化学反应，从而改变局部的或全球的环境地球化学性质。人类生长发育所必须的各种元素在不同地带的相对富集和缺乏就导致了各种地方病的发生。

9.1　表生环境地球化学特征

9.1.1　表生环境中元素的迁移转化

在宇宙中，一切物质均处于不停的运动之中。组成地壳物质的化学元素也在不断地进行着地球化学循环。在表生环境中，这种地球化学循环主要表现为元素的迁移转化。在一定的物理化学条件或人类活动的作用和影响下，表生环境中的元素随时空变化而发生迁移转化，并在一定的条件下发生重新组合与再分布，形成元素的分散或聚集，由此产生元素的“缺乏”或“过剩”。

（一）表生环境中元素迁移的特点

元素在表生环境中的迁移与在地壳内部的迁移是不同的。在表生环境中，除受自然地质地理条件控制外，还受到人类地球化学活动的影响。

（1）表生环境是地球内部能量释放与太阳辐射能量相互作用的地带，相对而言，后者对表生环境变化的作用更为重要。由于地球公转和自转的影响，表生环境接受的能量表现出明显的周期性和地带性变化，因而表生环境中元素的迁移过程也具有周期性和地带性变化特点。

（2）水是表生环境中的天然溶解剂，水在地球表层系统各圈层中的循环作用使地表物质中的多种元素发生以淋滤和淀积为主的迁移聚集过程。人类活动，尤其是大规模的水资源开发利用对这一过程的发展速度及方向具有重大影响。

（3）岩石圈表层是生物的生存环境，各种生命体活动对元素的吸收（摄入）与分解（排泄）造成元素的生物小循环。

（4）由于岩石圈表层地质地理环境的差异，酸碱度和氧化还原电位等物理化学条件的不同，元素在迁移过程中不断发生再分配与重新组合等各种物理、化学和生物化学作用。

（5）表生环境是人类活动的场所，人类的各种生产与生活活动影响了元素的迁移富集过程，在局部地区可能形成元素的分布异常，引起某些元素和化合物的富集。

（二）表生环境中元素的迁移类型

在表生环境中元素的迁移包括元素空间位置的移动以及存在形态的转化两种形式：前者指元素从一地迁移到另一地，后者则指元素在迁移过程中从一种形态转化为另一种形态。

1. 按介质类型划分

无论是哪一种形式，元素的迁移都必须借助某种介质进行。介质不同，其迁移类型亦不同。按照介质的不同类型，可将元素的迁移分为大气迁移、水迁移和生物迁移三种类型。

(1) 大气迁移

大气迁移是指元素以气态分子、挥发性化合物和气溶胶等形式在空气中进行的迁移。以大气为媒介而发生迁移的化学元素主要有O、H、S、N、C、I等。

(2) 水迁移

水迁移是指元素在水溶液中以离子、络(配)合离子、分子或胶体等状态进行的迁移。元素以胶体溶液或真溶液的形态随地表水或地下水发生迁移运动。水迁移是地表环境中元素迁移的主要类型，大多数元素都是通过这种形式进行迁移和聚集的。

(3) 生物迁移

土壤或水体、空气中的元素通过生物体的吸收、代谢和生物本身的生长发育以至死亡等过程实现的迁移，属于生物迁移。这是一种非常复杂的元素迁移形式，不同的生物物种或同一生物物种不同的生长期对元素的吸收和代谢均有差异或不同。

通常情况下，环境中元素的迁移方式并不是截然分开的，有时同一种元素既可呈气态迁移，又可呈离子态随水迁移。如组成原生质的O、H、C、N等元素，在某些情况下以气态分子(O_2、CO_2、NH_3、CH_4)的形式进行迁移；在另外情况下，则呈离子态(如SO_4^{2-}、CO_3^{2-}、NH_4^+和NO_3^-等)随水进行迁移。

2. 按物质运动的基本形态划分

按物质运动的基本形态，还可将元素迁移划分为机械迁移、物理化学迁移与生物迁移三种类型。

(1) 机械迁移

机械迁移指元素及其化合物在机械力的搬运下而进行的迁移。如水流的机械迁移、气体的机械迁移和重力机械迁移等。

(2) 物理化学迁移

物理化学迁移是指元素以简单的离子、络离子或可溶性分子的形式，在表生环境中通过物理化学作用所进行的迁移。

(3) 生物迁移

生物迁移则是经由生物体的吸收和代谢而发生的元素迁移。

(三) 元素的性质及其迁移强度

地壳中绝大多数元素呈化合物状态，元素的化学键对其迁移富集的特性起着重要的作用。一般而言，离子键型矿物比共价键型矿物更易溶解和迁移。电负性差别大的元素键合时，多形成离子键型化合物，易溶于水，迁移性好，如NaCl。电负性相近的元素键合时，多形成共价键型化合物，如CuS、FeS_2等，它们不易溶于水，迁移性不好。

元素的化合价愈高，溶解度就愈低。如氯化物(Cl^-)较硫酸盐(SO_4^{2-})易溶解，硫酸盐较磷酸盐(PO_4^{3-})易溶解。

同一元素，其化合价不同，迁移能力也不同。低价元素的化合物其迁移能力大于高价元素的化合物，如$Fe^{2+}>Fe^{3+}$，$Cr^{3+}>Cr^{6+}$，$Mn^{2+}>Mn^{4+}$，$S^{2+}>S^{6+}$等。

原子半径或离子半径是元素的重要化学特性。土壤对同价阳离子的吸附能力随离子半径增大而增大。就化合物而言，相互化合的离子其半径差别愈小，溶解度也愈小，如 $BaSO_4$、$PbSO_4$ 的溶解度都较小；离子半径的差别愈大，则溶解度愈大，如 $MgSO_4$。

总之，自然界中元素的迁移强度有很大的差异。A. И. 彼列尔曼采用"水迁移系数"来表示元素迁移的强度，并测得了风化壳中元素的水迁移序列。他将这些元素分为：① 强烈淋溶的（Cl、Br、I、S^{4+} 等），② 易淋溶的（Ca、Mg、Na、F 等），③ 活动的（Cu、Ni、Co 等），④ 惰性的和⑤ 实际上不活动的（Fe、Al、Ti 等）五个等级。

（四）影响表生环境中元素迁移的外在因素

同一种元素在不同自然环境中的迁移能力是极不相同的。影响元素迁移的主要外在因素有环境的 pH、氧化还原电位（*E*h）、胶体、腐殖质、气候和地质地貌条件等。

1. pH

表生环境中的 pH 主要指土壤和天然水的 pH。土壤酸度可分为活性酸度与潜性酸度两类。前者为土壤溶液中游离氢离子形成的酸度，用 pH 来表示；后者为吸附于土壤胶体上的氢离子所形成的酸度，包括代换性酸（用 pH 表示）和水解性酸（用 cmol/kg 表示）。活性酸度和潜性酸度是一个平衡系统的两个方面，二者处于动态的平衡之中。当土壤溶液中游离氢离子增多时，就会向土壤胶体内溶液中扩散，把胶体颗粒上吸附的盐基离子代换出来。一般情况下，潜性酸度远远大于活性酸度。土壤的酸度主要来源于土壤溶液中各种有机酸类（如草酸、丁酸、柠檬酸、乙酸等）和无机酸类（如碳酸、磷酸、硅酸等）。

天然水的 pH 主要受土壤酸碱度的影响。腐殖酸和植物根系分泌出的有机酸是影响天然水 pH 的另一个重要因素。天然水的 pH 大致与土壤带的 pH 相一致。

在表生环境中，pH 可影响元素或化合物的溶解与沉淀，决定着元素迁移能力的大小。大多数元素在强酸性环境中形成易溶性化合物，有利于元素的迁移；在酸性和弱酸性水环境中（$pH<6$），有利于 Ca^{2+}、Sr^{2+}、Ba^{2+}、Cu^{2+}、Zn^{2+}、Cd^{2+}、Cr^{3+}、Fe^{2+}、Mn^{2+}、Ni^{2+} 等离子的迁移；在碱性水环境中（$pH>8$）Fe^{2+}、Mn^{2+}、Ni^{2+} 等很少迁移，而 Cr^{6+}、Se^{4+}、Mo^{2+}、V^{5+}、As^{5+} 等则易于迁移。地下水的 pH 为 6～9 时，碱金属和碱土金属易于迁移，而在强碱性条件下，可能生成氢氧化物沉淀，不利于迁移。高矿化、碱化和强碱化环境有利于 Ca^{2+}、Mg^{2+}、K^+、Na^+ 等离子以结晶盐的形式发生沉淀，如 $CaCO_3$、$CaSO_4 \cdot 2H_2O$ 等。

2. 氧化还原电位（*E*h）

环境中的氧化还原条件对元素的迁移具有一定的影响。一些元素在氧化环境中可进行强烈迁移，如 S、Cr、V 等元素在氧化作用强烈的干旱草原和荒漠环境中形成易溶性的硫酸盐、铬酸盐和钒酸盐而富集于土壤和水中。在以还原作用占优势的腐殖酸环境中（如沼泽），上述元素便形成难溶的化合物而不发生迁移。

相反，另一些元素，如 Fe、Mn 等，在氧化环境下形成溶解度很小的高价化合物，如 $Fe(OH)_3$，不易迁移；而在还原环境下，则形成易溶的低价化合物，如 $Fe(OH)_2$，很容易迁移。

3. 络（配）合作用

在地表环境中，重金属元素的简单化合物通常很难溶解，但当它们形成络（配）合离子后，则易于溶解发生迁移。如羟基络（配）合作用与氯离子络（配）合作用能促进重金属在地表环境中的迁移。络（配）合物的稳定性对重金属的迁移能力也有影响。络（配）合物越稳定，越有利于重金属迁移；反之，络（配）合物易于分解或沉淀，不利于重金属的迁移。

4. 腐殖质

腐殖质对元素的迁移主要表现为有机胶体对金属离子的表面吸附和离子交换吸附作用,以及腐殖酸对元素的络(配)合作用与螯合作用。在腐殖质丰富的环境中,Cu、Pb、Zn、Fe、Mn、Ti、Ni、Co、Mo、Cr、V、Se、Ca、Mg、Ba、Sr、Br、I、F 等元素可被有机胶体吸附,并随水大量迁移。腐殖质与 Fe、Al、Ti、U、V 等重金属形成络(配)合物,较易溶于中性、弱酸性和弱碱性介质中,并以络(配)合物形式迁移。在腐殖质缺乏时,它们便形成难溶物而沉淀。

5. 胶体吸附与元素迁移

胶体对元素迁移的影响主要发生在气候湿润地区。湿润气候条件下的天然水多呈酸性,且有机质丰富,有利于胶体的形成,元素常以胶体状态发生迁移。胶体最易吸附的元素有 Mn、As、Zr、Mo、Ti、V、Cr 和 Th 等,其次有 Cu、Pb、Zn、Ni、Co、Sn 等元素。而在干旱气候区,天然水呈弱碱性,有机质含量低,不利于胶体的形成,因而胶体元素迁移的影响很小。

各种胶体对元素的吸附具有选择性。例如,褐铁矿胶体易吸附 V、P、As、U、In 、Be、Co、Ni 等元素;锰土胶体易吸附 Li、Cu、Ni、Co、Zn、Ra、U、Ba、W、Ag、Au、Tl 等;腐殖质胶体易吸附 Ca、Mg、Al、Cu、Ni、Co、Zn、Ag、Be 等;黏土矿物胶体则常吸附 Cu、Ni、Co、Ba、Zn、Pb、U、Tl 等。

6. 气候条件

气候条件对地表环境中元素迁移的影响可分为直接影响和间接影响两种。

(1) 直接影响

降水量的多少和干燥程度以及温度的高低对化学元素的迁移可产生重要的直接影响。在湿润地区,气候炎热,降水充沛,各种地球化学作用反应剧烈,原生矿物高度分解,淋溶作用十分强烈,风化壳和土壤中的元素被淋失殆尽。结果使水土均呈酸性反应,元素较贫乏,腐殖质富集,为还原环境。在干旱草原、荒漠气候带,降水量少,阳光充足,蒸发作用十分强烈,水的淋溶作用微弱,各种地球化学作用的强度较弱,速度也十分缓慢。地表环境中富集大量氯化物、硫酸盐等盐类,许多微量元素也大量富集,尤以 Ba、Sr、Mo、Ph、Zn、As、Se、B 等元素为最显著。

(2) 间接影响

气候对元素迁移的间接影响主要表现在生物迁移作用方面。生物生存、生长的水热状况主要取决于气候条件,气候愈温暖湿润生物种类和数量愈多,地表环境中的有机质或腐殖质愈多,生物吸收、代谢各种元素的过程愈强烈。地表环境中的许多元素可通过生物的吸收、代谢作用进行迁移。而在干旱气候条件下,生物种类和数量很少,地表有机质和腐殖质缺乏,元素的生物迁移作用微弱,地表环境中的元素多发生富集。

7. 地质与地貌

地质构造、地层岩性及地形地貌等也对元素的迁移具有一定的影响。

(1) 地质构造

岩层褶皱剧烈、断裂构造发育、节理错综复杂的地区,侵蚀作用、地球化学作用和元素的迁移比较强烈,元素易随水流或其他介质发生迁移。

(2) 地层岩性

质地软弱的岩石易于风化侵蚀,其中元素随淋失作用和搬运作用而发生迁移。火山作用还给地表环境带来某些元素,如 B、F、Se、S、As 和 Si 等。与岩浆活动有关的多金属矿床可使地表环境中富含 Hg、As、Cu、Pb、Zn、Cr、Ni、V、W、Mo 等元素，从而对元素的迁移、聚集产生一定影响。

(3) 地形地貌

地形地貌对元素的迁移影响十分明显，一般山区为元素的淋失区，低平地区为元素的堆积富集区。对内陆河流而言，坡降较大的中上游为元素的淋失地段，坡降较平缓的下游则为元素的富集地段。

9.1.2 表生环境地球化学的地带性特征

地球上气候、水文、生物、土壤等地理要素都与温度和水分的变化密切相关。由于地表接收太阳辐射的能量具有纬度分带性，气候、水文、植物、土壤等呈现明显的地带性规律，而元素的化学活动与水、温度、生物、土壤等因素密切相关，因此，表生地球化学环境也具有地带性规律(表 9-1)。在北半球，地球化学环境按地理纬度从北向南可分为酸性、弱酸性还原的地球化学环境，中性氧化的地球化学环境，碱性、弱碱性氧化地球化学环境和酸性强氧化的地球化学环境。

(一) 酸性、弱酸性还原的地球化学环境带

本带气候较为寒冷、湿润，年降水量约为 600～1000 mm，蒸发微弱，水分相对充裕，植被茂盛，土壤湿度大，腐殖质含量高，透气性不良，多属于还原环境。在地表水、地下潜水中含有大量腐殖酸，土壤呈酸性反应，pH 多为 3.5～4.5。植物残体得不到彻底分解，长期处于半分解状态，多数元素被禁锢在植物残体中。

表 9-1　中国的自然地带与地球化学环境地带

位　置	气候带	植被带	土壤带	地球化学环境带
东部地区	寒温带	落叶针叶林	棕色针叶林土	酸性、弱酸性还原环境和中性氧化的地球化学环境
	温带	落叶阔叶林	暗棕壤、棕壤褐土	
	亚热带	常绿阔叶林	黄棕壤、黄红壤、红壤	
	热带	季雨林	砖红壤	
西部、北部地区	温带	森林草原	黑钙土、黑垆土	中性氧化和碱性、弱碱性氧化的地球化学环境
		草原	栗钙土、灰钙土	
		荒漠、半荒漠	灰棕漠土、风沙土	
		荒漠、裸露荒漠	棕漠土、风沙土、盐土	
	高寒带	森林草甸	高草甸土	中性、碱性、弱碱性还原的地球化学环境
		草原	高山草原土	
		荒漠	高山寒漠土	

在酸性条件下，Ca、Mg、K、Na、Sr、B、I、Cu、Co、Ni、Cr、Mn、Fe、Al、Si 等元素易从矿物中淋溶和迁移，尤其是 Fe、Mn 具有较高的迁移能力。这些元素大多被有机胶体所吸附，或形成金属有机络(配)合物、螯合物，被水迁移。由于生物必需元素缺乏，常出现许多地方病或地方性疾病。

(二) 中性氧化的地球化学环境带

本带热量较充分，年降水量为 600～1200 mm，蒸发作用不强，地表水流通畅，地下水水位埋藏较深，土壤湿度适中，透水性较好，多为氧化环境。植被不十分发育，而且植物残体分解较彻底，很少有腐殖质堆积。元素的淋溶和富集作用不显著。天然水多为中性，pH在7左右，矿化度为500 mg/L左右，水质一般较好。

（三）碱性、弱碱性氧化的地球化学环境带

本带气候干旱，年降水量少，仅为250～400 mm；热量充分，蒸发强烈，水分不足，地表水系不发育，地下水水位埋藏深，土壤透气性能良好，属氧化环境。本带主要为干旱、半干旱草原及部分沙漠区，植被稀少，腐殖质贫乏；地表水、地下水多属碱性，pH为8～10，矿化度500～1000 mg/L。在碱性介质中，V、Cr、As、Se等元素活性较大，易迁移。但由于淋溶作用微弱，蒸发强烈，上述元素仍富集于该环境中的水、土和生物体中。此外，Ca、Na、Mg、SO_4^{2-}、Cl^-、F、B、Zn、Ni等也在土壤中大量富集。

由于某些化学元素相对富集，容易发生氟斑牙、氟中毒、砷中毒、硒中毒等地方病，或因环境中As过剩而产生皮肤癌。

（四）酸性氧化的地球化学环境带

本带热量丰富，降水充沛，年降水量可达1000～3000 mm；植被发育，元素的生物地球化学循环强烈，风化、淋溶作用也十分强烈。风化壳中的Ca、Na、Mg、K、Se、Mo、Cu、S、Li、Rb、Cs、Sr、B、I等元素大量地淋溶流失，而残留的Fe_2O_3、Al_2O_3和SiO_2等形成红色风化壳。由于碱土元素缺乏，土壤呈酸性，pH约为3.5～5，地表水和潜水多为酸性软水，pH<6。

本区属于热带、亚热带雨林景观，大致分布于赤道南北30°以内的范围内。水土和食物中碘元素异常缺乏，地方性甲状腺肿的分布十分广泛。钠元素的缺乏还影响到人体的生长发育，以至出现矮小症。

（五）非地带性的地球化学环境

在自然界中，某些局部地区的地球化学环境不受地理纬度分带的影响。例如，在湿润的森林景观带可以出现高氟区、高硒区；而在干旱的荒漠景观中的沼泽区，可造成局部腐殖质富积的环境。

此外，在火山、温泉分布区可造成局部环境中S、F、Si、Se、As等元素的富集；在煤系地层、凝灰岩分布区和硫化矿床的氧化带Se高度富集；在多金属矿区或金属矿床的氧化带，水、土中易富集Cu、Pb、Zn、Mo、Cd、Hg、等元素。由于某些化学元素的相对过剩，可导致人类和牲畜患地方性中毒性疾病。

9.1.3　人类活动对原生地球化学环境的影响

人类是生物圈的重要组成部分。20世纪初以来，伴随人口的增加和社会经济的发展，人类的各种生产和生活活动向地表环境中排放出大量化学元素或化合物，并与原生地球化学环境叠加，参与环境中的各种化学反应，使表生地球化学环境演化更加复杂。

人类活动对表生地球化学环境最明显的影响是环境污染，其中最重要的是工业生产、农药和化肥的大量使用对水体、大气和土壤等环境的污染。某些化学元素或化合物通过食物链作用，在人体中产生积累，严重影响人体健康。

9.2　表生环境地球化学异常与人体健康

人类与环境之间存在着密切的内在联系。人类在其长期进化中，在利用和改造自然环境的同时受到环境的制约，并最终适应了环境。原生地球化学环境对人体有良性和恶性两方面的作用。如温泉水中含有的矿物质对人体皮肤、关节等疾病的治疗作用就属于良性作用；特定的地球化学环境下形成的“矿泉水”含有钙、镁、锶等元素，是人体健康所需的有用元素，因而被大量开发饮用。然而，由于地球化学元素的地带性分布规律，某些人体组织不可缺少的微量元素在一定的环境中却非常缺乏或含量过高，结果导致生活在这些环境中的人群因对某些微量元素的摄入量不足或摄入过多而发病。

9.2.1 原生地球化学环境与人体健康

（一）地球化学元素与人体健康

存在于人体的化学元素有几十种，除碳、氢、氧、氮主要以有机化合物的形式存在外，其余各种元素均呈无机盐或矿物质形式。其中有些矿物质是维持人体正常生理功能所必需的，因而必须从膳食中不断得到供给。这些在体内含量较多的氧、碳、氢、氨、钙、磷、钾、硫、钠、镁、氯等11种元素，称为人体必需的常量元素，约占人体总灰分(质量分数)的60%～80%。这些常量元素首先是从蛋白质、脂肪、糖、无机盐、维生素、水等物质来补充，以满足人体新陈代谢的需要。其他一些元素在机体内含量极少，有的甚至只有痕量(含量以μg/kg计)。一般将体内含量低于0.1g/kg的元素称为微量元素。目前已知，人体必需的微量元素有铁、锌、碘、铜、硒、氟、钼、钴、铬、镍、锡、钒和硅等14种。微量元素在人体的血液、肝、脾、骨、肌肉、脑、胰脏、甲状腺、肾上腺、视网膜、胰岛组织、前列腺、心脏、头发、齿、指甲、肺中都有几种存在。微量元素对人体生理功能的影响主要包括：① 促进酶的催化作用；② 参与激素的分泌活动，如甲状腺、肾上腺分泌激素的活动；③ 是遗传物质核酸的构成部分；④ 参与新陈代谢——人体内氧化还原系统的活动。微量元素主要来自食物、饮水、空气和药物，所以在人体营养中生物微量元素比维生素更重要。

人体中各种元素组成的平均丰度与地壳岩石中的平均丰度具有一定的相关性。除了人体原生质中的主要成分碳、氢、氧、氮和地壳中的主要成分硅以外，其他化学元素在人体血液中的含量和地壳中这些元素的丰度具有惊人的相似性。由此可以说明人体化学组成与地壳演化具有亲缘关系，现代人体中的化学成分是人类长期在自然环境中吸收交换元素并不断进化、遗传、变异的结果。自然界中痕量元素进入人体的途径如图9-1所示。

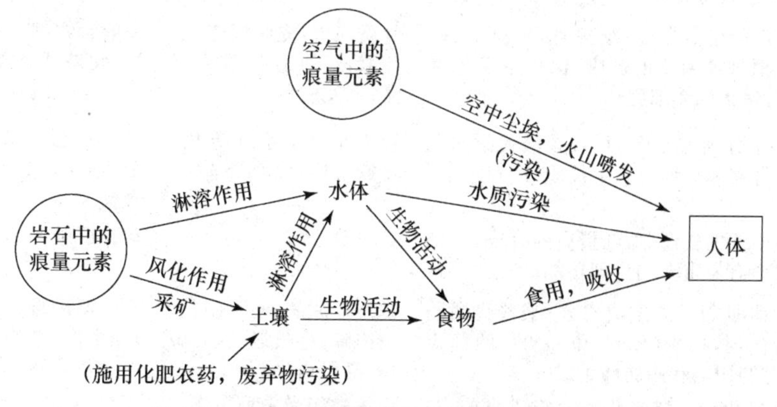

图9-1 自然界中痕量元素进入人体途径示意图

(据Carla W M,1997)

表 9-2　成人对必需微量元素的需要量

微量元素	成人一日需要量
铁	12 mg
锌	10～15 mg
氟	1.5 mg
铜	30 μg/kg 体重
碘	140 μg
锰	5～10 μg
硒	20～50 μg
铬	2～2.5 μg
钼	2 μg/kg 体重
钴	0.1～0.3 mg
钒	0.1～0.3 mg

人体摄入的各种微量元素，有些属于人体必需的，没有它们人就无法生存或不能保持健康状况，如氟、锌、钴、溴、铜、钒、硒、锰、碘、镍、钼、铬等；有些元素则对人体具有毒害作用，如砷、镉、汞、铅、锑、铊及稀土金属等。人体对各种微量元素的需求量取决于年龄、生理条件、环境条件及遗传因素等。据联合国世界卫生组织和文献公布，成年人对一些必需微量元素的需求量如表 9-2 所示。

人体内的微量元素虽然甚少，但在生物化学过程中却起着关键性的作用，维持着生命的代谢过程。表 9-3 为几种主要微量元素的生理意义、缺乏症状和主要来源。

表 9-3　几种主要微量元素的生理功能、缺乏症状、食物来源和供给量标准

元素	生理功能	缺乏症状	来　源
铁 (Fe)	形成红血球，参与组织中氧气、二氧化碳的交换过程；促进生物氧化还原反应的进行；部分铁储备于转铁蛋白中	缺铁性贫血，免疫功能下降，食欲减退，乏力、苍白、心悸、头晕	动物性食品为肝脏、肾脏、血液、肉类和鱼类等；植物性食物为芦笋、木耳、豆类、油菜、菠菜、韭菜
锌 (Zn)	人体中 70 多个不同种属酶的组成成分；调节 DNA 聚合酶；对味觉及食欲起促进作用；促进性器官正常发育；保护皮肤、骨骼和牙齿的正常；维护免疫功能	食欲不振，儿童发育迟缓，皮肤改变，味觉减退，头发色素减少，指甲出现白斑等	高蛋白质食物含锌较高，如牛肉、牡蛎、肝、小麦、猪肉、禽肉、海产品、花生、蛋类、豆类、谷类、奶类
硒 (Se)	具有抗氧化作用，延长细胞寿命，防止细胞中毒；保护心血管和心脏；对抗重金属的解毒剂；保护视觉器官	脱发，指甲脆，易疲劳和激动等	海产品、肝、肾、肉和整粒的谷类
碘 (I)	甲状腺的主要成分，促进体内氧化作用，调节体内的热能代谢和三大营养素的合成与分解，促进机体的生长发育	影响发育，思维迟钝，皮肤干燥，甲状腺增大	海带、紫菜、海产鱼、虾、蟹和海盐
氟 (F)	预防龋齿和老年骨质疏松症，能加速伤口愈合，促进铁的吸收	老年性骨质疏松症	主要来源为饮水，适宜含量为 0.5～1.0 mg/d
铜 (Cu)	维护正常的生血机能；维护骨骼、血管、皮肤和中枢神经系统的健康；保护毛发色素和结构；保护机体细胞	骨质疏松，皮肤病变，脑萎缩，运动失调，发育停滞，毛发脱色	一般食物都含有铜，谷类、豆类、硬果、肝、肾、贝类中富含
锰 (Mn)	碳水化合物、脂肪、蛋白质及核酸代谢的激活剂。骨骼和结缔组织生长成分	智力低下，骨质疏松，食欲不振，体重下降	主要来源于植物性食物，小米、稻米、茶叶和咖啡中富含锰
钴 (Co)	对人体中铁的代谢、血红蛋白的合成、红细胞的发育有着重要的生理功能	贫血	动物肝脏和肉类
铬 (Cr)	葡萄糖耐量因子的组成成分；某些代谢酶类的活化剂；核酸(RNA 和 DNA)的稳定剂；促进胆固醇和脂肪酸生成	诱发糖尿病、动脉硬化、白内障、生长迟缓、心脏病、高脂血症等	在啤酒酵母、干酪、蛋类、肝、禽、畜肉、全谷、牡蛎、马铃薯中含量丰富
钼 (Mo)	黄嘌呤氧化酶和醛氧化酶的组成成分；与铜、含硫氨基酸的代谢有关；可增强氟的作用，有助于预防龋齿	人体缺钼尚未见报道	干豆、粗粮、叶菜

医学专家认为，当今人类疾病的90%以上与人体内微量元素的失衡有关。许多疑难病症和地方性疾病的发生都与人体微量元素失衡相关，而维持人体微量元素的正常动态平衡只能通过人体与环境间的物质交换来实现。也就是说，元素的环境地球化学分布对人体健康有着直接且非常重要的影响。当人群长期生活在因所需元素偏低或过剩的自然环境之中，必将引起人体中某种(些)元素的平衡失调，进而引发器官组织病变，这就是通常所说的“地方病”。地方病的发生与地理位置、地形、地质、水文、气候及居民生活习性等密切相关。最常见的地球化学性地方病主要有甲状腺肿、氟中毒、克山病、大骨节病等。

(二) 甲状腺肿

甲状腺肿，又称地甲病，是一种因环境缺碘或富碘所引起的地方病。碘缺乏病(国际上简称为IDD)是一种严重危害人体健康、影响儿童智力发育的地方性疾病，它主要影响人体的正常发育、脑和神经系统的功能以及机体热量的保持。轻者表现为甲状腺肿大(俗称粗脖子病)，称为地方性甲状腺肿；重则表现为精神发育迟滞、聋哑、矮小、瘫痪等障碍，生活不能自理，称为地方性克汀病。由于严重缺碘而产生的地方性甲状腺肿在儿童和成年人中均可发生。如果在胚胎期脑发育阶段，孕妇严重缺碘，则可导致胎儿脑发育不全，出生后的临床症状为呆傻、矮小、聋、哑、瘫等，这种缺碘症即地方性克汀病(俗称地克病)。

碘是人体必需的微量元素之一，关系到体格与智力的发育、神经、肌肉和循环功能及各种营养的代谢。健康成人机体内碘的总量约为20～50 mg，每日所需的碘约为50～200 μg之间。人体内碘的70%～80%存在于甲状腺中，用于甲状腺激素的合成，以调节人体的新陈代谢和促进人体的生长发育。人体内碘的来源主要为食物和水。但由于在地球的发展过程中，地质历史变迁的差异，使地壳表面碘元素分布不均匀。一般大陆低于海洋，山地低于平原，平原低于沿海。因此造成大部分山区、高原及少数平原地区地理环境中缺乏碘元素，从而使居住于这些地区的人群体内得不到足量的碘。

1. 碘的地质地理分布

甲状腺肿是一种流行较广泛的地方病，世界上许多国家和地区都有发生。较严重的病区分布于喜马拉雅山、阿尔卑斯山、高加索和美洲西海岸等地区。重病区几乎都发生在边远山区、经济和生活水平比较低的地区。目前全世界约有10亿人生活在碘缺乏病区，地方性甲状腺肿患者约2亿人，地方性克汀病人约300万。

中国是一个受碘缺乏病威胁较大的国家，约有4.25亿人生活在碘缺乏病区。地方性甲状腺肿大及严重的克汀病人达15万人，主要分布在西北、西南、中南、东北、华北等山区。中国几百万的痴呆人群中，约90%为缺碘所致。

碘的地球化学特性决定了碘在自然界分布很不均一，因此甲状腺肿的分布受地质因素的影响比较明显。地层中有机质含量低或有机质富集层不发育或缺失，饮水和土壤中碘含量不足都会引起甲状腺肿。碘过量也可引起此种疾病发生。

2. 碘的地球化学特征

原生碘存在于地壳岩石中或通过火山直接喷出地表。碘是一种极活跃的组分，在地表环境下极易氧化，常以分子状态或化合物形式存在。在地球化学演化过程中，碘具有相对富集和贫乏的特性：在极地、高山地区丰度低，洼地和滨海地区丰度高；在湿润淋溶地区少，干旱地区多；在花岗岩、石英岩中少，玄武岩、海相页岩中多；在灰化土、沙土中少，在沼泽土、腐殖质土、黑钙土和盐渍土中多。

碘在天然水中的含量变化幅度很大。在大气降水中,沿海地区为2 μg/L,内陆0.2 μg/L;山区的地表水、浅层地下水含碘低,约0.0～2.0 μg/L;平原地区比较高,为5～10 μg/L;盐碱地区约为10～30 μg/L。海水的含碘量比较高,达50 μg/L。油田水一般为5～100 μg/L,最高可达500 μg/L。

由于碘的生物富集作用,使生物中含碘量较高,海生生物含碘量比地壳中碘丰度的克拉克值[①]高100～1000倍,陆生植物含碘量比地壳中碘丰度的克拉克值高10倍,所以,一般来说,有机质中的含碘量较高,富含有机质的土壤中碘含量也相应比较高。生物富碘作用可使石油和沥青质沉积物中富含碘,并成为碘资源的主要来源。

3. 碘的生物化学作用

碘是人体所必需微量元素,它在人体内含量甚微,但功能十分重要。碘在甲状腺内合成为甲状腺素,每个甲状腺素分子内必定有4个碘原子。因此,人体内缺碘就无法合成甲状腺素,从而导致甲状腺组织代偿性增生,颈部显现结节状隆起,即甲状腺肿大。

4. 致病机理与防治

甲状腺肿的致病原因比较复杂。引发该病的因素有地质-地理、土壤、水、食品和生活卫生条件等(表9-4)。在自然环境中,存在着干扰人体吸收碘的因素,如饮水中有较多的Ca、F、Mg、Zn、Cu、Li等元素,或富含腐殖酸、微生物等,都能影响人体对碘的吸收。此外,食用牛奶(牧草中有过多的十字花科植物)、芸苔属植物、大豆等也会影响对碘的利用,诱发甲状腺肿。这些食物中含有较多的过氯酸盐、硫氰酸盐、亚硝酸盐等,它们被称为致甲(甲状腺肿)物质。

表9-4　影响地方性甲状腺肿流行的因素

影响因素	利于流行	不利于流行
地质历史	冰河覆盖,冲刷严重	非冰河覆盖区,冲刷轻
土壤质地	砂土,灰化土,泥碳土,黑土	栗色土,红色土
有机质	土层薄,有机质少	土层厚,有机质多
地理位置	内陆山区	平原,沿海,盆地
降水	降雨集中,降水大于蒸发	降雨量分散,蒸发占优势
食品	当地产植物性食品多	商品粮,海产品,动物性食品多
饮水	地表软化或石灰化水	矿化度高的井水或泉水
致甲状腺肿物质	有	无

高碘甲状腺肿的发病机理,目前还不十分清楚,多数学者认为与碘阻断效应密切相关。无论是正常人或各种甲状腺疾病患者,给予较大量的碘化钾或有机碘时,将会出现碘离子难以进入甲状腺组织的病症,这种现象称为碘阻断。

碘缺乏病的预防主要是为缺碘人群补碘。目前主要选用适宜的饮水和食物,或采取食用碘盐和口服碘油丸、注射碘油、食用加碘食物等方法。国内外实践证明,食用碘盐是一项确实有效、经济安全、使用方便的措施。只要缺碘地区人群坚持和正确食用碘盐,同时对育龄妇女

---

① 地壳元素丰度的表示方法,即化学元素在地壳中的相对平均含量。1889年美国化学家F. W. 克拉克发表了第一篇关于元素地球化学分布的论文,将来自不同大陆岩石的许多分析数据分别求得平均值,进而得出陆壳中元素的丰度。为了表彰他的卓越贡献,国际地质学会将地壳元素丰度命名为克拉克值。由于研究目的不同,克拉克值可以采用不同的单位,有重量单位(g/t)、原子百分数和相对单位(相对于100万个硅原子的原子数)。

口服碘油丸,就可以有效地控制新克汀病人出现,消除碘缺乏病。施用富含碘的农肥也可提高粮食中的碘含量,从而为碘缺乏地区的人群提供碘含量高的食物。

碘缺乏病的治疗比较困难。对甲状腺过大或长有结节的甲状腺可施行手术切除。地方性克汀病人除给予适当的碘外,对部分智力落后者可运用智力教育等手段,使此类病人智力有所提高。

(三) 地方性氟中毒

地方性氟中毒,也称"地方性氟病"。它是因长期饮用高氟水或食用高氟食物而引起的一种慢性中毒性疾病。全球地方性氟中毒发病区分布相当广泛,约超过 30 个国家高发氟中毒病。中国各地均有程度不同的氟病流行,全国约有 762 个县(旗)有氟病发生,约占全国县(旗)的三分之一,主要分布在黑龙江、吉林、宁夏、内蒙古、陕西、河南、山东等省区,受影响的人群大约 4500 万。

1. 氟中毒病的地质地理分布

氟中毒病的空间分布与表生地球化学环境密切相关,主要受岩石、地形、水文地球化学条件、土壤以及气候等因素的制约。在火山附近、高氟岩石裸露区、温泉附近、沿海地带和干旱半干旱区均可能出现高氟地带。

火山灰、火山气体等喷发物中含有大量氟,这些喷出物在火山口周围呈环状分布。生活在火山周围的居民多患氟斑牙病和氟中毒症。世界上一些著名的火山,如意大利的维苏威火山、那不勒斯火山、冰岛的火山区等处,均有地方性氟中毒病发生。

高氟岩石出露区和氟矿区也是地方性氟中毒的发病带,如萤石、冰晶石、白云岩、石灰岩以及氟磷酸盐矿中含有丰富的氟,在风化作用、淋溶作用的迁移转化过程中可使地表水和地下水中的氟含量增高。

温度超过20℃的泉水能够溶解多种矿物质,温泉水的含氟量一般比地表水高,而且氟含量随泉水温度的增高也相应增加,故在温泉区常有氟中毒病发生。中国西藏的许多温泉区,泉水的含氟量高达 9.6～15 mg/L,温泉周围的居民患有严重的氟中毒病。

在沿海地区,由于长期遭受海水浸润而形成富盐的地球化学环境,海水中的氟也易于在此富集。沿海地区大量开采地下水而引起的海水入侵,不仅使土壤盐渍化、水井报废,也可使地下水的氟含量增高,从而引起氟中毒病的发生。中国的天津、沧州、潍坊等沿海地区,均为氟中毒病的高发区。

干旱、半干旱区气候干燥,降水量少,地表蒸发强烈,地下水流不畅,氟化物高度浓缩,易形成富氟地带,也是氟中毒病高发区。在印度,许多地区为氟化物富集区,总量达 1.2×10^7 t(全球约为 8.5×10^7 t),地方性氟骨症患者高达 100 万人以上。

2. 氟的地球化学特征

氟的天然来源有两个:风化的矿物和岩石;火山喷发。因自然地理条件不同,土壤的含氟量差异较大。氟在酸性环境中以络(配)合物的形式迁移,在碱性环境中多呈离子状态。地表水和地下潜水中氟的含量与气候带密切相关。湿润气候区的灰化土带属于酸性的淋溶环境,有利于氟的迁移,水中的氟含量一般为 0.05～0.20 mg/L;干旱和半干旱草原的黑钙土、栗钙土中含氟量较高,盐渍土和碱土中则更高,干旱草原气候带的水中氟含量可达 2～12 mg/L。

氟在天然水中广泛分布,但极不均一。据研究,海水中的氟含量约为 0.1 mg/L,河水为 0.03～7 mg/L,温泉水为 1.5～18 mg/L,盐湖水则高达 20～40 mg/L。天然水的氟含量还受地形地貌、地下水径流条件等因素的控制。一般是山区低,平原高;岗地低,洼地高。地下水径流条件差的地区水中的含氟量比较高。

从水的氟含量与水化学类型和pH的关系来看,一般低矿化度的重碳酸钙型水不适宜氟的存在和迁移,氟仅在以钠离子为主的水中含量才高。

3. 氟的致病机理与防治

氟元素是人类生命过程中所必须的元素,对人体有着重要的生理功能,人体的各个部位都有它的踪迹。每人每天的正常需氟量为1 mg左右,日本与美国的营养学研究机构公布的成人健康维持量为2.1~2.3 mg。

人体中80%~85%的氟都集中于骨骼和牙齿中。成年人牙齿的含氟量为110 mg/kg,而患有龋齿的人,牙齿含氟量仅为60 mg/kg。保持饮用水中一定量的氟,或从食物中摄入适量的氟,可以抑制细菌分解糖所需的酶,增强牙齿釉质的烃基磷灰石保护层,预防龋齿。其机理是氟能取代珐琅质的一部分羟基磷灰石的羟基,形成不溶于酸的结晶,因而可增强对口腔微生物产生酸的抵抗力。如果氟摄取量不足,则氟转变为牙齿釉质的过程就会发生障碍,促进龋齿的形成。国内调查资料表明,水中含氟量0.5 mg/L以下的地区,居民龋齿率一般达50%~60%;水中含氟0.5~1.0 mg/L的地区,居民龋齿率则一般仅为30%~40%左右。

如果每天进入体内的氟超过4 mg,摄入的氟被吸收后淀积于骨组织中,便可导致氟中毒。轻度氟中毒表现为"斑釉病",引发氟斑齿病;患氟斑牙者,牙齿表面失去光泽、粗糙,有的出现黄色、褐色、黑色色素沉着。中国北方不少地区发现此种病症,严重的可出现片状或大块缺损,牙釉质破坏脱落。国内若干地区的调查表明,在一般情况下,饮用含氟0.5~1.0 mg/L的水时,氟斑牙的患病率10%~30%,多数为轻度釉斑;含氟1.0~1.5 mg/L时,多数地区氟斑牙发病率已高达45%以上,且中、重度患者明显增多。氟斑牙是人体摄入过量氟的早期体征,也是评价地方性氟中毒严重程度的主要指标之一。

重度患者为"氟骨症",氟骨症患者早期出现四肢、脊柱骨骼和全身各关节疼痛、全身乏力,严重者可出现骨质变形、关节病变、手掌皮质增厚皱裂、肢体功能发生障碍、腰椎变形、驼背,甚至丧失劳动能力或瘫痪。中国内蒙古阿拉善右旗雅布赖盐池地区,由于饮用水中含氟量达10 mg/L,常见此病症。

根据国外相关资料报道,摄入量达10 mg/kg(体重)左右,可发生急性中毒;每日摄入15~20 mg,持续10年后,可出现氟骨症;每日摄入总量为20 mg,持续20年以上,可导致残废。饮用水氟含量达8~20 mg/L,长期饮用,可引起损伤;3~8 mg/L可致氟骨症;超过10 mg/L时,会引起残废。

氟与肿瘤亦有密切关系。据美国癌症研究所的报告,美国每年35万癌病死亡者中,十分之一与饮氟化水(人为地向饮用水中加入氟化物)有关。有人用无机氟化物作大鼠的致突变活性试验,结果认为氟是典型的无机致突变剂。中国科技工作者曾对内蒙10个旗的饮水氟化物进行调查,发现有8个旗高于国家标准的规定允许量,在常见的16类恶性肿瘤中有11类与饮水中氟化物呈正相关,其中对胃、食道、脑瘤有显著意义。

人体中的氟约有65%来自饮水,35%来自食物。水中氟含量大小对人体的影响情况如图9-2所示。世界各国饮用水中氟含量的规定并不一致。例如,世界卫生组织(WHO)制定的、用以指导世界各国制定饮用水水质标准的"饮用水水质准则"规定氟含量的限值为1.5 mg/L;而欧洲共同体制定的、用以指导欧共体各国制订饮用水水质标准的"饮水水质指令"规定氟的最大允许值为0.7～1.5 mg/L；美国“国家暂行一级饮水法规”规定饮水中的含氟量为1.4～2.4 mg/L（依环境温度而定）；其他国家大多为1.0～1.5 mg/L；中国饮用水标准规定，水中氟含量为0.5～1.0 mg/L。

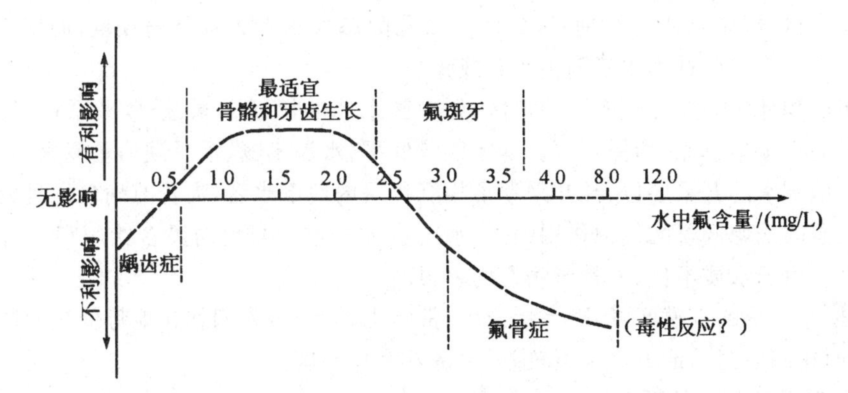

图9-2　水中氟含量对人体骨骼和牙齿生长的影响

从防止龋齿角度来看，当饮水中的氟含量低于0.5 mg/L时，可以考虑向水中加入一定量的氟化物，这就是所谓进行饮用水的氟化。美国不少地区采用饮水氟化工艺，中国广州市过去也曾向自来水中投加氟化物，后来由于考虑到氟可以从饮食中得到补充以及其他因素而停止了加氟。

从防止氟中毒的角度来看，当饮用水中氟含量达到1.5 mg/L或更高时，需考虑除氟。除氟的方法很多，最便当的方法是采用硫酸或石灰絮凝、沉淀除氟，但效率较差。在电能便宜的地区可以考虑用蒸馏法，即用含氟水制造蒸馏水。也可用冰冻法生产除氟水，含氟水结冰后，将冰块融化，即可获得较纯净的水。通常采用的是除氟剂吸附除氟法，将含氟水以一定滤速通过除氟剂过滤，滤柱出水即可符合饮用含氟量的规定要求。采用的除氟剂有磷酸三钙、骨灰、活性氧化铝。前两者因机械强度差，再生用强碱强酸，使用不便；活性氧化铝机械强度较好，再生不用强碱强酸，较受欢迎。电渗析、反渗透以及离子交换法也可用于水的除氟，在除盐的同时氟得以去除；但其工艺较复杂，操作者需经过一定的培训，设备投资也较高。对含盐量及含氟量都高的水，往往采用这些方法。

此外，减少食物中的含氟量，限制高氟煤的燃烧和工矿企业含氟“三废”向环境中的排放，是预防食物型氟病和高氟煤烟污染型氟病应采取的措施。

（四）大骨节病

大骨节病是一种严重危害人类健康的畸形骨关节病。该病在全球各地分布很广，虽然已有100多年的研究历史，但至今病因尚未彻底查明。

中国是大骨节病发病最多的国家，病区分布于中国东部季风湿润地区和内陆干旱地区的过渡带上，从东北到西藏呈条带状分布，包括黑龙江、吉林、辽宁、内蒙古、山西、北京、山东、河北、河南、陕西、甘肃、四川、青海、西藏、台湾等15个省（市、区）的296个县（市、旗），患者达200万人，其中发病最多的是黑龙江省（66个县市）。在俄罗斯的西伯利亚、朝鲜北部、瑞典、日本、越南等国家和地区也有发生。

1. 大骨节病的地质地理分布

大骨节病分布广泛，横跨寒带、温带和热带三大气候带，自然环境复杂多变。病区地质地理环境可分为表生天然腐殖质环境、沼泽相沉积环境、黄土高原残塬沟壑环境和沙漠沼泽沉积环境。

天然腐殖质环境区沼泽发育，腐殖质丰富，土壤多为棕色、暗棕色森林土、草甸沼泽土和沼泽土等。在本区，经常饮用沼泽甸子水、沟水或孔隙渗泉水者大骨节病较重，而以大河水 、基岩泉水或深井水为主要饮用水者病情较轻或无病。

沼泽相沉积环境主要分布于平原地区，如中国东北的松辽平原、松嫩平原和三江平原，自然景观主要为半干旱草原、稀树草原。本区地势低平、水流不畅、沼泽湖泊星罗棋布，发病与否主要取决于地下水的开采层位，凡开采湖沼相沉积层内地下水者，大骨节病多发且较严重。

黄土高原的残塬沟壑区侵蚀作用强烈，水土流失严重。当地居民多饮用窖水、沟水、渗泉水和渗井水。由于水质不良，大骨节病发病率很高。

在干旱、半干旱的荒漠区，因降水量极少、常年干燥无水，人们就在地势低洼的芦苇沼泽区凿井取水，而这些地区的地下水水质较差，常诱发大骨节病。

2. 大骨节病的致病机理与防治

关于大骨节病的致病机理，迄今尚未查明。从发病者的年龄来看，以儿童和少年更为常见。主要症状为关节疼痛，关节增粗变形，运动障碍和肌肉萎缩，轻者影响正常生活，重者完全丧失劳动和生活能力。多年来，世界各国学者就该病的病因提出了许多假说，如生物地球化学说、食物性真菌中毒说、综合生态效应说等，其中以生物地球化学说流行最广。

(1) 生物地球化学说

生物地球化学说认为，大骨节病是矿物质代谢障碍性疾病，其致病机理是因病区的土壤、水及植物中某些元素缺少、过多或比例失调所致。有人认为环境中缺乏 Ca、S、Se 等元素或 Cu、Pb、Zn、Ni、Mo 等金属元素过多可致病；另有人认为，环境中元素比例失调，如 Sr 多 Ca 少、Se 多 SO_4^{2-} 少或 Si 多 Mg 少等是主要致病原因。大骨节病还与环境中腐殖酸含量高有关。

(2) 食物性真菌中毒说

食物性真菌中毒说认为，大骨节病是因病区粮食(玉米、小麦)被毒性镰刀菌污染而形成耐热毒素，居民长期食用这种粮食引起中毒而发病。用镰刀菌毒性菌株给动物接种，可使动物骨骼产生类似大骨节病的病变。

(3) 综合生态效应说

综合生态效应说认为，大骨节病是由于多种生态因子造成的，环境中元素分布异常、食物霉变、蛋白质与蔬菜缺乏以及生活方式不当等多种因素产生的综合生态效应，导致“骨膜缺陷”，是大骨节病的主要原因。

防治大骨节病的根本原则是设法消除致病因子，积极调节和改善环境状况。实践证明，改水防病是目前最为有效的措施之一。通过动物实验及软骨细胞实验，证明硒(Se)能抑制水中腐殖酸及镰刀菌毒素的毒性。如将病区饮水中的腐殖酸含量控制在 0.05 mg/L 以下就可以收到明显的效果。此外，提倡杂食、增强营养、适量服用 Na_2SeO_3 片剂等对大骨节病也有一定的防治效果。

(五) 克山病

克山病是一种分布较广的地方病，世界各国都有发生，并具有地理地带性分布特点。20 世纪 70 年代初，中国科学工作者发现克山病与体内缺硒有关，摄取适量的硒对克山病具有明显的预防作用。临床观察认为，克山病是一种营养缺乏症，属于生物地球化学病。克山病的主要症状是心脏扩大、心脏功能失调，发生心源性休克或心力衰竭、心律失常、心动过速或过缓等，是一种较严重的心肌疾病。中国克山病发病区的分布与巨厚的中新生代陆相沉积有关，同时与地形地貌密切相关，在地理分布上表现为一条从东北到西南的斜长条带。据统计，中国有15个省、自治区的303个县(旗)有克山病的分布。

经过多学科综合研究，中国的医学、环境地球化学工作者首次确认了源于黑龙江克山县的地方性心肌疾病(克山病)的地球化学环境之病因，提出了中国克山病分布与Se、Mo含量低的地球化学环境带相一致的结论。

1. 克山病的地质地理分布

中国的克山病分布大致有东北型、西北型和西南型三种类型。这些地区的共同特点是富含腐殖质。

东北型的特点是克山病患者多患有大骨节病，且两者的分布与病情的严重程度基本相同。自然环境主要为表生天然腐殖质环境和湖沼相沉积环境。病区居民多饮用富含腐殖酸的地下潜水或地表水。

西北型以陕北黄土高原和陇东黄土高原为代表。病区居民多饮用遭受有机质污染的窑水、渗泉水和沟水。

西南型主要分布在云南高原、川东山地丘陵区。病区居民多饮用水质不良、有机污染严重的沟水、坑塘水和涝池水。

2. 克山病的致病机理与防治

克山病的生物地球化学研究取得了较大进展。据林年丰等(1990)对腐殖酸进行的系统研究表明，克山病与饮水中腐殖酸过量有关。腐殖酸可能通过两种途径引发克山病：

(1) 与多种元素形成络(配)合物或螯合物，进而影响人体对Se、Mn、Mg等元素的吸收，导致人体缺乏这些微量元素而致病。

(2) 某种低分子腐殖酸的毒性直接损害心肌而致病。

环境中亚硝酸盐、Ba含量高也可引起中毒，导致克山病的发生。

此外，关于克山病的致病机理还有营养缺乏说和生物病因说等一些观点。营养缺乏说认为，病区食物缺乏维生素A、B、C以及氨基酸等。生物病因说认为，克山病是一种病毒引起的自然疫源性疾病，属于病毒感染而引起的心肌炎或因食物中某些真菌中毒引起的心肌病。某些病毒学家认为，克山病区存在的某种或某几种病毒因水土条件适宜而发生相互作用，直接或间接地作用于心脏肌肉而发病。

克山病的防治措施主要是改水或换水，以阻截致病因子进入人体。在Se含量低的环境中，通过服用药物增加人体对Se的摄入量也可起到防病治病的作用。

近年来，环境医学的研究表明，癌症的高发区也具有区域分布特征，这说明地球化学环境也是致癌的重要因素之一。人体缺Mo可能引起食道癌和肝癌，如中国河南省林县是食道癌高发区，病区的地球化学环境特征就是严重缺Mo。长江三角洲的部分地区也是人体内缺Mo的肝癌高发区。

9.2.2 环境污染与人体健康

当今世界上已有化学物质达500万种之多，而且每年还有数以千计的新化学物质合成。据估计，进入人类环境的约有9.6万种。全球每年有多达上千万吨的石油、数亿吨的垃圾、

6×10^6 t的磷、2×10^6 t的铅以及数万吨的 As_2O_3 等致癌有机物和有毒有害物质进入江、河、湖、海等水体中。工业生产过程中产生的有害副产品绝大多数未经任何处理而被排放到人类的生存环境中，从而对土壤、河流和地下水造成严重污染。

由联合国和世界银行支持成立的21世纪世界饮用水委员会经研究指出，全球一半以上的主要河流正面临干涸与污染的威胁，1999年全球因污染造成的"环境难民"多达2500万人，首次超过因战争而造成的难民人数。

目前，全球有近50个国家严重缺水，20亿人饮水困难。在发展中国家，因缺乏安全和足够的饮用水而导致的疾病有50多种，平均每天发生与水有关的疾病65万起，每天要夺走2.5万人的生命。联合国人口与居住环境中心的资料显示，目前发展中国家175个城市的居民得不到充分的供水，"污染问题是最终引发日益严重的城市供水危机的第一因素。"

作为发展中国家，中国的水源污染形势十分严峻，全国90%的城市水源受到不同程度的污染，每年有 590×10^8 t的污水污染江河湖库，水资源短缺问题将长期存在。国家环保局公布的一份报告(1999)指出，全国32个重点城市的71个水源地，有30个达不到二类饮用水标准，占总数的42%。每年约有360 t的生活污水和工业废水、1.5×10^8 t的粪便污水被排放到各类天然水体，其中95%以上未经过任何处理。全国90%以上城市的地表水水域污染严重，约7亿人在饮用大肠杆菌含量超标的水，1.7亿人饮用被有机物污染的水，近3亿城市居民在饮用不洁的水资源。

由于水质污染，长江水生物处境岌岌可危。据不完全统计，全流域共有污染源4万多个，日排放工业废水和城市生活污水达 1070×10^4 t，占干流接纳污水量的75%，使长江沿岸污染带总长达500多千米。2000年2月25日起，长江支流汉江水体开始发生变化，藻类急剧繁殖，截至3月2日，藻类含量已由过去平均每升300万个骤增至每升4400万个，创历史最高记录，出现中国内河流域极为罕见的"水华"现象。污染对浮游生物、底栖生物等多种鱼类饵料生物造成严重危害，破坏了鱼类的食物链，直接影响鱼类生长。

环境污染问题已日趋严重，致使人类疾病的构成也发生了变化。过去以传染病为主的疾病现已被心脑血管病、公害病、职业病等非传染性疾病所代替。环境污染的严重性还表现在污染的全球性、长期滞留性和对生物物种的毁灭性。因此，环境污染已引起世界各国政府和人民的高度重视。

(一) 环境污染物的迁移转化规律

环境污染物根据其属性可分为三类：

(1) 化学污染物，它是环境中的主要污染物，对人体健康威胁最大、影响最广，常见的各种有害气体、有毒重金属及各种农药、石油化工污染物等；

(2) 生物污染物，包括各种病原微生物及寄生虫卵等；

(3) 物理性污染物，常指噪声、电磁辐射等。

1. 污染物在环境中的迁移转化

污染物在环境中的迁移转化是指污染物排放到自然环境中，经过物理、化学和生物的作用而发生的迁移转化过程。这种迁移、转化、循环和富集具有一定的规律性，取决于污染物本身的性质及其所处的环境条件。在非生物环境介质中，污染物总是由浓度高的地方向浓度低的地方迁移；在生物体中，具有蓄积性的化学污染物很容易在生物体中富集，使污染物逐级浓缩，生物死亡后，经过腐败分解，这些污染物最终又回到环境中去。污染物在环境中转化，既有降解过程,又有合成过程;既有有机物的无机化,又有无机物的有机化。

污染物在环境中的迁移转化机理十分复杂,可归纳为三个方面:物理性迁移转化(稀释作用,沉淀作用)、化学性迁移转化(中和作用,氧化还原作用,光化学反应)和生物性迁移转化(生物降解作用,生物转化作用,生物积累、浓缩、放大作用)。

2. 污染物在人体中的迁移转化

环境污染物(毒物)作用于人体后,是否能对人体健康产生危害,首先取决于污染物的浓度大小和污染物在人体内的代谢速度。污染物进入人体后,一方面干扰和破坏人体的正常生理功能,使人体中毒或产生潜在性危害;另一方面,人体通过各种防御机制与代谢活动使污染物降解并排出体外。因此,了解环境污染物在人体中的代谢过程对研究污染物与人体相互作用的规律是十分重要的。污染物在人体内的代谢过程包括吸收、迁移、分布转化和代谢等。

环境污染物通过人体细胞膜进入血液的过程称为吸收。吸收途径主要是呼吸道、消化道和皮肤。血液是污染物在人体内得以迁移的主要介质。污染物与血液中何种成分结合将影响其在血液中的迁移速度。

污染物在人体内的分布和污染物的毒性溶解性、存在状态、代谢特点以及器官的特殊条件等均有密切关系。如经肺部吸入的汞蒸气,随血液流向脑组织的侵入率比较大,这一特点是汞蒸气主要造成脑组织损伤的重要原因之一;可溶性的铍盐吸入后主要沉积于骨骼内,而不溶性铍盐则以存留在肺内为主。

环境污染物在体内转变成其他衍生物的过程称为生物转化。生物转化的结果常常是使污染物的极性增强,成为水溶性更强的化合物。代谢产物或污染物易于排出体外,其毒性也相对减弱或消失。但有少数污染物经生物转化后其毒性更强。

排泄是污染物以其代谢产物排出体外的过程,是人体物质代谢全过程的最后一个环节。排泄的主要途径是通过肾脏进入尿液或经过肝脏的胆汁进入粪便。此外,人体的呼吸、汗液、乳汁、唾液、泪液、毛发脱落也都是排泄途径;肾脏是最重要的排泄途径,其排出的污染物数量超过其他各种途径排出量的总和。

(二) 环境污染与人体健康

对人体健康危害程度大、作用时间长、影响范围广的污染物主要是化学污染物,寄生虫、细菌和病毒等生物性污染物也会对人体的健康造成或轻或重的影响。化学污染物按其形态可分为气体污染物、液体污染物和固体污染物。根据化学组成,又可将其分为无机污染物和有机污染物。化学污染物对人体危害的特点主要表现为低浓度长期效应、多因素联合作用和远期潜在性的影响。

环境的任何污染,都会直接或间接地影响人体健康。影响的大小取决于环境污染的程度、污染持续时间和人体的耐受限度。有的环境污染在很短时间便可造成严重的急性危害,有的则需经过很长时间才显露出对人体的慢性危害,甚至可通过遗传而影响到子孙后代的健康。根据人体中毒程度和病症显示的时间,可将环境污染对人体健康的影响分为急性影响、慢性影响和远期影响三种类型。

急性影响主要表现为急性或亚急性中毒事件。如 1983 年 4 月,中国湖北省江陵县农药厂排放含砷废水,严重污染附近的饮用水源,致使 1046 名工人和农民患急性砷中毒,中毒者恶心、呕吐、四肢无力,眼睑浮肿,许多人还出现咳血、吐血和便血等症状。此种影响往往后果严重,很容易引起人们的注意。震惊世界的 1952 年伦敦烟雾事件及 1984 年 12 月印度博帕尔毒气泄漏事故，均造成数千人死亡。

当污染物浓度较低，并长期作用于人体时，可使人产生慢性中毒。由于慢性中毒潜伏期长，病情进展不明显，很容易被人忽视，而一旦出现症状时，往往产生不可挽救的后果。

环境污染对人体健康的远期影响只是慢性影响的一种特殊情况，它的危害结果显露时间可能更长。大多数远期影响具有致癌、致畸胎的性质，故危害很大。

(三) 环境污染的防治对策

从环境地球化学角度看，环境污染无非是一些人为的金属和非金属元素及各种无机和有机化合物叠加在自然地球化学背景值之上而已。因此，地球化学的基本理论、研究手段和工作方法大多可以用于环境污染的研究。运用环境地球化学理论和方法，系统研究污染物在岩石圈、土壤圈、水圈、大气圈和生物圈内及各层圈之间的迁移、转化、分布和富集规律，从理论上阐明环境污染的机制及其效应，寻找对策，指导环境综合治理，是地学工作者的又一项历史重任。

为了有效防治环境污染，必须开展以下工作：

(1) 以区域环境地球化学填图为手段，通过区域环境背景调查，污染物性质、污染源及污染范围的调查，从地球化学角度评价环境质量。

(2) 从环境地球化学角度研究人为污染物与自然环境的相互作用及其对全球环境的影响和发展趋势。

(3) 通过污染物的地球化学环境效应研究，利用污染物的地球化学特性来确定环境污染的综合治理方案。

(4) 核废料污染及处置的地球化学研究。

(5) 拟建经济开发区的环境地球化学背景值调查与环境质量参数的确定，为选择合理的产业结构提供参照的基准。

治理环境污染，要做到标本兼治。严格执行污染物排放标准，对各种有毒有害物质首先要进行无害化处理；大力兴建城市污水处理厂，对生活污水和工业废水进行处理。对于矿产开发，应根据矿物元素的共生组合规律，预测预报开发可能引起的污染类型和性质，提出预防措施；对已经造成污染的矿山，应加强监测工作，尽快查明污染类型、污染程度和影响范围，尽快确立整治方案并开展污染治理工作。

第10章 土地荒漠化

土地是人类衣食住行之本，是农业、畜牧业、林业生产和发展的基础，是重要的自然资源。随着人类社会的发展和全球人口的增长，人类对土地资源开发利用的需求与日俱增。但由于人类对土地资源的过度开发利用，复种系数增加，天然植被减少以及某些自然因素的作用，土地荒漠化现象不断加剧。人类在开发利用土地资源的同时，必须保护土地，才能保障土地资源的持续利用。

10.1 概 述

10.1.1 荒漠化的基本概念

土地荒漠化是一个广义而复杂的概念，人们对它的认识不尽一致。荒漠化的英文词为“desertification”，在中文词汇中则将它译为“沙漠化”。人们常将荒漠化及沙化混为一谈，实际上，它们的含义是有所区别的。

1949年，法国科学家奥布立维尔在研究非洲撒哈拉以南撒赫尔地区的生态问题时，发现这一地区的热带森林被滥伐和火烧之后，其界线后退了60～400 km，出现森林演变成热带草原，热带草原变成类似荒漠的景观。于是，他把这种环境退化过程称为“荒漠化”，这也是人们第一次提出这个概念。

在干旱、半干旱或半湿润的气候条件下，由于人类过度的“开发”活动，破坏了脆弱的生态系统，使土地贫瘠化、盐渍化、沙化、沙漠化，改变了土壤的结构及化学成分，降低了土壤的养分，使土地的生产力下降，生物量锐减，甚至变成了不毛之地。这就是土地的退化过程，土地严重退化可导致荒漠化。土地荒漠化可使人类赖以生存的土地资源、生物资源受到破坏，严重者难以恢复、再生，影响社会经济的可持续发展。因此，土地荒漠化已成为当代人类面临的一个重要生态环境问题（林年丰，1998）。

荒漠化是指在干旱、半干旱和某些半湿润、湿润地区，由于气候变化和人类活动等各种因素引发的土地退化，结果导致土地生物和经济生产潜力降低，甚至基本丧失。它是人类不合理经济活动和脆弱生态环境相互作用造成的土地退化过程，主要表现为土地生物生产力下降、土地资源丧失、地表呈现类似荒漠化景观。

1994年6月17日，在联合国“防治荒漠化公约”政府间谈判委员会第五轮会议上，人们将多年来对荒漠化概念的争论统一起来，将其定义为：**包括气候变异和人类活动在内的种种因素造成的干旱、半干旱和亚湿润干旱地区的土地退化。**由于传统或习惯的原因，中国将 desertification 译成了沙漠化，实际上沙漠化只是荒漠化的一种类型，即沙质荒漠化（朱震达，1998）。

自然条件下的荒漠化现象是一种以数百年到上千年为单位的漫长的变化过程，而现在发生的这种全球规模的、人为的荒漠化则是以10年为时间尺度的、看得见的土地退化。在几乎没有降水的荒漠地带，人类无法居住；但是，在与之相邻的半干旱地带也有生产能力较高的地区，这些地区正经受着过度的开发：森林被烧毁或被砍伐变成草原，草原再经过度的农耕和放牧,土壤干燥化进一步加剧,仅存的植物在人类和牲畜的破坏下荡然无存,逐渐演化为荒漠。

10.1.2　土地荒漠化的类型与成因

(一) 土地荒漠化的类型

荒漠化是客观存在的一个土地退化问题,而且有着明显的景观特征。根据发生荒漠化的地貌部位、作用营力和成因机制,可将荒漠化分为风蚀荒漠化、水蚀荒漠化、土壤理化特性退化、自然植被长期退化及耕地的非农业利用等(表10-1)。

表10-1　中国荒漠化类型

(据慈龙骏,1998,略改)

类　型	作用机制	亚　类　型
风蚀荒漠化	空气动力,人为作用	沙质荒漠化
		砾质荒漠化
水蚀荒漠化	降水、重力作用,人为作用	水土流失
		冻融滑坡(冻融侵蚀)
		重力坍塌
	元素迁移,聚集,人为作用	盐渍化和次生盐渍化
		碱化
		土壤酸化
土壤理化特性退化	物理作用,人为作用	土壤板结
		土壤龟裂
		土壤潜育化
		有机物和无机物污染
	土壤污染	农药及化肥污染
		放射性物质、工矿废弃物的污染
植被的长期退化	自然+人为	草场退化
		林地退化
		生物多样性减少
耕地的非农业利用	人为作用	工矿,交通道路,灌渠

风蚀荒漠化是以空气动力为主的自然营力和人类活动共同作用下造成的土地退化过程。风蚀荒漠化土地包括湿润指数在0.05～0.65之间的沙地和沙质物质覆盖的各类可利用的土地,以及地质时期形成的具有潜在生物生产力的沙漠、戈壁(慈龙骏,1998)。水蚀荒漠化是由于自然因素和人为因素共同作用导致水土流失而出现的土地退化过程。土壤理化特性退化主要是由于自然营力引起的元素迁移、聚集和人类不合理灌溉或管理措施不当而产生的土地退化过程,其中以土壤盐渍化最为明显。本书将主要论述与地质作用关系密切、危害严重、分布广泛的沙质荒漠化、水土流失和土壤盐渍化。

(二) 土地荒漠化的成因

土地荒漠化的成因可分为两大类,即自然成因和人为成因:前者是在地球演化的过程中受自然作用的影响而形成的土地荒漠化,自然因素,如气温、湿度和风力等,是渐变的;后者主要是在人类活动的影响下而形成的土地荒漠化,这一成因过程是突变的。如果人为因素和自然因素相互叠加,则荒漠化的发展就更加迅速了。土地荒漠化多发生在生态脆弱的农牧交错带。

形成土地荒漠化的人为因素很多，主要有草原过度放牧、过度垦荒、毁林采樵，以及上游水库截流等。土地荒漠化的形成作用和机制可分为三大类(林年丰，1998)：

(1) 物理作用及运动机制，主要是指在风力作用和重力分选作用下形成的沙化土地和沙漠，由水力侵蚀搬运作用形成的侵蚀土地和由于干旱缺水而形成的干旱荒漠。

(2) 化学作用及化学机制，荒漠化盐土、荒漠化碱土均是由这类作用形成。

(3) 物理、化学作用及综合机制，集干旱、盐碱、沙化于一地的复合型的荒漠化土地，这类荒漠化土地以吉林西部平原较为典型。

10.1.3 土地荒漠化的现状和发展趋势

(一) 全球荒漠化现状和发展趋势

目前，已经荒漠化或正在经历荒漠化过程的地区遍及世界六大洲100多个国家，世界上1/5人口受到荒漠化的威胁。全球荒漠化土地面积达4.56×10^7 km^2，几乎相当于俄、加、中、美四国国土面积的总和，集中分布在亚、非、拉的发展中国家(表10-2)。特别是自北非的撒哈拉，经西南亚的阿拉伯半岛、伊朗、印度北部、中亚到中国西北和内蒙古，形成了一个几乎连续不断、东西长达1.3×10^4 km的辽阔的干旱荒漠带，占世界荒漠化面积的67%。其中，亚洲的荒漠化土地面积最大，占全球荒漠化土地总面积的1/3还多；非洲大陆约有1/5的土地已经沙化。尽管各国人民都在进行着同荒漠化的抗争，但荒漠化土地仍在以每年$(5\sim7)\times10^4$ km^2的速度扩大，相当于每年吞噬一个爱尔兰或一个比利时加一个丹麦。此外，更令人担忧的是全世界荒漠化正以每年3.4%的速率增加。

表10-2 全球荒漠化状况一览表①

区域(国家)	旱地面积/10^4 km^2	荒漠化面积/10^4 km^2
全 球	5169.2	3618.4
非 洲	1286	1000
北美洲	732.4	79.5
南美洲	516	79.1
澳 洲	663.3	87.5
欧 洲	299.7	99.4
亚 洲	1671.8	1400
印 度	255.1	107.4
中 国	331.7	262.2

① 资料来源：国家林业局，摘自人民日报1999年6月17日。

全球100多个国家和地区的近10亿人受到荒漠化的危害，其中1.35亿人在短期内有失去土地的危险。据统计，全球约3600×10^4 km^2耕地和牧场受到荒漠化的威胁，荒漠化每年造成的直接经济损失高达420多亿美元。荒漠化不仅对人类生存、生活环境造成严重危害，而且是导致贫困、社会动乱和阻碍经济、社会可持续发展的重要因素。近年来，随着人类过度砍伐森林、过度放牧、盲目垦荒和对水资源的不合理利用等活动，大大加剧了荒漠化的进程。

由于荒漠化造成极其严重的后果及扩张的趋势，引起了国际社会极大的关注。20世纪60

年代中期—70年代中期，非洲撒哈拉大沙漠以南撒赫尔地区的环境退化格外严重，持续的干旱使大批饥民逃离家园，给邻近国家造成严重的灾民问题。因此联合国于1977年8月，在肯尼亚首都内罗毕召开了具有历史意义的会议——联合国荒漠化问题会议，产生了一项全球共同行动方案。防治荒漠化的国际间合作从此不断得到加强。在1992年联合国环境与发展大会上，防治荒漠化被列为国际社会优先采取行动的领域。随后，“联合国关于在发生严重干旱和荒漠化的国家特别是在非洲防治荒漠化的公约谈判委员会”成立，并于1994年6月17日完成并通过了“公约”的正式文本，包括中国在内的100多个国家在公约上签字。为了提高全人类对防治荒漠化重要性的认识，唤起人们防治荒漠化的责任感，1994年12月19日，第四十九届联合国大会通过决议，决定从1995年6月17日起，每年的6月17日为“世界防治荒漠化和干旱日”。

（二）中国土地荒漠化现状和发展趋势

中国是世界上荒漠化面积较大、危害严重的国家之一，全国荒漠化土地面积为260×10^4 km^2，占国土面积的27.3%，即已有近1/3的国土受到荒漠化危害，遍及13个省区市，包括90个整体沙区县、508个部分沙区县，近4亿人口受其影响。据测算，中国每年因荒漠化而造成的直接经济损失达541亿元。与此同时，中国沙质荒漠化土地仍以2460 km^2/a的速度扩展，相当于每年损失一个中等县的土地面积。尤其是在干旱、半干旱和亚湿润干旱地区，受荒漠化影响的范围更大，荒漠化土地所占比例已接近80%。与人民生活直接相关的草地和耕地的退化已相当严重，草地的退化率已达56.6%，耕地的退化率也超过30%。天然林和人工林也受到严重威胁，出现大面积退化以至衰亡。近50年来，中国已有0.67×10^4 km^2耕地、2.3×10^4 km^2草地和6.4×10^4 km^2林地变成流沙地。风沙的步步紧逼，使成千上万的农牧民被迫迁往他乡，成为“生态难民”。

中国荒漠化土地主要分布在西北、东北、华北地区的13个省（区、市）。新疆维吾尔自治区是中国荒漠化土地面积最大、分布最广、危害最严重的省区，也是世界上严重荒漠化地区之一。青海省荒漠化土地面积占全省总面积的20.1%。荒漠化土地主要分布在柴达木盆地、共和—贵德盆地、青海湖环湖地区和长江、黄河水源头地区。

近20多年来，中国在农牧交错带耕地的荒漠化面积扩大了近5×10^4 km^2，平均每年扩大约2500 km^2。从致灾因素看，由于过度放牧导致的荒漠化土地面积占34.55%，过度垦殖占7.45%，采樵占38.00%。

10.2 沙质荒漠化

10.2.1 沙质荒漠化的分布特征

沙质荒漠化是指在沙质地表产生的土壤风蚀、风沙沉积、沙丘前移及粉尘吹扬等一系列过程和现象，又称沙漠化。其结果是土地退化、生物生产量降低、可利用土地资源丧失及生态环境恶化，从而严重干扰人类的正常生活和经济活动。

中国沙质荒漠化灾害主要发生在干旱、半干旱地区及部分湿润、半湿润地区，在农牧交错地带尤为严重。中国现有沙漠及沙化土地主要分布在北纬35°～50°之间的内陆盆地、高原，形成一条西起塔里木盆地，东至松嫩平原西部，东西长4500 km、南北宽约600 km的沙漠带。沙质荒漠化涉及内蒙古、新疆、青海、甘肃、宁夏、陕西、山西、河北、辽宁、吉林和西藏等12个省区。中国现有沙质荒漠化土地34×10^4 km^2，占国土总面积3.5%，占全国耕地、草地总面积

7.2%。其中已发生沙质荒漠化的土地约 18×10^4 km²(表 10-3),潜在沙质荒漠化农田 16×10^4 km² 和草场 4.7×10^4 km²。此外,在中国湿润、半湿润的广大地区还零星分布有岛状沙质荒漠化土地 3.7×10^4 km²(张伟民等,1994)。

表 10-3 中国沙质荒漠化土地的分布①

地区		总面积/km²	正在发展中的沙漠化土地/km²	强烈发展中的沙漠化土地/km²	严重的沙漠化土地/km²
半干旱草原及干旱荒漠草原地带	呼伦贝尔	3799	3481	275	43
	吉林西部	3374	3225	149	
	科尔沁沙地	32 577	23 925	5852	2800
	河北坝上地区	7129	6699	430	
	锡林廓勒及察哈尔草原	16 862	8587	7200	1075
	后山地区(乌盟)	3867	3837	30	
	前山地区(乌盟)	784	256	320	208
	晋西北及陕北地区	21 738	8964	4590	8184
	鄂尔多斯(伊克昭、乌盟)	22 320	8088	5384	8848
	河套及乌兰察布和北部	2432	512	912	1008
	狼山以北地区	2174	414	1424	336
	宁夏中部及东南部	7687	3262	3289	1136
干旱荒漠地带	贺兰山西麓山前平原	1888	632	1256	
	腾格里沙漠南缘	640		640	
	弱水下游地区	3480	344	2848	288
	阿拉善中部	2600	392	2208	
	河西走廊绿洲边缘	4656	560	2272	1824
	古尔班通古特沙漠边缘	6248	952	5296	
	塔克拉玛干沙漠边缘	24 223	2408	14 200	7615
青藏高原	青海共和盆地	4926.1	3246.7	651.1	1028.3
	柴达木盆地山前平原	4400	1136	1824	1440
	西藏"一江两河"	1860.9	529.6	752.8	578
总计		179 665	81 450.3	61 802.9	36 411.3

① 据《中国地质灾害防治》图集,引自中国科学院兰州沙漠研究所。

根据沙质荒漠化土地的分布特征,可将中国沙质荒漠化土地分为干旱地带沙质荒漠化区、半干旱地带沙质荒漠化区和半湿润地带沙质荒漠化区(朱震达,1997)。

(一) 干旱地带沙质荒漠化区

干旱地带沙质荒漠化区主要分布在一些沙漠边缘的绿洲附近及内陆河中、下游沿岸地区。前者与绿洲地区人为采樵活动破坏沙漠边缘半固定、固定沙丘上的植被有关,后者与河流中、上游过度利用水、土资源有关。其分布多为各不相连的小片状,如塔克拉玛干沙漠西南边缘诸绿洲、河西走廊诸绿洲附近的沙质荒漠化。

(二) 半干旱地带沙质荒漠化区

半干旱地带沙质荒漠化区主要分布在内蒙古中、东部以及河北、山西、陕西的北部地区,常见于草原和固定沙地的外围地区,是中国沙质荒漠化扩展最严重的地区。草原周边的沙质荒漠化是由于过度采樵、放牧或垦草种地而造成的，如河北的坝上、内蒙古的后山及科尔沁草原等。由于不合理开发水资源而导致固定沙地或沙丘活化是其外围地区发生沙质荒漠化的主要原因，如科尔沁、毛乌素及呼伦贝尔等沙地周边的沙质荒漠化。

(三) 半湿润地带沙质荒漠化区

半湿润地带沙质荒漠化区呈斑点状分布在嫩江下游、松花江中游平原上，在黄淮平原及滦河下游平原区也有分布，均系沙质古河床、阶地及漫滩等因过度采樵、植被遭受破坏而形成的。

从沙质荒漠化发生的性质来看，有42.2%的沙质荒漠化土地属于非沙漠地区发生类似沙质荒漠景观的土地，它们与原生的沙质荒漠毫无关系，如乌兰察布草原及冀北的坝上沙质荒漠化土地。另有52.3%面积的沙质荒漠化土地是因过度放牧及采樵导致沙丘活化而造成的，如浑善达格沙地、科尔沁沙地和毛乌素沙地等。其余的5.5%系原生沙漠边缘的沙丘在风力作用下前移入侵所造成，如塔克拉玛干沙漠西南（皮山）和东南（且末）边缘等地（朱震达，1997）。

此外，在中国华南和西南地区还存在着与沙质荒漠化类似的砾质荒漠化和石质荒漠化，如广西石灰岩山地表层松散风化壳因水蚀作用而形成的石质荒漠化，江西花岗岩区、红砂岩区的砾质荒漠化。

10.2.2 沙质荒漠化的成因

沙质荒漠化是人类强烈经济活动与脆弱生态环境相互影响、相互作用的产物。气候变异和人类活动是沙质荒漠化的两个重要影响因素（慈龙骏，1998）。

在产生沙质荒漠化的自然因素中，干旱少雨是基本条件，地表形态和松散沙质沉积物是物质基础，大风的吹扬则是动力来源。过度放牧、垦殖、采樵以及工矿与城市建设和水资源利用不合理等人类活动激发并加速了荒漠化进程（表10-4）。人为因素叠加于脆弱的生态环境，使植被破坏，加剧风沙活动，导致沙质荒漠化景观迅速形成和发展（图10-1）。

表10-4 中国北方沙质荒漠化土的人为成因类型

成因类型	所占比例/(%)
草原的过度垦作	23.3
草原的过度放牧	29.4
采樵（砍伐树木）	32.4
工矿交通建设破坏了植被	0.8
水资源的过度利用	8.6
其他	5.5

草原农垦是中国北方地区土地荒漠化的重要原因之一，以科尔沁草原东南库伦旗与科左后旗毗连地区为例，原系波状起伏疏林草原的景观，以低平丘间低地及缓坡地为主。近百余年来，有超出1130 km^2 的土地被垦种，部分土地已经完全变成了农田；20世纪50年代末期，流沙面积约占土地面积的14%，70年代末期为32%，到80年代末期已达41.2%，90年代增至54%；疏林草原环境已退化为流沙与半固定沙丘交错分布的荒漠景观（朱震达，1997）。

采樵是荒漠化的另一个重要影响因素。塔里木盆地边缘、河西走廊绿洲外围、宁夏东南盐池及内蒙古鄂克前旗毗邻地区沙质荒漠化的发展都与采樵及挖掘沙区药材等有关。

过度放牧和水资源利用不当同样是荒漠化的主要因素。由于单纯追求增加牲畜数量而过

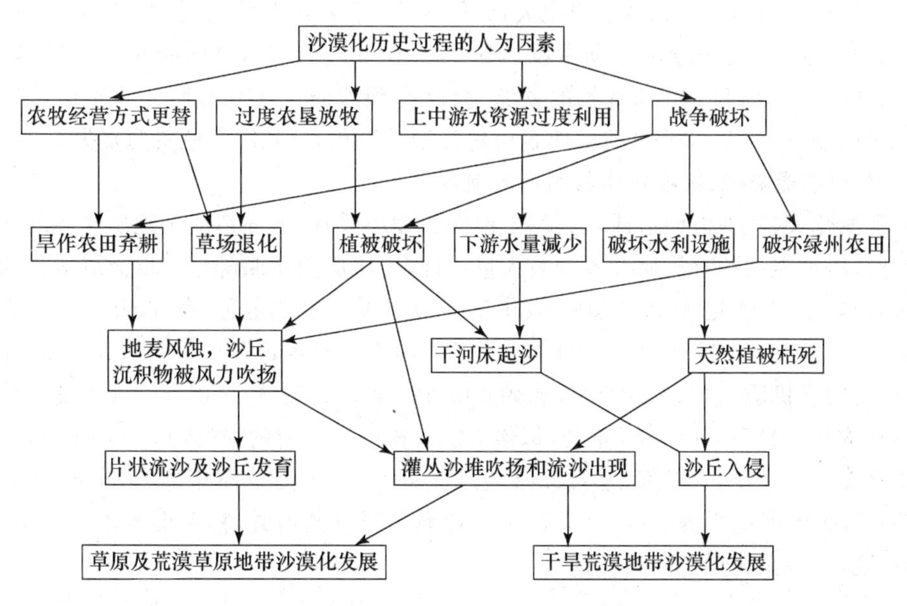

图 10-1 沙质荒漠化形成过程图

度放牧，使草场负荷量加大，从而导致草场荒漠化。水资源不合理利用使干旱地区的内陆河沿岸地下水水位下降，天然植被生长衰退，灌丛大量死亡，致使地表裸露，荒漠化面积逐渐扩大。

草原城镇建设的发展和人口的增加，也加速了对天然植被的破坏，形成以市镇或工矿居民点为中心的荒漠化圈。此外，草原地区机动车辆任意行驶所造成的道路沿线荒漠化也很明显，往往在道路两侧一定宽度出现裸露的带状流沙地表及风蚀地表。

10.2.3 沙质荒漠化的危害

沙质荒漠化灾害是中国北方地区特定自然环境下产生的地质灾害。据有关部门统计，全国 60%的贫困县集中分布在沙质荒漠(化)区(段永侯，1993)。沙质荒漠化所造成的危害是多方面的，涉及农业、牧业、水利设施、交通道路、工矿建设及生态环境。但就其实质而言，沙质荒漠化灾害主要是损毁土壤肥力，使人类丧失赖以生存的土地资源。

(一) 侵吞农田、牧场，丧失可利用的土地资源

沙质荒漠化的危害主要是破坏土地资源，使可供农牧业生产的土地面积减少；土地滋生能力退化，造成农牧业生产能力降低和生物生产量下降。沙质荒漠化的蔓延与发展使全球丧失的可利用土地资源在逐年增加。据 20 世纪 50 年代与 70 年代末的航片及航测地形图对比分析，25 年内中国北方沙质荒漠化土地增加了 3.9×10^4 km^2，平均每年以 1560 km^2 的速度蔓延；到 80 年代，年平均增加约 2100 km^2。近 30 年来，新疆塔里木盆地边缘地带土地沙化发展的速度很快，在盆地的南部和北部分别以 10～20 m/a 和 5～10 m/a 的速度向两侧推进。内蒙古乌兰察布沙漠南缘的商都县在 1885 年前还是一个优良的草原牧区，但到 1986 年，沙质荒漠化面积已达 34%。半个世纪以来，吉林西部草原也消失了 40%，草地、耕地的沙质荒漠化速率为每年 1.65%(林年丰，1998)。被称为丝绸之路的西域，沙质荒漠化正在肆意蔓延。敦煌一带，20 世纪 40—50 年代还是一片红柳茂盛的地带，曾经被称为红柳园，而在过去的几十年里，这些树木全部被作为薪柴和饲料连根挖去，方圆3～4千米几乎再也见不到红柳的踪影；与此同时，农田和村落也在逐渐被沙海所吞没。到20世纪90年代初，全国约有3.9 ×10^4 km^2旱田、4.9×10^4 km^2草场和2000 km长的铁路、公路受到沙质荒漠化威胁。沙质荒漠化使耕作层内细粒物质损失10%～30%，造成地表粗化和沙丘堆积，可利用土地资源丧失。

(二) 土地质量降低，农牧业生物生产量减少

沙质荒漠化灾害，一方面造成可利用土地面积缩小，另一方面造成土地质量逐渐下降。由于风蚀作用，耕地表层的有机质和养分被大量吹蚀、土壤肥力不断降低。以大风著称的内蒙古后山地区七旗(县)有耕地8755.8 km^2，其中80%受沙质荒漠化危害，有3260.1 km^2耕地每年风蚀表土1 cm以上，有665.3 km^2亩耕地每年风蚀表土3 cm，每年每亩农田平均损失沃土19×10^4 t，其中有机质0.255 t、氮206 kg、磷400 kg。若以此估算，全国遭受沙质荒漠化危害的4×10^4 km^2农田、4.67×10^4 km^2草场，每年土壤有机质、氮、磷的损失约3.5×10^7 t，相当于各种肥料总量1.7×10^8 t，总价值达105.75亿元(表10-5)。因荒漠化危害，全国草场退化达14×10^4 km^2，每年因此少养5000多万只羊。荒漠化严重的地方，粮食亩产才几十斤，被群众称为“种一坡，拉一车，打一箩，煮一锅”。

表10-5　沙质荒漠化危害农田、草场，土地肥力损失状况

(据张伟民等，1994)

项目	有机质 10^4 t	厩　肥 10^4 t	氮　素 10^4 t	尿　素 10^4 t	磷　素 10^4 t	过磷酸钙 10^4 t	价　值 亿元
农田	1530.0	7464.94	123.60	268.33	240.00	1200.00	56.51
草场	1330.95	6652.09	107.73	233.88	209.24	1046.20	49.24
合计	2860.95	14 299.03	231.33	502.21	449.24	2246.20	105.75

由于沙质荒漠化灾害，旱作农业生态系统的有机质、营养元素、水分等物质严重损失而得不到补偿，导致农田单位面积产量下降，农牧交错地带旱作农田与开垦初期相比，产量平均下降50%～60%。

沙质荒漠化灾害还使中国五大天然草场的牧业生产遭到巨大影响。乌兰察布草原及河北坝上地区的草原沙质荒漠化面积占整个草原面积的33.0%。草场沙化后一般平均单位面积产量减少20%～60%，有些地区甚至减少70%～80%。全国沙质荒漠化土地每年因此损失生物量(6.3～9.9)×10^6 t (表10-6)。

表10-6　沙质荒漠化导致土地生物生产量损失状况

(据张伟民等，1994)

沙质荒漠化程度	面积 10^4 km^2	土地衰减力 (%)	生物生产量递减 t/(km^2 · a)	生物生产量损失 10^4 t
潜在的	15.8	20以下	11.4以下	180.1以下
正在发展中的	8.14	21～50	11.5～22.5	93.6～183.1
强烈发展中的	6.18	51～80	22.6～60.0	139.7～370.8
严重的	3.64	81～100	60.1～71.0	218.8～258.4

由此可见，沙质荒漠化灾害的实质是土壤风蚀，它从根本上毁损土壤肥力，使土壤耕作层变薄、土壤粗化、营养物质流失、肥力下降、土地生物生产量下降。沙质荒漠化是一种长期的潜

在灾害,土壤一经风蚀沙化,要恢复到原来的肥力状况,即使在人工措施条件下,一般也需要几年甚至更长的时间。

(三)毁坏建设工程和生产设施

1. 对工矿建设的危害

位于毛乌素沙地及周围地区的东胜煤田、准噶尔煤田、神府煤田、磁窑堡煤田和平朔煤田,是国家正在兴建并深受风沙危害的重要优质煤炭基地。煤田大规模开采后,人为沙质荒漠化面积比天然形成的沙质荒漠化面积大1.26倍,平均每年向黄河多输泥沙1.19×10^8 t,年输沙量占晋陕蒙三角区总输沙量的70%以上,成为黄河泥沙的主要产地。每年因沙质荒漠化而增加的开发成本约9000万元。

2. 对交通运输业的危害

据估计,全国有1500 km铁路、3×10^4 km公路由于风沙危害造成不同程度的破坏。沙质荒漠化严重影响了边疆地区与内地交通大动脉的正常运行。

如1979年4月10日,南疆地区持续3天大风,沙埋铁路路基20.8 km,大量行车标志被毁,中断运输20天,直接经济损失2000余万元。1986年5月19～20日,新疆哈密地区出现罕见的12级大风,使该地区226.1 km长的铁路受到危害,积沙59处,积沙长度40.7 km,总积沙量7.4×10^4 m^3;部分设备被毁,中断行车40多小时,同时使新近完工的180 km长的铁路毁于一旦,造成严重的经济损失。

3. 对水利设施及河道的危害

主要表现为风沙对各种水利工程及河道的淤积,造成水利工程设施难以发挥正常效益。全国约有5×10^5 km引水灌渠遭受沙害,水库的淤积问题更加严重。如青海龙羊峡水库,每年进入库区的流沙约$(1.2\sim3.8)\times10^6$ m^3。随着泥沙堆积量的增加,库容逐渐缩小,发电、防洪、灌溉等方面的效益受到严重影响。风沙大量进入河道,使河床淤积增高,甚至严重阻塞,导致河堤溃决。

由于每年有900多万吨风沙和河流泥沙进入青海湖,使湖泊的东部出现许多沙岛,主体湖面缩小,湖区生态环境恶化,鱼产量减少,风沙对中外闻名的鸟岛也构成了严重威胁。

(四)污染环境,破坏生态平衡

沙质荒漠化加剧了整个生态环境的恶化。在干旱、半干旱甚至部分半湿润地区,由于受天气过程的热力效应及冷锋侵入的影响,造成大风天气状况下土壤吹蚀、流沙前移及粉尘吹扬等一系列沙尘暴过程。沙尘暴不仅是一种灾害性天气过程,而且是沙质荒漠化灾害的一种表现形式,其影响范围广、危害严重,成为严重威胁中国北方地区人民生产和生活的重要环境问题。

发生于1993年5月5日的特大沙尘暴,袭击了新疆、甘肃、宁夏、内蒙古四省(区),造成200多人伤亡,4.2万头(只)牲畜死亡,毁损房屋几千间;土壤风蚀深度10～50 cm,沙埋深度20～150 cm,造成大片农田被毁,37.33 km^2 经济林被破坏,经济损失达5.6亿元。

在北京,每年的风沙天数,从20世纪60年代的平均17.2天增加到70年代的平均20.5天,而80年代又有所增加。

2000年3月—5月,中国西北东部、东北西南部、华北北部等地连续七次出现大范围的沙尘暴天气,其出现的时间之早、频率之高、范围之广、强度之大均为历史同期所罕见。沙尘暴有时还影响到中国南方的部分地区,甚至漂洋过海殃及日本和朝鲜半岛。兰州、西安、北京、济南降"黄龙",上海、南京下"泥雨"的现象多次出现。由于风沙大、能见度低,给交通运输及人们的日常生活和工作带来不利影响，个别地方甚至造成了人员伤亡。

2000年4月6日的一场沙尘暴还使首都国际机场进港的航班53个降落在天津滨海机场，取消9个航班，返航3个航班；出港的航班延误19个，取消8个航班。

沙尘暴除直接造成严重经济损失外，还使大气混浊，妨碍人们的正常活动，对人类身心健康产生损害。无孔不入的沙尘使人们在户外明显感到呼吸困难，颗粒细小的沙尘进入了人们的口鼻，容易引发咳嗽、哮喘等呼吸系统疾病。长期生活在沙尘暴高发区的人患有砂眼、呼吸道和肠胃等疾病的概率要比其他地区大得多。

10.2.4 沙质荒漠化的遥感监测

遥感技术具有信息量大、观测范围广、精度高和速度快等优点，而其很强的实时性及动态性又是传统的资源环境监测和预报所难以比拟的，特别是当遥感(RS)与地理信息系统(GIS)相结合，实现动态监测和模拟分析，更是开展荒漠化研究的有效途径。近20年来，在中国北方沙质荒漠化的形成机制、发展过程、分布规律和演变趋势等研究中，RS技术已被广泛利用(王涛等，1998)。如朱震达等在20世纪80年代初期，利用50年代后期和70年代中期航片的对比分析和野外考察，提出东起科尔沁草原经围场、丰宁北部、张家口的坝上地区，内蒙古锡盟南三旗到乌兰察布盟的商都、四子王旗、武川、达茂旗到固阳北部的草原农垦区是近半个世纪以来沙质荒漠化蔓延最明显的地区，尽管这些地区并无原生沙漠与之相毗连，不存在流动沙丘扩展入侵的危险。

在沙质荒漠化监测的过程中，首先要建立系统、科学而实用的沙质荒漠化综合评价指标体系，利用RS和GIS获取如下指标：① 风蚀地或流沙面积占研究区总面积的百分比；② 年均扩大的风蚀地或流沙面积占研究区总面积的百分比；③ 地表植被覆盖度；④ 研究区土地的生物生产量。沙质荒漠化土地遥感动态监测技术路线如图10-2所示。

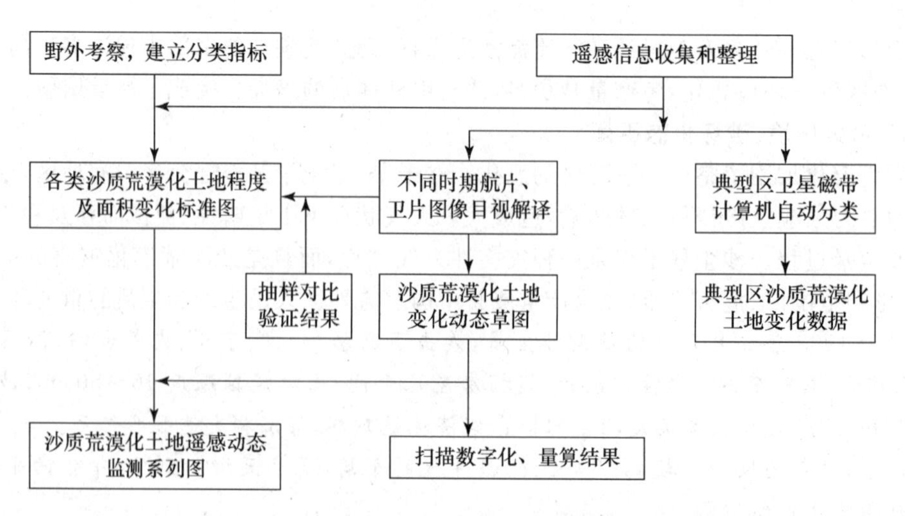

图10-2 沙质荒漠化土地遥感动态监测技术路线图

(据王涛等，1998，有改动)

10.2.5 沙质荒漠化的防治

防治沙质荒漠化的根本途径在于保护天然植被、建立人工植被,坚持正确的生产经营方针,合理调整农业生产结构和布局,加强农牧业基本建设、改善经营管理,逐步建立现代化的农业生态系统,加强人工草场生态系统的建设,合理开发利用水资源。对于已经发生沙质荒漠化的土地要采取有效措施进行治理,防止其扩大蔓延。

中国对防沙治沙工作历来十分重视。新中国成立伊始,就组织开展了群众性防沙治沙工作。特别是1991年正式实施防沙治沙工程化治理以来,治沙速度明显加快。截至1998年,累计治理沙化土地 7×10^4 km^2,使局部地区生态环境显著改善。但是,由于多种因素的影响,中国土地沙化的总体状况仍在恶化,"沙进人退"的局面未得到根本扭转,形势依然十分严峻。

(一) 林草措施

林草措施包括营造农田防护林网和防沙林带、封沙育草、造林固沙、退耕还林还草等方法。对荒漠地带、半荒漠地带和草原地带的沙漠治理应采取不同的方法,根据地形地貌特征和风力特征选取合理、高效的生物措施(图10-3)。

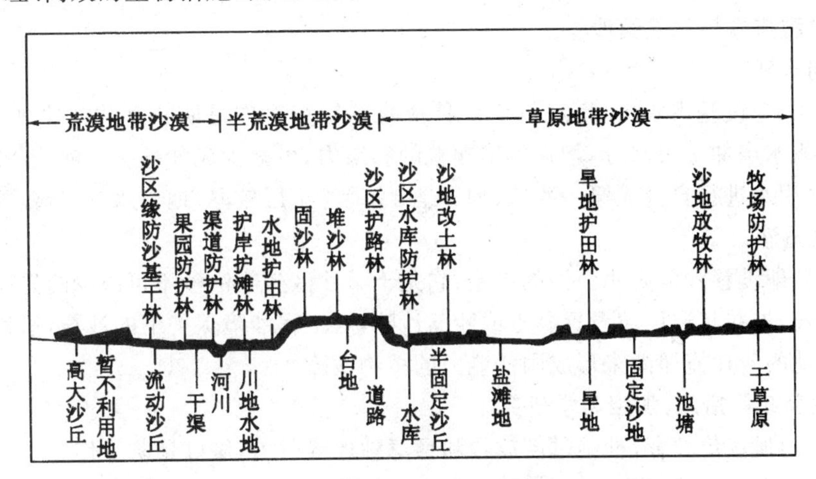

图10-3 防治沙质荒漠化的生物措施示意图

(据《中国地质灾害与防治》图集,1991)

在中国北方灌溉绿洲和旱作地区,营造农田防护林网、防沙林带是防止土地沙化的一项重要措施。根据透风情况,防护林带有紧密结构林带、疏透结构林带和通风结构林带三种类型。绿洲边缘的防沙林带以紧密结构为佳,用乔木及灌木配置成复合林,减低风速,防止大面积流沙和风沙流侵入绿洲,保护农田免受沙害;绿洲内部的护田林网,可采用高大的乔木组成林网;在北方旱作地区,则以营造通风结构和稀疏结构的窄林带为好(杨瑞珍,1996)。

对大面积的沙区采取封沙育草、造林固沙是防治流沙的根本途径。实践证明,在沙漠前缘种植胡杨林防风御沙作用极强。

例如,新疆塔克拉玛干南缘的策勒县城北有一条25 km长的胡杨林带,70年代被砍光之后导致2 m高的沙丘以100 m/a的速度向前推进,沙漠不仅逼临县城,而且侵吞了城北99.8 km^{2}良田,一个村庄60户人家被迫迁往异地谋生。但从1983年开始,策勒县人民大搞植树造林,到80年代后期,已迁居他乡的60户农民又重返故土,并逐步夺回了被沙漠侵占的农田。

对严重沙化耕地，要改变土地经营方式，退耕还林还草，采用林网保护下种植饲草或引进灌木恢复植被，逐步控制沙化，恢复土地的生产潜力。

（二）农业耕作措施

农业耕作措施包括覆盖耕作、粮草结合耕作以及调整农业结构，不同作物间作等措施。

(1) 覆盖耕作

覆盖耕作是指通过增加地面覆盖物来增强地表抗蚀力的农业技术措施。主要有保留作物残茬覆盖、秸秆粉碎铺地覆盖、果园和茶园裸地种植豆科作物覆盖以及利用地膜覆盖地面等方法。覆盖耕作对保存耕作层养分和细粒物质、增加土壤抗蚀能力具有积极的作用。

(2) 粮草结合耕作

粮草结合耕作是指采用粮食作物与豆科牧草轮作、间作、套种、复种等不同措施，改良土壤结构，增加土壤有机质，增强土壤的抗蚀力。

(3) 调整农业结构，不同作物间作

调整农业结构、不同作物间作也可有效防止沙质荒漠化的扩展，如在垂直主风向上和绿洲外围边缘地带间隔种植玉米、高粱、向日葵等高秆作物，达到降低风速、固结土壤的目的。

（三）水利措施与工程固沙

1. 水利措施

发展水利、建设基本农田，彻底改变广种薄收的轮荒耕作是防止沙化危害的主要措施之一。利用灌溉水增加土壤水分、增强土壤颗粒的黏结力，可减少风沙危害。河流谷地土壤比较肥沃，可蓄水引水进行自流灌溉。滩地、甸子地、壕地等土层较厚，地下水较丰富，可进行井灌。

2. 工程固沙

工程固沙即设置沙障防止流沙的措施，它是干旱沙区生物治沙不可缺少的先期辅助措施。对于流动沙丘，先在其迎风坡设置黏土或沙蒿沙障，对工程沙障保护下的沙丘，播种固沙植物，以防快速移动的沙丘掩埋尚未形成固沙能力的植物沙障。

（四）完善政策措施，加强科学研究

首先，要加强宣传教育，杜绝过度放牧和垦草种地等行为，做好预防工作。

其次，要加大防治荒漠化工程的投入，加强科学研究和技术推广体系的建设。

第三，研究推广荒漠化地区综合治理技术，如合理利用水资源、节水技术、选用抗旱抗贫瘠速生品种、合理确定种植密度等，研究推广沙质荒漠化地区喷灌、滴灌和优良品种种植技术等，优化种植结构。

第四，研究推广畜牧业新技术，如培育新品种、加工增值、建立人工草牧场，开辟饲料新途径、以草定畜、计划放牧，实行圈养、舍饲等。

第五，研究推广新能源技术，开发利用风能、太阳能、水能，建设沼气池，营造薪炭林，普及节柴灶。

第六，建设荒漠化地区生态农业示范工程，探索荒漠化的综合防治方法，实现干旱、半干旱地区社会经济的可持续发展。

10.3 水土流失

水土流失又称土壤侵蚀，属于土地荒漠化中水蚀荒漠化的一个亚类，是一种渐进性地质灾害，其形成与生态环境恶化密切相关。水土流失除破坏水土资源、降低土壤肥力、恶化环境质量外，还破坏工程设施，造成经济损失，危害非常严重。为有效防治水土流失，必须加强管理、合理利用土地资源、植树种草、保护斜坡。

10.3.1 水土流失发育状况

由于人口压力以及不合理的耕作方式，水土流失已成为全球环境中十分突出的问题，在世界各国普遍存在而且尚未得到有效的控制。在过去的100年内，地球上有 200×10^4 km² 土地遭受侵蚀，约占可耕地面积的27%。据联合国粮农组织统计，水的侵蚀和水涝灾害造成的土地损失占各种土地类型总损失的30%。现有耕地的表土流失量每年约 230×10^8 t，远远超过了新形成的土壤量。

中国也是水土流失比较严重的国家之一，各省区均有不同程度的水土流失现象。其中大兴安岭、阴山、贺兰山、青藏高原东缘一线以东的地区是中国水土流失严重的地区，黄土高原、华南山地丘陵区最为严重。黄土高原水土流失面积达 43×10^4 km²，年均侵蚀模数约为8000 t/(km²·a)；长江以南、云贵高原以东的山地丘陵地区水土流失年均侵蚀模数约为3000 t/(km²·a)。

由于水土流失，黄河的泥沙含量高居世界各河流之首。在黄河下游，每年要淤积泥沙 4×10^8 t，黄河河床每年以8～10 cm的速度淤高，大堤被迫不断加高，黄河已经由中华民族的"摇篮"变成为中原地区的"心腹之患"。随着中上游森林覆盖率的下降，长江流域水土流失面积也在逐年增加。长江流域总面积约为 180×10^4 km²，水土流失面积达 56×10^4 km²，其中中等强度流失面积 10×10^4 km²，高强度流失面积 4.07×10^4 km²，剧烈流失面积 1.87×10^4 km²；流域内年土壤侵蚀量 22×10^8 t。表10-7列出了中国主要江河流域水土流失概况。

表10-7 中国主要江河流域水土流失概况

(据毛文永等，1992)

名称	流域面积 km²	水土流失面积 km²	年均降水量 10^8 m³	年均降水深 mm	年均径流量 10^8 m³	年均输沙量 10^8 t	侵蚀模数 t/km²
黄河	752443	430000	3719	468	688	16	3700
长江	1808500	562000	19162	1060	9600	5.24	512
淮河	237447	67100	2839	867	766	0.126	104
海河	319029	123500	1775	556	292	1.75	1130
珠江	450000	57000	8915	1547	3458	0.862	190
辽河	345207	75000	1915	555	486		
松花江	545653	64400	578		706		14

长江三峡库区水土流失类型主要是水力侵蚀和重力侵蚀，同时还分布有泥石流灾害。据1988年三峡库区28个县(市、区)的遥感解译调查统计，在2436 km²的总土地面积上，水力侵蚀面积 1.4×10^4 km²，占总面积的58.2%，年土壤侵蚀总量 8.2×10^7 t，年均土壤侵蚀模数为5770 t/(km²·a)(张小林，1996)。如不采取有效措施，长江将变成第二条黄河。

10.3.2 水土流失的类型与影响因素

(一) 水土流失的类型

按流失的动力，可将水土流失分为水力侵蚀、风力侵蚀和重力侵蚀。① 水力侵蚀是指由于降水或径流(包括降水径流和融雪径流)对土壤的破碎、分离和冲蚀作用而引起的水土流失；② 风力侵蚀是指风力吹蚀地表,带走表层土壤中细粒物质和矿物质的过程,风力侵蚀的结果是使大片土地沦为沙质荒漠；③ 重力侵蚀是指在水的作用下,因重力而发生的陷落、滑塌等。

水土流失的类型通常可分为面状流失、沟状流失、塌失和泥石流四类。

1. 面状流失

面状流失是指分散的地表径流或风力使土壤发生面状流失的现象,主要发生在裸露的土壤上。面状流失不仅使土层流失,而且使土壤养分和腐殖质流失,从而导致土壤的物理、化学性质恶化,土壤肥力降低。面状流失可进一步分为层状流失、细沟流失和鳞片状流失。

2. 沟状流失

沟状流失是指集中的水流破坏土壤、切入地面,形成冲沟并带走大量松散土壤的现象。沟状流失同面状流失之间既有区别又有联系：面状流失汇集水流,由小股汇成大股,为沟状流失的产生和发展创造了条件,因此,面状流失严重的地区往往也是沟蚀严重的地区;而沟状流失所造成的土壤和母质裸露、坡度增大等,又将加速面蚀的发展。广西石灰岩山地“石漠化”、江西等地花岗岩丘陵区严重水土流失均与此有关。

3. 塌失

塌失产生的原因比较复杂。在黄土区,特别是丘陵、沟壑区,由于黄土结构疏松、雨水渗透和浸润、集中水流冲刷以及大量深切冲沟的形成,在重力作用下易发生黄土塌落。在松散堆积物覆盖的斜坡地带,若有不透水层存在,降水入渗可使土体沿不透水界面发生滑塌。陡壁上的风化壳经雨水冲刷,常堆积在坡脚形成泻溜。基岩裸露的山区,在流水和重力的作用下,可能发生坠石,严重时甚至发生山崩。

4. 泥石流

在面状流失和沟状流失严重的地区,常形成含有大量固体物质的泥石流。由于泥石流是一种快速过程,所以,在泥石流经常发生的地区,水土流失现象更为严重。

以重力作用为主要营力而形成的崩塌、滑坡和泥石流已在有关章节中论述,本节主要叙述水力侵蚀。

(二) 水土流失的影响因素

目前一般都把水土流失的成因分为自然因素和人为因素两类。自然因素是水土流失的物质基础,人为因素诱发并加剧了水土流失的过程。如果存在生长良好的植被而未受到人类的破坏,即使是抗侵蚀能力弱的土壤,在大暴雨时仍然可以保持土壤的正常侵蚀。

1. 自然因素

在地形起伏大、植被覆盖度低、降水多且强度大的地区,水土流失较为严重。影响水土流失的自然因素主要有降水、地形、土壤质地和植被覆盖度等。

(1) 降水

降水量的增加使地表径流量及河流输沙量也相应增加。与降水量相比,降水强度对土壤流失的影响更为显著。暴雨对裸露地表的击溅侵蚀和形成的洪流都极易产生严重的水土流失。

(2) 地形因素

地形因素主要指坡度和坡长。在相同条件下,坡度愈大,径流速度就愈大;坡长越大,坡面上汇集的径流就越多,从而导致冲刷力增强,土壤侵蚀也就越严重。

(3) 土壤因素

影响水土流失的土壤因素主要是土壤成分和结构,因为它决定了土壤的吸水性、抗蚀性和抗冲性。纵观中国水土流失严重的土壤类型,如黄土、花岗岩残积土等,主要是因其结构松散,极易被迅速形成的地表径流所分散和冲走。土壤颗粒组成、密度、有机质及游离氧化铁等胶结物含量对土壤抵抗侵蚀的能力有重要影响,如:土壤质地过粗,抗冲力小,易发生水土流失;质地过细,透水性差,地表径流强,也易发生水土流失。

(4) 植被覆盖度

植被覆盖情况对水土流失的产生与强度影响最大。植被根系可以起到截留降水,加固土壤,减缓雨水对土壤表层的击溅,增加降水入渗、减少地表径流,从而增加土壤的抗冲性。植被覆盖率低,土壤侵蚀量就大,一般耕地上的农作物覆盖率远远低于林地和草地,所以耕地土壤的侵蚀模数大,一般相当于草地和林地的5~10倍。

2. 人为因素

人口增长过快导致荒地开垦、毁林毁草以及乱砍滥伐和大量矿山工程建设等破坏生态环境活动的加速,是水土流失日趋严重的动力源。耕地的不合理利用也加剧了人为的水土流失。

(1) 人口增长过快,垦殖率高,坡耕地多

由于人口激增,导致粮食、燃料、建筑用木材等生活必需品的短缺,耕地面积日显不足,陡坡开垦、广种薄收的现象日趋严重。在广大丘陵山区,大部分新开垦的陡坡耕地缺少有效的水土保持措施,结果造成严重的水土流失。

陡坡开垦是造成丘陵山区水土流失的主要因素,特别是在坡度大于25°的陡坡上开荒种地,比20°以下缓坡的水土流失量增加近一倍。暴雨的冲刷,大量表土被冲走,露出石质坡地,或者是劣地发育,造成斜坡切割破碎,是丘陵山区水土流失发展的主要特征。

(2) 乱砍滥伐,森林植被减少

由于长期的毁林开荒、过量采伐,使山地丘陵区的植被覆盖率不断减小,林地类型也发生了巨大变化,密林变成了疏林,致使林草的水土保持作用降低。对森林的乱砍滥伐甚至毁林行为使不少山体变为荒山秃岭,加剧了水土流失的发展。林种结构的不合理也对水土保持产生一定的影响,如用材林多、防护林少,针叶林多、阔叶林少的林种结构,生态功能较差。

(3) 土地利用不合理,土壤侵蚀加剧

在广大低山丘陵区,农业多以单一的种植业为主,而其中又以一年一收的粮食作物为主,土地搁荒时间长、顺坡种植等不合理的耕作方式使表土更易被坡面流水冲走。由于种植结构单一,土壤肥力减退,水土流失十分严重。

(4) 开矿筑路等工程建设加剧了山区水土流失

随着经济建设的发展,山区开矿、筑路、办厂等建设工程大量增加,在基建中采石挖土活动必然改变土石结构的稳定性,同时产生大量的废渣弃土,使原有自然地貌景观遭到严重破坏,降低了地表土体的抗蚀能力,从而造成严重的水土流失。

10.3.3 水土流失的危害

水土流失造成土壤肥力降低;水、旱灾害频繁发生;山地石化、土地沙质荒漠化;河、湖、库、塘淤塞,江河通航能力降低;地下水位下降;农田、道路和建筑物受损;生态平衡遭到破坏,环境质量严重恶化。

(一) 破坏水土资源,降低土壤肥力

由于水土流失,常常使坡耕地土壤出现既不保水、又不耐旱的现象,耕地水旱灾害不断加剧。水土流失还使土壤肥力下降,表现为土壤养分贮量低、养分富集率低、养分富集层浅,土地极度贫瘠化。

据黑龙江省水保部门的调查,已开发40余年的黑土地,有机质含量一般降低1/3~1/2,土壤的胡敏酸含量一般下降34%,大大降低了土壤的抗侵蚀性能。据多年的观测资料分析,水土流失使耕地每年流失水分11.3×10^4 m^3/km^2,全垦区每年跑水约3.23×10^8 m^3。肥沃的表土层是土壤贮蓄水分能力最强的部位,由于水土流失,大量肥沃的表土被带走,使土壤结构变坏,通透性能变差,土壤蓄水保墒能力减退,自然降水量得不到充分利用。

水土流失还使山地石化、土壤沙化,土地资源遭到破坏。在水土流失的过程中,土壤结构发生巨大变化,细土黏粒越来越少,粗骨架相对增多,山地逐渐石化。

水土流失的发展还易形成大型冲沟,使耕地由大块变成小块,给机械化作业造成极大困难。

水土流失使现有坡耕地越来越贫瘠,产量越来越低,燃料、饲料和肥料短缺,迫使农民为了解决温饱问题到其他的地方继续开垦荒地,从而又出现新的水土流失,形成越垦越穷、越穷越垦的恶性循环。具有一定覆盖度的山坡因垦荒种地成为砂砾质山坡或裸岩坡地后,植被很难恢复,水土流失将更加严重。同时,对气候、生物、水文等自然因素也带来不利影响,使生态的恶性循环更为加剧。

(二) 降低生态系统功能,恶化环境质量

1. 淤塞河湖库塘,洪涝灾害加剧

由于水土流失,大量泥沙被带入河流、湖泊或水库而发生淤积,致使河道过水断面减小、水库库容减少、湖泊面积缩小。

近几十年来,中国已兴建大小水库8×10^4多座,总库容4000多亿立方米,已淤积损失库容约1/10,因淤积而报废的重点水库22座。黄河上游7座大型水库,库容淤积达40%,有的甚至高达70%。长江流域已损失水库容量12×10^8 m^3。全国因河道淤塞已使通航里程由60年代初的17×10^4 km减少到1985年的11×10^4 km,缩短了37%。

1998年夏季,中国长江、珠江、松花江、嫩江流域相继发生百年一遇的大洪水,全国共有29个省(区、市)遭受了不同程度的洪、涝灾害,受灾面积21×10^4 km^2,成灾面积13×10^4 km^2,受灾人口2.23亿人,死亡3004人,倒塌房屋497万间,直接经济损失1666亿元。其中,江西、湖南、湖北、黑龙江、内蒙古和吉林等省(区)受灾最重。有关专家指出,虽然洪灾的直接原因是气候异常、雨水过多,但与各流域上游陡坡开荒、毁林开荒和乱砍滥伐林木加剧水土流失,进而淤塞河湖库塘也有很大关系。

2. 森林植被减少,生态景观破坏

严重的水土流失使坡地表层土壤损失殆尽,沟壑纵横,基岩裸露,各种树木难以存活生长,原有森林生态系统遭受严重破坏。

(三) 破坏工程设施,造成经济损失

水土流失引发洪水灾害增多,不仅冲毁、冲垮水利设施,下泄的泥沙还造成江河的床面抬高,桥(涵)、行洪道淤积,河道通航能力降低。

10.3.4 水土流失的防治对策

作为一种地质灾害，水土流失的发生原因既有自然因素，更有人为因素。治理水土流失不仅涉及自然地理系统、经济系统，还与社会系统相关。对水土流失的防治应因时、因地制宜，贯彻"预防为主，防治结合"的原则，对全流域统一规划、综合治理，采取"上游保，中游挡，下游导"的措施，有效减轻水土流失的危害。水土流失综合治理包括保水固土工程、土地利用工程和脱贫致富工程。科学指导下的土地利用工程，也是水土保持工程的重要内容。

(一) 以防为主，加强管理

1. 依法防治水土流失

按《水土保持法》及其《实施条例》，一方面，坚决制止乱垦滥伐、乱挖滥采，防止因开矿、建厂、修路等造成新的水土流失，贯彻谁破坏谁治理的原则；另一方面，落实谁治理谁受益的方针，调动各方面的治理积极性。

2. 加强宣传教育，增强全民水土保持意识

通过对水土保持正反两方面经验教训的宣传及法规的宣传，使社会各有关部门及广大干部群众提高认识，转变观念，变被动水土保持为主动自觉的水土保持。

3. 健全管理机制

建立健全各级预防监督网络，提高执法人员素质和执法水平；健全完善生产建设中的水土保持方案申报制度、审批制度、检查验收制度、收费制度等，依法进行管理。

(二) 改造坡耕地，合理利用土地资源

1. 坡改梯措施

坡耕地是造成水土流失的主要土地类型。改造坡耕地、修建水平梯田，使坡面变平、坡度变缓或缩短坡长，从而减少径流、增加降水入渗，是拦蓄径流、控制水土流失、保持水土、提高生物生产力最有效的措施之一。坡改梯也是实现土地合理开发利用，促进农、林、牧各业协调发展的重要基础条件。

2. 保土耕作措施

在坡度小于15°的坡耕地上，采取改顺坡耕作为沿等高线横坡耕作，沟垄种植、套种、间种和地膜覆盖等方式，改变局部小地形，减少径流或延长作物对地面覆盖时间，可有效防止水土流失，提高保水、保土、保肥能力。

(三) 兴建保水固土工程，蓄水拦沙

1. 工程措施

工程措施要采取因害设防、除害兴利、分段拦蓄、小型为主、防护与利用相结合的原则进行布局。坡面工程主要包括布设截水沟、拦水沟、排水渠、沉沙池、蓄水塘等，应做到沿山有沟、沉沙有池、蓄水有塘、排洪有渠、地边有埂，使沟、池、塘、渠、埂形成能排能灌的坡面水系工程，充分发挥水土保持工程蓄水、灌溉、拦沙、防洪等多功能的作用。在沟道之中布设拦沙坝，层层拦蓄泥沙，尽量减少泥沙流出支流沟道。

2. 生物措施

生物措施的配置应贯彻适地适树的原则。选择适合当地生长的树种进行栽种，形成防护林、水源涵养林、用材林、薪炭林合理搭配的格局。

同时，为加速恢复林草植被，在营造林草的同时，还应采取封、管、补、造及节能互补的措施。狠抓封山育林工作，对原有的稀林、疏林进行补植；积极稳步地建设沼气池，提高生物质能的综合利用率，改善农村生活用能结构；因地制宜开发水力资源；保护森林资源，防止新的水土流失。

10.4　土壤盐渍化

土壤盐渍化系指土壤中盐、碱含量超过正常耕作土壤水平，以致作物开始生长时就受到伤害。盐渍化是一种渐变性地质灾害，它是盐分在地表土层中逐渐富集的结果。据统计，美国、埃及和印度灌溉土地的盐渍化和沼泽化面积占全部灌溉面积的一半以上。中国盐渍化土壤也有相当广泛的分布。土壤盐渍化的危害主要是影响作物生长、减少耕地的生产量，同时腐蚀工程建筑材料，毁坏道路路基。

10.4.1　土壤盐渍化的形成

盐渍化问题可归结为盐分富积和盐分运移两个过程。土壤中和浅层地下水中的盐分通过毛细作用而迁移至近地表处，当水分蒸发后，盐分在土壤表面或土壤中蓄积起来。因为盐分没有消散，灌溉时这些盐分又溶入水中而使土壤水中的盐分含量增加。在灌区，农作物没有吸收掉的水大部分下渗，向下渗流的水溶解了土壤里的盐分并补给地下水或河水，增加了灌溉水中的盐分。盐分的聚集和迁移使其在土壤表层积累起来，这样就使植物的根部受损而妨碍其生长。盐渍化程度严重的情况下，盐分析出土壤表面并呈白色盐结皮状成片地淀积。这种盐渍化的土地多属于不毛之地。

在中国西北内陆盆地，盐分的富集主要有两方面的原因：① 富含盐分的地表水以水面蒸发消耗为主，水流流程较短，所带盐分集聚在地表；② 盐分被水带入湖泊和洼地，盐分逐渐积累，矿化度增加，这种水渗入地下，再经毛细作用上升到地表，造成地表盐分富集。

沿海平原地带由于海水入侵或海岸的退移，经过蒸发，盐分残留地表，形成盐渍化土地。

内陆平原地区由于河床淤积抬高或修建水库，使沿岸地下水位升高，造成土壤的盐渍化。灌溉渠道附近，地下水位升高，也会导致盐渍化。

造成土壤盐渍化的自然因素主要有气候、地形地貌、地下潜水水位与水质、地下水径流条件、岩土体含盐量、灌溉水矿化度等。干旱气候是发生土壤盐渍化的主要外界因子，蒸发量与大气降水量的比值和土壤盐渍化关系十分密切。地形地貌直接影响地表水和地下水的径流与排泄条件，山地的水盐运动多为下渗-水平径流，而盆地中心多表现为水平-上升型。因此，土壤盐渍化程度表现为随地形从高到低、从上游向下游逐渐加剧的趋势。

引起盐渍化的人为因素主要是灌溉用水管理不善造成的。一方面是由于灌溉水中含有盐分，这些盐分在土壤中不断蓄积；另一方面，底层土壤中含有的盐分被灌溉水所溶解，随着水分的蒸发，盐分残留于地表面。

10.4.2　土壤盐渍化的危害

土壤盐渍化的危害主要表现为农作物减产或绝收，影响植被生长并间接造成生态环境恶化。此外，还可引起道路路基下陷、工程建筑材料松胀或腐蚀。

盐渍化问题是一个既古老又现代的问题，土壤盐渍化在世界各地都有发生。

底格里斯河及幼发拉底河流域古代文明的衰亡即盐渍化所致。从公元前4000年起，在这个肥沃的月牙地带就已经开始实行灌溉,舒美尔人在两条河流的泛滥地带建造水渠,实行了引水灌溉。在发达的农业基础上形成了两河流域的文明。但是据考证,从公元前2500年开始,盐分的蓄积日趋严重,农作物逐渐被耐盐品种所替代,到了公元前1700年,这些耐盐品种也都绝迹;灌溉设施由于盐渍化而丧失了作用。由于粮食减产,人们不得不迁移到别的地方,最终在这个曾被称为文明摇篮的地方,只剩下了人数极少的游牧民。

横跨印度和巴基斯坦的印度河平原,至今还残留着2000多年前建造的灌溉设施的遗迹。1964—1970年建设的阿斯旺大坝增加了尼罗河流域的灌溉面积,但却破坏了长期保持的自然平衡,使土壤发生了历史上从未出现过的积水和盐渍化问题。通过建设水坝、扩大灌溉面积进而提高农业生产的意图完全落空,而且为了去除盐分不得不对4000 km^2 的农田铺设排水设备。即使如此,在尼罗河三角洲地带仍有2/3的土地在遭受盐渍化的危害。

随着当今对农业生产要求的提高,灌溉变得更加不可缺少。然而,灌溉带来的增产与盐分蓄积和洪涝造成的减产之间的矛盾也将继续下去。

据对内蒙河套平原统计,许多灌区每年因盐渍土死于苗期的农作物占播种面积的10%~20%,甚至达30%以上。河南省豫北平原地区因大规模的引黄灌溉,20世纪60年代曾发生大面积土壤盐渍化现象。黄淮海平原轻度、中度盐渍化土地造成的农作物减产达10%~50%,重度盐渍化土地则颗粒无收。山东省 1.4×10^4 km^2 盐渍化土地中的8156 km^2 耕地,每年因盐渍化造成的经济损失达15~20亿元。严重的盐渍化,使土地的利用率降低,荒地增多,加深了人多地少的矛盾(段永侯等,1993)。

10.4.3 土壤盐渍化的防治对策

(一) 合理灌溉,预防盐渍化

采取措施降低地下水位,注意排灌配套,建立农田林网,改善农田生态环境,可使土地盐渍化程度减弱。

(1) 改变大水漫灌的灌溉方式,实行喷灌、滴灌等先进的灌溉技术;控制渠道渗漏,防止地下水位明显上升。

(2) 修建地表排水设施,排除地表积水。

(二) 综合治理,改良利用盐渍化土地

盐渍化土地的改良目标在于排除土壤中过多的易溶性盐类,降低土壤溶液的浓度,改善土壤理化性质和空气、水分状况,使有益的微生物活动增强,从而提高土壤的肥力。

改良土壤的主要措施是排水冲洗,即修建水利工程和排灌系统,对盐渍化土地进行淋洗,使土壤脱盐和地下水淡化。对不同含盐类型的盐渍化土地,改良方式也应有所不同。以 SO_4^{2-} 为主时,宜于在气温较高的季节冲洗;以 Cl^- 为主时,宜于在晚秋初冬季节冲洗;在含有 $NaHCO_3$(苏打)的情况下,应当配合化学方法加以改良。

种植水稻是改良和利用盐渍化土地的有效方法。试验表明,盐土种植水稻一年后,0~40 mm土层的含盐量即由0.43%降低到0.06%。种植水稻必须结合排水,并采取增施有机肥料、平整土地、播前冲洗、活水灌溉、逐年翻深和修筑排灌系统等一系列措施。这样,盐渍化土地的改良才能更加有效。曾遭受次生盐渍化强烈危害的豫东地区,由于种植水稻而成为中原地区的高产粮区。

第11章 特殊土地质灾害

特殊土是指某些具有特殊物质成分和结构、赋存于特殊环境中、易产生不良工程地质问题的区域性土，如湿陷性黄土、膨胀土、盐渍土、软土、冻土、红土等。当特殊土与工程设施或工程环境相互作用时，常产生特殊土地质灾害，故在国外常把特殊土称为"问题土"，意即特殊土在工程建设中容易产生地质灾害或工程问题。

中国地域辽阔，自然地理条件复杂，在许多地区分布着区域性的、具有不同特性的土层。深入研究它们的成因、分布规律和地质特征、工程地质性质，对于及时解决在这些特殊土上进行建设时所遇到的工程地质问题，并采取相应的工程措施及合理确定特殊土发育地区工程建设的施工方案，避免或减轻灾害损失，提高经济和社会效益具有重要的意义。本章主要介绍黄土湿陷、胀缩土湿胀干缩、冻土冻胀融陷、盐渍土松胀与腐蚀、软土沉陷等特殊土地质灾害。

11.1 黄土湿陷

黄土是以粉砂为主、富含碳酸盐、具大孔隙、质地均一、无层理而具垂直节理的第四系黄色松散粉质土堆积物。中国黄土分布面积约 6.35×10^5 km^2，在北方地区尤其具有广泛的分布，东北平原、新疆、山东等地均有分布。其中湿陷性黄土的分布面积约占总面积的60%左右，主要分布于北纬34°～41°，东经102°～114°之间的黄河中游广大地区。从地质时代来看，以晚更新世马兰黄土和全新世新近堆积黄土构成湿陷性黄土的主体。湿陷性黄土对工程建筑的影响较大，常造成灾害性事件。

11.1.1 湿陷性黄土的特征

(一) 湿陷性黄土的物质成分和结构

湿陷性黄土的颜色主要呈黄色或褐黄色、灰黄色，富含碳酸钙，具大孔隙，垂直节理发育；从物质成分上看，湿陷性黄土多以粉砂、细砂为主，含量一般为57%～72%；矿物成分以石英、长石、碳酸盐、黏土矿物等为主。

湿陷性黄土在结构上由原生矿物单颗粒和集合体组成，集合体中包括集粒和凝块。高孔隙性是湿陷性黄土最重要的结构特征之一。孔隙类型有粒间孔隙、集粒间孔隙、集粒内孔隙、颗粒-集粒间孔隙等，孔隙大小多在0.002～1 mm。

湿陷性黄土是在干旱气候条件下风积作用形成的产物。形成初期土质疏松，靠颗粒的摩擦和黏粒与 $CaCO_3$ 的黏结作用略有连接而保持架空状态，形成较松散的大孔和多孔结构。黄土孔隙率高，多在40%～50%之间，孔隙比为0.85～1.24，多数在1.0左右。

(二) 湿陷性黄土的物理力学性质

湿陷性黄土的物理力学性质具有如下特征。

1. 低含水量

黄土天然含水量一般在7%～23%之间，但湿陷性黄土多数为11%～20%；密度为1.3～1.8 g/cm^3，干密度为1.24～1.47 g/cm^3；塑性较弱，塑性指数多为8～12，液限一般为26%～

34%，多处于坚硬或硬塑状态；沿冲沟两侧和陡壁附近垂直节理发育；由于存在大孔隙，故透水性比较好，渗透系数一般为0.8～1.0 m/d，而且具有明显的各向异性，垂直方向比水平方向的渗透系数大几倍甚至几十倍。

2. 高孔隙性，中等压缩性

马兰黄土压缩系数(α)一般为 0.1～0.4 MPa^{-1}，抗剪强度较高，内摩擦角(φ)一般为15°～25°，黏聚力(c)为 30～60 kPa。但新近堆积的黄土土质松软，强度低，属中高压缩性，α 为0.1～0.7 MPa^{-1}。

11.1.2 黄土湿陷性的原因及其判定

(一) 黄土湿陷的原因

黄土在自重或建筑物附加压力作用下，受水浸湿后结构迅速破坏而发生显著附加下沉的性质，称为湿陷性。所谓显著附加下沉，是指黄土在压力和水的共同作用下发生的特殊湿陷变形，其变形远大于正常的压缩变形。

黄土发生湿陷的原因比较复杂，但主要还是由于黄土具备利于湿陷发生的架空结构，这是决定其是否具有湿陷性和湿陷性强弱的基础；粒间的连接因水分增加而易于削弱和破坏。由于粘粒含量低，尤其是具有活动晶格的黏土矿物含量低，因此，若有水分浸入，就会引起黄土微结构显著变化而发生沉陷。大量研究结果表明，大孔隙与黄土湿陷性没有直接关系。

浸水后在自重作用下发生湿陷的黄土称为自重湿陷性黄土；浸水后仅在附加压力下才能发生湿陷的黄土称为非自重湿陷性黄土，即非自重湿陷性黄土的湿陷起始压力一般高于其上部土层的饱和自重压力。

由于湿陷性黄土具有特殊的成分和结构，未浸湿时强度较高，一旦受水浸湿后，在其自重压力与附加压力共同作用下，导致土体内部结构连接明显减弱而产生湿陷变形。湿陷变形的特点是：变形量大，常常是正常压缩变形的几倍，有时甚至是几十倍；湿陷速度快，多在受水浸湿后 1～3 h 就开始湿陷(蒋爵光，1991)。

黄土湿陷性有的具有自地表向下逐渐减弱的趋势，埋深小于 7～8 m 的黄土湿陷性最强。不同地区、不同时代的黄土湿陷性存在着很大的差别，这与黄土的性质、所处的气候环境、压实程度等密切相关。

(二) 湿陷性黄土的判定

黄土湿陷性的判定方法可分为间接法和直接法两种：间接法根据黄土的时代和分布、物质成分及物理指标与湿陷性的关系，大致说明黄土湿陷的可能性；直接法则利用原状样的湿陷性指标测定结果判断黄土的湿陷性及湿陷等级。

1. 间接法

在含水量低的情况下，塑性指数大于 12 的黄土，湿陷性很微弱；塑性指数小于 12，尤其是小于 10 的马兰黄土具湿陷性，且其值愈小，湿陷性愈强烈。黄土的天然含水量愈小，密实度愈低，则浸湿后湿陷性愈强烈。实践证明，天然含水量与塑限之比小于 1.2 或孔隙比大于 0.8 的黄土，经常具有湿陷性。一般来说，低塑性、低含水量、低密实度的黄土常具有湿陷性。

2. 直接法

判定黄土湿陷性的指标有湿陷系数、湿陷起始压力、自重湿陷系数、自重湿陷量以及分级和总湿陷量等。在实际工作中，通常采用湿陷系数来判定是否属于湿陷性黄土。

测定湿陷系数的方法有单线法和双线法。前者是对黄土原状样进行压缩试验，将原状试样加压至一定值(p)；待变形稳定后，再将试样浸水，测定在该压力 p 作用下试样因浸水而产生的湿陷量，然后再根据湿陷量来计算湿陷系数：

$$\delta_{soil}=\frac{h_p-h'_p}{h_0} \tag{11-1}$$

式中：δ_{soil}——湿陷系数；h_p——原状样在压力 p 时浸水前压缩变形后的高度(cm)；h'_p——上述加压稳定后的土样，在浸水作用下，下沉稳定后的高度(cm)；h_0——土样的原始高度(cm)。

当 $\delta_{soil}<0.015$ 时，定为非湿陷性黄土；$\delta_{soil}\geq 0.015$ 时，定为湿陷性黄土。但在某些情况下，根据当地经验，上述界限值，有时也可采用0.02。

湿陷系数不仅可用来判定黄土是否属于湿陷性黄土，而且按 δ_{soil} 值的大小，还可划分黄土湿陷性强弱的等级(表11-1)。

表11-1　黄土湿陷性等级分类表

湿陷系数范围	湿陷性等级
$\delta_{soil}<0.015$	非湿陷性黄土
$\delta_{soil}\geq 0.015$	湿陷性黄土
$0.015<\delta_{soil}\leq 0.03$	弱湿陷性黄土
$0.03<\delta_{soil}\leq 0.07$	中等湿陷性黄土
$\delta_{soil}>0.07$	强湿陷性黄土

湿陷性黄土的湿陷系数 δ_{soil} 一般为0.02～0.13。湿陷系数 δ_{soil} 的大小，不仅决定于土本身的组成、结构和性质，而且与压力有关。

黄土是否具有湿陷性以及黄土湿陷危害程度的大小，不仅取决于湿陷系数大小，而且与湿陷土层厚度密切相关。特别是判定黄土湿陷危害程度时，多以自重湿陷量、分级湿陷量或总湿陷量为标志。其中黄土自重湿陷量等于不同深度黄土层在饱和度为0.85时自重应力下的湿陷系数与各层土层厚度乘积的总和。甘肃省兰州地区黄土的自重湿陷量达1 m之多，说明其危害很大。

11.1.3　湿陷性黄土的危害

湿陷性黄土因其湿陷变形量大、速率快、变形不均匀等特征，往往使工程设施的地基产生大幅度的沉降或不均匀沉降，从而造成建筑物开裂、倾斜，甚至破坏。

(一) 建筑物地基湿陷灾害

建筑物地基若为湿陷性黄土，在建筑物使用中因地表积水或管道、水池漏水而发生湿陷变形，加之建筑物的荷载作用更加重了黄土的湿陷程度，常表现为湿陷速度快和非均匀性，使建筑物地基产生不均匀沉陷，破坏了建筑基础的稳定性及上部结构的完整性。

例如西宁市南川锻件厂的数十栋楼房，因地基湿陷均遭到不同程度的破坏。1号楼在施工中受水浸湿，一夜之间建筑物两端相对沉降差达16 cm，地下室尚未建成便被迫停建报废。厂区由于地下水位上升，造成大部分房屋因地基湿陷而破坏，其中最大沉降差达61.6 cm，最大裂缝宽度达10 cm。类似的例子在湿陷性黄土地区不胜枚举。

在湿陷黄土分布区，尤其是黄土斜坡地带，经常遇到黄土陷穴。这种陷穴常使工程建筑遭受破坏，如引起房屋下沉开裂、铁路路基下沉等。由于陷穴的存在，可使地表水大量潜入路基和边坡，严重者导致路基坍滑。由于地下暗穴不易被发现，经常在工程建筑物刚刚完工交付使用便突然发生倒塌事故。湿陷性黄土区铁路路基有时因暗穴而引起轨道悬空，造成行车事故。

为了保证建筑物基础的稳定性，常常需要花费大量的物力、财力对湿陷性黄土地基进行处理。如西安市建筑物黄土地基的处理费用一般占工程总费用的4%～8%，个别建筑场地甚至高达30%。

(二) 渠道湿陷变形灾害

黄土分布区一般气候比较干燥，为了进行农田灌溉、城市和工矿企业供水，常修建引水工程。但是，由于某些地区黄土具有显著的自重湿陷性，因此水渠的渗漏常引起渠道的严重湿陷变形，导致渠道破坏。

在中国陇西和陕北黄土高原有不少渠道工程受到渠道自重湿陷变形的破坏。如甘肃省修建的一座堤灌工程，在引水灌溉十多年之后，有的地段下沉0.8～1 m，不少分水闸、泄水闸和泵站等因湿陷而破坏，不得不投入资金多次重建(纪万斌等，1997)。

11.1.4 湿陷性黄土的防治措施

在湿陷性黄土地区，虽然因湿陷而引发的灾害较多，但只要能对湿陷变形特征与规律进行正确分析和评价，采取恰当的处理措施，湿陷便可以避免。

(一) 防水措施

水的渗入是黄土湿陷的基本条件，因此，只要能做到严格防水，湿陷事故是可以避免的。

防水措施是防止或减少建筑物地基受水浸湿而采取的措施，这类措施包括：平整场地，以保证地面排水通畅；做好室内地面防水设施，室外散水、排水沟，特别是开挖基坑时，要注意防止水的渗入；切实做到上下水道和暖气管道等用水设施不漏水等。

(二) 地基处理措施

地基处理是对建筑物基础一定深度内的湿陷性黄土层进行加固处理或换填非湿陷性土，达到消除湿陷性、减小压缩性和提高承载能力的方法。在湿陷性黄土地区，通常采用的地基处理方法有重锤表层夯实(强夯)、垫层、挤密桩、灰土垫层、预浸水、土桩压实爆破、化学加固和桩基、非湿陷性土替换法等。

对于某些水利工程，防止地表水渗入几乎是不可能的，此时可以采用预浸法。如对渠道通过的湿陷性黄土地段预先放水，使之浸透水分而先期发生湿陷变形，然后通过夯实碾压再修筑渠道以达到设计要求，在重点地区可辅之以重锤夯实。

选择防治措施，应根据场地湿陷类型、湿陷等级、湿陷土层的厚度，结合建筑物的具体要求等综合考虑后来确定。对于弱湿陷性黄土地基，一般建筑物可采用防水措施或配合其他措施；重要建筑物除采用防水措施外，还需用重锤夯实或换土垫层等方法。对中等或强烈湿陷性黄土地基，则以地基处理为主，并配合必要的防水措施和结构措施。

(三) 黄土陷穴的防治处理措施

在可能产生黄土陷穴的地带，应通过地面调查和探测，查明分布规律，并针对陷穴形成和发展的原因采取必要的预防措施。具体措施有：

(1) 设置排水系统，把地表水引至有防渗层的排水沟或截水沟，经由沟渠排泄到地基或路基范围以外。

(2) 夯实表土、铺填黏土等不透水层或在坡面种植草皮,增强地表的防渗性能。

(3) 平整坡面,减少地表水的汇聚和渗透。

对已有的黄土陷穴,可采用如下的措施进行处理:

(1) 对小而直的陷穴进行灌砂处理。

(2) 对洞身不大、但洞壁曲折起伏较大的洞穴和离路基中线或地基较远的小陷穴,可用水、黏土、砂制成的泥浆重复灌注。

(3) 对建筑物基础下的陷穴,一般采用明挖回填。

(4) 对较深的洞穴,要开挖导洞和竖井进行回填,由洞内向洞外回填密实。

11.2 膨胀土

膨胀土是一种富含膨胀性黏土矿物(蒙脱石、伊利石/蒙脱石混层黏土矿物等)的非饱和黏土,由于其具有显著吸水膨胀、失水收缩的特性,常导致建筑物地基胀缩变形,引起建筑物变形开裂破坏。膨胀土呈棕黄、黄红、灰白、花斑(杂色)等各种颜色,有的富含铁锰质及钙质结核。有的因裂隙很发育,而被称为裂土。膨胀土的液限和塑性指数较大,压缩性偏低,常处于硬塑或坚硬状态,所以很容易被误认为是好的地基土,但实际上该类土对工程建设具有严重的潜在破坏性,且治理难度大。因此,有人称其为"隐藏的灾难"。

膨胀土的分布很广,遍及亚洲、非洲、欧洲、大洋洲、北美洲及南美洲的40多个国家和地区。全世界每年因膨胀土湿胀干缩灾害造成的经济损失达50亿美元以上。中国是世界上膨胀土分布最广、面积最大的国家之一,全国有21个省(自治区)发育有膨胀土。

膨胀土的成因类型,大致可分为两大类:

(1) 各种母岩的风化产物,经水流搬运沉积形成的洪积、湖积、冲积和冰水沉积物。

(2) 热带、亚热带母岩的化学风化产物残留在原地或在坡面水作用下沿山坡堆积形成的残积物和坡积物。

因此,膨胀土的分布与地貌关系密切,如中国膨胀土大都分布在河流的高阶地、湖盆及倾斜平原及丘陵剥蚀区。

11.2.1 膨胀土的特征

(一) 膨胀土的物质成分和结构特征

膨胀土是一种黏性土。黏粒(<0.005 mm)含量高,一般高达35%以上,而且多数在50%以上,其中<0.02 mm的胶粒占有相当大的比例。

沉积类膨胀土中常含有一定数量的结核,是其物质成分的一个重要组成部分。一般为钙质结核,中国中、晚更新世膨胀土中常含铁锰质结核。

膨胀土的矿物成分特征是富含膨胀性的黏土矿物,如蒙脱石、伊利石/蒙脱石的混层黏土矿物。这是膨胀土膨胀变形的物质基础。

(二) 膨胀土的物理力学性质

由于膨胀土的黏粒含量高,而且以蒙脱石或伊利石/蒙脱石混层矿物为主,因此液限和塑性指数都很高,摩擦强度虽低,但黏聚力大,常因吸水膨胀而使其强度衰减。膨胀土具有超固结性,开挖地下洞或边坡时往往因超固结应力的释放而出现大变形。

11.2.2 膨胀土的胀缩机理

因富含亲水性很强的蒙脱石矿物和伊利石/蒙脱石混层矿物，膨胀土在不同含水条件下其结构和物理力学性质会发生很大变化。在天然状态下，膨胀土结构致密，处于硬塑或坚硬至半坚硬状态，压缩性小，抗剪强度和变形模量一般都比较高。遇水后，膨胀土中的蒙脱石和伊利石/蒙脱石混层矿物因吸水体积发生膨胀，土体强度显著下降。在失水干燥后，土质虽然坚硬，但却发生收缩变形，产生明显的张开裂隙。由于这些特性，膨胀土不但有显著的体积胀缩变化，而且常常随着环境的改变而反复交替变化，因而常常造成建筑地基变形，导致低层建筑和道路开裂，发生不同程度的破坏。根据膨胀土的胀缩等级，可将膨胀土分为强膨胀土、中等膨胀土和弱膨胀土。

膨胀土遇水膨胀的原因是由于土中膨胀性黏土矿物与水接触时，黏粒与水分子发生物理化学作用而引起晶层膨胀和粒间扩展的结果。当水分减少时，晶层和粒间间距收缩。

影响膨胀土胀缩性的主要因素有膨胀性黏土矿物的类型和含量、土体的结构特征、土体与环境的相互作用、土体所受的外部压力及封闭条件等。

11.2.3 膨胀土的危害

膨胀土的胀缩特性对工程建筑，特别是低荷载建筑物具有很大的破坏性。只要地基中水分发生变化，就能引起膨胀土地基产生胀缩变形，从而导致建筑物变形甚至破坏。

膨胀土地基的破坏作用主要源于明显而反复的胀缩变化。因此，膨胀土的性质和发育情况是决定膨胀土危害程度的基础条件。膨胀土厚度越大，埋藏越浅，危害越严重，它可使房屋等建筑物的地基发生变形而引起房屋沉陷或开裂。有资料表明，在强胀缩土发育区房屋破坏可达60%～90%。另外，膨胀土对铁路、公路以及水利工程设施的危害也十分严重，常导致路基和路面变形、铁轨移动、路堑滑坡等，影响运输安全和水利工程的正常运行。

中国膨胀土分布广泛，主要发育在云南、广西、贵州、四川、湖南、湖北、江苏、安徽、山东、河南、河北、山西、陕西、内蒙等21个省(自治区)的205个县(市)，其中以云南、广西、湖北等地区尤为发育。据不完全统计，中国每年因膨胀土湿胀干缩，使各类工程建筑遭受破坏所造成的经济损失达数亿元之多，工业与民用建筑遭受不同程度破坏的面积超过1×10^{7} m^{2}。湖北省郧县县城因丹江口水库蓄水而迁建，新城址膨胀土十分发育，严重受害房屋2.6×10^{5} m^{2}，倒塌和被迫拆毁房屋近1×10^{4} m^{2}。因房屋破坏严重，县城被迫再次易地重建，由此造成的直接经济损失超出2000万元(段永侯等，1993)。

膨胀土灾害对于轻型建筑物的破坏尤其严重，特别是三层以下民房建筑，变形破坏严重而且分布广泛，有时即使加固基础或打桩穿过膨胀土层，膨胀土的变形仍可导致桩基变形或错断。高大建筑物因基础荷载大，一般不易遭受变形破坏。

1988年7月11日，山东省鱼台县老砦乡因岩土膨胀形成数十条地裂缝，裂缝最长400余米，一般数十米，宽0.02～0.05 m，深约1.5 m左右。因地裂缝造成3个自然村697间房屋开裂，危房近50间，直接经济损失达百万元。7月16日及23日两场大雨之后地裂缝大都弥合，但沿裂缝出现了大小几百个地面塌陷坑。

膨胀土地区的铁路也遭受膨胀土的严重危害，全国通过膨胀土地区的铁路长度占铁路总长度的15%～25%，因之造成的坍塌、滑坡等灾害经常发生，每年整治费用达1亿元以上；而因影响铁路正常运行造成的经济损失则更大。

中国南方经由膨胀土地区的几条主要铁路干线，如南昆铁路，因膨胀土湿胀干缩而导致的路基下沉、基床翻浆冒泥、滑坡等灾害十分普遍，护坡工程屡遭破坏，有的挡土墙甚至被滑坡剪断推移达7 m之远，路基隆起1～3 m，危及行车安全。1976年和1978年分别交付运营的阳安、襄渝两条铁路，至1981年，由于膨胀土路基严重变形，造成中断行车事故达30次。

在膨胀土中开挖地下洞室，常见围岩底鼓、内挤、坍塌等变形现象，导致隧道衬砌变形破坏，地面隆起。膨胀土隧道围岩变形常具有速度快、破坏性大、延续时间长和整治困难等特点。

11.2.4 膨胀土灾害的防治措施

在膨胀土分布区进行工程建筑时，应避免大挖大填，在建筑物四周要加大散水范围，在结构上设置圈梁；铁路、公路施工避免深长路堑，要少填少挖，路堤底部垫砂，路堑设置挡土墙或抗滑桩，边坡植草铺砂。水利工程要快速施工，合理堆放弃土；必要时设置抗滑桩、挡土墙；合理选择渠坡坡角；穿过垅岗时使用涵管、隧洞。所有工程设施附近都要修建坡面坡脚排水设施，避免降雨、地表水、城镇废水的冲刷、汇集。

对于已受膨胀土破坏的工程设施则视具体情况，采用加固、拆除重建等措施进行治理。

(一) 膨胀土地基的防治措施

为了防止由于膨胀土地基胀缩变形而引起的建筑物破坏，在城镇规划和建筑工程选址时，要进行充分的地质勘查，弄清膨胀土的分布范围、发育厚度、埋藏深度以及膨胀土的物理性质和水理性质，在此基础上合理规划建筑布局，尽可能避开膨胀土发育区。在难以找到非膨胀土工程场地时，尽可能选择地形简单、胀缩性相对较弱、厚度小而且地下水水位变化较小、容易排水、没有浅层滑坡和地裂缝的地段进行工程建设，以最大限度地减少膨胀土的危害。除对建筑物布置和基础设计采取措施外，最主要的是对膨胀土地基进行防治和加固。经常采用的措施有防水保湿措施和地基改良措施。

1. 防水保湿措施

防水保湿措施主要是指防止地表水下渗和地基土中水分蒸发，保持地基土湿度的稳定，从而控制膨胀土的胀缩变形。具体方法有在建筑物周围设置散水坡，防止地表水直接渗入和减小地基土中水分蒸发；加强上、下水管和有水地段的防漏措施；在建筑物周边合理绿化，防止植物根系吸水造成地基土的不均匀收缩而引起建筑物的变形破坏；选择合理的施工方法，在基坑施工时，应分段快速作业，保证基坑不被暴晒或浸泡等。

2. 地基改良措施

地基土改良可以有效消除或减小膨胀土的胀缩性，通常采用换土法或石灰加固法。换土法就是挖除地基土上层约1.5 m厚的膨胀土，回填非膨胀性土，如砂、砾石等。石灰加固法是将生石灰掺水压入膨胀土内，石灰与水相互作用产生氢氧化钙，吸收土中水分，而氢氧化钙与二氧化碳接触后形成坚固稳定的碳酸钙，起到胶结土粒的作用。

(二) 膨胀土边坡变形的防治措施

一般情况下，膨胀土路堑边坡要求一坡到顶。在坡脚还应设置侧沟平台，防止滑体堵塞侧沟，同时采取坡面防水、坡面加固和支挡等措施。

1. 防止地表水下渗

通过设置各种排水沟(天沟、平台纵向排水沟、侧沟)，组成地表排水网系堵截和引排坡面水流，使地表水不致渗入土体和冲蚀坡面。

2. 坡面防护加固

在坡面基本稳定情况下采用坡面防护，具体方法有在坡面铺种草皮或栽植根系发育、枝叶茂盛、生长迅速的灌木和小乔木，使其形成覆盖层，以防地表水冲刷坡面。利用片石浆砌成方格形或拱形骨架护坡，主要用来防止坡面表土风化，同时对土体起支撑稳固作用。实践证明，采用骨架护坡与骨架内植被防护相结合的方法防治效果更好。

3. 支挡措施

支挡工程是整治膨胀土滑坡的有效措施。支挡工程中有抗滑挡墙、抗滑桩、片石垛、填土反压、支撑等。

11.3 盐 渍 土

在地表土层 1 m 厚度内，易溶盐含量大于 0.5%的土称为盐渍土。盐渍土包括盐土、碱土和脱碱土。盐渍土主要分布在世界各地干旱、半干旱和半湿润地带，有时呈带状分布，也有的呈小块状分布于其他土壤带之中。资料表明，中国已有 16 个省区发育有盐渍土，总面积达 81.8×10^4 km^2（现代盐渍土约 36.9×10^4 km^2，残余盐渍土约 44.9×10^4 km^2），潜在盐渍土约 17.33 km^2（段永侯等，1993）。

11.3.1 盐渍土的类型及其特性

盐渍土的主要特点是干燥时具有较高的强度，潮湿时强度降低、压缩性增大，而且与所含盐的成分和数量有关。土中盐类主要有氯化物、硫酸盐和碳酸盐。

(1) 氯化物主要有 $NaCl$、KCl、$CaCl_2$、$MgCl_2$ 等，具有很大的溶解度和强烈的吸湿性，故含氯化物的盐渍土又称为“湿盐土”。氯化物结晶时体积不膨胀，含氯化物的盐渍土干燥时强度高，潮湿时易溶解而具有很大的塑性和压缩性。

(2) 硫酸盐主要有 Na_2SO_4 和 $MgSO_4$，具有很大的溶解度，且随着温度的变化显著。硫酸盐结晶时具有结合一定数量水分子的能力，如 Na_2SO_4 结晶为芒硝，结合 10 个水分子，即 $Na_2SO_4\cdot10H_2O$，因此体积大大膨胀。失水时晶体变为无水状态，体积相应缩小。硫酸盐的这种胀缩现象经常随温度变化而改变。温度降低时，溶解度迅速降低，盐分从溶液中结晶析出，体积增大；温度升高时，结晶盐溶解，体积缩小。因此，含硫酸盐的盐渍土有时因温差变化而产生胀缩现象。夜晚温度低时结晶膨胀，白天温度高时脱水而呈粉末状或溶于水溶液中，故硫酸盐盐渍土又称为“松胀盐土”。

(3) 碳酸盐主要有 $NaHCO_3$ 和 Na_2CO_3，也具有较大的溶解度。由于含有较多的钠离子，吸附作用强，遇水使黏土胶粒得到很多的水分，体积膨胀。因碳酸盐盐渍土具有明显的碱性反应，故又称为“碱土”。

盐渍土依地理位置可分为内陆盐渍土、滨海盐渍土和平原盐渍土三种类型。在中国，盐渍土主要分布于江苏北部和渤海西岸，华北平原的河北、河南、山西等省，东北松辽平原西部和北部，以及内蒙古和西北的新疆、甘肃、陕西、青海等省区。

(一) 内陆盐渍土

内陆盐渍土分布在年蒸发量大于年降水量、地势低洼、地下水埋藏浅、排泄不畅的干旱和半干旱地区。中国内蒙古、甘肃、青海和新疆一些内陆盆地中广泛分布有盐渍土，其特点是含盐量高、成分复杂、类型多样，含盐量一般在10%～20%。尤其是在青海柴达木盆地、新疆塔里木盆地，土中含盐量更高，在地表常结成几厘米至几十厘米的盐壳。

中国西北内陆盆地的盐渍土，从山前到山间内陆盆地中心，含盐类型有一定规律性。山前洪积冲积倾斜平原区地表含盐量极少，为碳酸钠、碳酸氢钠型；冲积洪积平原区土质为硫酸盐、亚硫酸盐型；盆地中心湖积平原区为氯化物型，地面常有几厘米至几十厘米厚的氯化物盐壳。

(二) 滨海盐渍土

滨海盐渍土分布在沿海地带，含盐量一般为1%～4%。但在华南地区因淋溶作用强，含盐量较低，多数不超过0.2%，且以氯化物、亚硫酸盐为主；华北和东北因淋溶作用相对较弱，土中含盐量较高，可达3%以上，以氯化物为主，土呈弱碱性。

(三) 平原盐渍土

平原盐渍土主要分布在华北平原和东北平原。由于各地区形成条件的差异，盐渍土类型不尽相同。如东北松嫩平原，地势低平，土质为冲积洪积砂黏土、黏砂土及粉细砂，透水性差，地下水径流不畅，毛细水上升蒸发作用使地表土盐渍化，形成厚约5 mm的一层盐霜。本区盐渍土以含碳酸氢钠和碳酸钠为主，氯化物及硫酸盐较少。土中含盐量一般为0.7%～1.5%，高者达3%以上。

11.3.2 盐渍土的危害

与盐渍化土地一样，盐渍土的农作物产量也非常低，甚至不适合作物生长。盐渍土分布区的道路路基和建筑物地基还受到盐渍土胀缩破坏或腐蚀。含盐量高的盐渍土路基还会因盐分溶解导致地基下沉。

(一) 毁坏道路和建筑物基础

硫酸盐盐渍土随着温度和湿度变化，吸收或释放结晶水而产生体积变化，引起土体松胀。因此，采用富含硫酸盐的盐渍土填筑路基时，由于松胀现象会造成路基变形而影响交通运输。如新疆塔城机场跑道下为含有Na_2SO_4或$Na_2SO_4 \cdot 10H_2O$的盐渍土，因温差变化而引起的盐胀作用使机场跑道表面出现大面积的开裂、起皮和拱起，经济损失达1400多万元。

此外，由于降雨淋溶作用，使表层土中盐分减少，造成退盐作用，结果使路基变松、透水性减弱，从而降低路基的稳定性。

(二) 腐蚀建筑材料，破坏工程设施

盐渍土还可腐蚀桥梁、房屋等建筑物的混凝土基础，引起基础破损。当硫酸盐含量超过1%或氯化物含量超过4%时，对混凝土将产生腐蚀作用，使混凝土疏松、剥落或掉皮。盐渍土中的易溶盐，对砖、钢铁、橡胶等材料也有不同程度的腐蚀作用，如$NaCl$与金属铁作用形成$FeCl_3$。盐渍土中氯化物含量超过2%时，将使沥青的延展度普遍下降。碳酸钠和碳酸氢钠能使沥青发生乳化。

11.3.3 盐渍土灾害的防治措施

当在盐渍土分布区进行农业生产时，防治盐渍土灾害的关键是改良盐渍土、降低土壤含盐量，具体措施参见10.4.3节土壤盐渍化的防治对策。

盐渍土在干燥条件下具有一定的强度，因此，中盐渍土和弱盐渍土可作为道路路基和建筑物地基。但作为过水路堤或水库堤坝坝基时，则应采取换填、隔水等相应的措施。

11.4 软　土

软土是指天然孔隙比大于等于天然含水量、大于液限的细粒土。它们是在水流流速缓慢的环境中沉积、含有较多有机质的一种软塑到流塑状态的黏性土，如淤泥、淤泥质土、泥炭以及其他高压缩性饱和黏性土等（蒋爵光，1991）。

软土在中国分布很广，不仅在沿海地带及平原低地、湖沼洼地发育有厚层软土，在丘陵、山岳、高原区的古代或现代湖沼地区也有软土分布。

11.4.1 软土的特征

（一）软土的物质成分及结构特征

软土是在静水或流速缓慢的水体中形成的现代沉积物，因此，粒度成分以粉粒及黏粒为主；矿物成分中除石英、长石、云母外，常含有大量的黏土矿物，当有机质含量集中（质量分数 $w>50\%$）时，可形成泥炭层。软土多具有疏松多孔的蜂窝状结构，有的水平层理比较发育。

（二）软土的物理力学性质

软土为高分散并富含有机质的黏性土，亲水性强，因而具有孔隙比高和饱含水分的特点。一般淤泥类土天然含水量（40%～70%）大于等于液限（40%～60%）；泥炭质土的含水量高达100%～300%，孔隙比大于3。软土的孔隙比和含水量都有随深度而降低的规律。

软土虽然孔隙比大，但孔隙细小，因而透水性弱，一般渗透系数为 $10^{-8}\sim10^{-6}$ cm/s。由于孔隙比大，故压缩性高，压缩系数一般为 0.7～1.5 MPa^{-1}，压缩模量多为 2.0 MPa，有时可达3.0 MPa。

软土的高分散性和亲水性、高孔隙比使其颗粒间的连接很弱，因而强度很低。固结快剪的内摩擦角也仅几度至十几度，黏聚力（c）一般小于 20 kPa，无侧限抗压强度一般为 10～40 kPa。

软土在一定荷载的长期作用下，可发生缓慢的变形，即软土具有蠕变性。在搅拌或振动等强烈扰动下，土的强度会急剧降低，甚至变成悬液而流动，表现为触变性。

11.4.2 软土的危害

由于软土强度低、压缩性高，故以软土作为建筑物地基所遇到的主要问题是承载力低和地基沉降量过大。软土的容许承载力一般低于 100 kPa，有的只有 40～60 kPa。上覆荷载稍大，就会发生沉陷，甚至出现地基被挤出的现象。

例如，上海展览馆中央大厅为箱形基础，埋深2 m，基底总压力约为 130 kPa，附加压力约为 120 kPa，完工后 11 年平均沉降量达 1.6 m，沉降影响范围超过 30 m，并引起相邻建筑物的严重开裂。在福州近郊，很多建筑物地基是淤泥层，竣工后一年平均沉降量超过 50 cm，最大的达到 80 cm。软土中常夹有砂质透镜体，易引起不均匀沉降，使建筑物遭受破坏。另外，由于软土的固结时间长，建筑物将长期处于沉降变形之中，所以灾害的威胁长期难以消除。如对上海地区某些建筑物长达 15 年的沉降观测结果表明，实际沉降量只达到了预计沉降量的 75%～90%。

在软土地区修筑路基时，由于软土抗剪强度低，抗滑稳定性差，不但路堤的高度受到限制，而且易产生侧向滑移。在路基两侧常产生地面隆起，形成远伸至坡脚以外的坍滑或沉陷。

例如,位于中国浙江沿海海积平原的铁路路基大多是厚达几十米的淤泥质软土层。表层为0.6～1.0 m的可塑性黏土,其下为流动性的软土层。在施工过程中,一年之内路堤曾连续发生坍塌;在路堤填筑完工时,一处高约8 m的桥头路堤一次整体坍塌下沉4.3 m,滑动范围远距路基中心线56 m,坡脚地面隆起达2 m,造成严重的坍塌事故。又如成昆铁路的拉普路堤,路堤位于河流一级阶地后缘,阶地面横坡较缓,约为5°～15°;路堤下伏土层厚9～13 m,呈软塑状态;地下水埋深1～2 m。当路堤中心填至12～15 m时,发现外侧填方坡脚出现隆起开裂变形,随后整个路堤发生破坏。

11.4.3 软土地基的加固措施

在软土地区进行工程建设往往会遇到地基强度和变形不能满足设计要求的问题,特别是在采用桩基、沉井等深基础措施在技术及经济上又不可能时,可采取加固措施来改善地基土的性质以增加其稳定性。地基处理的方法很多,大致可归结为土质改良、换填土和补强法等。

(1) 土质改良法

土质改良指利用机械、电化学等手段增加地基土的密度或使地基土固结的方法。如用砂井、砂垫层、真空预压、电渗法、强夯法等排除软土地基中的水分以增大软土的密度;或用石灰桩、拌合法、旋喷注浆法等使软土固结以改善土的性质。

(2) 换填法

换填法,即利用强度较高的土换填软土。

(3) 补强法

补强法是采用薄膜、绳网、板桩等约束地基土的方法,如铺网法、板桩围截法等。

在道路建设中,对软土路基也必须进行加固处理,主要采用砂井、砂垫层、生石灰桩、换填土、旋喷注浆、电渗排水、侧向约束和反压护道等方法。

11.5 冻 土

冻土是一种特殊土类,它具有一般土的共性,同时又是一种为冰所胶结的多相复杂体系,具有鲜明的个性。因此,由于土中冰的增长或消失而引起的冻胀和融沉现象,常常导致冻土区各种工程建筑物的迅速破坏。

11.5.1 冻土的特征

温度低于零度后,土中液态水凝结为固态冰,并将土颗粒固结,使其具有特殊连接,这种土称为冻土;当温度升高时,土中的冰又融化为液态水,融化了的冻土称融土。

冻土一般由岩屑或矿物颗粒、冰、水与气体组成,其中岩屑、矿物颗粒是冻土成分的主体。冻土与未冻土和融土的本质区别是在冻土中存在着特殊的固相物质——冰。由于冰的固结作用,冻土的抗压强度要比未冻土大许多倍,且与土的粒度成分、含水量、土体的温度及荷载作用时间等有关。冻土在长期荷载作用下具有流变性,其极限抗压强度比瞬时荷载作用下的抗压强度要小得多。冻土在融化过程中,水沿孔隙迅速排出,在土体自重作用下,孔隙比迅速减小。

按冻土中含冰量(总含水量)的多少,可将冻土分为少冰冻土、多冰冻土、富冰冻土、饱冰冻土和含土冰层等类型。根据冻土总含水量(w)、塑限(w_p)、融沉、冻胀、强度等参数,中国科学院兰州冰川冻土研究所提出了多年冻土工程分类方案(表11-2)。

表 11-2　多年冻土的工程分类

(据徐学祖等,2001)

综合冻土工程类别	Ⅰ	Ⅱ	Ⅲ	Ⅳ	Ⅴ
总含水量 w/(%)	$w<w_p$	$w_p\leqslant w<w_p+7$	$w_p+7\leqslant w<w_p+15$	$w_p+15\leqslant w<w_p+35$	$w<w_p+35$
冻土类别	少冰冻土	多-富冰冻土	饱冰冻土	冰层	
构造类别	整体状	微层、网状	层状	斑状	基底状
融沉等级	不融沉	弱融沉	融沉	强融沉	强融沉
评价融沉系数 A	$A<1$	$1\leqslant A<5$	$5\leqslant A<10$	$10\leqslant A<25$	$A\geqslant 25$
冻胀等级	不冻胀	弱冻胀	冻胀	强冻胀	强冻胀
评价冻胀系数 η	$\eta<1$	$1\leqslant\eta<3.5$	$3.5\leqslant\eta<7$	$7\leqslant\eta<12$	$\eta\geqslant 12$
强度等级	中	高	高	中低	低
评价相对强度值	<1.0	1.0	1.0	0.8~0.4	<0.4

冻土有多年冻土和季节性冻土之分。多年冻土可分上下两层:上层为夏融冬冻的活动层(冻融层),下层为多年冻结的永冻层。

多年冻土以上的季节冻层,每年冻结时,由于土中水分由非冻结层向冻结面迁移并积聚,并逐渐冻结成冰,使土体积膨胀,产生冻胀力。冻胀力的大小与含水量、土温、土颗粒成分等都有关系。

11.5.2 冻土的分布

多年冻土在世界分布极广,约占陆地面积的 24%,主要分布在俄罗斯、加拿大、中国和美国的阿拉斯加等地。其中,中国的多年冻土分布面积约 $207\times10^4\ km^2$,仅次于俄罗斯($1000\times10^4\ km^2$)和加拿大[$(390\sim490)\times10^4\ km^2$],约为美国多年冻土面积($140\times10^4\ km^2$)的 1.5 倍。

中国多年冻土的分布面积约占世界多年冻土面积的 10%,占中国国土面积的 21.5%,是世界第三冻土大国。中国的多年冻土主要分布于青藏高原、帕米尔、西部高山、东北大小兴安岭(表 11-3),东部地区部分高山的顶部,如山西五台山、内蒙古大青山、吉林长白山等,也分布有多年冻土。东北、西北地区的高纬度冻土有明显的水平分带性,青藏高原地区的高海拔冻土有显著的垂直分带性。季节冻土遍布于不连续多年冻土区的外围地区,主要位于纬度大于 24°的地区,占中国国土面积的 53.5%。

表 11-3　中国多年冻土分布地区及面积

(据徐学祖等,2001)

地　区	大片连续多年冻土区面积 $10^4\ km^2$	不连续多年冻土区面积 $10^4\ km^2$	小　计 $10^4\ km^2$
大兴安岭	9.6	22.4	32.0
小兴安岭		1.9	1.9
长白山等		0.1	0.1
阿尔泰山	1.4	0.5	1.9
西准噶尔山地	0.1	0.1	0.2
天山	4.3	3.4	7.7
帕米尔	0.8	0.9	1.7
祁连山	5.6	3.9	9.5
青藏高原	69.4	79.9	149.3
其他高山	1.0	1.5	2.5

11.5.3 冻土的不良地质现象

(一) 冻胀

冻胀是指土在冻结过程中，土中水分冻结成冰，并形成冰层、冰透镜体或多晶体冰晶等形式的冰侵入体，引起土粒间的相对位移，使土体积膨胀的现象。

1. 冻胀的类型

冻胀可分为原位冻胀和分凝冻胀。孔隙水原位冻结，造成体积增大9%，但由外界水分补给并在土中迁移到某个位置冻结，则体积将增大1.09倍。所以饱水土体在开放体系下的分凝冻胀是土体冻胀的主要分量。分凝冻胀的机理包含两个物理过程：土中水分迁移和成冰作用。前者由驱动力、渗透系数、迁移量等指标来描述，后者则取决于界面状态、冰晶生长情况等因素。分凝冻胀是由冻土的温度梯度引起的，土中溶质浓度梯度引起的渗透压机制和反复冻融引起的真空渗透机制也对土体冻胀起着一定的作用。决定土体冻胀的主导因素包括土中的热流和水流状况，而土质和外界压力等则在不同程度上改变冻胀的强度和速度。

2. 冻胀的评价指标

评价土体冻胀及其对构筑物的影响，通常采用冻胀系数(η)和冻胀力(F)指标。冻胀系数定义为冻胀量的增量与冻结深度增量的比值。冻胀力指土体冻结膨胀受约束而作用于基础材料的力。

3. 冻胀的外观表现

冻胀的外观表现是土体表层不均匀地隆起，常形成鼓丘及隆岗等，称为冻胀丘。在冻结过程中水向冻结峰面迁移，形成地下冰层。随着冻结深度的增大，冰层的膨胀力和水的承压力增加到大于上覆土层的荷载时，地表便会发生隆起形成冻胀丘。如果每年的冬季隆起、夏季融化，则属季节性冻胀丘。

(二) 热融滑坍

由于自然营力作用(如河流冲刷坡脚)或人为活动影响(挖方取土)破坏了斜坡上地下冰层的热平衡状态，使冰层融化，融化后的土体在重力作用下沿着融冻界面而滑坍的现象，称为热融滑坍。

热融滑坍按其发展阶段和对工程的危害程度，可分为活动的和稳定的两种类型：稳定的热融滑坍，是因坍落物质掩盖坡脚或暴露的冰层或某种人为作用，使滑坍范围不再扩大的热融滑坍；活动的热融滑坍，是因融化土体滑坍使其上方又有新的地下冰暴露，地下冰再次融化产生新的滑坍。两者在一定条件下可以相互转化。

(三) 融冻泥流

由于冻融作用，缓坡上的细粒土土体结构破坏，土中水分受下伏冻土层的阻隔不能下渗，致使土体饱和甚至成为泥浆。在重力作用下，饱水细粒土或泥浆沿冻土层面顺坡向下蠕动的现象称为融冻泥流。

融冻泥流可分为表层泥流和深层泥流两种：表层泥流发生在融化层上部；深层泥流一般形成于排水不良、坡度小于10°的缓坡上，以地下冰或多年冻土层为滑动面，长可达几百米，宽几十米，表面呈阶梯状，移动速度十分缓慢。

(四) 热融沉陷和热融湖

因气候变化或人为因素，改变了地面的温度状况，引起季节融化层的深度加大，导致地下冰或多年冻土层发生局部融化，上部土层在自重和外部营力作用下产生沉陷，这种现象称为热融沉陷。当沉陷面积较大且有积水时，形成热融湖。热融湖大多分布在高原区。

11.5.4　冻土的危害及防治措施

(一) 冻土的危害

土体在冻结时体积膨胀，地面出现隆起；而冻土融化时体积缩小，地面又发生沉陷。同时，土体在冻结、融化时，还可能产生裂缝、热融滑塌或融冻泥石流等灾害。因此，土体的频繁冻融直接影响和危害人类经济活动和工程建设。就其危害程度而言，多年冻土的融化作用危害较大，而季节性冻土的冻结作用危害更大。

热融滑塌可使建筑物基底或路基边坡失去稳定性，也可使建筑物被滑塌物堵塞和掩埋。由于热融滑塌呈牵引式缓慢发展，所以很少出现滑塌体整体失稳的现象。热融滑塌一般自地下深处向地表发展，侧向延展很小，厚度只有 1.5～2.5 m，稍大于当地季节融化层的厚度。

热融沉陷与人类工程活动有着十分密切的关系。在多年冻土地区，如铁路、公路、房屋、桥涵等工程的修建，都可能因处理不当而引起热融沉陷。例如，房屋采暖散热使多年冻土融化，在房屋基础下形成融化盘，在融化盘内，地基土将会产生较大的不均匀沉陷。在路基工程中，由于开挖破坏了原来的天然覆盖层，或路堤上方积水并下渗，都可能造成地下冰逐年融化，从而导致路基连年大幅度沉陷甚至突陷。若路堤下为饱冰黏性土，融化后处于软塑至流塑状态，承载力很低，在车辆振动荷载作用下，路堤在瞬间即可产生大幅度的沉陷，造成中断行车等严重事故。表 11-4 列举了冻土区不同类型建筑物的冻害特征及其机理。

表 11-4　不同类型建筑物冻害特征与病因简析

建筑物类型	冻害特征	病因简析
采暖房屋	墙体立面绕曲	墙端冻胀大于中部或墙角融沉大于中部
	墙体“八”字型斜裂缝	冻胀
	墙体倒“八”字型斜裂缝	融沉
	室内地坪沉陷、围墙起伏开裂	不均匀冻胀融沉
桥梁、渡槽	桥(槽)面倾斜	不均匀冻胀融沉
	墩基(桩基)内倾、折断	侧向冻胀力、不均匀冻胀融沉
道路路基	路面起伏	不均匀冻胀融沉
	边坡滑塌	路基内侧积水、融沉
	路肩开裂	填土含水量和密度不均
	翻浆冒泥	冻结时水分迁移、热融后软塌
衬砌渠道	渠底鼓胀、开裂、错位、塌陷	不均匀冻胀融沉
	阴坡渠壁裂缝多于阳坡	不均匀冻胀与融沉
涵洞	洞身起伏、开裂、塌方、冒顶	反复冻胀与融沉
涵闸	倾斜、水平裂缝和断裂	水平冻胀推力
	倾斜裂缝	不均匀冻胀融沉
	拐角开裂、墙体扭曲	冻胀扭力、剪力综合作用

(二) 冻土危害的防治措施

冻土灾害的防治原则是根据自然条件和建筑设计、使用条件尽可能保持一种状态，即要么长期保持其冻结状态，要么使其经常处于消融状态。首先，必须做到合理的选址和选线，制定正确的建筑原则，尽量避免或最大限度地减轻冻害的发生。在不可能避免时，采取必要的地基处理措施,消除或减弱冻土危害。

1. 冻胀防治措施

防治冻胀的措施包括两个方面:① 改良地基土,减缓或消除土的冻胀;② 增强基础和结构物抵抗冻胀的能力,保证冻土区建筑物的安全(图 11-1)。不同的基础形式和建筑物类型,应根据设计原则采取相应的具体措施。

(1) 换填法

换填法是目前应用最多的一种防治冻土灾害的措施。实践证明,这种方法既简单、实用,治理效果又好。具体做法是用粗砂或砂砾石等置换天然地基的冻胀性土。

(2) 排水隔水法

排水隔水法有抽采地下水以降低水位、隔断地下水的侧向补给来源、排除地表水等,通过这些措施来减少季节融冻层土体中的含水量,减弱或消除地基土的冻胀。

(3) 设置隔热层保温法

隔热层是一层低导热率的材料,如聚氨基甲酸酯泡沫塑料、聚苯乙烯泡沫塑料、玻璃纤维、木屑等。在建筑物基础底部或周围设置隔热层可增大热阻,减少地基土中的水分迁移,达到减轻冻害的目的。路基工程中常用草皮、泥炭、炉渣等作为隔热材料。

(4) 物理化学法

物理化学法是在土体中加入某些物质,改变土粒与水分之间的相互作用,使土体中水的冰点和水分迁移速率发生改变,从而削弱土体冻胀的一种方法。如加入无机盐类,使冻胀土变成人工盐渍土;降低冻结温度;在土中掺入厌水性物质或表面活性剂等,使土粒之间牢固结合,削弱土粒与水的之间相互作用,减弱或消除水的运动。

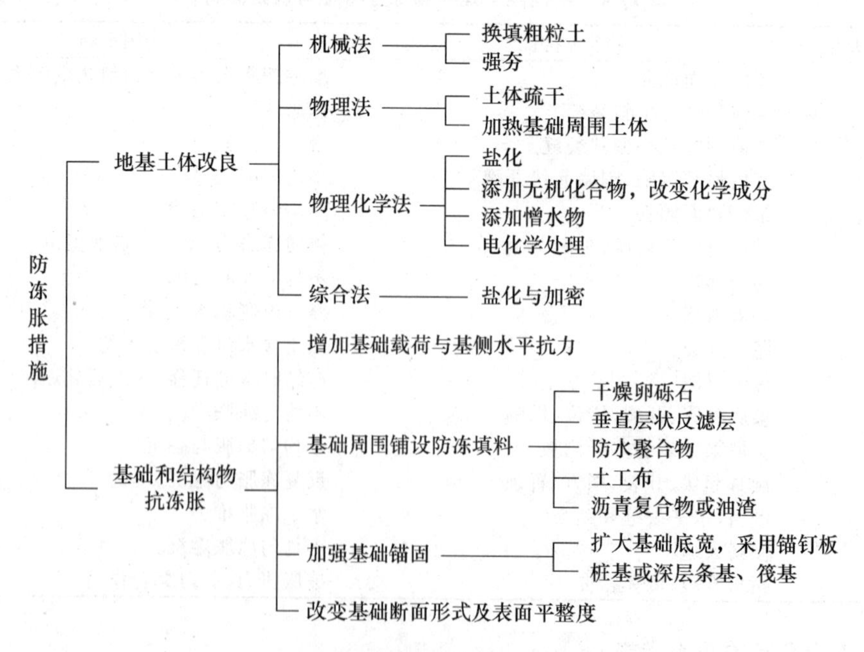

图 11-1 工程建筑物防冻胀措施

(据徐学祖等,2001,改编)

2. 热融下沉的防治措施

工程建筑物的修建和运营,可使多年冻土地基的热平衡条件发生改变,导致多年冻土上限下降,从而产生融化下沉。

防治融化下沉的方法有多种,如隔热保温法、预先融化法、预固结法、换填土法、深埋基础法、地面以上材料喷涂浅色颜料法、架空基础法等。其中运用最广泛的是隔热保温法,即用保温性能较好的材料或土将热源隔开,保持地基的冻结状态。多年冻土地区的铁路建设中,也常采用路堤保温的方法防止路基热融下沉。

3. 路堑边坡滑坍防治措施

防治路堑边坡的滑坍往往采用换填土、保温、支档、排水等措施。换填土厚度应足以保持堑坡处于冻结状态。防护高度小于 3 m 时,可采用保温措施,将泥炭或草皮夯实,并在夯实的坡面上铺植草皮和堆砌石块;当防护高度大于 3 m 时,可采用轻型挡墙护坡或采用挡墙与保温相结合的方法。

第12章　其他地质灾害

地表化学元素的迁移与转化，地球表面物质的侵蚀、搬运和堆积，土壤的形成与演化，以及生物的生长和进化，都与水循环密切相关。除前述各种地质灾害外，水还以其水量、水位、水力坡度和水压力等动力学特征的变异而诱发出一系列地质灾害。

由于水资源开发而出现的地下水资源枯竭、水体污染、海水入侵、地面沉降、岩溶塌陷、土地荒漠化等地质灾害，都是地质环境中以水为媒介而发生的物质迁移和能量交换的结果。本章主要论述与水动力变化密切相关的地下水资源恶化和洪涝灾害以及海岸带地质灾害。

12.1　地下水资源恶化

12.1.1　地下水的特征

地下水是地球上水分循环的重要组成部分，广义的地下水包括淡水、咸水、卤水、矿水、热水等。地下水是一种非常有用的矿产资源，但它与固体矿产资源有着显著的区别，即地下水具有流动性和可恢复性。

地下水具有其特定的运动规律。通过水分的补给、径流和排泄等运动形式，地下水的水量和水质可自行发生变化。地下水主要接受降水或地表水的补给，而通过潜水蒸发、泉水溢流或地下径流等形式排泄。在正常的天然条件下，补给量与消耗量基本上能够维持动态平衡。在人为开采条件下，虽然抽采地下水改变了地下水原有的补给和排泄关系，但只要人工开采量和其他消耗量之和与地下水补给量保持平衡，就能维持正常的地下水循环，而不出现变异；否则，就会因过量开采而破坏原有的平衡关系，导致地下水水位持续下降、水量逐渐减少以至枯竭等现象发生。

地下水在开采条件下，由于水位下降而改变了原有的水力坡度，地下水在介质中的流动速度也相应地加快；同时，地下水开采区水量的减少还会使静水压力减小。这些变化导致开采条件下的地下水补给量远远大于天然条件下的补给量。开采条件下地下水的补给来源主要有开采区外围地下水的周边补给、河流岸边的渗透补给、上覆或下伏含水层的越流补给、承压水的弹性释放补给等。

从地下水资源的角度来看，最具有实际价值的是地下水循环交替过程中的可恢复资源部分。在天然条件下，可供利用的可恢复资源，称为天然资源，而实际开采利用的地下水资源称为开采资源。地下水天然资源的丰富程度主要决定于补给条件或天然补给量，而开采资源的水量大小，除取决于天然条件与开采条件下的补给外，还与开采技术和社会经济发展水平有关。

地下水在人为和自然因素影响下，由于水的物理化学性质和水动力学及水生物学性质的变化可对人类的生产和生活环境产生各种形式的影响(表12-1)。

12.1.2　区域性地下水水位下降

区域性地下水水位下降是地下水变异的主要表现形式之一。由于超量开采地下水，地下水降落漏斗不断扩大，最终出现区域性水位下降，结果导致水资源短缺甚至枯竭。区域性地下水水位下降还是地面沉降、岩溶塌陷、地裂缝等地质灾害的主要诱发因素。

(一) 区域性地下水水位下降的原因

地下水动态变化是其补给量与排泄量之间平衡关系的综合表现。如果地下水补给量大于排泄量，含水层中地下水储存量增加，水位上升；反之，则储存量减少，水位下降。对一个地区而言，地下水未经大量开采之前，基本上处于一种动态均衡状态，地下水水位保持相对稳定。随着人口增加和人类生产活动的加剧，地下水多年平均开采量超过多年平均补给量，其天然动态均衡遭到破坏，结果导致地下水水位逐年下降。

表 12-1 地下水在自然界中的变化形式及其环境效应

变化形式	作用实质	控制指标	常见作用	作用结果	环境效应
水化学成分变化	物质迁移	pH，E_h	溶解-沉淀、氧化-还原、吸附-解吸、稀释等	元素富集、贫化、毒性改变、净化等	水质变坏、引起地方病、包气带缺氧等
水动力条件变化	能量转化	水力坡度、孔隙水压力、水位	荷载效应、孔隙水压力效应等	地面沉降、诱发地震、岩溶塌陷等	破坏交通、影响采矿、损坏建筑物、危及生命
水热力条件变化	热量转化	温度、热量、冻土层厚度	冻胀作用、融沉作用、热污染	冻土区地基失稳、热融滑坡等	破坏建筑、影响交通、妨碍渔业
水生态环境变化	生态效应	毒性、浓度	富营养化、蒸发作用、水土流失	生物物种减少、土地荒漠化	影响农、林、渔业和旅游业

地下水超量开采的直接后果是地下水降落漏斗范围不断扩大，区域地下水水位持续下降。据水利部统计(2001 年)，中国每年地下水超采量超过 80×10^8 m^3，形成地下漏斗区 56 个，面积达 8.7×10^4 km^2(相当于近 3 个海南岛的面积)，漏斗最深处大于 100 m。截至 1999 年底，因严重超采地下水，中国的华北平原已出现世界上面积最大的地下水下降漏斗，总面积在 5×10^4 km^{2}以上，已基本连成一片。漏斗中心水位逐年下降，个别地区的抽水井深度达几百米。天津、沧州、衡水、德州一带的深层地下水水位下降漏斗面积达 3.18×10^4 km^2。浅层地下水水位降落漏斗分布于北京市及京广铁路沿线的保定、石家庄、邢台、邯郸到安阳一带，面积达 1.89×10^4 km^2。

由于地下水水位持续下降，地面沉降、地裂缝和地面塌陷等地质灾害日趋严重，铁路路基、建筑物、地下管道等下沉、开裂，堤防及河道排洪受到威胁。河北省 8 个供水水源地的地面沉降总面积近 7×10^4 km^2，沉降量从 200～1000 mm 不等。因地面沉降，环渤海地区和胶东半岛有超过 1200 km^2 的地区发生海水倒灌。华北地区 49 个县市地裂缝达到 400 多条。

(二) 地下水水位下降的危害

水位持续下降是地下水超量开采的主要标志，它不仅使抽水井的出水量减少或导致井孔干枯、抽水设备报废，而且还诱发地面沉降等地质灾害，恶化地质环境。

1. 城市地下水资源枯竭

地下水资源是绝大多数城市主要的供水水源。由于城市人口激增、工业企业密集，地下水开采量远远超出补给量，水资源日趋减少乃至枯竭的趋势愈加明显。中国北方的北京、沈阳、石家庄、济南等大城市的地下水开采模数均已超过 1×10^6 m^3/(km^2 · a)，结果造成补给量与排泄量的平衡关系失调，地下水水位持续下降，部分地区出现含水层被疏干的严重现象。

2. 泉水流量减少

中国北方岩溶泉域地区，由于不合理开采地下水，水位不断下降，造成泉水流量减少甚至断流。

素以泉城著称的济南市，由于超量开采地下水，趵突泉群等四大泉群自1972年开始，由长年出流变成季节出流，到20世纪80—90年代则出现了多次断流的现象，单次断流时间最长的达两年之久(陈余道，1997)。20世纪50年代，太原的晋祠泉流量为1.98 m^3/s，到80年代仅为0.43 m^3/s。河北的峰峰黑龙洞泉、邢台百泉等都发生过断流现象，给当地城市建设和旅游产业带来不利影响。

3. 生态系统改变

区域地下水位下降，还影响到城市花草树木的生长，植被覆盖率降低，湖泊水面和湿地减少，生态环境发生根本性变化。城市地下水位下降还在一定程度上加剧了城市“热岛效应”。

20世纪50—60年代，石家庄市区地下水位深2～4 m，树木无需浇灌即可生长，林草茂盛，植被覆盖率较高。80年代以后，由于地下水位下降，市区树木每年需浇灌3～4次，才能使耐旱的树种成活，而不耐旱的柳树等已无法正常生长了。

4. 地面沉降和岩溶地面塌陷灾害加剧

人工抽取地下水是引发地面沉降的决定性因素。许多地区的地面形变监测资料表明，地面沉降中心与地下水漏斗分布范围有较好的对应关系。中国的东北平原、华北平原、长江三角洲、东南滨海地区、内陆盆地等都出现了地面沉降现象。岩溶发育地区，如北方岩溶区、云贵高原、两广地区出现的岩溶地面塌陷均与地下水位的动态变化有着密切的关系，其中以水源地抽水致塌最为显著(陈余道，1997)。由于强烈开采地下水而遭受塌陷严重危害的城市，北方有唐山、泰安、平顶山、枣庄、郑州等地，南方主要为分布在广东、广西和西南岩溶发育区的城市。

(三) 防止区域性地下水位下降的措施

地下水资源是城市和工农业用水的重要供水水源。地下水资源的持续利用与保护对人类社会持续稳定发展是至关重要的。因此，必须采取有效的措施保护地下水资源，防止地下水水位持续性下降，减轻或避免由此引发的一系列环境问题。

1. 合理开发水资源，科学利用城市水资源

水是生态环境系统中最活跃的因素。水资源如过度开发，则会破坏其自然平衡，势必造成水环境乃至区域生态环境的恶化。因此，调查地下水补给、径流和排泄条件是城市水资源合理开发利用的基础和前提，建立城市供水水源地必须进行水资源的专门性勘查、可行性论证和环境影响评价。此外，控制城市发展规模，合理调整工业布局，建设节水型城市，科学利用城市水资源也是解决城市水资源短缺的重要策略。

在开发利用地下水资源的过程中，应严格限制超采区的地下水开采量，分散布置开采水井；控制深层地下水的开采，大力开发浅层水，合理利用微咸水；兴建大中型傍河地下水水源地，增大河流补给，保持稳定供水；在岩溶大水矿区，实行排供结合，提高矿区排水的利用率。

2. 地下水优先用于居民生活用水，逐步实现城市分质供水

在社会经济日益发展和居民生活水平不断提高的情况下，保障安全卫生的生活饮用水供应的任务将日益艰巨。然而，目前中国大多数城市仍将优质地下水资源大量用于工业或农业供水，如北京、西安、太原、哈尔滨等严重缺水的大中城市，地下水开采量的30%～50%用于农

业灌溉。为了合理利用地下水，保证城市居民生活的优质饮用水供应，应逐步在城市实行分质供水，严格限制把优质地下水挪做它用，同时加强地下水水源保护，建立水源保护区和相应的管理制度，确保居民饮用水的稳定供应。

3. 积极开展水资源的地下人工调蓄

为缓解水资源的供需矛盾，地表水和地下水应联合开发、相互调剂，利用丰水季节的多余洪水对地下水进行人工调蓄，是扩大水资源和解决地下水过量开采的有效途径。发达国家在城市取水工程中，约20%～40%的地下水依靠人工调蓄补给。荷兰阿姆斯特丹的滨海沙丘人工补给设施，年灌入量达4000×10^{4} m^{3}，很好地解决了枯水季节供水不足的问题，成为该市主要供水水源之一。英国伦敦采用每年5月回灌、7月抽用和4年回灌、1年抽用的循环体制，对调节水源起到了重要的作用(陈梦熊，1998)。

近年来北京市曾在潮白河牛栏山、永定河、石景山、丰台以及大兴天堂河流域进行了人工调蓄的试验研究，取得了良好的效果。

建立水资源人工调蓄工程，将丰水期的大气降水和地表水注入和贮存在能够进行多年调节的地下水库中，以备枯水期利用，进行多年调蓄，实行丰贮枯采，这不仅补偿了地下水资源过量开采，也可使地下水水位得以回升，使已形成的水位降落漏斗逐渐消失。

利用“地下水库”调蓄水资源，具有不占耕地、不需搬迁、投入少、卫生防护条件好等一系列优点。水资源地下调蓄已成为缓解水源紧缺、扩大可利用水资源以及改善地质环境的重要措施。

在盐碱地农业灌溉区，开采地下水发展井灌，不仅可以防治土壤盐渍化，而且能够取得抗旱防涝的效益。汛前开采地下水灌溉，腾出地下水库容，有利于汛期集中降水的入渗，达到分洪除涝的目的。

4. 提高水资源的利用效率

充分挖掘水资源潜力，并采取先进的工艺流程，提高工业用水的重复利用率和降低工业用水定额，是缓解城市供水紧张的一项重要措施，也是建立节水型社会的重要组成部分。中国工业用水有60%～70%是冷却用水，对水质的影响很小，完全具备重复利用的条件，但目前中国水资源的重复利用率还很低。除北京、上海、大连等少数城市重复利用率可达70%～80%外，其他城市一般仅为20%～50%。而在发达国家，20世纪70年代，水的重复利用率就已经达到60%～70%；90年代初，某些先进国家在钢铁、化工和造纸等工业用水的重复利用率分别达到98%、92%和85%(陈梦熊，1998)。

由于工艺技术落后，在耗水量方面，中国与国际先进水平也有很大差距。如西方发达国家每生产1 t钢材的用水量为4～10 m^{3}，中国为30～80 m^{3}；造纸工业耗水量发达国家为50～200 m^{3}，中国则为300～500 m^{3}。通过提高生产技术和改良用水工艺，耗水量必然大幅度降低，从而节约水资源。

5. 净化废、污水，实现废水资源化

中国城市污水日排放量达7×10^{8} m^{3}左右，但污水处理能力很低。如把这些废、污水处理后再回收利用，使废水、污水资源化，不仅可以节约大量的地下水资源，缓解城市用水的供求矛盾，又可防止污染，保护生态环境，具有明显的社会、经济和环境效益。目前，中国城市废污水处理率只有21%左右；而许多发达国家已达85%以上，并把处理后的城市废污水作为稳定的二次水源开发利用。英国沿泰晤士河的472座污水处理厂，日处理能力约360×10^{4} m^{3}，其中大部分注入地下水库加以重复利用。

据统计(1998年底),北京作为特大型城市每天排放的生产生活污水约240×10^4 t,其中绝大部分直接排入自然水体,受到污染的河水被引入农田,使土壤和农作物遭到不同程度的危害,对人们的健康已构成直接威胁。北京市现拥有日处理4×10^4 t以上的大型污水处理厂共3个,总的处理能力只有58×10^4 t/d,每天约有182×10^4 t污水未经处理,结果使54条河渠受到污染,极大地影响了北京的环境。由此可见,中国城市废、污水的再生利用任重而道远。

6. 开展城市水资源管理模型的研究,建立健全地下水资源管理体系

为了充分挖掘城市现有水资源的开发潜力,优化开采城市水资源,防止因过量开采而导致各种水环境问题的发生,应采用系统理论与方法,建立城市地表水与地下水联合开发、水量与水质耦合的、多目标综合性的优化管理模型,利用计算机进行自动控制,按最佳开采量和最佳水位降深开采地下水。

此外,还要加强科学管理,制定有效的经济政策,促进地下水资源的合理开发与保护;建立健全地下水资源开发利用的管理法规和监督体制,实行水资源综合规划与管理。

12.1.3 地下水水质恶化

(一) 地下水污染现状

随着城市用水量和废污水排放量的不断增大,许多地区地下水污染程度日趋严重。对中国77个主要城市地下水主要开采层水质状况的调查研究表明,绝大多数城市地下水均存在着单项超标指标,水质受到了不同程度的污染。严重超标组分主要为总硬度、硝酸盐含量、矿化度及酚、氰、汞、铬等有毒有害物质。据统计,1995年中国废水排放总量(不包括乡镇工业)为360×10^8 t,其中工业废水排放量223×10^8 t,比1994年增加3.2%。1995年中国工业固体废弃物产生量(不包括乡镇工业)为6.5×10^8 t,历年累计堆存量66×10^8 t,堆存占地550.85 km^2,与1994年相比呈上升趋势(陈余道,1997)。

作为首都的北京不仅缺水,而且水污染十分严重。20世纪90年代中期以来,北京每年有10×10^8 t的工业废水和生活污水未经处理而直接排放。据预测,2010年北京市年污水排放量将达到$(14\sim15)\times10^8$ t。此外,北京市三环路以外分布有4700处直径超出50 m的垃圾堆。这些垃圾堆都是利用自然坑塘,未加任何衬垫和处置而直接填埋,极有可能污染地下水。北京又是千年古城,城区有1万多个渗井渗坑,随着城市规模扩大,近郊也出现不少污水沟。渗井渗坑和污水沟中的废污水以及工矿企业排放的废渣堆等都可能成为地下水的污染源。

据全国370个城市统计,生活垃圾每年的排放量超过0.6×10^8 t,这些废弃物如不及时处置或处置不当,不仅占用了人们的生活空间,更为严重的是使地下水遭到污染。

农业生产中大量使用的化肥、农药、除草剂等也对地下水水质造成不利影响。中国境内已遭受化肥、农药等较严重污染的耕地近2×10^5 km^2。在大气降水的入渗过程中,土壤中的有毒有害物质也被淋滤到含水层中污染地下水。

地下水水质恶化,不仅使可利用的地下水资源量减少,而且使饮用这些地下水的人群患病率增高。

(二) 地下水污染的机制

过量开采地下水是地下水水质恶化的主要原因,如废污水沿开采井渗入地下污染含水层中的地下水;不同水质的含水层发生水力联系,导致深层水质变差、淡水咸化等;水动力条件改变，诱发水文地球化学环境改变，还原环境转变为氧化环境，一些金属不溶物被氧化成游离的金属离子，淋滤渗入到地下水中。

污染物在由液体和固体两相组成的地下水系统中迁移，是极为复杂的物理、化学和生物的综合作用过程，所产生的水文地球化学效应不仅产生在水体内部，也会发生在水与固体颗粒之间的交界面上。

含水层中固体颗粒吸附水中的化学成分的类型与颗粒大小、物质成分、颗粒表面荷电性以及水溶液的各种特性有关。自然条件下，由于岩石和水溶液长期处于同一地下水系统中，水溶液中的盐类离子与岩石吸附离子之间总是处于一种动态平衡状态，污染物进入地下水含水层后，这种平衡状态即被打破，固、液之间的物质将重新分配。可见，所谓地下水污染，不单纯是液相水的污染，也必然包含固相岩土颗粒的污染。

（三）地下水污染的监测

研究地下水污染，首要任务是准确掌握污染物在地下水系统中的运移和分布规律，所以，做好地下水污染监测工作对于保护地下水意义非同寻常（王克三，1998）。

在自然条件下，受地质、地貌、土壤、植被等要素的分带性的影响，产生了地下水的区域性地球化学分带，不同地区的水质状况也具有明显的地带性特征；而且在一定的流域内，水中物质按区域地下水流方向由上游向下游有规律地迁移、扩散。

在人为因素影响下，地下水的原生水文地球化学环境受到干扰和破坏，水质成分日趋复杂，水中溶质在空间和时间上的非均质性增强。由于超量开采地下水，降落漏斗大量出现，地下水水流方向变化很大。地下水被污染后，水中污染物在平面上的迁移、扩散规律发生很大变化，非线性特征十分显著。因此，在这些地区进行地下水水质监测，必须精确绘制开采条件下的等水位线图，正确掌握污染物在空间和时间上的迁移分布规律，以便制定有效的防治对策和措施。

地下水污染监测的对象不仅仅是含水层本身，还包括污染物排放源的监测和潜水位以上包气带的监测。包气带对于地下水污染具有特殊的作用，它既对含水层起着保护作用，又是地下水污染的二次污染源。包气带土颗粒的吸附过滤作用使污水在下渗的过程中得到一定程度的净化，从而对含水层起到了防护作用。然而，包气带中积存的大量污染物，又使它成为向下伏含水层输送污染物的释放源。在这种情况下，即使地表污染源清除掉，地下水污染仍不能得到有效治理。因此，在地下水污染监测过程中，必须从地表污染源、包气带到含水层进行全方位的系统监测，全面分析研究地下水水溶液在这一系统中的时空分布和转化规律，为彻底根治地下水污染提供科学的依据。

（四）地下水污染的防治

地下水污染的防治是一项综合性很强的系统工程。在地下水未被污染之前，必须建立地下水水源地防护带等各种工程来保护良好的地下水环境。如水源地邻近的地下水已受到污染或水质不符合水质标准，必须采取物理、化学、生物化学或综合方法等处理以使水质达到要求。

1. 地下水污染的预防

地下水一旦遭受污染，其治理是非常困难的。因此，保护地下水资源免遭污染应以预防为主。合理的开采方式是保护地下水水质的基本保证。尤其在同时开采多层地下水时，对半咸水、咸水、卤水层、已受污染的地下水、有价值的矿水层以及含有有害元素的介质层的地下水均应适度开采或禁止开采；对于报废水井应做善后处理，以防水质较差的浅层水渗透到深层含水层中；用于回灌的水源应严格控制水质。

为了更好地预防地下水污染，还必须加强环境水文地质工作，加强对各类污染源的监督管理。依靠技术进步，改革工艺，提高废污水的净化率、达标率及综合利用率，定点、保质、限量排放各种废污水。

2. 地下水污染的治理

污染物进入含水层后，一方面随着地下水在含水层中的整体流动而发生渗流迁移，另一方面则因浓度差而发生扩散迁移。浓度差存在于水流的上、下游之间或地下水与含水层固体颗粒之间。地下水污染治理的对象包括地下水中发生渗流迁移的污染物和固体颗粒表面所吸附的污染物，其基本原理就是人为地为地下水污染物创造迁移、转化条件，使地下水水质得到净化(王克三，1998)。

地下水污染治理的基本程序是，首先将地表污染源切断以形成封闭的地下水污染系统，然后向该污染系统注入某种物质，促使地下水水质转化。根据地下水污染物的迁移转化机理，常用的方法有水力梯度法和浓度梯度法。

(1) 水力梯度法

水力梯度法就是通过人为加大地下水水力梯度，提高地下水的流动速度并使水流方向发生改变，最终迫使被污染的地下水流出水源开采区。人为改变地下水水力梯度可视不同的地质条件通过排水或注水两种方式来实现。地下水排水点的位置应设置在污染源处，以尽量把浓度高的污水抽出并在地面进行净化处理。注水点的位置应设置在污染源下游方向并尽可能靠近污染源，通过抬高地下水水位来阻断污染物继续向下游方向运移。排水或注水的深度和宽度应与地下水在垂直方向和水平方向上污染带的宽度相匹配，以提高治理效果。排水量和注水量的确定则以满足一定的水力梯度的要求为宜。应该注意的是，注水水质必须符合要求，以免引起不可逆的副作用。

(2) 浓度梯度法

浓度梯度法就是采用物理学、化学或生物学的方法，在被污染的地下水含水层中形成新的化学不平衡，使污染物由高浓度处快速向低浓度处扩散迁移，从而达到治理地下水的目的。浓度梯度法主要用于治理含水层中固体颗粒表面吸附的污染物。物理法的原理是人为降低水溶液中污染物的浓度，使固态物质表面吸附的污染物解吸迁移至水溶液中。化学法则是向水溶液中加入处理剂，通过处理剂与污染物的化学反应来降低水溶液中和固态物质表面吸附的污染物。生物法主要是利用微生物或某种植物选择性地吸收、分解特定污染物的原理，在水溶液中培植或投放这些生物来降低污染物的浓度。

12.2 洪涝灾害

12.2.1 洪涝灾害的分布与危害

地球上陆地的许多地区都存在着洪涝灾害，尤其是在低纬度地区更为严重。中国、印度、孟加拉国、日本等亚洲国家是遭受洪水袭击最严重的国家。

印度易受洪水淹没的面积为40×10^4 km^2，约占国土面积的1/8，年平均受洪涝灾害面积约8×10^4 km^2，受灾人口达1700～3200万人。孟加拉国大部分国土地处恒河、布河、梅格纳河下游的三角洲，河网密布，洪水灾害频繁，70%的国土面积受到洪水威胁，每年约有2.6×10^4 km^2的土地遭受洪水灾害，占国土面积的18%。1988年的特大洪水，孟加拉国全国56%

的土地被淹，死亡 2379 人，经济损失达 13 亿美元。日本国土中 75%是山区，冲积平原仅占 13%，但全国约有 5000 万人口和几百亿美元的财产处于洪水威胁区。美国的洪水灾害也十分频繁，洪泛区占全国总面积的 7%。密西西比河洪水最为严重，洪灾损失约占全国的一半。

中国地处低纬度的季风区，又受台风的强烈影响，暴雨洪水十分频繁。在 20 世纪的 100 年间，除黄河外，全国主要河流都曾发生过较大的洪水灾害。近 40 年来，涉及大江大河的大范围洪灾占 1/3 年份。平均每年洪涝灾害受灾面积约 8×10^4 km²，成灾 4×10^4 km²，损失超过 100 亿元，约占所有自然灾害损失的 40%(张家诚等，1998)。

20 世纪 90 年代以来，中国特大洪水几乎连年不断。1991 年 5 月下旬至 7 月中旬，淮河和长江中下游地区，因连降暴雨而发生大洪水，安徽、江苏、河南、浙江和湖南等地区严重受灾，黑龙江、吉林、四川和贵州的部分地区，也发生了比较严重的洪涝灾害。此次洪涝灾害的受灾面积和成灾面积分别达 25×10^4 km² 和 15×10^4 km²，死亡 5113 人，倒塌房屋 210.9 万间，直接经济损失达 779.08 亿元，占当年各种自然灾害经济损失的 2/3。1993 年虽然没有发生流域性的特大洪水，但全国各地区洪涝灾害分布范围很广，全年有 25 个省(市、自治区)发生了不同程度的洪涝灾害，受灾面积总计约 16×10^4 km²，农作物受灾面积约 8.6×10^4 km²，有 529 万人被洪水围困，死亡 3321 人，倒塌房屋 180 万间，直接经济损失达 630 亿元，占全年各类自然灾害造成直接经济损失的 63%。1994 年洪水危及近半个中国，总计造成 17×10^4 km² 农作物受灾，11×10^4 km² 成灾，死亡 5000 余人，倒塌房屋近 400 万间，直接经济损失达 1700 亿元，占当年各种自然灾害经济损失的 80%。1996 年，长江流域的湖南、湖北、江苏、四川，淮河流域的安徽、河南，海河上游的河北等地均发生严重暴雨洪水，全国农作物受灾面积达 18×10^4 km²，人员伤亡和经济损失亦十分严重(张业成，1999)。

1998 年，中国共有 29 个省(区、市)遭受了不同程度的洪涝灾害。长江流域发生了自 1954 年以来的又一次全流域性大洪水，松花江、嫩江出现超历史记录的特大洪水。由于洪水流量大、涉及范围广、持续时间长，洪涝灾害非常严重。截至当年 8 月底的统计资料，此次特大洪水使 21×10^4 km² 国土受灾，13×10^4 km² 成灾，2.23 亿人口受灾，3004 人死亡(其中长江流域 1320 人)，497 万间房屋倒塌，直接经济损失高达 1666 亿元。

黄河流域虽然近年来旱灾加剧，洪涝灾害减少，但潜在的洪水灾害威胁依然十分严重。黄河流域每年土壤侵蚀量为 0.16×10^8 t，平均含沙量达 35 kg/m³，黄河下游河床淤积严重，且逐年抬高，下游河床一般高出两岸地面 3～5 m，部分地段达 10 m 以上。由于降水的时空分布不均匀，发生大范围持续性暴雨的可能仍然存在。如果黄河中下游出现超历史水位的特大洪水，其后果是不堪设想的。

12.2.2 洪涝灾害的成因

洪涝灾害的形成必须具备两个方面的条件，即自然条件和社会经济条件。在自然条件中，大面积持续性高强度的降雨是发生洪涝灾害的根本原因，而日趋严重的森林植被破坏、水土流失、河道淤积、湖泊萎缩以及崩塌、滑坡、泥石流活动等多种非气候因素也加剧了洪涝灾害的形成和发展。

造成中国洪涝灾害日益严重的主要原因是：① 降雨分布不均，气候异常加剧；② 主要江河中下游地势平缓，河道曲折，洪水排泄不畅；③ 水土流失和崩滑流活动剧烈；④ 河湖淤积严重，行洪蓄洪能力下降；⑤ 大江大河沿岸工程条件复杂，堤防隐患严重(张梁，1999)。

(一) 降水分布不均

中国降水的最大特点是时间和区域分布的严重不均,这是导致洪涝和干旱频繁交替发生的根本原因。在时间上,年内降水集中于夏季,年际之间丰枯交替,形成多种尺度的周期性变化。在空间上,西北地区干旱少雨,东部特别是华南和东南沿海地区雨量丰沛。与世界同纬度地区相比,中国北纬35°以北(特别是西北地区)降水偏少;北纬30°～35°地区基本持平;北纬30°以南地区显著偏多。

这种降水特征是伴随着新生代的区域地壳运动和气候环境演化逐步形成的。第四纪以来,全球性降温使中低纬地区的海陆热力差异加剧,形成大范围的东亚季风环流,并因青藏高原的急剧隆起而得到极大的加强。结果,一方面加剧了中国西北地区的寒冷与干旱;另一方面则使东部特别是华南地区的夏季风环流增强,比同纬度的其他地区更加炎热多雨,洪涝灾害频发。此外,受局部山地地形的控制,降水的时空分布更加不均。在燕山南麓、太行山东麓以及伏牛山、大别山、雪峰山、罗霄山和武夷山等地区,不但年降水量较高,且暴雨频繁而强烈。

(二) 地势低洼与区域性地面沉降

受区域性构造控制,中国地势西高东低,依次形成高原、高山→山地、高原→平原、丘陵三级台阶式的地貌格局。受此控制,主要江河上游地势陡峻,水流一泻千里,而到中游、下游地区,地势陡降,河道曲折迂回、河水流速骤减,大量泥沙淤积,行洪不畅,极易泛滥成灾。以长江为例,自宜昌向东进入中游后,河道的海拔标高由100 m以上陡降至50 m以下,由此至长江入海口长达1800 km的河道平均坡降只有2.8×10^{-4}(万分之二点八)。特别是江汉平原和洞庭湖地区,属于中新生代构造沉降盆地,从白垩纪开始沉降速率不断加大,第四纪以来一直处于构造沉降加速期。据研究,更新世的构造沉降速率约为0.065～0.129 mm/a,全新世约1.19 mm/a,现代约9.82 mm/a。据此推算,江汉平原在1954—1998年间仅构造沉降就超过0.4 m(张人权等,1998)。开采地下水等人类活动更加剧了地面的沉降量。

长江三角洲地区因构造沉降和超采地下水引起的地面沉降更加强烈,以上海、苏州、无锡和常州等城市为中心的地面沉降已使地面高程降低几十厘米至2 m以上(张业成,1999)。

上海是个地势低平的沿海城市。20世纪40年代以前,地面标高一般在4 m以上,市区内几乎没有防汛设施,但几乎未发生严重洪涝灾害。自60年代中期以来,上海市区地面标高普遍降至3.5 m以下,市中心地段只有2.6 m左右,每逢大暴雨市区许多街道积水,民宅进水受害。1995年6月24—25日,全市普降100 mm以上的特大暴雨,造成市区200多条马路严重积水,35 600多户居民住宅进水(刘毅,1999)。

(三) 水土流失

水土流失、崩塌、滑坡、泥石流与洪水灾害具有密切的相关关系。暴雨洪水是激发水土流失和崩塌、滑坡、泥石流(崩滑流)的重要因素,反过来这些不良地质过程又进一步加剧了洪涝灾害。一方面,水土流失和崩滑流灾害严重破坏了森林植被及土地资源,使生态环境恶化,土壤调蓄涵养水分功能下降,从而增大了洪水的暴发强度和频次;另一方面,水土流失和崩滑流产生的泥沙物质造成河、湖、水库淤积,河床抬高,甚至高出两岸地面,使之成为地上“悬河”,从而加剧了洪水灾害(张业成,1999)。

例如,处于长江上游的四川省,20世纪50年代共发生水灾4次,70年代8次,80年代以来几乎年年都要发生,并且出现了1981年和1998年的特大洪水。中下游地区河床湖底逐年抬高,城陵矶-汉口段20年期间平均淤高0.43 m,洞庭湖等不断萎缩。因此,在长江中下游的干流,除个别河段外，洪水水位在流量未增的情况下仍然逐年上涨。据洞庭湖城陵矶水文站的观测资料，1954年的最高水位为34.45 m，最大流量4.5×10^4 m^3/s；而1998年的最大流量只有3.7×10^4 m^3/s，但最高水位却比1954年高1.49 m，达35.94 m。除这两次特大洪水外，其间还发生多次较大洪水，洪峰流量相近，均为$(2.9\sim3.0)\times10^4$ m^3/s，但最高水位却在逐年上涨。

（四）湖泊调蓄能力下降

湖泊对于蓄洪、分洪和调洪具有非常重要的作用。湖泊面积的大幅度萎缩，使其调蓄洪水的能力急剧下降。

据有关资料，1949年长江中下游地区湖泊总面积达2.6×10^4 km^2，到1999年缩减至1.2×10^4 km^2，减少了一半以上。被称为"千湖之省"的湖北，解放初期有天然湖泊1066个，到80年代末仅存309个。1825年以前，洞庭湖为统一大湖，面积达6270 km^2；此后，逐渐分解为东洞庭湖、南洞庭湖和西洞庭湖，到20世纪90年代湖泊总面积缩减至2150 km^2。鄱阳湖也由建国初期的5600 km^2缩小到现今的3860 km^2（张业成，1999）。

泥沙淤积和围湖造田是湖泊萎缩的主要原因。泥沙淤积不但直接造成湖泊萎缩，而且也为人工围垦造田提供了基础。例如，洞庭湖平均每年接纳泥沙1.3×10^8 m^3，其中82%来自长江上游。

（五）江河沿岸堤防工程脆弱

江河两岸的天然堤坝是在自然条件下形成的，在平水期基本保持稳定状态。但在洪水期，稳定性较差的堤坝可能发生溃决，导致洪水灾害。具有潜在不稳定因素的堤坝常常位于隐伏岩溶发育的地段或土质结构疏松以及土洞、孔穴发育的河段。如江西省境内长江干堤长约160 km，其中近80 km地段为隐伏岩溶发育区。新中国成立以来，有22 km长的干堤曾发生过塌陷，是造成堤防溃决的重要隐患。土质结构和稳定性较差的岸坡也使堤防安全受到影响。如长江中游大多数地段的天然堤上部为黏性土、下部为砂性土，极易发生管涌等形式的渗透变形而被水流冲刷破坏。

综合上述，中国洪涝灾害频发的影响因素是多方面的。虽然各种因素的影响方式不一，但它们多与地质动力过程相关。气候是控制洪涝灾害的先决条件，地面沉降、水土流失、崩滑流活动与河湖淤积等因素加剧了洪涝灾害的危害程度。

12.2.3 防洪减灾的主要措施

防洪减灾是一项涉及多学科、多部门的系统工程，从气象、水文预报，到修筑调洪、蓄洪和防洪工程，河道整治，流域综合治理以及防汛抢险等各种措施，必须协调一致、统筹安排。

（一）洪水预报

在各种地质灾害中，洪涝灾害可预报性最强。因此，必须抓住这一特征，加强气象、水文预报工作，准确及时地掌握洪水信息，为防汛抢险决策提供可靠的依据。

防汛抢险如同战场上的对敌作战，"知己知彼，百战不殆"。特别是遇到超过警戒水位的特大洪水时，根据洪水预报可以有计划地进行水库调度，决定是否启用分洪、蓄洪工程，组织防汛抢险队伍等，使洪涝灾害减至最低。洪水预报的基础是暴雨的预报和监测，气象站、水文站和雨量站可以发挥重要的作用。但由于观测站点的空间分布不均，降水实况的监测水平受到很大限制。利用雷达回波及气象卫星云图资料监测预报降雨，虽然目前只能做到定性的估算，但对防洪抢险可以起到十分重要的作用。

(二) 整治河道与修筑堤防

整治河道或修筑堤防,可以将洪水约束在河槽内并使其顺利向下游流动,是有效预防洪水灾害的工程性措施。目前,中国约有 2×10^{5} km 的堤防,绝大部分为土质堤防,主要分布在江河中下游及沿海地区。其中大江大河干流、主要支流、海堤、重点圩垸的堤防约有 5.6×10^{4} km。黄河下游堤防、长江中游荆江大堤、淮河北大堤、洪泽湖大堤、京杭运河大堤、珠江的北江大堤以及钱塘江海塘等堤防工程,都经经历了数百年乃至数千年的历史,工程规模宏大,对防洪减灾发挥了重要的作用。

(三) 水库建设与水坝加固

修建水库控制上游洪水来量,可以起到调蓄洪水、削减洪峰的作用,从而减缓中下游地区的抗洪压力。暴雨过后,洪水来势凶猛、洪峰流量集中,利用水库调节洪水流量十分有效。在山地丘陵区与平原区交接河段修建控制性水库,对中下游平原区的防洪具有十分重要的意义。大江大河控制性水利枢纽工程的防洪作用更加明显。美国全国河流的年径流量约为 1.7×10^{13} m^{3},已建水库的库容达 1×10^{12} m^{3},总库容占年径流量的60%。中国河流的年径流量约 2.7×10^{12} m^{3},已建8万多座水库,总库容约 4.5×10^{11} m^{3},约占总径流量的17%。但在现有水库中,约1/3是病险水库,防洪与兴利作用不能充分发挥,需要进行加固处理。

(四) 分滞洪区建设

在大城市、大型厂矿等重点保护地区,需要在其上游地区修建分洪区或蓄洪区。当洪水来临时,按照牺牲局部、保全大局的原则,可将超过水库和堤防防御能力的洪水有计划地向分洪区分流,以保证重点城市和厂矿的安全,减轻洪水灾害。

然而,对于分滞洪区的建设,堵与疏的争论在中国的大禹时代就开始了。所谓堵,就是修建防洪工程,尽可能防止洪水出槽;疏,用现在的术语,被称为非工程性防洪措施,是防洪减灾的发展方向。

非工程防洪措施的概念早在20世纪50年代就提出来了,1958年美国开始接受这一概念。1966年以前,美国的防洪策略主要是通过修建水利工程,防止洪水泛滥。由于洪泛区土地不断开发,经济迅速增长,聚居人口增多,虽然防洪投资年年增加,但洪水灾害损失却有增无减。从1966年开始,美国防洪政策调整为工程措施与非工程措施相结合 。

非工程措施主要是对洪泛区和蓄、滞洪区的经济发展目标进行规划调整,制定输导洪水的应急方案,建立强制性的防洪保险。美国密西西比河爆发特大洪水时,洪泛区的人员必须全部撤离,政府并不采取任何防洪的工程措施,洪水过后则通过保险重建家园。

(五) 防汛抢险

在洪水期间,为了确保河道行洪的安全,防止洪水泛滥成灾,采取紧急的工程措施以防止洪水破堤出槽,是防汛抢险的主要目的与任务。中国防洪战线长、汛期长,防洪工程措施标准低,非工程措施不够完善,所以防汛抢险工作具有特别重要的作用。1998年中国长江流域发生全流域性特大洪水时,百万军民组成的抗洪抢险大军苦战两个多月,昼夜坚守在长江大堤上,排除了无数个塌堤溃坝的险情,有效地保护了人民生命财产和武汉等大中城市的安全。

(六) 流域综合治理

无论是洪滞灾害还是其他地质灾害的防灾减灾,都是由多种措施组成的复杂系统工程。但在减灾实践中,往往重视直接性的工程防治措施,忽略间接的基础性防治工作。例如,在防治洪水灾害方面,重视水库和堤防建设,忽视水土保持以及分洪区和蓄洪区管理。在对地质灾害的认识方面，强调灾害对生命财产的直接破坏作用，忽视其对资源、环境的破坏以及对社会经济可持续发展的影响。

1998年长江、松花江流域特大洪水过后，中国提出了明确的防灾、救灾和恢复重建方针，制定了综合治理洪涝灾害的对策和措施。主要包括：

(1) 加高加固堤防，消除隐患，全面提高大江大河的防洪标准。

(2) 加强水库管理，消除病险水库，保障水利工程安全有效运行，大力兴建新的水库，进一步增加拦蓄洪水能力。

(3) 加强湖泊洼淀和分蓄洪区管理，退田还湖，合理开发利用湖泊。

(4) 疏通河道，清除行洪障碍，保障江河畅流。

(5) 植树造林，提高植被覆盖率，控制水土流失，防治崩滑流和地面沉降、地面塌陷等地质灾害，减少河湖泥沙，改善河道环境。

(6) 提高灾害监测与预测预报水平，建立健全防灾减灾法规，加强宣传教育，推进灾害保险，实现社会化减灾(张业成，1999)。

12.3 海岸带地质灾害

海岸带是陆地与海洋的交接部位，它为人类提供了丰富的资源和有益的环境。海岸带也是大气圈、水圈、岩石圈和生物圈相互作用强烈的地带。在内、外地质动力的相互作用下，经常发生各种地质灾害。尤其是全球性气候变暖和不合理的人类工程活动，使海岸带地质灾害明显加剧，严重阻碍了沿海地区社会经济的可持续发展。

12.3.1 海岸带地质灾害的类型

陆地地质灾害绝大多数是在气下环境中形成和发展的，而某些海岸带地质灾害则是在水下环境中形成并发展的，如港口淤积、海底浊流、海水腐蚀等。海岸带地质灾害与海水动力密切相关。由于海洋水体的全球变化，各种类型的海岸带地质灾害具有广域性。

根据地质灾害的发育特点和形成机制，可将海岸带地质灾害分为地震灾害、火山灾害、岸坡失稳、海水入侵、港湾淤积和海平面上升等。其中岸坡失稳包括崩塌、滑坡、泥石流和水下的海底浊流等海岸带边坡物质的运动。在沿海地区或大洋深处发生的地震和火山活动常常引起海啸。

本节主要介绍海岸带特有的海水入侵、海岸侵蚀和海平面上升等几种主要地质灾害。

12.3.2 海水入侵

海水入侵是由于滨海地区地下水动力条件变化，引起海水或高矿化咸水向陆地淡水含水层运移而发生的水体侵入的过程和现象。沿海城市是人口高度集中和经济快速发展的地区，对淡水资源的过度需求导致超量开采，地下水水位持续大幅度下降，造成咸、淡水界面发生变化，海水向淡水含水层侵入，地下水矿化度增高，水质恶化。

海水入侵是沿海地区地下水资源开发引起的特殊地质灾害，在全球各大洲的沿海地区广泛存在。美国的长岛、墨西哥的赫莫斯城，以及日本、以色列、荷兰、澳大利亚等国家的滨海地区都存在海水入侵的问题。

中国海岸线长达 1.8×10^4 km，沿海地区是中国经济快速发展的地区，淡水资源供需矛盾突出。由于海水入侵,地下淡水水质恶化,致使大量水井报废、粮食绝产、果园被毁,严重阻碍了当地的工农业生产和旅游业的发展。

(一) 海水入侵的基本内涵

1. 对海水入侵的界定

目前,人们对海水入侵的定义还没有取得一致的意见,甚至对这一现象的称谓及其涵盖的范围都存在着不同的认识。国外文献一般称之为盐水入侵(salinity intrusion),国内文献除称其为海水入侵外,还有海水侵染、海水内浸、海水地下入侵、咸水入侵、咸水侵染、卤水侵染等名词,但相对而言,接受"海水入侵"这一名词的人数更多(张梁等,1998)。海水入侵可定义为:由于自然因素或人为活动的影响,滨海地区地下含水层水动力条件发生改变,使淡水与海水之间的平衡状态遭受破坏,结果导致海水或与海水有直接动力联系的高矿化度地下水沿含水层向陆地方向侵入、咸淡水界面不断向陆地方向移动,从而使淡水资源遭到破坏的过程和现象。

2. 海水入侵的分类

(1) 根据入侵水体的来源分类

- 狭义的海水入侵:是指滨海地带地下淡水水位下降后,海水向地下淡水含水层扩侵,使地下淡水资源遭到破坏的现象。
- 盐水入侵:是指滨海地带地下淡水水位下降后,淡水水体下部或旁侧与海水有一定联系的地下咸水体向上方或侧方扩展,使地下淡水资源遭到破坏的现象。

在多数地区,这两种入侵活动常常混合发生或连续发生,因此不易区分。

(2) 根据含水层岩性特征分类

- 孔隙水含水层海水入侵。
- 岩溶水含水层海水入侵。
- 裂隙水含水层海水入侵。

其中以孔隙水含水层海水入侵的发生概率最大;岩溶水含水层次之,裂隙水含水层最小。

(3) 按入侵方式分类

- 直接入侵:指滨海地区水位下降后,地下水与海水之间的补排关系发生逆转,海水或深部咸水体向陆地方向运移扩侵,使地下淡水咸化。
- 潮流入侵:指在潮汐作用下海水沿滨海河谷上溯,并从河流两侧渗入补给地下水,使地下淡水咸化。
- 减压顶托入侵:是指滨海地区地下淡水水位下降后,倾伏在下部的高矿化咸水向上发生顶托或越流扩侵,使地下淡水咸化(张梁等,1998)。

(二) 海水入侵的机制与影响因素

1. 海水入侵的机制

海水入侵地下水是咸淡水相互作用、相互制约的复杂的流体动力学过程。在自然状态下,含水层中的咸、淡水保持着某种平衡,滨海地带地下水水位自陆地向海洋方向倾斜,陆地地下水向海洋排泄,二者维持相对稳定的平衡状态。在这种情况下,滨海地带密度相对较小的地下淡水浮托在密度较大的海水或咸水之上,含水层保持较高的水头,而且二者间形成宽度不等的过渡带或临界面。在咸、淡水平衡状态下,这个过渡带或临界面基本稳定,可以阻止海水入侵。然而,这种平衡状态一旦被破坏,咸淡水临界面就要移动,以建立新的平衡。如果大量开采地下水使淡水压力降低,临界面就要向陆地方向移动,原有的平衡被破坏,含水层中淡水的储存空间被海水取代，于是就发生了海水入侵。

关于海岸带含水层中海水-淡水关系的基本理论，在国内外已进行了广泛的研究。20 世纪初，欧洲的某些滨海地区，在开发地下水的过程中率先发现了海水入侵问题，即在含水层中出现了盐水。吉恩和赫兹伯格分别对这一现象进行了分析，他们认为，在天然条件下海岸带附近咸、淡水分界面的埋深相当于淡水位高出海平面高度(h_f)的 40 倍。开采地下淡水时，经常在开采井附近形成降落漏斗和咸水入侵的反漏斗；如果开采量过大，则咸水反漏斗扩大上升，使咸水进入开采井中而污染水源(图 12-1)。

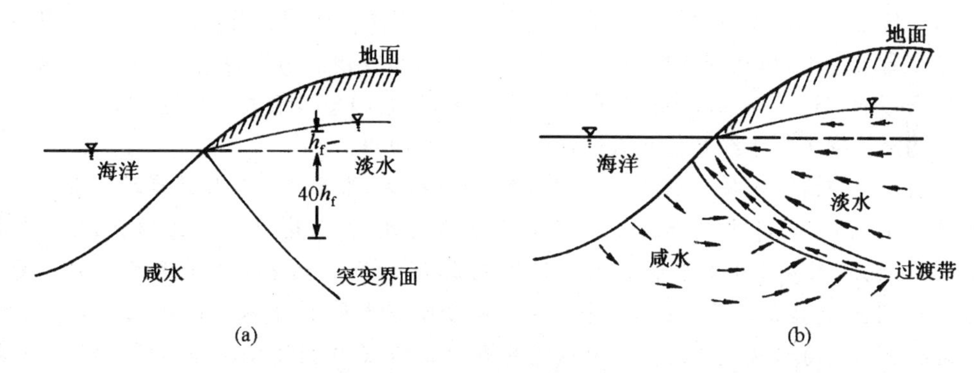

图 12-1　滨海含水层中淡水和海水的流动过程及分界面变化示意图

(a) 水力平衡条件下海水与淡水的不相混溶界面

(b) 滨海含水层中淡水和海水的流动过程及混合带

2. 海水入侵的影响因素

海水入侵的内在原因是沿海地区含水层中的地下淡水与海水之间存在着良好的水力联系。下述外在因素导致咸、淡水平衡状态遭受破坏，如水文、气象、海平面变化、咸淡水密度比、淡水入海径流量、地下水天然补给量等自然原因和人类活动对天然水资源的开发与利用。

(1) 水文地质条件

滨海地区地下淡水与海水之间存在的水力联系是海水入侵的物质基础。如在滨海平原地区，颗粒较粗的第四系砂质沉积物透水能力强，地下淡水与海水之间缺乏稳定的隔水层，是海水入侵的主要通道。在基岩海岸地区，如果地层中发育构造裂隙或溶孔、溶洞等导水通道，当陆地地下水水位下降到海平面以下时，海水就通过这些通道迅速向内陆入侵。

影响海水和淡水之间水动力平衡的因素是多方面的。

(2) 气候条件

自然方面的原因主要是气候变化。由于气候持续干旱，河水径流量不断减少甚或断流，从而导致河流入海水量和地下水补给量减少。全球气候变暖引起的海平面上升可增大潮水沿河流的上溯距离，结果也可诱发海水入侵。

(3) 人类活动

人类活动对地下淡水资源的开发利用是滨海地带咸、淡水平衡状态遭受破坏的重要因素。沿海地区水资源供需矛盾日趋尖锐，许多地区长期超量开采地下水，使滨海地带地下水水位大幅度下降，形成低于海平面的地下水位负值区，海水沿含水层侵入地下淡水含水层而发生海水入侵。海水养殖和引潮晒盐等经济活动把大量海水引入陆地，也扩大了海水向地下淡水的补给范围。此外,在入海河流的上游地区修建水库、塘坝等水利设施,均可使河流入海水量普遍减少;或在河口地区大量挖砂降低河床标高等人为活动加剧了潮水上溯的距离,使河流两侧发生海水入侵。

总之,在影响海水入侵的因素中,干旱少雨、水资源不足是背景条件,含水层导水性等水文地质特征是基础条件,不合理的人类活动是诱发条件。三者共同作用的结果,可能导致沿海地区出现大范围的海水入侵。

(三)海水入侵的危害

海水入侵是当今世界沿海地区常见的地质灾害。中国滨海地区发生明显海水入侵的地区主要有辽宁省大连市、河北省秦皇岛市、山东省莱州湾和胶州湾沿岸、广西北海市等地。全国累计海水入侵面积达 1000 km^2 左右,最大入侵距离超过 10 km,最大入侵速率超过 400 m/a。由此造成的经济损失每年约 8 亿元人民币(段永侯等,1993)。

辽宁省大连市海水入侵开始于 1976 年,到 80 年代末,发生海水入侵的岸段有 12 处,入侵面积累计 230 km^2;受海水的污染,地下水中氯离子含量高达 300～1000 mg/L,最高为 7000 mg/L。海水入侵使地下水水源地遭到严重破坏,加剧了大连市水资源的供需矛盾。山东省莱州湾、胶州湾沿海地区,近年来海水入侵灾害日趋严重,海水入侵面积已达 431.2 km^2,受害耕地450 km^2。海水入侵使地下水资源遭受严重破坏,土地盐渍化趋势不断加剧,农作物产量持续下降。

海水入侵的危害主要表现在恶化地下淡水水质、加剧水资源供需矛盾、影响工农业生产、破坏沿海地区的自然生态环境。

1. 供水井报废

由于持续干旱,地表水资源逐渐减少,地下水开采量不断增加,致使水井密度较大的地段水位明显下降甚至出现较大范围的降落漏斗,从而引起海水大量入侵,导致某些浅井被迫停采报废或部分失效。据统计,山东半岛海水入侵区报废或失效的机井共有 7103 眼,其中莱州市 2361 眼,昌邑市 1530 眼(张梁等,1998)。

2. 水质恶化,地方病蔓延

海水入侵使地下淡水资源更加缺乏,沿海地区的居民和牲畜饮用水受到影响。有些地区不得不耗费巨额资金通过开凿深井或从外地运水等措施来解决生活用水。但受自然和经济条件的限制,大部分地区不能获得清洁的淡水资源,只能饮用咸水或污染水,从而导致多种地方病的蔓延和发展。

如山东半岛发生海水入侵的 18 个市(县、区)内,生活饮用水严重短缺的村庄有 404 个,受害居民约 44.5 万人。由于饮用被海水污染的地下水,甲状腺肿、氟骨症和氟斑牙等地方病患者剧增。据不完全统计,目前患有各种地方性疾病的人数累计达 40 万人(张梁等,1998)。

3. 影响工农业生产

海水入侵不但使农田失去灌溉水源,而且随着地下水变咸,土地逐渐盐渍化,农业生产受到严重影响。受害地区的农作物减产一般都在 20%以上,干旱年份减产 40%以上,甚至绝收。

海水入侵地区的工业企业用水也受到严重影响。由于水质恶化,水质要求较高的企业不得不开辟新的水源地或实行远距离异地供水,这不仅增加了产品的生产成本,同时也可能使新辟水源地遭受污染,扩大海水入侵的范围。没有充足资金开辟新水源地的企业只能使用被海水污染的水源,结果使生产设备严重锈蚀,使用寿命缩短,更新周期加快,同时还造成产品质量下降,有的企业则被迫搬迁或停产。

4. 生态环境恶化

海水入侵使沿海地区淡水环境恶化、土地资源盐渍化,从而导致植物群落由陆生栽培作物为主的生态环境转化为耐盐碱的野生植被环境。

(四) 海水入侵的防治措施

由于过量开采地下水等人类工程活动是诱发或加剧海水入侵的主要因素,因此,防止海水入侵的总体原则是使沿海地区地下水位高于海平面。具体措施有:增加地下淡水储备,减少地下水开采量,加强淡水资源管理,有效利用水资源;同时,禁止河口挖土采沙,开展人工回灌地下淡水,合理利用滩涂资源,在入海河道的适宜地段修筑防潮堤防止海水沿河谷上溯等。

1. 合理开采地下淡水资源

为使咸、淡水保持稳定的动态平衡,必须合理确定地下水开采量的临界值,防止地下水水位大幅度下降并使之保持在海平面或地下咸水水位以上。此外,要合理布置开采井,放弃咸、淡水界面附近的抽水井,分散开采地下水,定期停采或轮采、缩短水位恢复时间,以防止形成降落漏斗。

2. 开展人工回灌

利用回灌井、回灌廊道等设施开展人工回灌,补充地下淡水,可提高滨海地区地下淡水的水位和流速,有效防治海水入侵。人工回灌在中国和世界许多国家都已取得明显的效果,回灌水源主要有当地雨季的地表水、外地引水、处理后的废污水等。

3. 阻隔水流

阻隔水流法主要适用于海水入侵通道比较狭窄的地区。具体方法是在海岸线附近布置一排抽水井进行抽水,在地下含水层中形成一个抽水槽隔离带(水头降落带),从而阻止咸水向正在开采的淡水含水层入侵。与此相反,利用净化后的废污水进行回灌,在含水层的咸、淡水分界面上形成高于外围地区地下水位的“补给水丘”,借助“水丘”的压力阻止海水向内陆运移,也可减缓或阻止海水入侵。

通过设置隔水墙也可使淡水和咸水分开,具体方法是灌注某种呈悬浮状态的物质,如高塑性黏土浆,使悬浮物充填土壤孔隙,形成不透水屏障。

4. 监测预测

建立地下水动态监测网进行水位、水化学监测,必要时辅以海水水文动态监测。根据海水入侵的形成机制和入侵规律,预测海水入侵速率、规模和危害范围,从而为有效防治海水入侵提供科学依据。

12.3.3 海岸侵蚀

海岸侵蚀也是海岸地带特有的地质灾害。20 世纪 50 年代以前,中国沙质海岸大多呈缓慢淤积或稳定状态;50 年代末以来,大部分海岸逐步转变为侵蚀状态,迄今约有 70%的沙质海滩和大部分泥质潮滩受到海水侵蚀,海岸线不断向陆地方向后退。海岸侵蚀使许多滨海地区的道路中断,沿岸村镇或工厂的建筑物坍塌,岸边堤防工程被冲毁。

(一) 海岸侵蚀的原因

在泥沙供给不足的岸段,由于海浪和海流的动力作用,海岸受到侵蚀而后退。由于河流改道而成为古三角洲的海岸地段,由于河水携带的泥砂来源不复存在,海岸带水动力条件也发生改变,从而导致海岸侵蚀现象的发生。

苏北的废黄河三角洲是中国海岸侵蚀后退最快的岸段之一。自1855年黄河决口北徙后,海岸已被侵蚀后退18 km,平均每年后退147 m。不仅陆上三角洲向海突出的部分被侵蚀冲刷,强烈的海流还使三角洲的水下部分遭受冲刷。入海河流上游修筑堤坝和水库、海滩挖沙取土以及采挖贝壳等都使入海泥沙和近岸泥沙减少,加剧海岸的侵蚀后退。以海河水系的滦河流域为例,1949年以来,已修建了大量山区水库,控制了70%的山区来水,使入海的地表水径流量锐减。到70年代,滦河、潮白河、永定河、大清河、滹沱河、漳河等河流的径流量仅为50年代的1/3,河流输沙量降低了3/4。这是渤海海岸发生侵蚀后退的主要原因之一。未来长江口可能出现更为令人担忧的问题,即三峡水库工程与南水北调工程的完成,加上其他中小支流水库的修建,长江下游河水输沙量势必大幅度减少,降低长江口的泥砂来源(施雅风,1994)。

中国南方一些海岸的近海潮间带,生长着大量珊瑚和红树林,它们都具有消浪作用,也有利于滨岸地带的稳定。但近几十年来,由于不合理的采伐,使红树林面积和珊瑚数量大为减少。以海南岛为例,1956年有红树林15万亩,而目前仅存4.9万亩。清澜港外生长的珊瑚也大量减少(李相然,1998)。

此外,全球性气候变化而引起的海平面上升、风暴潮增加也是海岸遭受侵蚀的主要影响因素。

(二) 海岸侵蚀的危害

由于海岸侵蚀后退,海水作用范围向内陆扩展,常常使沿岸的工程建筑物遭受海水波浪的破坏或水中盐分的腐蚀,使沿岸村镇和工厂被迫搬迁,近海农田被淹没、土地盐渍化现象加重。侵蚀还危及港口码头的稳定与安全。

据统计,目前中国约有70%的海岸因侵蚀而后退,其中以胶东半岛最为严重。

如蓬莱西海岸1985—1990年的5年时间海岸就后退了40~50 m,使沿海民房、厂房等建筑物被冲毁,约0.13 km^2 耕地被侵没,养殖场被迫停产,几十千米的沿海公路中断交通。牟平至威海间多年形成的1~2 km宽的海滨风成沙滩,在近20年内,由于海水不断冲刷,下切深度已达2~3 m,使连绵十几千米的滨海陡坎处普遍出露上更新统黄褐色洪积层;威海浴场也因海岸侵蚀后退而报废(李相然,1998)。

渤海入海河流滦河入海口迁徙后,其旧河口大清河北港一带海岸侵蚀不断加剧,20世纪40—50年代修建的防潮堤、闸门等建筑物均被波浪冲毁。

(三) 海岸侵蚀的防治对策

防治海岸侵蚀的根本措施是保证充足的泥砂供给,维持海岸带海水动力平衡。其防治对策可归纳为:

(1) 制定海岸侵蚀防治计划,研究掌握风暴潮、海岸侵蚀的发生与发展规律。

(2) 建立管理机构,搞好海岸科学管理,合理开发利用海岸带资源。

(3) 加强宣传教育,严禁海滩挖沙,限制养殖业和盐业大规模开发。

(4) 采取护滩、养滩措施,如营造防护林固沙防浪,加高加固岸堤,修建丁坝、顺岸坝、土石坝和三角锥或回填砂砾石等护岸工程,抗御海水对滨岸地带的侵蚀。对于因大量开采地下水或石油天然气而导致地面下沉的海岸带,应采取措施开展地下水回灌,控制地面沉降。

12.3.4 海平面上升

海平面升降是地壳升降运动与海洋水体体积增减相互作用的结果，属于自然界一种正常的地质现象。

第四纪以来，由于古气候的冷暖交替变化，海洋水体体积相应地发生过多次大规模增减，在沿海地区则表现为海进（海平面上升）与海退（海平面下降）。新构造运动、地面沉降、地壳均衡升降、入海沉积物多寡的变化等是海平面升降变化的主要影响因素。近百年来，全球工业的迅猛发展使大气中 CO_2 等温室气体的浓度不断增高，由此产生的“温室效应"导致地球表面气温明显上升，极地冰雪融化，出现了全球性的海平面上升。

由于温室效应引发的海平面上升，已成为全球性的重大环境问题之一，使沿海地区复杂的地质环境问题进一步激化，对沿海城市的人民生活和经济发展造成严重威胁。

（一）海平面上升的原因

影响海平面变化的因素十分复杂。全球气候变暖，一方面使极地冰雪融化；另一方面可使海洋水体温度升高，其结果均导致海洋水体体积增加，海平面因水体膨胀而上升。此外，月球引力变化、太阳黑子活动、火山活动、大洋板块运动、沿海地区构造升降运动、大气环流与气压、风场等的气候变化、海洋水体环流、陆地河流入海径流量、泥沙入海量等自然条件的改变，都能对海平面变化造成不同程度的影响。由于过量开采地下水和石油等矿产资源，引起沿海地区地面沉降，也可使局部地区的海平面上升（图 12-2）。

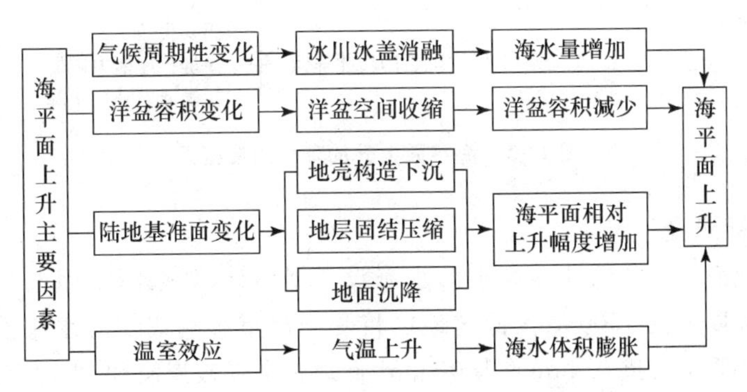

图 12-2 海平面上升的影响因素及其形成机制框图

（据陈梦熊，1996，改编）

20 世纪初以来，由于人口的剧增和工业的快速发展，煤炭、石油等化石燃料的消耗大幅度增加，大气中二氧化碳、甲烷和氮氧化合物等“温室气体”的含量随之不断增加，结果导致全球性气温不断上升。1995 年 12 月在罗马召开的联合国气候变化专业委员会第 11 届年会上，来自 120 多个国家的近 200 名代表经过讨论后通过了一份“1995 年全球气候变化科学评估报告”。报告指出，由于人类活动的影响，特别是大量使用煤、石油等化石燃料，全球气温自 19 世纪末以来已增加 0.3～0.6℃。由于冰川融化和海水受热膨胀，海平面已经上升 10～25 cm。模拟研究表明，如果 CO_2 排放量增加一倍，全球平均气温将会增加 2～4℃。据国际气象组织（JPCC）1990 年的模拟结果，2100 年全球海平面上升估计值最高为 110 cm，最低为 31 cm，最佳值为 66 cm。

沿海地区地面沉降是影响海平面相对上升的另一个人为因素。全球许多大型或特大型城市都分布在沿海地区,人口的过度集中和经济的快速发展使沿海城市对水资源的需求量不断增加,大量开采地下水往往导致地面沉降。如东京、大阪、墨西哥城、上海、天津等城市,均有不同程度的地面沉降。上海市最大累积地面沉降量达 260 cm 左右,成为海平面相对上升的一个主要原因。

(二)海平面上升的危害

由于海平面上升,海水向陆地方向侵入,沿海水动力条件发生变化,并产生一系列的环境负效应(图 12-3)。海平面上升的危害主要表现为:沿海大片低地被淹没;海浪和潮汐作用相对增强,风暴潮灾害加剧;海水沿河道逆流而上,河口附近淤积作用加强;海堤等防御工程的功能降低,港口、码头设施被毁或失去部分功能(陈梦熊,1998)。

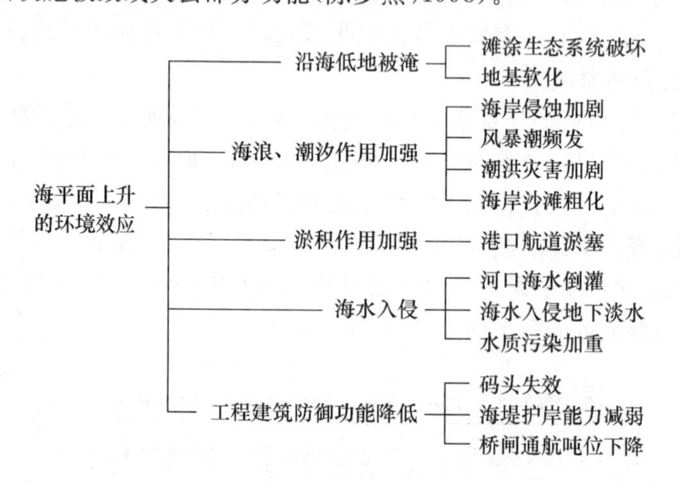

图 12-3　海平面上升的环境效应框图

1. 沿海低地被淹没

海平面上升使沿海大片低洼地区被海水淹没。据估计,如果海平面上升 100 cm,中国长江三角洲海拔 2 m 以下的 1500 km^2 低洼地区将受到严重影响或被海水淹没;若海平面上升 70 cm,珠江三角洲低于海拔 0.4 m 的 1500 km^2 低地将全部被淹没;海平面上升 30 cm,渤海湾西岸将损失 1×10^4 km^2 的低地,天津市被淹城区将占全市总面积的 44%。

中国沿海滩涂面积达 3.3×10^4 km^2,海平面若上升 0.5 m,潮滩将损失 24%～34%;如上升1 m,损失 44%～56%。由于海水向陆地侵入,低潮滩转化成潮下滩,生态环境恶化,由此而产生的损失将比潮滩面积减小更为严重。大片低地受海水浸没还会导致地下水水位上升、水质变差、地基软化,对沿海地区建筑物造成威胁。

2. 风暴潮灾害增加

海平面上升使浅海区水深和潮差加大,海浪和潮流作用相应加强,风暴潮的强度和频率也会随之增加。近几十年来,中国沿海风暴潮灾害呈明显增加的趋势,所造成的损失逐年增加。

3. 潮洪及海水入侵灾害加剧

海平面上升使潮流顶托作用加强,导致沿海低地洪涝灾害加重;海水沿河口逆流倒灌还使河水咸化及入侵地下水的范围扩大,严重破坏淡水资源。入海河口附近河水含盐量的增加,使工农业用水和生活饮用水受到严重影响。

4. 河口淤积作用加强

海平面上升使河流侵蚀基准面抬高，河流下游，特别是河口附近的淤积作用加强，河床相应抬高。这不仅增加了河流下游洪涝灾害的风险，还导致河道淤塞，严重影响航道、海港的正常运行。在潮流顶托的影响下，河水下泄排水速度减缓，不利于向河流中排放的废污水稀释净化，导致河口水域污染加重，水质恶化。

5. 工程防御功能降低，威胁港口码头的安全

海平面上升使沿海防潮堤、挡潮闸等防御工程的功能和标准大大降低，如山东省东营市附近海岸，因海堤修建标准较低，在1992年的一次特大风暴潮中被冲毁，胜利油田全部被淹没。天津海河挡潮闸建闸30多年来，已累计沉降1.05 m，闸门高度已失去挡潮功能。因此，急需重新调整设计，加高加固海堤以增强防御能力，避免不必要的损失。海平面上升还威胁到港口、码头的安全，如上海老港区码头标高都在5.8 m左右，海平面上升会使其遭受风暴潮淹没的次数增加，受淹范围扩大，港区功能逐渐衰退。海平面上升还使桥闸净空减小，严重影响河流通航的功能。某些深水港由于受淤积的影响而使水深减小，不能发挥深水港的作用。

(三) 海平面上升的预防

气候变暖引起的温室效应是全球性海平面上升的主导因素，沿海城市过量开采地下水造成的地面沉降是海平面相对上升的人为因素。现阶段，要有效控制全球CO_2等温室气体的排放还存在很大困难。但要控制沿海城市等局部地区的地面沉降则相对容易办到。因此，加强沿海地区地面沉降的防治，对减缓海平面上升的趋势，防治由此而造成的灾害损失具有重要的现实意义。

参考资料

1. 长江水利委员会编.长江工程地质研究.武汉:湖北科学技术出版社(1997).
2. 陈德兴,邵器行.环境地球化学研究现状与进展.地学前缘,第3卷,第1期(1996).
3. 陈光曦,等.泥石流防治.北京:中国铁道出版社(1983).
4. 陈梦熊.关于海平面上升及其环境效应.地学前缘,第3卷,第2期(1996).
5. 陈余道,蒋亚萍.城市地下水开发利用的生态环境问题.中国地质灾害与防治学报,第8卷,第1期(1997).
6. 丛威青,潘懋,等.基于GIS的滑坡、泥石流灾害危险性区划关键问题研究.地学前缘,第13卷,第1期(2006).
7. 丁宗洲.湖北省主要地方病与环境因素关系研究.地学前缘,第3卷,第2期(1996).
8. 段永侯,罗元华,等.中国地质灾害.北京:中国建筑工业出版社(1993).
9. 范立民.神府矿区矿井溃沙灾害防治技术研究.中国地质灾害与防治学报,第7卷,第4期(1996).
10. 顾小芸,冉启全.地面沉降预测和防治措施研究.中国地质灾害与防治学报,第9卷,增刊(1998).
11. 郭映忠.三峡库区重庆段城市滑坡的研究与防治.中国地质灾害与防治学报,第10卷,第2期(1999).
12. 国家地震局科技监测司.中国地震预报方法研究.北京:地震出版社(1991).
13. 国家地震局震害防御司.中国地震灾害损失预测研究.北京:地震出版社(1990).
14. 哈承佑.环境地质学进展与展望.水文地质工程地质,第26卷,第5期(1999).
15. 胡克定.重庆市北温泉危岩带特征与防治对策.中国地质灾害与防治学报,第6卷,第3期(1995).
16. 胡毓良.诱发地震及其对策.中国地震,第4卷,第4期(1988).
17. 黄润秋.汶川地震地质灾害研究.北京:科学出版社(2009).
18. 黄润秋.汶川地震地质灾害后效应分析.工程地质学报,第19卷,第2期(2011).
19. 纪万斌,等.塌陷与灾害.北京:地震出版社(1996).
20. 蒋爵光.铁路工程地质学.北京:中国铁道出版社(1991).
21. 李鄂荣,姚清林.中国地质地震灾害.长沙:湖南人民出版社(1998).
22. 李天斌,陈明东.滑坡预报的几个基本问题.工程地质学报,第7卷,第3期(1999).
23. 李相然.滨海城市环境工程地质问题的成因系统分析.工程地质学报,第6卷,第3期(1998).
24. 李文鹏,徐素宁,等."5·12"汶川地震典型地质灾害影像研究.北京:地质出版社(2009).
25. 刘波,姚清林,等.灾害管理学.长沙:湖南人民出版社(1998).
26. 刘传正.论地质灾害防治工程.水文地质工程地质,第23卷,第3期(1996).
27. 刘传正.论地质灾害防治工程的地质观与工程观.工程地质学报,第5卷,第4期(1997).
28. 刘传正,李铁锋,等.三峡库区地质灾害空间评价预警研究.水文地质工程地质,第31卷,第4期(2004).
29. 刘嘉麒.中国火山.北京:科学出版社(1999).
30. 刘守全,张明书.海洋地质灾害研究与减灾.中国地质灾害与防治学报,第9卷,增刊(1998).
31. 刘玉海.21世纪中国沿海城市面临的主要地质灾害问题.中国地质灾害与防治学报,第9卷,增刊(1998).
32. 柳源.论地质灾害的基本属性.中国地质灾害与防治学报,第10卷,第3期(1999).
33. 卢耀如.国土地质——生态环境综合治理与可持续发展.中国地质灾害与防治学报,第9卷,增刊(1998).
34. 陆玉珑.滑坡滑动面的性状与整治工程.滑坡文集(第11集),北京:中国铁道出版社(1994).
35. 罗元华,张梁,张业成.地质灾害风险评价方法.北京:地质出版社(1998).

36. 骆培云,新滩滑坡与临阵预报,中国典型滑坡.北京:科学出版社(1988).
37. 马少鹏,王来贵.加拿大岩爆灾害的研究现状.中国地质灾害与防治学报,第9卷,第3期(1998).
38. 马宗晋,郑功成.灾害学导论.长沙:湖南人民出版社(1998).
39. 马宗晋.中国的地震灾害概况和减灾对策建议.中国地震,第7卷,第1期(1991).
40. 孟辉,胡海涛.中国主要人类活动引起的滑坡、崩塌和泥石流灾害.工程地质学报,第4卷,第4期(1996).
41. 孟荣.论地质灾害管理.中国地质灾害与防治学报,第5卷,增刊(1994).
42. 商宏宽.自然灾害研究中几个观念问题的讨论.工程地质学报,第4卷,第3期(1996).
43. 施雅风.中国海岸带灾害的加剧发展及其防御方略.自然灾害学报,第3卷,第2期(1994).
44. 宋俊高,朱元清,等.关于建立城市防震减灾应急决策信息系统(GIS应用)的设想.地震学报,第20卷,第2期(1998).
45. 隋鹏程.中国矿山灾害.长沙:湖南人民出版社(1998).
46. 孙广忠.中国自然灾害灾情估计.地质灾害与防治,第1卷,第1期(1990).
47. 孙广忠.地质工程理论与实践.北京:地震出版社(1996).
48. 孙红月,尚岳全.顺斜向坡变形破坏特征研究.工程地质学报,第7卷,第2期(1999).
49. 孙玉科,姚宝魁,等.矿山边坡稳定性研究的回顾与展望.工程地质学报,第6卷,第4期(1998).
50. 汪民,吴永峰.地下水微量有机污染.地学前缘,第3卷,第2期(1996).
51. 王恭先.滑坡防治工程措施的国内外现状.中国地质灾害与防治学报,第9卷,第1期(1998).
52. 王景明,等.冀京津区自然灾害及其防治.北京:地震出版社(1994).
53. 王士革.山坡型泥石流的危害与防治.中国地质灾害与防治学报,第10卷,第3期(1999).
54. 王士天,等.大型水域水岩相互作用及其环境效应研究.地质灾害与环境保护,第8卷,第1期(1997).
55. 王思敬.工程地质学的任务与未来.工程地质学报,第7卷,第3期(1999).
56. 王允鹏,周亚明.黑龙江省地质灾害与防治对策.中国地质灾害与防治学报,第9卷,增刊(1998).
57. 王智济,魏海燕.论自然灾害和环境效应.中国地质灾害与防治学报,第10卷,第1期(1999).
58. 王子平.灾害社会学.长沙:湖南人民出版社(1998).
59. 王治华,郭大海,等.贵州2010年6月28日关岭滑坡遥感应急调查.地学前缘,第18卷,第3期(2011).
60. 吴积善,田连权,等.泥石流及其综合治理.北京:科学出版社(1993).
61. 吴珍汉,张作辰.汶川8级地震地质灾害的类型及实例.地质学报,第82卷,第12期(2008).
62. 夏其发.滑坡研究综述.中国地质灾害与防治学报,第5卷,第4期(1994).
63. 肖和平.煤矿诱发地震研究.华南地震,第18卷,第4期(1998).
64. 徐光宇,皇甫岗.国外火山减灾研究进展.地震研究,第21卷,第4期(1998).
65. 徐嘉谟.关于滑坡预报问题.工程地质学报,第6卷,第4期(1998).
66. 徐卫亚,孙广忠.论地质灾害学研究.第四届全国工程地质大会论文选集,北京:海洋出版社(1992).
67. 徐文,雷冶平.大方县城滑坡群防治研究.中国地质灾害与防治学报,第9卷,第1期(1998).
68. 阎世骏,刘长礼.城市地面沉降研究现状与展望.地学前缘,第3卷,第1期(1996).
69. 阳友奎.崩塌落石的SNS柔性拦石网系统.中国地质灾害与防治学报,第9卷,增刊(1998).
70. 杨顺安,晏同珍. 预测滑坡学概要.中国地质灾害与防治学报,第9卷,增刊(1998).
71. 易庆林,王尚庆.崩塌滑坡监测方法适用性分析.中国地质灾害与防治学报,增刊(1996).
72. 殷跃平.三峡库区移民迁建地质灾害研究.中国地质灾害与防治学报,第9卷,增刊(1998).
73. 殷跃平,李媛.区域地质灾害趋势预测理论与方法.工程地质学报,第4卷,第4期(1996).
74. 殷跃平,朱继良,等.贵州关岭大寨高速远程滑坡一碎屑流研究.工程地质学报,第18卷,第4期(2010).
75. 曾国安.灾害保障学.长沙:湖南人民出版社(1998).
76. 张斌,符文熹.深埋长隧道岩爆的预测预报及防治初探.地质灾害与环境保护,第10卷,第1期(1999).
77. 张洪波,顾福计.河北平原地面沉降防治对策.中国地质灾害与防治学报,第9卷,增刊(1998).

78. 张梁,张业成,等.地质灾害灾情评估理论与实践.北京:地质出版社(1998).
79. 张秋文,张培震.地震中长期预测研究的进展和方向.地球科学进展,第14卷,第2期(1999).
80. 张寿全,王思敬.人类活动与中国沿海环境工程地质问题.地学前缘,第3卷,第1期(1996).
81. 张晓辉,黄志全.地理信息系统技术(GIS)在城市地质灾害研究中的应用.中国地质灾害与防治学报,第9卷,增刊(1998).
82. 张晓辉,徐军祥.山东省主要城市地下水开采的负效应及防治对策.中国地质灾害与防治学报,第9卷,增刊(1998).
83. 张业成.中国洪涝灾害的地质环境因素与减灾对策建议.地质灾害与环境保护,第10卷,第1期(1999).
84. 张倬元,王士天,等.工程地质分析原理.北京:地质出版社(1994).
85. 赵改栋.煤矿采空塌陷的成因条件及政府对策选择.中国地质灾害与防治学报,第8卷,第4期(1997).
86. 钟立勋.中国重大地质灾害实例分析.中国地质灾害与防治学报,第10卷,第3期(1999).
87. 钟荫乾.滑坡与降雨关系及其预报.中国地质灾害与防治学报,第9卷,第4期(1998).
88. 钟佐新.地质环境及其功能的控制与开发.地学前缘,第3卷,第1期(1996).
89. 周平根.从系统观点论环境地质学的研究方法.地学前缘,第3卷,第2期(1996).
90. 朱汝烈.中国地质灾害勘察、监测新技术方法现状和展望.中国地质灾害与防治学报,第9卷,增刊(1998).
91. 卓宝熙."三S"地质灾害信息立体防治系统的建立及其实用意义.中国地质灾害与防治学报,第9卷,增刊(1998).
92. Alwyn Scarth. Volcanoes. UCL Press Limited(1994).
93. Barbara W M, Brian J S and Stephen C P. Dangerous Earth. John Wiley & Sons, Inc. (1997).
94. Carla W M. Environmental Geology. Quebecor Printing Book Group(1997).
95. Charles J Cazeau, Pobert D Hatcher, Jr. and Francis T Siemankowaki. Physical Geology. Harper & Row (1976).
96. F G H Blyth and M H de Freitas. A Geology for Engineers. Edward Arnold(1998).
97. John E Costa and Victor R. Baker. Surficial Geology. John Wiley & Sons(1981).
98. Keith Smith. Environmental Hazards. London: Routledge(1996).
99. Patrick L A. Natural Disasters. Wm. C. Brown Publishers(1996).
100. Robert W D and Barbara B D. Mountains of Fire. Cambridge University Press(1991).